高等学校电子信息类专业系列教材

电 路 原 理

主　编　吴　园
副主编　陈海洋　康　涛　刘娟花
　　　　马丽萍　袁洪琳

西安电子科技大学出版社

内 容 简 介

本书主要内容包括：电路的基本概念和基本定律、电阻电路的分析、电路定理、动态电路的时域分析、正弦稳态电路的分析、三相电路、耦合电感和变压器的分析、电路的频率响应、动态电路的复频域分析、双口网络、非线性电路简介、仿真软件 Multisim 及 MATLAB 在电路分析中的应用。书后还附有习题答案，读者可通过扫描二维码获得。

本书是按照电路理论的教学要求精心编写而成的，重点突出、条理清晰、论述细致、可读性强。本书适合高等院校电气类、自动化类、电子信息类、通信工程类以及机器人等专业的学生使用，也适合其他工科专业的学生使用。本书还可作为工程技术人员以及高等院校教师的参考书。

图书在版编目(CIP)数据

电路原理 / 吴园主编. —西安：西安电子科技大学出版社，2022.3
ISBN 978 - 7 - 5606 - 6232 - 9

Ⅰ. ①电… Ⅱ. ①吴… Ⅲ. ①电路理论—教材 Ⅳ. ①TM13

中国版本图书馆 CIP 数据核字(2021)第 139203 号

策划编辑　毛红兵　刘玉芳
责任编辑　汪　飞　刘玉芳
出版发行　西安电子科技大学出版社(西安市太白南路 2 号)
电　　话　(029)88242421　88201467　　　邮　编　710071
网　　址　www.xduph.com　　　　　　　电子邮箱　xdupfxb001@163.com
经　　销　新华书店
印刷单位　陕西天意印务有限责任公司
版　　次　2022 年 3 月第 1 版　2022 年 3 月第 1 次印刷
开　　本　787 毫米×1092 毫米　1/16　印张　20
字　　数　473 千字
印　　数　1~2000 册
定　　价　51.00 元
ISBN 978 - 7 - 5606 - 6232 - 9 / TM

XDUP 6534001 - 1

前　　言

　　"电路原理"课程是高等院校本科电子信息工程、电气工程、通信工程、自动化、机器人等专业的重要基础课程，该课程以分析电路中的电磁现象、研究电路的基本规律及分析方法为主要内容，担负着为后续的"模拟电子技术""数字电子技术"等专业基础课和"信号与系统""电机学""电力电子技术""自控原理"等专业课程提供电路理论基础知识及分析方法的重任。学习本课程，有助于树立严肃认真的科学态度和理论联系实际的工程观点，有助于培养科学思维能力、分析计算能力、实验研究能力和科学归纳能力。但就本科电路课程的主要任务而言，目前国内外的一致意见认为"电路原理"课程是为学生以后的学习和工作打基础的，故该课程着重点在于电路理论的基础知识和电路分析的基本方法，而没有过多强调电路理论学科本身的要求。对电气工程及自动化专业而言，"电路原理"课程尤为重要，因为正是电路理论为电力系统运行分析建立了理论体系，进而建立了电力系统分析学科。本课程要求学生先学习高等数学、大学物理中相关的数学和物理基础知识。

　　全书共 12 章，第 1 章为电路的基本概念和基本定律，主要介绍电路模型的基本概念、等效变换、基尔霍夫定律、输入电阻计算等。

　　第 2 章为电阻电路的分析，主要介绍图论的基本概念，以及支路电流法、网孔分析法、回路电流法、结点电压法等常用的电路分析方法。

　　第 3 章为电路定理，主要介绍叠加定理、替代定理、戴维宁定理、最大功率传输定理等。

　　第 4 章为动态电路的时域分析，主要介绍一阶和二阶电路的时域分析法、阶跃函数与阶跃响应、冲激函数与冲激响应等。

　　第 5 章为正弦稳态电路的分析，主要介绍采用相量法分析正弦稳态电路。

　　第 6 章为三相电路，主要介绍三相电源和三相负载特有的连接方式与分析方法等。

　　第 7 章为耦合电感和变压器的分析，主要介绍含有耦合电感的去耦等效电路和理想变压器等。

　　第 8 章为电路的频率响应，主要介绍常用 RC 一阶电路的频率特性和常用 RLC 串联谐振电路的频率响应等。

　　第 9 章为动态电路的复频域分析，主要介绍拉普拉斯变换及其逆变换、运算法分析动态电路等。

第 10 章为双口网络，主要介绍双口网络的概念、等效电路、转移函数等。

第 11 章为非线性电路简介，主要介绍非线性元件的伏安特性及非线性电路的分析方法等。

第 12 章为仿真软件 Multisim 及 MATLAB 在电路分析中的应用。

本书基于 Multisim 和 MATLAB 软件的仿真电路图与仿真结果中的部分变量、单位以及器件同国标不一致，请读者留意。

本书主编是吴园，副主编有陈海洋、康涛、刘娟花、马丽萍、袁洪琳。马丽萍编写第 1 章和第 3 章，刘娟花编写第 2 章和第 10 章，陈海洋编写第 4 章、第 6 章和第 8 章，吴园编写第 5 章，康涛编写第 7 章和第 9 章，袁洪琳编写第 11 章和第 12 章。

本书的编者都是长期从事电路理论教学的一线教师。在我国针对教学体系与教学实践改革的现状与要求的前提下，他们本着知识体系完备、循序渐进、深入浅出、内容贴近工程实际、注重电路分析的原则精心编写了此书。

限于编者的水平，书中难免有疏误之处，热切期待各位读者赐教指正，以便再版时更正完善。

编　者

2021 年 4 月

目　　录

绪　论

一、电路理论的发展简史

　　电路理论出现在人类历史中大约已有 200 多年了，它起源于物理学中的电磁学。现在电路理论已成为一门独立的学科。在这纷纭变换的 200 多年里，电路理论从那种用伏打电池和变阻器描述问题的原始概念和分析方法逐渐演变成为一门抽象化的基础理论学科，已从一门单一的学科演变成了许多学科所共有的基础理论，这个演变的过程充满了人类智慧的结晶，充满了科学思想甚至哲学概念上的进化，因此如果学习者能对电路理论的起源、演变过程及发展趋势从宏观上有一个较全面的认识，则不仅对学习本课程有一定帮助，也会对未来的工作和研究产生启发作用。电路理论的发展历程大致分为三个阶段：

　　(1) 经典电路理论发展阶段(从欧姆定律到 20 世纪 50 年代，大约 100 年)。

　　公元前 600 年，古希腊人用一块丝绸与琥珀棒摩擦发现了正电荷和负电荷，库仑称之为静电。然而电科学真正的突破是从 1800 年法国物理学家伏打发明化学电池后开始的，由于伏打电池使电流连续成为可能，因而有了电路。1820 年，奥斯特发现罗盘指针在载流导体旁会发生偏转，从而证明了电荷流动产生了磁。1825 年，安培证明了电流与磁场强度的关系。1827 年，欧姆创立了欧姆定律。1831 年，法拉第证明了电磁感应定律，证明了磁能生电。1832 年，亨利发现自感现象。1833 年，楞次确定了感应电流方向的判定定则(即楞次定则)。1844 年，楞次与焦耳提出了"场"的一些初步但极为重要的概念。令人遗憾的是，由于法拉第不精通数学，因而他未能从他的发现中再进一步建立电磁场理论，但自此开始，电与磁的研究就分别在"路"与"场"这两大密切相关的阵地上展开了。为电路理论奠定基础的是伟大的德国物理学家基尔霍夫，1847 年，23 岁的基尔霍夫发表了划时代论文《关于研究电流线性分布所得到的方程的解》，文中提出了分析电路的第一定律(电流定律：KCL)和第二定律(电压定律：KVL)，同时还确定了网孔回路分析法的原理。人们常把欧姆(1827 年)和基尔霍夫(1847 年)的贡献作为电路这门学科的起点。20 世纪 50 年代末，电路理论在学术体系上基本完善。从欧姆定律到 20 世纪 50 年代这一发展阶段被称为经典电路理论发展阶段。

　　电路理论的早期发展是与长途电话、通信密切相关的。进入 20 世纪 40 年代，由于生产发展和第二次世界大战的需要，除电力和通信之外，自动控制技术急剧兴起，于是在电气科学技术领域内就形成了三足鼎立的体系，即电力系统、通信系统和控制系统。这三大系统皆以电路理论为基础，同时三大系统又成为推动电路理论向更广泛、更深入的水平发展的动力。

　　(2) 近代电路理论发展阶段(20 世纪 60 年代到 70 年代)。

　　第二次世界大战后，电力系统、通信系统和控制系统的研究及应用都取得了巨大的进展，尤其是后两者的进展更为迅速。控制技术和通信技术从实际应用逐步上升为新的理论体系——"控制论"和"信息论"。与此同时，半导体电子学和微电子学、数字计算机、激光技术以及核科学和航天技术等新兴尖端技术也以惊人的速度突飞猛进，使得整个电气工程领域从 20 世纪 50 年代末期就开始了"电子革命"和"计算机革命"。所有这些都促使电路理论从 20 世纪 60 年代起不得不在内容和概念上进行不断调整和革新，使电路理论无论在深度还是在广度方面又经历了一次巨大的发展，这一发展阶段被称为近代电路理论发展阶段。该阶段的主要特点是出现了大量新的电路元件、有源器件，且图论也被引入了电路理论。

近代电路理论十几年的进展相当于早期几十年的进展，这种高速度的发展是在社会生产力急剧发展的推动之下产生的，这个阶段的发展结果使得社会生产中的电气化、自动化和智能化水平迅速提高。

（3）电路与系统发展阶段（20 世纪 70 年代至今）。

在近代电路理论向前发展的同时，20 世纪 60 年代至 70 年代严谨而完整的"系统理论"首先在自然科学领域内形成了。其实，系统理论是起源于电路理论的。最初人们在对电力系统和通信系统进行分析设计时，不仅要从微观上研究每个部件，还要从宏观出发，在整体上研究系统结构的合理性、可靠性和稳定性等。对电路理论研究者来说，是无法撇开系统概念去单独研究电路的，因为电路本身就是一个系统。但是系统又不能与电路完全等同，系统较之电路更具有一般性，而电路较之系统则更具有典型性。电路所考虑的是元件的拓扑、参数、物理量以及电路的内在电气结构，而系统所考虑的则是从输入到输出的整体性能及其外在的物理行为。

目前分析电路的方法有三大类：时域分析法、频域分析法和拓扑分析法。时域分析法是最初使用的方法，当时只有这一种方法。后来一些数学家如傅里叶、拉普拉斯等将傅里叶级数、微积分和复变函数的理论引入到电路分析中，形成了现代分析电路的主要工具之一，即频域分析法。拓扑分析法是由基尔霍夫和麦克斯韦开创的。基尔霍夫首先使用了"树"来研究电路，但当时他的论点太深奥，超越了时代，所以这种方法在电路分析的实际应用中停滞了近百年，直到百年后第一本有关"图论"在电路中应用的专著问世，拓扑分析法才广泛应用于电路分析中。这三种方法在本书中都会涉及。

二、电路理论的应用及前景

电路理论与众多学科相互影响、相互促进。例如电路理论在电力系统中应用，进而产生了电力系统分析这门学科。电子技术从电子管、半导体晶体管、集成电路到超大规模集成电路，更离不开电路理论的支持和发展。当然，电子技术的发展也促进了电路理论的发展，使电路模型更加多元化。

当前电路领域的研究热点很多，包括模拟电路故障诊断与自动检测、微电子电路设计与应用、有源器件建模和新器件的创制、人工神经网络等。由于复杂器件的不断问世，非线性电路理论也日渐深入。为了进一步使模拟电路大规模集成化，开关电容网络和开关电容滤波器也已经进入电路理论的研究领域。还有电路的数字综合是电路理论研究的新方向，模拟电路综合的离散化已成为一种趋势。电路中图论的应用也日趋广泛，它是设计印刷电路、集成电路布线、版图设计（尤其是超大规模集成电路设计）不可缺少的理论基础。总之，电路理论已经与我们的生活密不可分。

第 1 章 电路的基本概念和基本定律

本章从建立电路模型、认识电路变量等最基本的问题出发,重点介绍基尔霍夫定律、电路等效、输入电阻等概念。

1.1 电路与电路模型

1.1.1 实际电路的组成和功能

电路是指电流通过的路径。实际电路通常由一些电路器件(如电源、电阻器、电感器、电容器、变压器、仪表、二极管、三极管等)组成。每一种电路实体部件具有各自不同的电磁特性和功能。复杂的电路称为网络。

电路的形式是多种多样的,但从电路的本质来说,其组成都有电源、负载、中间环节三个最基本的部分。图 1.1.1 所示为手电筒电路示意图。

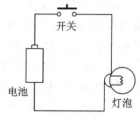

图 1.1.1 手电筒电路示意图

凡是将化学能、机械能等非电能转换成电能的供电设备称为电源,电路中把电源称为激励或激励源,常见的电源有干电池、蓄电池和发电机等;凡是将电能转换成热能、光能、机械能等非电能的用电设备称为负载,如电炉、白炽灯泡和电动机等;连接电源和负载的部分称为中间环节,如导线、开关等。负载上的电压和电流都是由激励产生的,通常也将激励在电路中产生的电压或电流称为响应。

电路的种类繁多,但从电路的功能来说,其作用可分为两个方面:

其一是实现电能的传输和转换,如电力系统中的发电、输电电路。发电厂的发电机组先将其他形式的能量(热能或水的势能、原子能、太阳能等)转换成电能,再通过变压器、输电线输送给各用户负载,用户负载又把电能转换成机械能、光能、热能供人们生产、生活所用。

其二是进行信息的传递与处理,如电话、收音机、电视机、手机中的电路。如图 1.1.2 所示,接收天线先将载有语言、音乐或图像信息的电磁波接收并输送到接收机电路,接收机电路再把输入信号(又称激励)处理为人们所需要的输出信号(又称响应),该输出信号最后送到扬声器或显像管被还原为语言、音乐或图像信号。

图 1.1.2 接收机电路

1.1.2 电路模型

实际电路的电磁过程是相当复杂的，人们难以对它进行有效的分析和计算。在电路理论中，为了便于实际电路的分析和计算，通常在工程实际允许的条件下对实际电路进行模型化处理，即忽略次要因素，抓住足以反映其功能的主要电磁特性。如电阻器、灯泡、电炉等电器设备接收电能并将电能转换成光能或热能，而光能和热能显然不可能再回到电路中，这种能量转换过程不可逆的电磁特性称之为耗能。这些电器设备除了具有耗能的电磁特性，当然还有其他一些电磁特性，在研究和分析问题时，即使忽略其他电磁特性，也不会影响整个电路的分析和计算，因此，就可用一个只具有耗能特性的"电阻元件"作为它们的理想电路元件。

将实际电路器件理想化而得到的只具有某种单一电磁特性的元件，称为理想电路元件，简称电路元件。每一种电路元件体现某种基本现象，具有某种确定的电磁性质和精确的数学定义。常用的电路元件有表示将电能转换为热能的电阻元件、表示电场性质的电容元件、表示磁场性质的电感元件、电压源元件和电流源元件等。

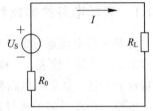

图 1.1.3　手电筒电路的电路模型

由理想电路元件相互连接组成的电路称为电路模型。如图 1.1.1 所示，电池对外提供电压的同时，内部也有电阻消耗能量；灯泡除了具有消耗电能的性质（电阻性）外，通电时还会产生磁场，具有电感性，但电感性微弱，可忽略不计，于是灯泡可认为是电阻元件，用 R 表示。图 1.1.3 所示为图 1.1.1 所示电路的电路模型。

1.2　电路的基本变量

在电路问题分析中，人们所关心的物理量有电流、电压和功率。在具体展开分析、讨论电路问题之前，建立并深刻理解这些物理量及有关的基本概念是很重要的。

1.2.1 电流及其参考方向

1. 电流

电荷的定向移动形成电流，其大小用电流强度来衡量，电流强度亦简称电流。

电流的定义：单位时间内通过导体横截面的电荷量，用公式表示为

$$i = \frac{\mathrm{d}q}{\mathrm{d}t} \tag{1.2.1}$$

其中，i 表示随时间变化的电流，$\mathrm{d}q$ 表示在 $\mathrm{d}t$ 时间内通过导体横截面的电荷量。

在国际制单位中，电流的单位为安培，简称安（A）。实际应用中，大电流用千安（kA）表示，小电流用毫安（mA）或微安（μA）表示。它们的换算关系是

$$1\ \mathrm{kA} = 10^3\ \mathrm{A} = 10^6\ \mathrm{mA} = 10^9\ \mu\mathrm{A}$$

在外电场的作用下，正电荷将沿着电场方向运动，而负电荷将逆着电场方向运动，习

惯上规定：正电荷运动的方向为电流的方向。

2. 电流的参考方向

在分析复杂电路时，人们一般难以判断出电流的实际方向。对于交流电路，电流的方向随时间改变，无法用一个固定的方向表示它。因此引入电流的"参考方向"。

所谓电流的参考方向，就是在分析和计算电路时，先任意选定某一方向，作为待求电流的方向，并根据此方向进行分析计算。若电流的计算结果为正，说明电流的参考方向与实际方向相同；若电流的计算结果为负，说明电流的参考方向与实际方向相反。图 1.2.1 表示了电流的参考方向（图中实线所示）与实际方向（图中虚线所示）之间的关系。

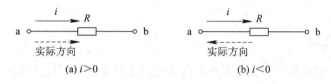

(a) $i>0$　　　　　　　　　　　　　(b) $i<0$

图 1.2.1　电流的参考方向与实际方向

1.2.2　电压及其参考方向

1. 电压

电路中，电场力把单位正电荷(q)从 a 点移到 b 点所做的功(W)就称为 a、b 两点间的电压，也称电位差，记为

$$u_{ab} = \frac{\mathrm{d}W}{\mathrm{d}q} \tag{1.2.2}$$

在国际制单位中，电压的单位为伏特，简称伏(V)。实际应用中，大电压用千伏(kV)表示，小电压用毫伏(mV)或微伏(μV)表示。它们的换算关系是

$$1 \text{ kV} = 10^3 \text{ V} = 10^6 \text{ mV} = 10^9 \text{ } \mu\text{V}$$

电压的方向规定为从高电位指向低电位。

2. 电压的参考方向

在比较复杂的电路中，人们往往事先不知道电路中某两点间的电压。为了分析和计算方便，与电流的参考方向规定类似，在分析计算电路之前必须对电压标以极性（"＋""－"号），或标以方向（箭头）作为电压的参考方向，如图 1.2.2 所示。若采用双下标标记，电压的参考方向从 a 指向 b，则两点电压记作 u_{ab}；若电压的参考方向从 b 点指向 a 点，则两点电压应写成 u_{ba}。两电压仅差一个负号，即 $u_{ab} = -u_{ba}$。

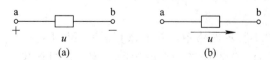

(a)　　　　　　　　　　　　(b)

图 1.2.2　电压参考方向的表示方法

分析求解电路时，先按选定的电压参考方向进行分析、计算，再由计算结果中电压值的正负来判断电压的实际方向与参考方向是否一致。若电压值为正，则电压的实际方向与

参考方向相同；若电压值为负，则电压的实际方向与参考方向相反。

3. 电流和电压的关联参考方向

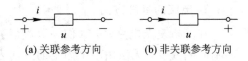

(a) 关联参考方向　　(b) 非关联参考方向

图 1.2.3　参考方向

一个元件的电流或电压的参考方向可独立地任意指定。如果指定流过元件的电流参考方向是从电压正极性的一端指向负极性的一端，即电流和电压的参考方向一致，那么电流和电压的这种参考方向称为关联参考方向，如图 1.2.3(a)所示，即沿电流参考方向为电压降低的参考方向；当电流和电压的参考方向不一致时，称为非关联参考方向，见图 1.2.3(b)。人们常常习惯采用关联参考方向。

1.2.3　功率和电能

功率与电压、电流密切相关。当正电荷从元件上电压的"＋"极经元件运动到"－"极时，电场力对电荷做正功，这时，元件吸收电能；反之，正电荷从元件上电压的"－"极运动到"＋"极时，电场力做负功，元件释放电能。

从 t_0 到 t 的时间内，元件吸收的电能可根据电压的定义求得

$$W = \int_{q(t_0)}^{q(t)} u \, dq$$

由于 $i = dq/dt$，因此有

$$W = \int_{t_0}^{t} u(\xi) i(\xi) d\xi \tag{1.2.3}$$

式(1.2.3)中 i 和 u 都是时间的函数，并且是代数量。因此，电能 W 也是时间的函数，且是代数量。电能的单位为焦耳(J)，简称焦。

电功率是电能对时间的导数，在电工中，电功率常常简称为功率，功率的单位为瓦特(W)，简称瓦。

在图 1.2.3(a)所示的电压、电流取关联参考方向情况下，功率可写成

$$p = ui \tag{1.2.4}$$

式(1.2.4)是按吸收功率计算的，即当 $p > 0$ 时，表示该段电路吸收功率；当 $p < 0$ 时，表示该段电路输出功率。

在图 1.2.3(b)所示的电压、电流取非关联参考方向下，功率可写成

$$p = -ui \tag{1.2.5}$$

计算时应根据电压、电流参考方向是否关联，来选取相应的公式计算功率。但无论用 $p = ui$ 还是 $p = -ui$，计算结果只要 $p > 0$，该元件吸收功率，$p < 0$ 该元件输出功率。

【例 1.2.1】　图 1.2.4 所示电路中，电压源 $U_{S1} = 4$ V，$U_{S2} = 1$ V，$R_1 = 2\ \Omega$，$R_2 = 1\ \Omega$。分别计算两个电源的功率，并判断其功率是吸收功率还是输出功率。

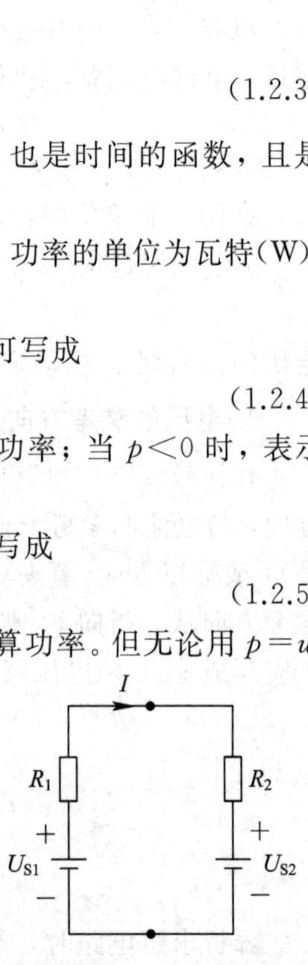

解　　$$I = \frac{U_{S1} - U_{S2}}{R_1 + R_2} = \frac{4-1}{2+1} = 1\ \text{A}$$

图 1.2.4　例 1.2.1 图

$$P_{U_{S1}} = -U_{S1} \times I = -4 \times 1 = -4 \text{ W} < 0$$
$$P_{U_{S2}} = U_{S2} \times I = 1 \times 1 = 1 \text{ W} > 0$$

所以，$P_{U_{S1}}$ 为输出功率；$P_{U_{S2}}$ 为吸收功率。

由 $p = ui$ 可知，一台发电机要输出大功率，不但要有大电流，还要有高电压。但是实际上，任何电器设备的电压、电流都受到条件的限制，如电流受温升的限制，电压受到绝缘材料耐压的限制。电流过大或电压过高，都容易使电器设备受到损坏。为使电器设备正常工作，其电压、电流必须有一定的限额，这个限额称为电器设备的额定值。

任何电器设备在额定值下工作最理想，称为满载。超过额定值下工作称为过载。少量的过载尚可，因为任何电器设备都有一定的安全系数。严重过载是不允许的，因此使用前，必须进行严格的选择。

每种电器设备的各种额定值之间有一定的关系，因此，每种电器设备只给出部分额定值，不必全部给出，如日光灯：额定电压为 220 V，额定功率为 40 W 等。

1.3　电 阻 元 件

线性二端电阻元件（简称电阻元件）在电压和电流取关联参考方向时，任何时刻其两端的电压和电流关系可写为

$$u = Ri \tag{1.3.1}$$

式(1.3.1)中，R 为电阻元件的参数，称为电阻元件的电阻值。电阻元件的图形符号如图 1.3.1(a)所示。当电压单位为 V，电流单位为 A 时，电阻的单位为 Ω（欧姆，简称欧）。

令 $G = 1/R$，式(1.3.1)变成

$$i = Gu \tag{1.3.2}$$

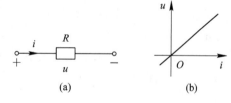

图 1.3.1　电阻元件及其伏安特性曲线

式(1.3.2)中，G 称为电阻元件的电导。电导的单位是 S（西门子，简称西）。R 和 G 都是电阻元件的参数。若电阻元件电压的参考方向与电流的参考方向相反，则欧姆定律应写为

$$u = -Ri \tag{1.3.3}$$

由于电压和电流的单位分别是伏和安，因此电阻元件的特性称为伏安特性。图 1.3.1(b)画出了线性电阻元件的伏安特性曲线，它是一条通过原点的直线。直线的斜率与元件的电阻 R 有关。

当电压 u 和电流 i 取关联参考方向时，电阻元件消耗的功率为

$$p = ui = Ri^2 = \frac{u^2}{R} = Gu^2 = \frac{i^2}{G} \tag{1.3.4}$$

由于 R 和 G 是正实常数，故功率 P 恒为非负值，所以电阻元件是一种无源元件。实际电阻元件消耗的功率都有规定的额定值，若超过额定值就会使电阻元件因过热而损坏。所以实际使用电阻元件时，既要使其电阻值大小符合要求，又要注意消耗的功率不要超过其额定值。

电阻元件从 t_0 到 t 的时间内吸收的电能为

$$W = \int_{t_0}^{t} Ri^2(\xi)\,\mathrm{d}\xi \tag{1.3.5}$$

电阻元件把吸收的电能转换成热能。为了叙述方便，本书把电阻元件简称为电阻。

非线性电阻元件的电压电流关系不满足欧姆定律，而遵循某种特定的非线性函数关系。其伏安特性一般可写为

$$u = f(i) \text{ 或 } i = g(u)$$

如果一个电阻元件具有以下的电压电流关系：

$$u(t) = R(t)i(t) \text{ 或 } i(t) = G(t)u(t)$$

这里 u 和 i 仍是比例关系，但比例系数 R 是随时间变化的，故该电阻元件称为时变电阻元件。非线性元件将在本书第 11 章中详细介绍。

1.4　理想电压源和理想电流源

理想电压源和理想电流源是二端有源元件。它们是在一定条件下从实际电源抽象出来的一种理想模型。

1.4.1　理想电压源

理想电压源（简称电压源）提供的电压总能保持某一恒定值或一定的时间函数，而与通过它的电流无关。其图形符号如图 1.4.1(a) 所示，图中的"＋""－"号是参考极性，u_S 为电压源的端电压。

理想电压源的输出电压与输出电流之间的关系称为伏安特性，如图 1.4.1(b) 所示。理想电压源具有如下特点：

（1）输出电压 u_S 是由它本身所确定的定值，与输出电流和外电路的情况无关；

（2）输出电流 i 不是定值，与输出电压和外电路的情况有关。

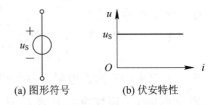

(a) 图形符号　　　(b) 伏安特性

图 1.4.1　理想电压源

1.4.2　理想电流源

理想电流源（简称电流源）提供的电流总能保持恒定值或一定的时间函数，而与它两端所加的电压无关，也称为恒流源。图 1.4.2(a) 所示为理想电流源的图形符号，图中的箭头是理想电流源的参考方向，i_S 为电流源的端电流。

图 1.4.2(b) 所示为理想电流源的伏安特性曲线。理想电流源具有如下特点：

（1）输出电流 i_S 是由它本身所确定的定值，与输出电压和外电路的情况无关；

（2）输出电压 u 不是定值，与输出电流和外电路的情况有关。

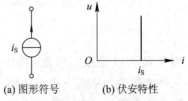

(a) 图形符号　　　(b) 伏安特性

图 1.4.2　理想电流源

1.5　受　控　源

受控源是用来表征在电子器件中所发生的物理现象的一种模型,它反映了电路中某处的电压或电流与另一处的电压或电流的关系。

电压或电流的大小和方向受电路中其他地方的电压或电流控制的电源,称为受控源。

受控源有两个控制端子(又称输入端)、两个受控端子(又称输出端),所以受控源属于四端元件。根据控制量和被控制量是电压 u 或电流 i,受控源可分四种类型:电压控制的电压源(VCVS)、电压控制的电流源(VCCS)、电流控制的电压源(CCVS)、电流控制的电流源(CCCS)。它们在电路中的图形符号分别如图 1.5.1 所示。图中菱形符号表示受控电压源或受控电流源,采用的参考方向的表示方法与独立电源相同。图 1.5.1 中,左侧端口的 u_1 或 i_1 为控制量,它是某一条支路上的电压或电流,它控制其他支路的电压或电流,右侧端口的 u_2 或 i_2 为被控制量(受控量),其大小和方向不是独立的,取决于控制量的大小和方向。从图中我们可以看出控制量和受控量的关系,如图 1.5.1(a)所示电源中 $u_2 = \mu u_1$,控制量和被控制量都是电压,u_2 的大小取决于 u_1,所以该电源是一个电压控制电压源,μ 为控制系数,无量纲。图 1.5.1(b)所示电源中 $i_2 = g u_1$,控制量是 u_1,被控制量是 i_2,所以该电源是一个电压控制电流源,g 为控制系数,单位为西门子(S)。同理,图 1.5.1(c)所示电源中 $u_2 = r i_1$,控制量为电流,被控制量是电压,该电源是一个电流控制电压源,r 为控制系数,单位为欧姆(Ω)。图 1.5.1(d)所示电源中 $i_2 = \beta i_1$,控制量和被控制量都是电流,该电源是一个电流控制电流源,β 为控制系数,无量纲。当这些系数为常数时,被控制量与控制量成正比,这种受控源为线性受控源。本书提到的受控源均指线性受控源。

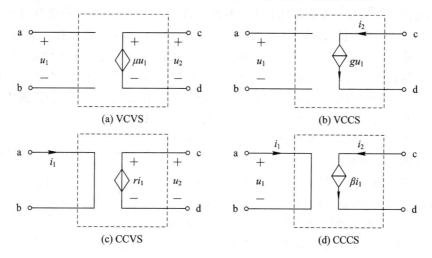

图 1.5.1　四种线性受控源

受控源与独立源比较:① 独立源的电压(或电流)由电源本身决定,与电路中其他电压、电流无关,而受控源的电压(或电流)由控制量决定;② 独立源在电路中起“激励”作用,在电路中产生电压、电流,而受控源只是反映输出端与输入端的受控关系,在电路中不能作为“激励”。

受控电压源和电阻的串联组合与受控电流源和电导的并联组合可以用同样的方法进行电源等效变换。此时应把受控源当独立源来处理，注意在变换过程中控制量所在支路必须保持不变换。

【例 1.5.1】 图 1.5.2 电路中 $I=5$ A，求各个元件的功率并判断电路中的功率是否平衡。

解　电压源输出功率：
$$P_1 = -20 \times 5 = -100 \text{ W}$$
电阻消耗的功率：
$$P_2 = 12 \times 5 = 60 \text{ W}$$
$$P_3 = 8 \times 6 = 48 \text{ W}$$
受控电流源输出功率：
$$P_4 = -8 \times 0.2I = -8 \times 0.2 \times 5 = -8 \text{ W}$$
$$P_1 + P_4 + P_2 + P_3 = 0$$
可见电路中功率平衡。

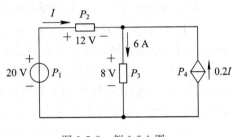

图 1.5.2　例 1.5.1 图

1.6　基尔霍夫定律

任一电路都是由不同的电路元件按一定的方式连接起来的，电路中的电压、电流必然受到一定的约束。这种约束关系可以分为两类：一类是元件自身的特性对元件上电压电流关系的约束，即元件的伏安特性；另一类是元件之间的连接给各支路电压、电流带来的约束，表示这类约束关系的是基尔霍夫定律。

实际电路可分为分布参数电路和集总参数电路。集总参数电路是由电路器件的实际尺寸(d)和工作信号的波长(λ)来做标准划分的。满足 $d \ll \lambda$ 条件的电路称为集总参数电路，其特点是电路中任意两个端点间的电压和流入任一器件端子的电流完全确定，与器件的几何尺寸和空间位置无关；不满足 $d \ll \lambda$ 条件的电路称为分布参数电路，其特点是电路中的电压和电流是时间的函数而且与器件的几何尺寸和空间位置有关。由波导和高频传输线组成的电路是分布参数电路的典型例子。本书只讨论集总参数电路。

基尔霍夫定律是集总参数电路的基本定律，它包括电流定律和电压定律。

为了叙述问题方便，在具体讲述基尔霍夫定律之前先介绍以下几个常用电路术语：

(1) 支路：任意两个结点之间无分叉的分支电路称为支路，支路数用 b 表示，如图 1.6.1 所示电路中的 bafe 支路、be 支路、bcde 支路，支路数 $b=3$。

(2) 结点：电路中，三条或三条以上支路的交汇点称为结点，结点数用 n 表示，如图 1.6.1 所示电路中的 b 点、e 点，结点数 $n=2$。

(3) 回路：电路中由若干条支路构成的任一闭合路径称为回路，回路数用 l 表示，如图

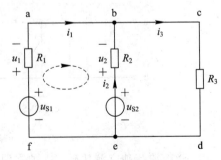

图 1.6.1　电路举例

1.6.1 所示电路中 abefa 回路、bcdeb 回路、abcdefa 回路，回路数 $l=3$。

（4）网孔：在平面电路中，不包围任何支路的单孔回路称为网孔，网孔数用 m 表示，如图 1.6.1 所示电路中 abefa 回路和 bcdeb 回路都是网孔，而 abcdefa 回路不是网孔。网孔一定是回路，而回路不一定是网孔。

1.6.1　基尔霍夫电流定律

基尔霍夫电流定律（KCL）：在集总参数电路中，任何时刻，对任一结点，所有支路电流的代数和恒等于零。

以图 1.6.1 所示电路为例，对结点 b，根据 KCL，有

$$i_1 + i_2 - i_3 = 0$$

即

$$\sum i = 0 \tag{1.6.1}$$

式（1.6.1）中，若流出结点的电流前面取"＋"号，则流入结点的电流前面取"－"号。电流是流出结点还是流入结点，均根据电流的参考方向判断。

式（1.6.1）可写为

$$i_1 + i_2 = i_3$$

此式表明，流出结点 b 的支路电流之和等于流入该结点的支路电流之和。因此，KCL 也可理解为，任何时刻，流出任一结点的支路电流之和等于流入该结点的支路电流之和。

KCL 不仅适用于结点，对于包含几个结点的闭合曲面也是适用的。如图 1.6.2 所示的电路中，对闭合曲面 S 有

$$i_1 + i_2 + i_3 = 0$$

【例 1.6.1】　在图 1.6.3 所示的电路中，已知 $i_2 = 2\ \text{A}$，$i_4 = -1\ \text{A}$，$i_5 = 6\ \text{A}$，求 i_3。

解　因为 $i_2 - i_3 + i_4 - i_5 = 0$，所以

$$i_3 = i_2 + i_4 - i_5 = -5\ \text{A}$$

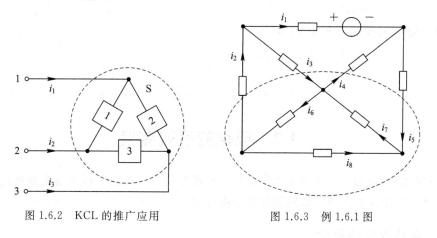

图 1.6.2　KCL 的推广应用　　　　　图 1.6.3　例 1.6.1 图

1.6.2　基尔霍夫电压定律

基尔霍夫电压定律（KVL）：在集总参数电路中，任何时刻，沿任一回路，所有支路电

压的代数和恒等于零，即

$$\sum u = 0 \qquad\qquad (1.6.2)$$

式(1.6.2)求和时，首先需要任意指定一个回路的绕行方向，凡支路电压的参考方向与回路的绕行方向一致的，该电压前面取"＋"号；支路电压参考方向与回路绕行方向相反的，该电压前面取"－"号。

在图 1.6.1 所示闭合回路中，沿 abefa 顺序绕行一周，则有

$$-u_{S1} + u_1 - u_2 + u_{S2} = 0$$

KVL 不仅适用于电路中的具体回路，对于电路中任一假想的回路也是适用的，如在图 1.6.4 所示电路中，ad 之间并无支路存在，但仍可把 abd 或 acd 分别看成一个回路。由 KVL 分别得

$$u_1 + u_2 - u_{ad} = 0$$
$$u_{ad} - u_3 - u_4 - u_5 = 0$$

故有

$$u_{ad} = u_1 + u_2 = u_3 + u_4 + u_5$$

可见，两点间电压与选择的路径无关。

【例 1.6.2】　在图 1.6.5 所示的回路中，已知 $U_{S1} = 20$ V，$U_{S2} = 10$ V，$U_{ab} = 4$ V，$U_{cd} = -6$ V，$U_{ef} = 5$ V，试求 U_{ed} 和 U_{ad}。

解　由回路 abcdefa，根据 KVL 可列出

$$U_{ab} + U_{cd} - U_{ed} + U_{ef} = U_{S1} - U_{S2}$$
$$U_{ed} = U_{ab} + U_{cd} + U_{ef} - U_{S1} + U_{S2}$$
$$= 4 + (-6) + 5 - 20 + 10$$
$$= -7 \text{ V}$$

由假想的回路 abcda，根据 KVL 可列出

$$U_{ab} + U_{cd} - U_{ad} = -U_{S2}$$

求得

$$U_{ad} = U_{ab} + U_{cd} + U_{S2} = 4 + (-6) + 10 = 8 \text{ V}$$

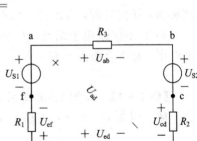

图 1.6.4　电压回路

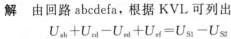

图 1.6.5　例 1.6.2 图

1.7　电路的等效变换

"等效电路"既是一个重要概念，也是一种重要的分析方法。本节首先阐述电路等效的概念，然后具体讨论常用二端网络等效变换方法。

1.7.1　电路等效的概念

如图 1.7.1 所示，结构、元件参数不相同的两部分电路 B、C，若 B、C 端口具有相同的电压、电流关系，即具有相同的伏安特性(Voltage Current Relation，VCR)，则称 B 与 C 是

互为等效的。

图 1.7.1　具有相同 VCR 的两部分电路

　　等效的两部分电路 B 与 C 在电路中可以相互替换，替换前的电路和替换后的电路对任意外电路 A 中的电流、电压和功率而言是等效的，即满足图 1.7.2 所示关系。

　　需要明确的是，电路 B 与 C 等效是用于求解电路 A 中的电流、电压和功率。如果要求图 1.7.2(a)中电路 B 的电流、电压和功率，就不能用图 1.7.2(b)等效电路来求解，因为，电路 B 和电路 C 对电路 A 来说是等效的，但电路 B 和电路 C 本身是不相同的。

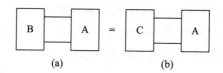

图 1.7.2　电路等效示意图

1.7.2　电阻的串联、并联和混联等效

1. 电阻的串联等效

图 1.7.3(a)所示为 n 个电阻的串联，由 KVL 得

$$u = u_1 + \cdots + u_k + \cdots + u_n$$

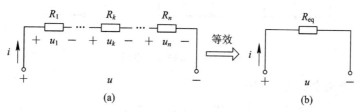

图 1.7.3　等效电阻转换

把欧姆定律代入电压表示式中，即

$$u = R_1 i + \cdots + R_k i + \cdots + R_n i = (R_1 + \cdots + R_n)i = R_{eq} i$$

上式说明，图 1.7.3(a)所示电路与图 1.7.3(b)所示电路具有相同的 VCR，它们是互为等效的电路。其中，等效电阻为

$$R_{eq} = R_1 + \cdots + R_k + \cdots + R_n = \sum_{k=1}^{n} R_k > R_k$$

则

$$u_k = R_k i = R_k \frac{u}{R_{eq}} = \frac{R_k}{R_{eq}} u < u \tag{1.7.1}$$

各电压关系满足

$$u_1 : u_2 : \cdots : u_k : \cdots : u_n = R_1 : R_2 : \cdots : R_k : \cdots : R_n \tag{1.7.2}$$

电阻串联,各电阻上分得的电压与电阻值成正比,电阻值大者分得的电压大。因此串联电阻电路可作为分压电路。

各电阻的功率为

$$P_1 = R_1 i^2, \ P_2 = R_2 i^2, \ \cdots, \ P_k = R_k i^2, \ \cdots, \ P_n = R_n i^2$$

所以

$$P_1 : P_2 : \cdots : P_k : \cdots : P_n = R_1 : R_2 : \cdots : R_k : \cdots : R_n$$

总功率:

$$\begin{aligned} P &= R_{eq} i^2 = (R_1 + R_2 + \cdots + R_k + \cdots + R_n) i^2 \\ &= R_1 i^2 + R_2 i^2 + \cdots + R_k i^2 + \cdots + R_n i^2 \\ &= P_1 + P_2 + \cdots + P_k + \cdots + P_n \end{aligned}$$

电阻串联时,各电阻消耗的功率与电阻大小成正比,即电阻值大者消耗的功率大;等效电阻消耗的功率等于各串联电阻消耗的功率的总和。

2. 电阻的并联等效

图 1.7.4(a)所示为 n 个电阻的并联,根据 KCL 得

$$i = i_1 + i_2 + \cdots + i_k + \cdots + i_n$$

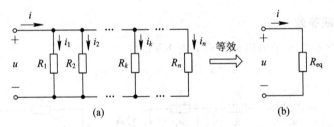

图 1.7.4　并联等效电阻

把欧姆定律代入电流表示式中,即

$$\begin{aligned} i &= i_1 + i_2 + \cdots + i_k + \cdots + i_n \\ &= \frac{u}{R_1} + \frac{u}{R_2} + \cdots + \frac{u}{R_k} + \cdots + \frac{u}{R_n} \\ &= u(G_1 + G_2 + \cdots G_k + \cdots + G_n) = G_{eq} u \end{aligned}$$

上式说明,图 1.7.4(a)所示电路与图 1.7.4(b)所示电路具有相同的 VCR,它们是互为等效的电路。其中,等效电导为

$$G_{eq} = G_1 + G_2 + \cdots + G_k + \cdots + G_n = \sum_{k=1}^{n} G_k > G_k$$

因此有

$$\frac{1}{R_{eq}} = G_{eq} = \frac{1}{R_1} + \frac{1}{R_2} + \cdots + \frac{1}{R_k} + \cdots + \frac{1}{R_n} \ \text{即} \ R_{eq} < R_k$$

最常用的两个电阻并联时,其等效电阻的公式:

$$R_{eq} = \frac{\dfrac{1}{R_1} \times \dfrac{1}{R_2}}{\dfrac{1}{R_1} + \dfrac{1}{R_2}} = \frac{R_1 R_2}{R_1 + R_2} \tag{1.7.3}$$

若已知并联电阻电路的总电流，求各电阻上分得的电流称为分流。由图 1.7.4 知

$$\frac{i_k}{i} = \frac{\dfrac{u}{R_k}}{\dfrac{u}{R_{eq}}} = \frac{G_k}{G_{eq}} \quad 即 \quad i_k = \frac{G_k}{G_{eq}} i \tag{1.7.4}$$

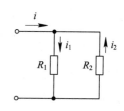

图 1.7.5　两个电阻并联

各电流关系满足：

$$i_1 : i_2 : \cdots : i_k : \cdots : i_n = G_1 : G_2 : \cdots : G_k : \cdots : G_n \tag{1.7.5}$$

对于两个电阻并联，有

$$i_1 = \frac{\dfrac{1}{R_1}}{\dfrac{1}{R_1} + \dfrac{1}{R_2}} i = \frac{R_2 i}{R_1 + R_2}$$

$$i_2 = \frac{-\dfrac{1}{R_2}}{\dfrac{1}{R_1} + \dfrac{1}{R_2}} i = \frac{-R_1 i}{R_1 + R_2} = -(i - i_1)$$

各电阻的功率为

$$P_1 = G_1 u^2, \ P_2 = G_2 u^2, \ \cdots, \ P_k = G_k u^2, \ \cdots, \ P_n = G_n u^2 \tag{1.7.6}$$

所以

$$P_1 : P_2 : \cdots : P_k : \cdots : P_n = G_1 : G_2 : \cdots : G_k : \cdots : G_n \tag{1.7.7}$$

总功率：

$$P = G_{eq} u^2 = (G_1 + G_2 + \cdots + G_k + \cdots + G_n) u^2$$
$$= G_1 u^2 + G_2 u^2 + \cdots + G_k u^2 + \cdots + G_n u^2$$
$$= P_1 + P_2 + \cdots + P_n$$

电阻并联时，各电阻消耗的功率与电阻大小成反比，即电阻值大者消耗的功率小；等效电阻消耗的功率等于各并联电阻消耗的功率的总和。

3. 电阻的混联等效

电路中既有电阻串联，又有电阻并联的电路称为电阻的混联电路。

【例 1.7.1】　求图 1.7.6 所示电路的 I_1、I_4、U_4。

解　用分流方法，得

$$I_4 = -\frac{1}{2} I_3 = -\frac{1}{4} I_2 = -\frac{1}{8} I_1 = -\frac{1}{8} \times \frac{12}{R} = -\frac{3}{2R}$$

$$U_4 = -I_4 \times 2R = 3 \ V$$

$$I_1 = \frac{12}{R}$$

用分压方法，得

$$U_4 = \frac{U_2}{2} = \frac{1}{4}U_1 = 3 \text{ V}$$

$$I_4 = -\frac{3}{2R}$$

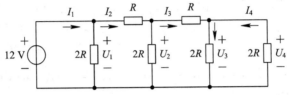

图 1.7.6　例 1.7.1 图

判别电阻的串、并联关系一般应掌握下述三点：

（1）看电路的结构特点。若两个电阻是首尾相连，电路就是串联；若电阻是首首尾尾相连，则电阻是并联。

（2）看电压电流关系。若流经两个电阻的电流是同一个电流，电阻就是串联；若两个电组上加载的是同一个电压，电阻就是并联。

（3）对电路做变形等效。如左边的支路可以扭到右边，上面的支路可以翻到下面，弯曲的支路可以拉直等；对电路中的短线路可以任意压缩或伸长；对多点接地可以用短路线相连。

1.7.3　电阻的 Y-△连接等效变换

在电路中，有时电阻的连接既不是串联也不是并联，如图 1.7.7 所示，电阻 R_2、R_3、R_5 为星形（Y 形）连接，电阻 R_1、R_2、R_3 为三角形（△形）连接。星形连接和三角形连接都有三个端子与外部电路相连。它们之间等效变换的条件是外特性相同，即当它们对应端子的电压相同时，流入对应端子的电流也必须相等。图 1.7.8 分别给出了端子 1、2、3 的星形连接和三角形连接的 3 个电阻，三个端子分别与电路的其他部分（图中没有画出）相连。如果电阻星形连接与三角形连接的对应端子之间具有相同的电压 u_{12}、u_{23}、u_{31}，而流入对应端子

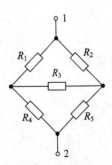

图1.7.7　电阻的 Y 形连接和△形连接

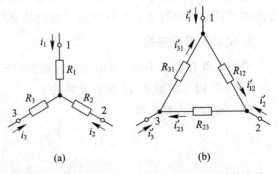

(a)　　　　　　　(b)

图 1.7.8　电阻的 Y 形连接和△形连接的等效变换

的电流也分别相等，即 $i_1 = i'_1$，$i_2 = i'_2$，$i_3 = i'_3$，则它们彼此等效。下面推导电阻的 Y-△等效变换条件：

△形连接电路如图 1.7.8(b)所示，各电阻中电流为 $i'_{12} = \dfrac{u_{12}}{R_{12}}$，$i'_{23} = \dfrac{u_{23}}{R_{23}}$，$i'_{31} = \dfrac{u_{31}}{R_{31}}$，根据 KCL，图 1.7.8(b)所示端子电流分别为

$$
\begin{cases}
i'_1 = \dfrac{u_{12}}{R_{12}} - \dfrac{u_{31}}{R_{31}} \\[2mm]
i'_2 = \dfrac{u_{23}}{R_{23}} - \dfrac{u_{12}}{R_{12}} \\[2mm]
i'_3 = \dfrac{u_{31}}{R_{31}} - \dfrac{u_{23}}{R_{23}}
\end{cases}
\tag{1.7.8}
$$

Y 形连接电路如图 1.8.8(a)所示，根据 KCL 和 KVL 可求出端子电压与电流之间的关系为

$$
\begin{cases}
i_1 + i_2 + i_3 = 0 \\
R_1 i_1 - R_2 i_2 = u_{12} \\
R_2 i_2 - R_3 i_3 = u_{23} \\
R_3 i_3 - R_1 i_1 = u_{31}
\end{cases}
$$

解出电流为

$$
\begin{cases}
i_1 = \dfrac{R_3\, u_{12}}{R_1 R_2 + R_2 R_3 + R_3 R_1} - \dfrac{R_2\, u_{31}}{R_1 R_2 + R_2 R_3 + R_3 R_1} \\[3mm]
i_2 = \dfrac{R_1\, u_{23}}{R_1 R_2 + R_2 R_3 + R_3 R_1} - \dfrac{R_3\, u_{12}}{R_1 R_2 + R_2 R_3 + R_3 R_1} \\[3mm]
i_3 = \dfrac{R_2\, u_{31}}{R_1 R_2 + R_2 R_3 + R_3 R_1} - \dfrac{R_1\, u_{23}}{R_1 R_2 + R_2 R_3 + R_3 R_1}
\end{cases}
\tag{1.7.9}
$$

无论 u_{12}、u_{23}、u_{31} 为何值，两个等效电路的对应的端子电流均相等，故式(1.7.8)、式(1.7.9)中电压 u_{12}、u_{23} 和 u_{31} 前面的系数应该对应相等。于是得到

$$
\begin{cases}
R_{12} = \dfrac{R_1 R_2 + R_2 R_3 + R_3 R_1}{R_3} \\[3mm]
R_{23} = \dfrac{R_1 R_2 + R_2 R_3 + R_3 R_1}{R_1} \\[3mm]
R_{31} = \dfrac{R_1 R_2 + R_2 R_3 + R_3 R_1}{R_2}
\end{cases}
\tag{1.7.10}
$$

式(1.7.10)就是根据电阻 Y 形连接确定的△形连接的电阻公式。

将式(1.7.10)中三式相加，并将等式右边通分可得

$$
R_{12} + R_{23} + R_{31} = \frac{(R_1 R_2 + R_2 R_3 + R_3 R_1)^2}{R_1 R_2 R_3}
$$

将 $R_1 R_2 + R_2 R_3 + R_3 R_1 = R_{12} R_3 = R_{31} R_2$ 代入上式就可得到 R_1 的表达式，同理可得 R_2、R_3。公式分别为

$$\begin{cases} R_1 = \dfrac{R_{12}R_{31}}{R_{12}+R_{23}+R_{31}} \\[3mm] R_2 = \dfrac{R_{23}R_{12}}{R_{12}+R_{23}+R_{31}} \\[3mm] R_3 = \dfrac{R_{31}R_{23}}{R_{12}+R_{23}+R_{31}} \end{cases} \tag{1.7.11}$$

式(1.7.11)就是根据电阻△形连接来确定 Y 形连接的电阻公式。

为了便于记忆,以上互换公式可归纳为

$$Y形(星形)电阻 = \frac{\triangle形(三角形)相邻电阻的乘积}{\triangle形(三角形)电阻之和}$$

$$\triangle形(三角形)电阻 = \frac{Y形(星形)电阻两两乘积之和}{Y形(星形)不相邻电阻}$$

若 Y 形连接中三个电阻的阻值相等,即 $R_1 = R_2 = R_3 = R_Y$,则等效变换为△形连接中三个电阻的阻值也相等,且是 Y 形电阻阻值的 3 倍,即 $R_\triangle = R_{12} = R_{23} = R_{31} = 3R_Y$ 或 $R_Y = \dfrac{1}{3}R_\triangle$。

式(1.7.10)也可以用电导表示为

$$G_{12} = \frac{G_1 G_2}{G_1+G_2+G_3}, \quad G_{23} = \frac{G_2 G_3}{G_1+G_2+G_3}, \quad G_{31} = \frac{G_3 G_1}{G_1+G_2+G_3}$$

【例 1.7.2】 对图 1.7.9(a)所示的桥型电路,求总电阻 R_{12}。

解　把接到结点 1、3、4 上的△形连接的电阻等效为星形连接的电阻,如图 1.7.9(b)所示,其中

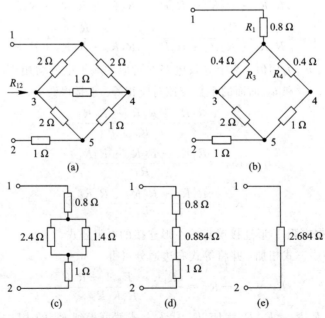

图 1.7.9　例 1.7.2 图

$$R_1 = \frac{2 \times 2}{2+2+1} = 0.8 \ \Omega, \quad R_3 = \frac{2 \times 1}{2+2+1} = 0.4 \ \Omega, \quad R_4 = \frac{2 \times 1}{2+2+1} = 0.4 \ \Omega$$

然后用串、并联的等效方法得出 $R_{12} = 2.684 \ \Omega$，如图 1.7.9(c)、图 1.7.9(d)、图 1.7.9(e) 所示。

也可以把接到结点 3 上的三个 Y 形连接的电阻转换成△形连接的电阻，如图 1.7.10 所示。

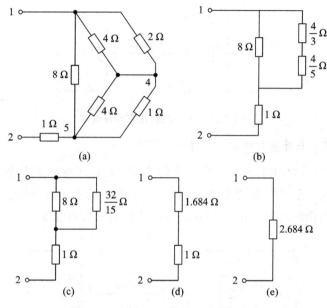

图 1.7.10　例 1.7.2 的另一种求解方法

1.7.4　理想电源的串联与并联等效

电压源、电流源的串联和并联问题的分析是以电压源和电流源的定义及外特性为基础，结合电路等效的概念进行的。

1. 理想电压源的串联等效电路

图 1.7.11(a)所示为两个电压源的串联，根据 KVL 得

$$u_S = u_{S1} + u_{S2}$$

式中，u_{S1}、u_{S2} 与 u_S 的参考方向一致时取"＋"号，不一致时取"－"号。根据理想电压源的特性，理想电压源一般不允许并联，只有电压值相等且极性一致的电压源才能并联。

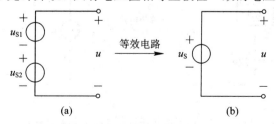

图 1.7.11　电压源的串联等效电路

2. 理想电流源的并联等效电路

图 1.7.12(a)为两个电流源的并联，根据 KCL 得

$$i_S = i_{S1} + i_{S2}$$

式中，i_{S1}、i_{S2} 与 i_S 的参考方向一致时，取"＋"号，不一致时取"－"号。根据理想电流源的特性，理想电流源一般不允许串联，只有电流值相等、方向一致的电流源才允许串联。

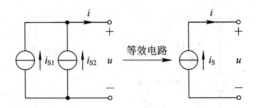

图 1.7.12　电流源的并联等效电路

3. 电压源与任意元件的并联等效电路

图 1.7.13(a)所示为电压源和任意元件的并联，它们可等效为理想电压源 u_S，如图 1.7.13(b)所示。应注意："等效"是对外电路等效。因为不管有无这个任意元件，端口电压 u 不会变，$u = u_S$。电压源的电压 u_S 不会因为并联了任意元件而改变。

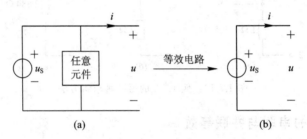

图 1.7.13　电压源和任意元件的并联等效电路

4. 电流源和任意元件的串联等效电路

图 1.7.14(a)所示为电流源和任意元件的串联，它们可等效为理想电流源 i_S，如图 1.7.14(b)所示。同理，这种等效只对外电路等效。因为不管有无这个任意元件，外电路上的电流 i 不会变，$i = i_S$，电流源的电流 i_S 不会因为串联了任意元件而改变。

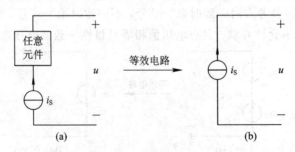

图 1.7.14　电流源和任意元件的串联等效电路

1.7.5 实际电源的两种模型及等效变换

实际电源可由图 1.7.15(a)所示的电压源 U_S 和内阻 R_S 串联组成。端子处的电压为此组合的端电压，端电流将随外电路的变化而改变。其端口伏安特性可表示为

$$U = U_\mathrm{S} - R_\mathrm{S}I \tag{1.7.12}$$

图 1.7.15(b)中画出了端电压 U 和 I 关系曲线，它是一条直线。

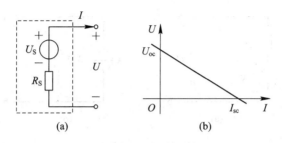

图 1.7.15　电压源、电阻的串联组合

实际电源也可由图 1.7.16(a)所示的电流源和电阻并联组成，其端口的伏安特性可表示为

$$I = I_\mathrm{S} - \frac{U}{R'_\mathrm{S}}$$

可转化为

$$U = R'_\mathrm{S}I_\mathrm{S} - R'_\mathrm{S}I \tag{1.7.13}$$

图 1.7.16(b)中画出了端电压 U 和 I 关系曲线，它也是一条直线。

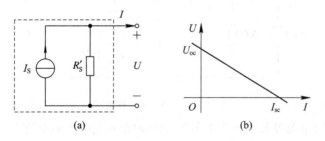

图 1.7.16　电流源、电阻的并联组合

比较式(1.7.12)和式(1.7.13)可见，两电路的等效条件为

$$U_\mathrm{S} = R_\mathrm{S}I_\mathrm{S} \quad 或 \quad I_\mathrm{S} = \frac{U_\mathrm{S}}{R'_\mathrm{S}}$$

且

$$R_\mathrm{S} = R'_\mathrm{S}$$

当满足等效变换条件时，图 1.7.15(a)和图 1.7.16(a)就可以等效互换，这个方法在化简电路时非常方便，并且不局限于两种实际电源模型之间的互换，也就是说，只要是一个理想电压源串联任意一个电阻，都可以等效变换成一个理想电流源并联这个电阻。

电源等效变换时应注意：

（1）电压源电压的方向和电流源电流的方向相反；

（2）电压源、电流源的等效变换只对外电路等效，对内电路不等效；

（3）理想电压源和理想电流源之间不能进行等效变换。

【例 1.7.3】　将图 1.7.17(a)中电压源与电阻串联模型等效变换为电流源与电阻并联模型，将图 1.7.17(b)中电流源等效变换为电压源与电阻串联模型。

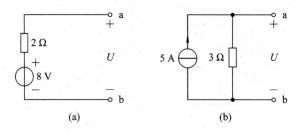

图 1.7.17　例 1.7.3 图

解　答案见图 1.7.18。

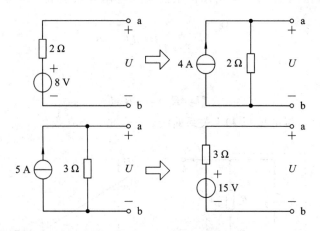

图 1.7.18　例 1.7.3 答案图

【例 1.7.4】　用电源等效变换法求图 1.7.19(a)所示电路中的电流 I。

解　（1）将图 1.7.19(a)所示电路中左侧支路等效变换成图 1.7.19(b)所示电路，中间支路和右侧支路不变；

（2）将图 1.7.19(b)所示电路的左侧支路等效成图 1.7.19(c)所示电路，右边两条支路仍然保持不变；

（3）将图 1.7.19(c)所示电路的左侧三条并联支路等效变换成图 1.7.19(d)所示电路，仍然保持最右边支路（所求支路）不变。在图 1.7.19(d)所示单回路电路中求解电流 I 就变得非常方便，即有

$$I=\frac{18+16}{12+8}=-1.7 \text{ A}$$

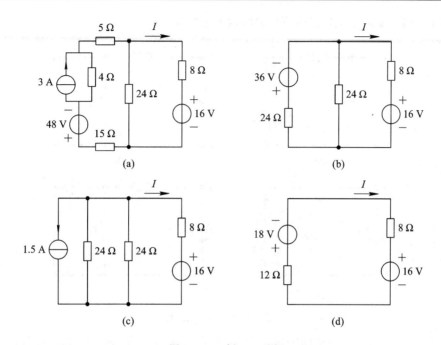

图 1.7.19 例 1.7.4 图

1.7.6 输入电阻

如果一个网络具有两个引出端子与外电路相连而不管其内部结构如何复杂,这样的网络称为二端网络或一端口网络(简称"一端口")。如果网络内部含有独立电源,称为有源二端网络,如果网络内部没有独立电源,该二端网络称为无源二端网络。输入电阻就是指从一个无源二端网络端口处测得的网络内部的等效电阻,其实质是端口处电压和电流的比值。一个二端网络如图 1.7.20 所示。

在无源二端网络的端口处外加电压源 u_S 或电流源 i_S,并求得端口的电流 i 或 u,电压与电流的方向对二端网络来说必须是关联的,则端口网络的输入电阻 R_i 定义为

$$R_i \overset{\text{def}}{=\!=} \frac{u_S}{i} = \frac{u}{i_S} \tag{1.7.14}$$

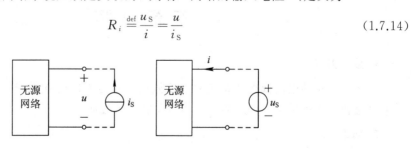

图 1.7.20 二端网络

不难看出,输入电阻与等效电阻是相等的。从概念上说,输入电阻是不含独立电源的二端网络的端电压与端电流的比值,等效电阻是用来等效替代此端口的电阻。二端网络的等效电阻可以通过计算输入电阻来求得。

【例 1.7.5】 试求图 1.7.21(a)和(b)的输入电阻 R_{ab}。

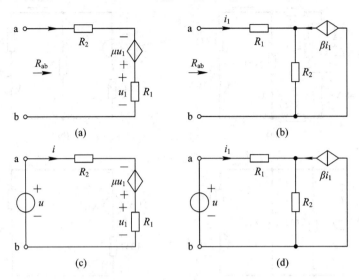

图 1.7.21　例 1.7.5 图

解　在图(a)的 a、b 端子间加电压源 u，并设电流为 i，如图 1.7.21(c)所示，有

$$u = R_2 i - \mu u_1 + R_1 i = R_2 i - \mu(R_1 i) + R_1 i = (R_1 + R_2 - \mu R_1) i$$

故得 a、b 端的输入电阻为

$$R_{ab} = \frac{u}{i} = R_1 + R_2 - \mu R_1$$

在图(b)的 a、b 端子间加电压源 u，并设电流为 i_1，如图 1.7.21(d)所示，有

$$u = R_1 i_1 + (i_1 + \beta i_1) R_2$$

故 a、b 端的输入电阻为

$$R_{ab} = \frac{u}{i_1} = R_1 + (1 + \beta) R_2$$

本 章 小 结

1. 参考方向

电路中涉及的电流或电压都是对应于假设的参考方向的代数量。当一个元件或一段电路上电流和电压的参考方向一致时，称为关联参考方向。

2. 功率

当支路电流和电压为关联参考方向时，$p = ui$。

当电流和电压为非关联参考方向时，$p = -ui$。

计算结果 $p > 0$ 表示支路吸收(消耗)功率；计算结果 $p < 0$ 表示支路输出(产生)功率。

3. 元件的伏安特性

(1) 线性非时变电阻。

当电压和电流为关联参考方向时，$u = Ri$；

当电压和电流为非关联参考方向时，$u = -Ri$。

（2）独立电源。

电压源的电压为定值或按给定的时间函数 $u(t)$ 变化，电流由其外电路确定。

电流源的电流为定值或按给定的时间函数 $i(t)$ 变化，电压由其外电路确定。

（3）受控源。

受控源的输出电压或电流受到电路中某部分的电压或电流的控制，受控源不能单独作为电路的激励。受控源有四种类型：VCVS、VCCS、CCVS 和 CCCS。

4. 基尔霍夫定律

基尔霍夫电流定律（KCL）：在集总参数电路中，任何时刻，对任一结点，所有支路电流的代数和恒等于零，即

$$\sum i = 0$$

KCL 不仅适用于结点，对于闭合曲面也是适用的。

基尔霍夫电压定律（KVL）：在集总参数电路中，任何时刻，沿任一回路，所有支路电压的代数和恒等于零，即

$$\sum u = 0$$

KVL 不仅适用于电路中的具体回路，对于电路中任一假想的回路也是适用的。

5. 电路等效

（1）电阻的串联等效、并联等效、混联等效。

（2）电阻的 Y-△连接等效变换：

$$Y 形（星形）电阻 = \frac{△形（三角形）相邻电阻的乘积}{△形（三角形）电阻之和}$$

$$△形（三角形）电阻 = \frac{Y 形（星形）电阻两两乘积之和}{Y 形（星形）不相邻电阻}$$

（3）两种电源模型的等效变换。

电源等效变换时应注意：

① 电压源电压的方向和电流源电流的方向相反；

② 电压源、电流源的等效变换只对外电路等效，对内不等效；

③ 理想电压源和理想电流源之间不能进行等效变换。

6. 输入电阻

无源二端网络的输入电阻定义为端口电压与端口电流的比值（电压、电流参考方向关联），即 $R_i \overset{\text{def}}{=} \dfrac{u_S}{i} = \dfrac{u}{i_S}$

习　　题

1.1　求题 1.1 图所示电路中电流 I、电压 U 及电阻的功率。

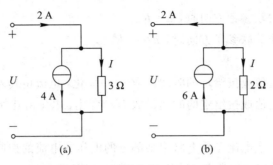

题 1.1 图

1.2　求题 1.2 图所示电路中端口电压的开路电压 U_{ab}。

1.3　求题 1.3 图所示电路中的开路电压 U_{ab}。

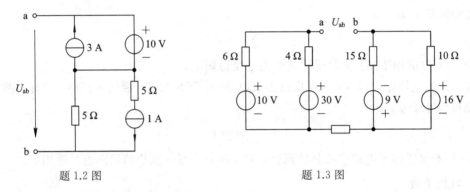

题 1.2 图　　　　　　　　　　题 1.3 图

1.4　求题 1.4 图所示电路中等效电阻 R_{ab}。

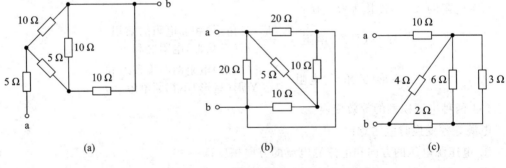

题 1.4 图

1.5　试用电源等效变换的方法求题 1.5 图所示的 U_{ab}。

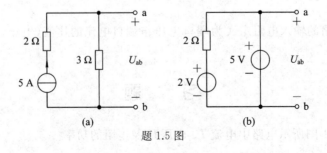

题 1.5 图

1.6 利用电源等效变换化简题 1.6 图所示二端网络的对外等效电路。

1.7 求题 1.7 图所示电路的电流 i。

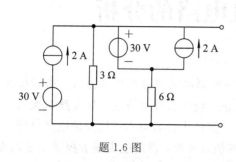

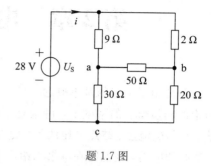

题 1.6 图

题 1.7 图

1.8 试求题 1.8 图所示电路的输入电阻 R_{ab}。

1.9 求题 1.9 图所示单口网络的等效电阻。

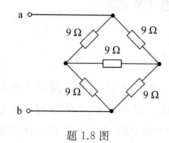

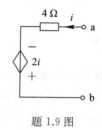

题 1.8 图

题 1.9 图

1.10 求题 1.10 图所示电路的输入电阻 R_{ab}。

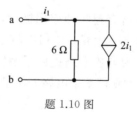

题 1.10 图

第 2 章　电阻电路的分析

上一章介绍了电路的基本概念、基本定律和简单电路的分析计算方法。本章将在介绍电路图论的初步概念的基础上,讨论复杂电路的一般分析计算方法,如支路电流法、网孔分析法、回路电流法、结点电压法等。此外,为加深广大读者对本章所述的电路分析方法的理解、掌握和应用,我们特在本书末给出了一些仿真实例,以期能为读者提供一定的帮助。电阻电路的这些分析方法将广泛应用或推广于后续各章中。

2.1　电 路 的 图

2.1.1　图的概念

利用等效变换的方法来分析、求解电路,这种方法适合于结构较为简单的电路。对于结构较为复杂的电路,人们常采用系统求解方法,即不改变电路结构,而是选择一组电路变量(电压或电流),依据两类约束关系建立该组变量的独立方程组,通过求解方程组,从而完成对电路的分析和求解。在选择电路变量时,常借助数学工具——图论。

1. 网络图论

图论是拓扑学的一个分支,是富有趣味和应用极为广泛的一门学科。在电路分析中,通常借助图论中的一些知识来选择独立变量,并列出与之相应的方程。应用于电路中的图论也被称作"网络图论"。网络图论为分析电路提供了系统、严密的数学表达方法,还为借助计算机来辅助分析、计算、设计大规模复杂电路夯实了基础。

2. 电路的图

这里我们仅介绍电路分析中涉及的一些图论的初步知识。"图"是图论的研究对象。它由点和边构成。当忽略电路图中各支路的内容并用线段替代它,电路图就成了电路的"图"。故借助图论的方法来分析电路的连接及性质是一种有效的方法。

下面以一个具体的例子来说明电路的图的有关概念。图 2.1.1(a)中给出了一个具体的电路。当抛开元件的性质,将其中一个二端元件看作一条支路,就会得到如图 2.1.1(b)所示的图,该图作为图 2.1.1(a)所示电路的"图",它是一个 $n=5$,$b=8$ 的图(其中 n 为结点的数目,b 为支路的数目)。当将元件的串联组合、并联组合也作为一条支路处理时,就会得到图 2.1.1(c)所示的图,该图也作为图 2.1.1(a)所示电路的"图",它是一个 $n=4$,$b=6$ 的图,即该图有 4 个结点和 6 条支路。由此可见,当用不同的元件结构定义电路的一条支路时,所得的该电路的图及图中的结点数、支路数是不同的。

电路中通常指定每条支路电流的参考方向,电压一般就取关联参考方向。同样在电路的图中也可以给每一条支路指定一个方向,该方向就表示该支路电流的参考方向。给每条支路都指定了方向的图就称为"有向图",未指定支路方向的图就称为"无向图"。图 2.1.1(b)所示的为无向图,图 2.1.1(c)所示的为有向图。

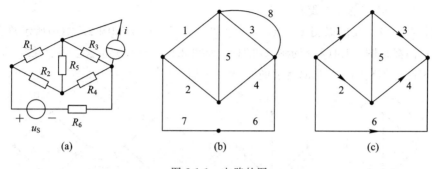

图 2.1.1　电路的图

结论:电路的图是用于表示电路几何结构的图形,图中的支路、结点与电路的支路、结点一一对应。

(1) 图的定义(Graph)。

图 G 是支路和结点的集合,即 G={支路,结点}。

应注意以下内容:

① 图中的结点和支路各自是一个整体。

② 移去图中的支路,与它所连接的结点依然存在,因此会有孤立结点存在。

③ 如把结点移去,则应把与它连接的全部支路同时移去。

(2) 路径。

从图 G 的一个结点出发沿着一些支路连续移动到达另一结点所经过的支路构成路径。

(3) 连通图。

图 G 的任意两结点间至少有一条路径时,该图称为连通图,非连通图中至少存在两个分离部分。以图 2.1.2 所示为例,可看出图 2.1.2(a)所示的为非连通图,而图 2.1.2(b)所示的为连通图。

(4) 子图。

若图 G1 中所有支路和结点都是图 G 中的支路和结点,则称 G1 是 G 的子图。图 2.1.3(a)所示为电路的图 G,图 2.1.3(b)、(c)所示的都是图 G 的一个子图。

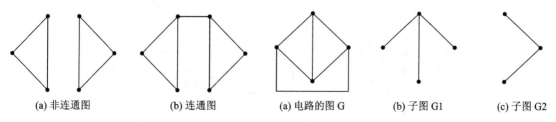

(a) 非连通图　　　　(b) 连通图　　　　(a) 电路的图 G　　　(b) 子图 G1　　　(c) 子图 G2

图 2.1.2　连通图和非连通图　　　　　　　图 2.1.3　子图的概念示意图

2.1.2 树的概念

树(Tree) T 是连通图的一个子图且满足下列条件：① 树是连通的；② 树包含图的所有结点；③ 树不含图的闭合路径。

根据树的概念，我们以图 2.1.4(a)所示为例。图 2.1.4(b)和图 2.1.4(c)所示符合上述树的定义，它们都是图 2.1.4(a)所示图 G 的树；而图 2.1.4(d)所示包含了闭合路径，不符合树的定义，因此它不是图 2.1.4(a)所示图 G 的一个树。

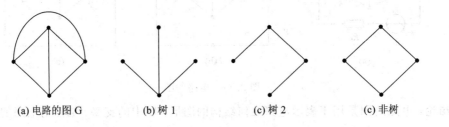

(a) 电路的图 G   (b) 树1   (c) 树2   (c) 非树

图 2.1.4 树的概念示意图

有了树的概念之后，我们来给出树支和连支的概念。树支：构成树的支路。连支：属于图 G 而不属于树 T 的支路。

针对一个给定的电路的图，我们需明确以下两点：① 对应一个图有很多的树；② 树支的数目是一定的，即对一个具有 n 个结点，b 条支路的电路的图来说，其树支的数目 $b_t = n - 1$。

因此，其连支的数目 $b_l = b - b_t = b - (n-1)$。

2.1.3 回路有关的概念

1.回路(Loop)

回路 L 是连通图的一个子图，构成一条闭合路径，并满足：① 回路是连通的；② 每个结点关联 2 条支路。图 2.1.5 给出了回路和不是回路的示例。图 2.1.5(a)给出了一个电路的图 G，图 2.1.5(b)所示的是图 2.1.5(a)所示的一个回路，它符合回路的定义；而图 2.1.5(c)所示的不是一个回路。

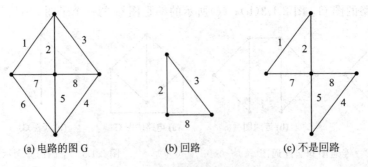

(a) 电路的图 G   (b) 回路   (c) 不是回路

图 2.1.5 回路的概念示意图

2. 基本回路

有了连通图、树及回路的概念后，我们来给出基本回路的概念。所谓基本回路(单连支回路)是在选定图 G 的任意一个树 T 后，加入一个连支所形成的一个回路。以图 2.1.6 为例，其中图 2.1.6(a)给出了一个电路的图。当选择支路 1，2，3 构成树时，添上一条连支 5 就形成一个对应于该树的基本回路，它由支路 2，3，5 组成，如图 2.1.6(b)所示；添上连支 6，就会形成一个由支路 1，3，6 组成的基本回路，如图 2.1.6(c)所示；当然，还可以添上一个连支 4，再形成一个由支路 1，2，4 构成的基本回路。由连支形成的全部基本回路构成了基本回路组，基本回路的个数显然就是连支的数目。

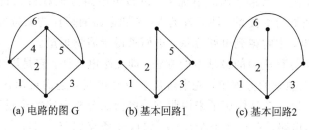

(a) 电路的图 G　　　(b) 基本回路1　　　(c) 基本回路2

图 2.1.6　基本回路

3. 平面图和非平面图

平面图指能够画在一个平面上，且除连接结点外各条支路不再交叉的图。非平面图指不符合平面图条件的图，其实就是立体图。对一个平面图，才有网孔的概念。平面图中没有被其他支路分割开的回路称为网孔，类似渔网中最小单元的那个孔。平面图的全部网孔构成一组独立回路，即基本回路。

结合回路的概念，我们需明确以下三点：① 对应一个图有很多的回路；② 基本回路的数目是一定的，为连支数；③ 对于平面图，网孔数等于基本回路数，$l=b_l=b-(n-1)$。

【例 2.1.1】　图 2.1.7(a)所示为电路的图，画出三种可能的树及其对应的基本回路。

解　分别选择不同的树，在图中用虚线标出，然后添上一条连支就构成一个基本回路，这样画出的三种可能的树及基本回路分别如图 2.1.7(b)、图 2.1.7(c)和图 2.1.7(d)所示。

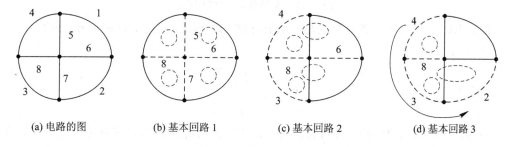

(a) 电路的图　　(b) 基本回路 1　　(c) 基本回路 2　　(d) 基本回路 3

图 2.1.7　树及基本回路

以上是有关电路的图的初步知识，利用这些知识可以辅助我们在电路分析中能够方便、不遗漏地列写 KCL、KVL 方程。

2.2　支路电流法

本节及 2.3～2.5 节只讨论线性电阻电路的一般分析方法。它是学习非线性电阻电路、动态电路的基础，同时，也适用于后续的正弦稳态电路。

2.2.1　支路电流法的基本思想

对电阻电路(仅包含电阻、独立源和受控源的电路)进行分析的最一般的方法就是方程法。此类方法是在不改变电路结构的情况下，以减少电路方程数目为目的，选择一组合适的电路变量，依据两类约束关系，即元件的 VCR 和电路的拓扑约束特性(KCL，KVL)，从而建立独立的方程组，求解得到电路变量，进而求得所需物理量。

下面，我们介绍方程法中的最基本的方法，即支路电流法。它是以支路电流为变量，根据两类约束关系建立独立的方程组，先求解出各支路电流，进而可求出电路中任意处的电压、功率等物理量。以一个具体例子来说明支路电流法分析电路的全过程。

如图 2.2.1 所示电路，它有 2 个结点($n=2$)，3 条支路($b=3$)。设备支路电流分别为 i_1、i_2、i_3，其参考方向如图中所示。就本例而言，支路电流法就是找到包含未知量 i_1、i_2、i_3 的 3 个相互独立的方程组。

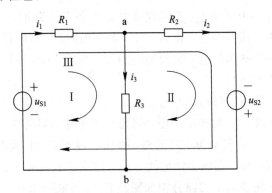

图 2.2.1　支路电流法分析用图

根据 KCL，对结点 a 和 b 分别建立电流方程。设流出结点的电流取正号，则有
结点 a：
$$-i_1 + i_2 + i_3 = 0 \tag{2.2.1}$$
结点 b：
$$i_1 - i_2 - i_3 = 0 \tag{2.2.2}$$
显然，将式(2.2.1)变形后即可得到式(2.2.2)，说明此两式不是相互独立的。故为得到独立的 KCL 方程只能取其中任意一个，例如取式(2.2.1)。

根据 KVL，按图中的绕行方向对回路 I、II、III 分别列 KVL 方程，有
回路 I：
$$R_1 i_1 + R_3 i_3 = u_{S1} \tag{2.2.3}$$
回路 II：

$$R_2 i_2 - R_3 i_3 = u_{S2} \tag{2.2.4}$$

回路Ⅲ：

$$R_1 i_1 + R_2 i_2 = u_{S1} + u_{S2} \tag{2.2.5}$$

显然，这三个方程也不是相互独立的，任意一式都可以由其他两式相加减得到。如式(2.2.3)与式(2.2.4)相加可以得到式(2.2.5)，所以只能取其中的两式作为独立方程的 KVL 方程，这里可取式(2.2.3)和式(2.2.4)。联立独立的 KCL 方程和独立的 KVL 方程组成方程组，如下：

$$\begin{cases} -i_1 + i_2 + i_3 = 0 \\ R_1 i_1 + R_3 i_3 = u_{S1} \\ R_2 i_2 - R_3 i_3 = u_{S2} \end{cases} \tag{2.2.6}$$

式(2.2.6)即是图 2.2.1 所示电路以支路电流为未知量的独立方程组，它完整地描述了该电路中各支路电流和支路电压之间的相互约束关系。该方程组中方程数目与未知量数目相等，故该方程组有唯一解。求解此方程组，即可得到 3 个未知的支路电流。

2.2.2　方程的列写

对上述电路利用支路电流法分析时，我们是先列出所有的 KCL 和 KVL 方程，然后通过观察比较，从中找出独立的 KCL 方程和独立的 KVL 方程。如果电路比较复杂，结点数、回路数较多，按照这种方式来找所需的独立方程就是件很麻烦的事。对于具有 n 个结点，b 条支路的电路来说，其 KCL 独立方程的个数及 KVL 独立方程的个数分别是多少？下面将给出结论及说明。

1. KCL 的独立方程

设一个电路如图 2.2.2 所示，对结点 a、b、c、d 分别列写 KCL 方程：
结点 a：

$$i_1 + i_2 + i_4 = 0$$

结点 b：

$$-i_4 + i_5 + i_6 = 0$$

结点 c：

$$-i_1 + i_3 - i_5 = 0$$

结点 d：

$$i_2 + i_3 + i_6 = 0$$

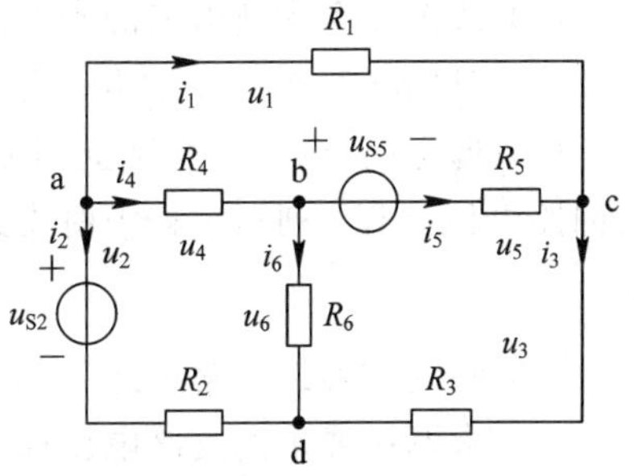

图 2.2.2　KCL 和 KVL 独立方程

在这些方程中，每个支路电流均作为一项出现两次，一次为正，一次为负(指电流符号)，这是因为每个支路都连接在两个结点之间，所以每个支路电流必定从一个结点流入，从另一个结点流出。这个支路电流与其他结点不会发生直接联系，因此，上面任意 3 个方程相加，必将得到第 4 个方程。这个结论对于 n 个结点的电路同样适用。对于 n 个结点列出 KCL 方程，所得 n 个方程中任何一个都可以从其余 $(n-1)$ 个方程中推导出来，从而可知具有 n 个结点的 KCL 独立方程的个数是 $(n-1)$ 个。通常将能列出独立 KCL 方程的结点称为独立结点。

2. KVL 独立方程的个数

在图 2.2.2 所示电路中，对 4 个回路分别列出 KVL 方程：

电路上网孔：

$$R_1 i_1 - R_5 i_5 - u_{S5} - R_4 i_4 = 0$$

电路左下网孔：

$$R_4 i_4 + R_6 i_6 - R_2 i_2 - u_{S2} = 0$$

电路右下网孔：

$$u_{S5} + R_5 i_5 + R_3 i_3 - R_6 i_6 = 0$$

电路外网孔：

$$R_1 i_1 + R_3 i_3 - R_2 i_2 - u_{S5} = 0$$

在这些方程中，任意 3 个方程相加，必将得出第 4 个方程，因此，只有 3 个方程是独立的。可以证明：具有 n 个结点，b 条支路的电路，只能列出 $[b-(n-1)]$ 个独立的 KVL 方程。习惯上把能列写出独立方程的回路称为独立回路。其实，网孔数就等于独立回路数，这是因为任何一个网孔总有一条支路是其他网孔所没有的，这样，沿着网孔列写 KVL 方程，其方程中总会出现一个新的变量。

综上所述，对于具有 n 个结点，b 条支路的电路，KCL 独立方程的个数为 $(n-1)$，KVL 独立方程的个数为 $[b-(n-1)]$，两个独立方程的个数之和是 b，正好是求 b 个支路电流所需的方程数。

2.2.3 支路电流法的步骤和特点

1. 支路电流法的一般步骤

用支路电流法求解具有 n 个结点，b 条支路的线性电阻电路的步骤总结如下：

（1）选定 b 个支路电流的参考方向；

（2）对 $(n-1)$ 个独立结点，列出独立 KCL 方程；

（3）选定 $(b-n+1)$ 个独立回路（基本回路或网孔），指定回路绕行方向，根据 KVL 列出回路电压方程。列写过程中将支路电压用支路电流来表示。所列方程形式：

$$\sum R_k i_k = \sum u_{Sk}$$

（4）联立方程组求解上述 b 个支路电流方程；

（5）求题中要求的支路电压或功率等。

2. 支路电流法的特点

支路电流法列写的是 KCL 和 KVL 方程，所以方程列写方便、直观，但方程数较多，宜于在支路数不多的情况下使用。

2.2.4 支路电流法求解电路举例

【例 2.2.1】 求图 2.2.3 中各支路电流及各电压源输出的功率。

解 各支路电流的参考方向及两个网孔的绕行方向如图 2.2.3 所示。

（1）$n-1=1$，KCL 方程：

结点 a：

$$-I_1-I_2+I_3=0 \quad (2.2.7)$$

(2) $b-(n-1)=2$，KVL 方程：

$$7I_1-11I_2=70-6=64 \quad (2.2.8)$$

$$11I_2+7I_3=6 \quad (2.2.9)$$

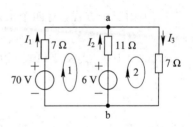

图 2.2.3 例 2.2.1 的图

用克莱姆法则求解由式(2.2.7)、式(2.2.8)和式(2.2.9)组成的 3 元一次方程组。Δ 和 Δ_j 分别为

$$\Delta=\begin{vmatrix} -1 & -1 & 1 \\ 7 & -11 & 0 \\ 0 & 11 & 7 \end{vmatrix}=203，\quad \Delta_1=\begin{vmatrix} 0 & -1 & 1 \\ 64 & -11 & 0 \\ 6 & 11 & 7 \end{vmatrix}=1218$$

$$\Delta_2=\begin{vmatrix} -1 & 0 & 1 \\ 7 & 64 & 0 \\ 0 & 6 & 7 \end{vmatrix}=-406，\quad \Delta_3=\begin{vmatrix} -1 & -1 & 0 \\ 7 & -11 & 64 \\ 0 & 11 & 6 \end{vmatrix}=812$$

所以电流 I_1、I_2、I_3 分别为：

$$I_1=\frac{1218}{203}=6 \text{ A}, \quad I_2=-\frac{406}{203}=-2 \text{ A}, \quad I_3=\frac{812}{203}=4 \text{ A}$$

70 V 电压源输出的功率：

$$P_{70}=6\times70=420 \text{ W}$$

6 V 电压源输出的功率：

$$P_6=-2\times6=-12 \text{ W}$$

【例 2.2.2】 用支路电流法求图 2.2.4 所示电路中的各支路电流。

解 显然 $I_1=2$ A 已知，故只列写两个方程，分别为

对上结点：

$$I_1+I_2-I_3=0$$

避开电流源支路取回路(回路按照逆时针方向绕行)对右网孔：

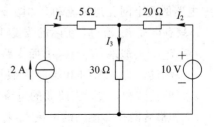

图 2.2.4 例 2.2.2 的图

$$20I_2+30I_3-10=0$$

联立方程求解得到 $I_2=-1$ A，$I_3=1$ A。

【例 2.2.3】 用支路电流法求解图 2.2.5 所示电路中各支路电流。

解 各支路电流、各网孔绕行方向如图 2.2.5 所示。受控电压源当独立电压源一样处理，对电流源的处理方法：在其两端设定一电压 U。

对独立结点 a，列 KCL 方程为

$$i_2-i_1-2=0 \quad (2.2.10)$$

对两个网孔，列 KVL 回路方程为

$$2i_1+U-12=0 \quad (2.2.11)$$

$$2i_2+2u_1-U=0 \quad (2.2.12)$$

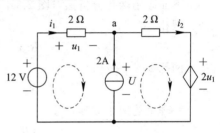

图 2.2.5 例 2.2.3 的图

上面三个方程，有四个未知量。补一个方程：将受控源控制量 u_1 用支路电流表示，有

$$u_1 = 2i_1 \tag{2.2.13}$$

由式(2.2.10)、式(2.2.11)、式(2.2.12)、式(2.2.13)解得支路电流为 $i_1 = 1$ A，$i_1 = 3$ A。

2.3　网孔分析法

支路电流法适用于简单电路计算，由于独立方程数目等于电路的支路数，对支路数较多的复杂电路，需要列写的方程往往太多，手工求解麻烦。那么，能否使方程数减少呢？本节要讨论的网孔分析法就是基于这种想法而提出的一种改进方法。

2.3.1　网孔分析法的基本思想

网孔分析法是以沿网孔连续流动的假想电流为未知量而列写电路方程并分析电路的方法，仅适用于平面电路。

为减少未知量(方程)的个数，假想每个网孔中有一个网孔电流。各支路电流可用网孔电流的线性组合来表示，进而求得电路的解。

需要注意的是，网孔电流是一种假想的电流，实际电路中并不存在。引入网孔电流纯粹是为了分析电路方便。

下面从图 2.3.1 所示电路为例加以说明。此平面电路有两个网孔，假设两个电流 i_{m1}、i_{m2} 分别沿着该电路的两个网孔连续流动，如图 2.3.1 所示。由于支路 1 只有电流 i_{m1} 流过，实际的支路 1 的电流为 i_1，可见 $i_1 = i_{m1}$；类似地，$i_2 = i_{m2}$；而支路 3 有两个电流(i_{m1}、

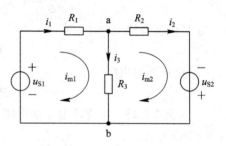

图 2.3.1　网孔分析法示意图

i_{m2})流过，支路 3 的电流应为假设的两个电流(i_{m1}、i_{m2})的代数和，实际支路 3 的电流为 i_3，可见 $i_3 = i_{m1} - i_{m2}$。我们把沿着网孔 1 流动的电流 i_{m1} 和沿着网孔 2 流动的电流 i_{m2} 称为网孔电流。当各支路电流用网孔电流表示后，则 KCL 自动满足，这是因为网孔电流在网孔中是闭合的路径，对每个相关结点均流进一次，流出一次，所以 KCL 自动满足。因此网孔分析法是对网孔列写 KVL 方程，方程数为网孔数。

2.3.2　方程的列写

下面运用网孔分析法对图 2.3.1 所示电路列写 KVL 方程，分别为：

网孔 1：

$$R_1 i_{m1} + R_3 (i_{m1} - i_{m2}) - u_{S1} = 0$$

网孔 2：

$$R_2 i_{m2} - R_3 (i_{m1} - i_{m2}) - u_{S2} = 0$$

整理上述两个方程，得

$$\begin{cases} (R_1 + R_3) i_{m1} - R_3 i_{m2} = u_{S1} \\ -R_3 i_{m1} + (R_2 + R_3) i_{m2} = u_{S2} \end{cases}$$

观察可以看出如下规律：

(1) 网孔 1 中所有电阻之和 $R_1+R_3=R_{11}$，R_{11} 称网孔 1 的自电阻。

(2) 网孔 2 中所有电阻之和 $R_2+R_3=R_{22}$，R_{22} 称网孔 2 的自电阻。

(3) $R_{12}=R_{21}=-R_3$，R_{12} 与 R_{21} 为网孔 1、网孔 2 之间的互电阻。

(4) 网孔 1 中所有电压源电压的代数和 $u_{Sm1}=u_{S1}$。

(5) 网孔 2 中所有电压源电压的代数和 $u_{Sm2}=u_{S2}$。

有以下几点需注意：

(1) 自电阻总为正。

(2) 当两个网孔电流流过相关支路方向相同时，互电阻取正号；否则取负号。

(3) 当电压源的电压方向与该网孔电流方向一致时，电压源的电压取负号；反之取正号。

这样改写上面两式，得到方程的标准形式：

$$\begin{cases} R_{11}i_{m1}+R_{12}i_{m2}=u_{Sm1} \\ R_{21}i_{m1}+R_{22}i_{m2}=u_{Sm2} \end{cases} \tag{2.3.1}$$

式(2.3.1)称为网孔电流方程，简称网孔方程。

对于具有 m 个网孔的电路，有

$$\begin{cases} R_{11}i_{m1}+R_{12}i_{m2}+\cdots+R_{1m}i_{mm}=u_{Sm1} \\ R_{21}i_{m1}+R_{22}i_{m2}+\cdots+R_{2m}i_{mm}=u_{Sm2} \\ \quad\quad\quad\vdots \\ R_{m1}i_{m1}+R_{m2}i_{m2}+\cdots+R_{mm}i_{mm}=u_{Smm} \end{cases} \tag{2.3.2}$$

式(2.3.2)的方程可以凭观察直接列出，其中，R_{kk} 为自电阻；R_{jk} 为互电阻，当互电阻为 0 表示该支路无互电阻，无受控源的线性网络 $R_{jk}=R_{kj}$，系数矩阵为对称阵；$u_{Smk}(k=1,2,\cdots,m)$ 为第 k 个网孔所有独立电压源的代数和。

2.3.3　网孔分析法的步骤和特点

网孔分析法的一般步骤：

① 选网孔为独立回路，并确定其绕行方向；

② 以网孔电流为未知量，列写网孔回路的 KVL 方程；

③ 求解上述方程，得到 m 个网孔电流；

④ 验证(选用一个未用过的网孔检验)计算结果是否正确；

⑤ 求出其他待求量。

网孔分析法的特点：该方法仅适用于平面电路。

2.3.4　网孔分析法求解电路举例

【例 2.3.1】 电路如图 2.3.2 所示，试观察直接列出网孔电流方程。

解　首先假设各网孔电流的绕行方向，如图 2.3.2 所示，用观察直接列出网孔电流方程为

$$\begin{cases}(12+5+2)I_1-2I_2-5I_3=10-6=4\\-2I_1+(2+7+12)I_2-7I_3=6\\-5I_1-7I_2+(4+7+5)I_3=0\end{cases}$$

整理得

$$\begin{cases}19I_1-2I_2-5I_3=4\\-2I_1+21I_2-7I_3=6\\-5I_1-7I_2+16I_3=0\end{cases}$$

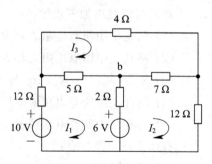

图 2.3.2　例 2.3.1 的图

【例 2.3.2】 电路如图 2.3.3(a)所示，试用网孔分析法求解通过 6 Ω 电阻的电流 I。

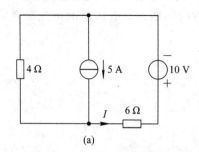 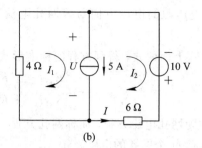

图 2.3.3　例 2.3.2 的图

解　电路有两个网孔，假设其电流绕行方向如图 2.3.3(b)所示。本例中电流源是两个网孔的公共支路，由于网孔方程是 KVL 方程，因此在电流源两端设一个电压变量 U，将其按照独立电压源对待。列写网孔电流方程如下：

$$\begin{cases}4I_1=-U\\6I_2=U+10\end{cases} \tag{2.3.3}$$

上式中多了一个变量 U，还应补充一个方程：

$$I_1-I_2=5 \tag{2.3.4}$$

联立式(2.3.3)和式(2.3.4)解得 $I_2=-1$ A。由图 2.3.3(b)显然有 $I=-I_2=1$ A。

【例 2.3.3】 用网孔分析法求图 2.3.4 所示电路的电压 U_{ab}。

解　设电路中两个网孔的绕行方向均为顺时针方向。此电路有一受控电压源，先将其作为独立电压源对待。列写网孔电流方程为

$$\begin{cases}12I_1-2I_2=6-2U\\-2I_1+6I_2=2U-4\end{cases} \tag{2.3.5}$$

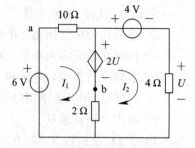

图 2.3.4　例 2.3.3 的图

上式多了一个变量 U，将其用网孔电流表示，增补一个方程：

$$U=4I_2 \tag{2.3.6}$$

联立以上两式解得 $I_1=-1$ A，$I_2=3$ A，$U=12$ V。进而根据 KVL 有，$U_{ab}=10I_1+2U=14$ V。

【例 2.3.4】　电路如图 2.3.5(a)所示，列出网孔电流方程。

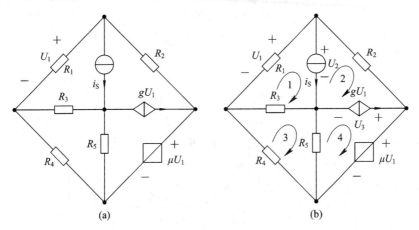

图 2.3.5　例 2.3.4 的图

解　选网孔为独立回路，4 个网孔的绕行方向均为顺时针方向，如图 2.3.5(b)所示。设电流源和受控电流源两端的电压分别为 U_2 和 U_3，则所列方程为

$$\begin{cases} (R_1 + R_3)i_1 - R_3 i_3 = -U_2 \\ R_2 i_2 = U_2 - U_3 \\ -R_3 i_1 + (R_3 + R_4 + R_5)i_3 - R_5 i_4 = 0 \\ -R_5 i_3 + R_5 i_4 = U_3 - \mu U_1 \end{cases}$$

增补方程：

$$\begin{cases} i_1 - i_2 = i_S \\ i_4 - i_2 = g U_1 \\ U_1 = -R_1 i_1 \end{cases}$$

【例 2.3.5】　在图 2.3.6 所示电路中，已知 $R_1 = R_2 = 10\ \Omega$，$R_4 = R_5 = 8\ \Omega$，$R_3 = R_6 = 2\ \Omega$，$U_{S3} = 20\ \mathrm{V}$，$U_{S6} = 40\ \mathrm{V}$，用网孔分析法求解 i_5。

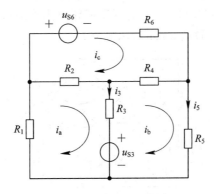

图 2.3.6　例 2.3.5 的图

解　按图可得网孔电流方程为

$$\begin{cases} (R_1 + R_2 + R_3)i_a - R_3 i_b - R_2 i_c = -U_{S3} \\ -R_3 i_a + (R_3 + R_4 + R_5)i_b - R_4 i_c = U_{S3} \\ -R_2 i_a - R_4 i_b + (R_2 + R_4 + R_6)i_c = -U_{S6} \end{cases}$$

可写成如下矩阵形式

$$\begin{bmatrix} R_1+R_2+R_3 & -R_3 & -R_2 \\ -R_3 & R_3+R_4+R_5 & -R_4 \\ -R_2 & -R_4 & R_2+R_4+R_6 \end{bmatrix} \begin{bmatrix} i_a \\ i_b \\ i_c \end{bmatrix} = \begin{bmatrix} -U_{S3} \\ U_{S3} \\ -U_{S6} \end{bmatrix}$$

或直接列数字方程并简写为 $\boldsymbol{AI}=\boldsymbol{B}$，则 $\boldsymbol{I}=\boldsymbol{A}^{-1}\boldsymbol{B}$。代入数值可得

$$\begin{bmatrix} 10+10+2 & -2 & -10 \\ -2 & 2+8+8 & -8 \\ -10 & -8 & 10+8+2 \end{bmatrix} \begin{bmatrix} i_a \\ i_b \\ i_c \end{bmatrix} = \begin{bmatrix} -20 \\ 20 \\ -40 \end{bmatrix}$$

故 $I_5 = -0.8$ A。

2.4　回路电流法

网孔分析法仅适用于平面电路，而回路电流法则更具有一般性。它不仅适用于分析平面电路，而且也适用于分析非平面电路，在使用中还具有一定的灵活性。

2.4.1　回路电流法的基本思想

回路电流法是以独立回路(它不一定是网孔)中沿回路连续流动的假想电流为未知量列写电路方程并分析电路的方法，它适用于平面和非平面电路。

回路电流法先找出独立回路，设回路电流，再按独立回路列写 KVL 方程，最后求解电路。独立回路的选取须使所选回路都包含一条其他回路所没有的新支路。

2.4.2　方程的列写

下面以图 2.4.1 所示电路为例，说明怎样用回路电流法来求解电路。

【例 2.4.1】　用回路法求解图 2.4.1 所示电流 i。

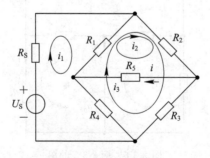

图 2.4.1　例 2.4.1 的图

解　本例中，只求 R_5 上的电流。因此，选取独立回路时，只让一个回路电流经过 R_5 支路。如图 2.4.1 所示选取回路，其中回路 1、2 是两个网孔，而回路 3 的选取不是右下的网

孔，而是由 R_1、R_2、R_3、R_4 构成的回路，则有 $i=i_2$。仿照之前网孔分析法，根据所选独立回路列写 KVL 方程，有

$$\begin{cases}(R_S+R_1+R_4)i_1-R_1i_2-(R_1+R_4)i_3=U_S\\ -R_1i_1+(R_1+R_2+R_5)i_2+(R_1+R_2)i_3=0\\ -(R_1+R_4)i_1+(R_1+R_2)i_2+(R_1+R_2+R_3+R_4)i_3=0\end{cases}$$

　　求解此方程组，我们只需解出 i_2，就可完成本电路的求解。而若是用网孔分析法的话，需要求解出至少两个网孔电流，然后根据待求支路电流和两个网孔电流的关系才能求解出待求变量，该方法明显要比回路电流法的计算量大。

　　一般地，对于具有 $l=b-(n-1)$ 个回路的电路，其回路方程与 2.3 节中式(2.3.2)类似，只需将式(2.3.2)中的 m 换为 l 即可。

2.4.3　回路电流法的步骤和特点

　　回路电流法的一般步骤：

　　(1) 选定 $l=b-(n-1)$ 个独立回路，并确定其绕行方向；

　　(2) 对 l 个独立回路，以回路电流为未知量，列写其 KVL 方程；

　　(3) 求解上述方程，得到 l 个回路电流；

　　(4) 验证(选用一个未用过的回路检验)计算结果是否正确。

　　(5) 求出其他待求量。

2. 回路电流法的特点

　　(1) 通过灵活地选取回路可以减少计算量；

　　(2) 互电阻的识别难度加大，易遗漏互电阻。

2.4.4　回路电流法求解电路举例

　　【例 2.4.2】　求图 2.4.2 所示电路中的电压 U、电流 I 和电压源输出的功率。

　　解　本题 $n=3$，$b=6$，则 $l=b-(n-1)=4$，即有 4 个独立回路。选取 4 个独立回路并指定绕行方向，如图 2.4.2 所示。显然，几个电流源的电流与回路电流相同，即 $i_1=2$ A，$i_2=2$ A，$i_3=3$ A。因此，只需对独立回路 4 列写 KVL 方程：

$$6i_4-3i_1+i_2-4i_3=-4$$

解得

$$i_4=\frac{6-2+12-4}{6}=2\text{ A}$$

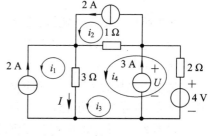

图 2.4.2　例 2.4.2 的图

进而可求得 $I=2+3-2=3$ A，$U=2i_4+4=8$ V，$P_{4V}=4\times i_4=8$ W(吸收)。

　　此例若选网孔分析法进行分析的话，除了两个网孔电流显然已知，还需要再列两个网孔方程，而利用回路电流法，按照上面选取独立回路，仅需要列一个回路方程，计算量明显减少。

　　最后，需要明确的是网孔分析法是回路电流法的特殊情况。网孔只是平面电路的一组

独立回路，许多实际电路都属于平面电路，选取网孔作独立回路方便易行，所以把这种特殊条件下的回路电流法归纳为网孔分析法。

【**例 2.4.3**】　用回路电流法列出图 2.3.5(a)所示电路的回路电流方程。

解　回路 1、3、4 仍然选择网孔作为回路，与例题 2.3.4 中所选的网孔相同，而回路 2 选取的是最外边的大回路，如图 2.4.3 所示。

列出的回路电流方程如下：

$$\begin{cases} i_1 = i_S \\ R_1 i_1 + (R_1 + R_2 + R_4) i_2 + R_4 i_3 = -\mu U_1 \\ -R_3 i_1 + R_4 i_2 + (R_3 + R_4 + R_5) i_2 - R_5 i_4 = 0 \\ i_4 = g U_1 \end{cases}$$

增补方程：

$$U_1 = -R_1(i_1 + i_2)$$

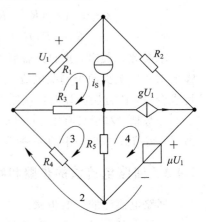

图 2.4.3　例 2.4.3 的图

和前面的网孔分析法比较，发现针对图 2.3.5(a)所示同一个电路，利用网孔分析法列写方程共需列出 7 个方程，而采用回路电流仅需列出 5 个方程，方程数明显减少。

2.5　结点电压法

2.3 节介绍的网孔分析法中网孔电流自动满足 KCL，仅应用 KVL 列写方程就可求解电路。那么我们能否找到另外一种变量，它自动满足 KVL，而仅利用 KCL 列写方程就可求解电路呢？本节要讨论的结点电压法正是这样一种电路求解方法。该方法又称为结点电位法，简称结点法，是减少方程数目的另一种改进的方程分析方法。

2.5.1　结点电压法的基本思想

在电路中，任选一结点作参考结点，其余结点与参考结点之间的电压称为结点电压。

结点电压法是以结点电压为未知量列写电路方程并分析电路的方法，适用于结点较少的电路。

选结点电压为未知量，则 KVL 自动满足，无需列写 KVL 方程。各支路电流、电压可视为结点电压的线性组合，求出结点电压后，便可方便地求得各支路电压、电流。

以图 2.5.1 所示电路为例，说明怎样以结点电压为独立变量来求解电路。设结点 0 为参考结点，其余两个结点电压分别记为 u_1 和 u_2。支路电压可用结点电压表示为 $u_{12} = u_1 - u_2$，$u_{10} = u_1$，$u_{20} = u_2$，对电路的任意回路，如最中间的 G_2、G_3 和 G_5 所在回路，有 $u_{12} + u_{20} - u_{10} = u_1 - u_2 + u_2 - u_1 \equiv 0$，所以，结点电压自动满足 KVL 方程。

因此，结点电压法列写的是结点上的 KCL 方程，独立方程数为 $(n-1)$。有两点需注意：① 与支路电流法相比，方程数减少了 $b-(n-1)$ 个；② 任意选择参考结点，其他独立结点与参考点的电压差即为结点电压(位)，方向为从独立结点指向参考结点。

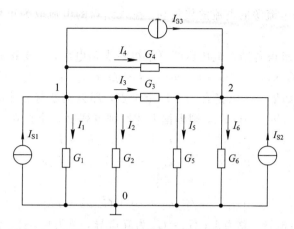

图 2.5.1　结点电压法分析图

2.5.2　方程的列写

（1）选定参考结点，标明其余 $(n-1)$ 个独立结点的电压；

（2）列 KCL 方程：$\sum i_{R出}=\sum i_{S入}$。

以图 2.5.1 所示电路为例，电路中结点 1、2 的 KCL 方程为

$$\begin{cases}I_1+I_2+I_3+I_4=I_{S1}-I_{S3}\\ I_3-I_4+I_5+I_6=I_{S2}+I_{S3}\end{cases}\tag{2.5.1}$$

把支路电流用结点电压表示：

$$\begin{cases}G_1u_1+G_2u_1+G_3(u_1-u_2)+G_4(u_1-u_2)=I_{S1}-I_{S3}\\ -G_3(u_1-u_2)-G_4(u_1-u_2)+G_5u_2+G_6u_2=I_{S2}+I_{S3}\end{cases}\tag{2.5.2}$$

整理得

$$\begin{cases}(G_1+G_2+G_3+G_4)u_1-(G_3+G_4)u_2=I_{S1}-I_{S3}\\ -(G_3+G_4)u_1+(G_3+G_4+G_5+G_6)u_2=I_{S2}+I_{S3}\end{cases}\tag{2.5.3}$$

式（2.5.3）就是以结点电压 u_1、u_2 为未知量的结点电压方程。

方程组（2.5.3）可进一步改写为标准形式的结点电压方程：

$$\begin{cases}G_{11}u_1+G_{12}u_2=I_{S11}\\ G_{12}u_1+G_{22}u_2=I_{S22}\end{cases}\tag{2.5.4}$$

式（2.5.4）中，$G_{11}=G_1+G_2+G_3+G_4$，G_{11} 为结点 1 的自电导；$G_{22}=G_3+G_4+G_5+G_6$，G_{22} 为结点 2 的自电导，结点的自电导等于接在该结点上所有支路的电导之和；$G_{12}=G_{21}=-(G_3+G_4)$，G_{12} 和 G_{21} 为结点 1 与结点 2 之间的互电导，互电导为接在结点与结点之间所有支路的电导之和，总为负值。

由于假设的结点电压的参考方向总是由独立结点指向参考结点，因此各结点电位在自电导中所引起的电流总是流出该结点的，在结点方程左边，流出结点的电流取"＋"号，因而自电导总是正的；但另一结点电位通过互电导引起的电流总是流入本结点的，在结点方程左边，流入结点的电流取"－"号，因而互电导总是负值。

式（2.5.4）右边的 $I_{S11}=I_{S1}-I_{S3}$，为流入结点 1 的电流源的电流的代数和；$I_{S22}=I_{S2}+$

I_{S3}，为流入结点 2 的电流源的电流的代数和。流入结点的电流取为正号，流出结点的电流取为负号。

由结点电压方程求得各结点电压后即可求得各支路电压，各支路电流可用结点电压表示：$I_1 = G_1 u_1$，$I_2 = G_2 u_1$，$I_3 = G_3 (u_1 - u_2)$，$I_4 = G_4 (u_1 - u_2)$，$I_5 = G_5 u_2$，$I_6 = G_6 u_2$。

对于一般情况，如果一个电路有 $(n+1)$ 个结点，那么它就有 n 个独立结点电压，其独立结点电压分别为 u_1，u_2，$\cdots$，u_n，则根据上述原则可列出 n 个独立结点电压方程，即

$$\begin{cases} G_{11}u_1 + G_{12}u_2 + \cdots + G_{1n}u_n = I_{S11} \\ G_{21}u_1 + G_{22}u_2 + \cdots + G_{2n}u_n = I_{S22} \\ \qquad\qquad\vdots \\ G_{n1}u_1 + G_{n2}u_2 + \cdots + G_{nn}u_n = I_{Snn} \end{cases} \tag{2.5.5}$$

式(2.5.5)中，G_{ii} 为自电导，总为正；$G_{ij} = G_{ji}$ 为互电导，总为负；i_{Sni} 为流入结点 i 的所有电流源提供的电流代数和，流入为"＋"，流出为"－"。

注意，电路不含受控源时，系数矩阵为对称阵。

2.5.3　结点电压法的步骤和特点

结点电压法的一般步骤：

(1) 选定参考结点，标定 $n-1$ 个独立结点的结点电压；

(2) 对 $n-1$ 个独立结点，以结点电压为未知量，列写其 KCL 方程；

(3) 求解上述方程，得到 $n-1$ 个结点电压；

(4) 验证计算结果是否正确；

(5) 求出其他待求量。

结点电压法的特点：结点电压法不仅适用于平面电路，也适用于非平面电路，因此结点电压法应用更为普遍。对于结点较少的电路利用结点电压法分析更为简单和方便。

2.5.4　结点电压法求解电路举例

【例 2.5.1】 电路如图 2.5.2(a)所示，试列电路的结点电压方程并求结点电压。

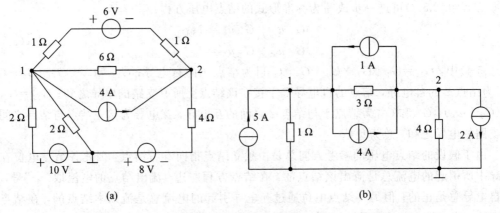

图 2.5.2　例 2.5.1 的图

解　在一些电路中，常遇到电阻和电压源串联形式。在这种情况下首先通过电源等效互换将电压源与电阻串联等效为电流源与电阻并联，如图 2.5.2(b) 所示，设结点 1、2 的电压分别为 u_1、u_2，对结点 1、2 列结点电压方程，有

$$\begin{cases} \left(\dfrac{1}{3}+1\right)u_1 - \dfrac{1}{3}u_2 = 1+5-4 \\ -\left(\dfrac{1}{3}\right)u_1 + \left(\dfrac{1}{3}+\dfrac{1}{4}\right)u_2 = 4-2-1 \end{cases} \tag{2.5.6}$$

联立方程组求解，可解出结点电压为

$$\begin{cases} u_2 = 3 \text{ V} \\ u_1 = \dfrac{9}{4} \text{ V} \end{cases}$$

【例 2.5.2】　列出图 2.5.3 所示电路的结点电压方程并求解。

解　因与 2 A 电流源串联的 1 Ω 电阻不会影响其他支路电流，故在列写结点电压方程时不予考虑，选择的参考结点如图 2.5.3 所示，则 $u_2 = 3$ V。

结点 1 和 3 的结点电压方程：

$$2u_1 - u_2 = 2$$
$$-u_2 + 2u_3 = -2$$

联立方程求解，得 $u_1 = 2.5$ V，$u_3 = 0.5$ V。

注意：此例中电压源直接接在结点与参考结点之间，u_2 为已知量，可少列一个结点电压方程。

【例 2.5.3】　列出图 2.5.4 所示电路的结点电压方程。

解　设结点电压分别为 u_1、u_2、u_3。图中有三个电压源，其中电压源 u_{S3} 有一电阻与其串联，称为有伴电压源，可将它转换为电流源与电阻并联的形式，如图 2.5.4 所示。另两个电压源 u_{S1} 和 u_{S2} 称为无伴电压源。u_{S1} 有一端接参考结点，故结点 2 的电压 $u_2 = u_{S1}$，因此，就不用对结点 2 列方程了。对电压源 u_{S2} 的处理办法是：先假设 u_{S2} 上的电流为 I，再将电压源看成是电流为 I 的电流源即可。列结点 1、3 的结点电压方程为

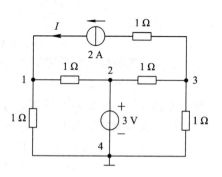

图 2.5.3　例 2.5.2 的图

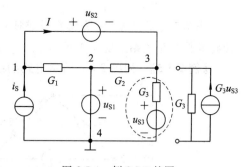

图 2.5.4　例 2.5.3 的图

$$G_1 u_1 - G_1 u_2 = i_S - I$$
$$(G_2 + G_3)u_3 - G_2 u_2 = I + G_3 u_{S3}$$

对 u_{S2} 补一个方程：

$$u_1 - u_3 = u_{S2}$$

小结：① 有伴电压源等效为电流源与电阻并联的形式；② 无伴电压源，若其一端接参考结点，则另一端的结点电压已知，对此结点就不用列结点电压方程了；否则在电压源上假设一个电流，并把它看成电流源。

【例 2.5.4】 电路如图 2.5.5 所示，试用结点电压法求各支路电流。

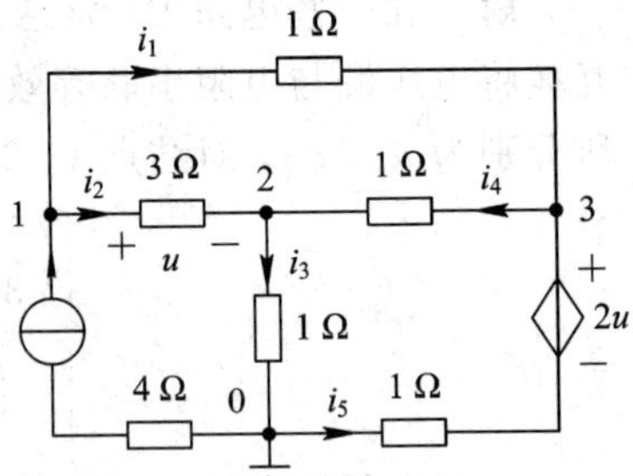

解 因与 4 A 电流源串联的 4 Ω 电阻不会影响其他支路电流，故在列写结点电压方程时均不予考虑。另针对电路中的受控源(VCVS)处理方法是：先将受控源看成独立电源，再将有伴电压源转换为电流源与电阻的并联形式。设结点 0 为参考结点，其余的结点 1、2 和 3 的电压分别为 u_1、u_2 和 u_3，如图 2.5.5 所示。则可列出结点电压方程组为

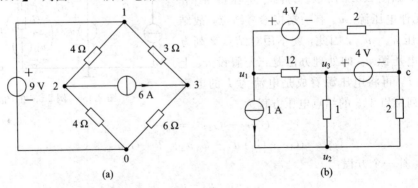

图 2.5.5　例 2.5.4 的图

$$\left(1+\frac{1}{3}\right)u_1-\frac{1}{3}u_2-u_3=4$$

$$-\frac{1}{3}u_1+\left(1+\frac{1}{3}+1\right)u_2-u_3=0$$

$$-u_1-u_2+(1+1+1)u_3=2u$$

将受控源的控制变量用结点电压表示，增补一个方程：

$$u=u_1-u_2$$

联立上述方程，解得 $u_1=12$ V，$u_2=6$ V，$u_3=10$ V。

则各支路电流分别为

$$i_1=\frac{u_1-u_3}{1}=\frac{12-10}{1}=2\ \text{A},\quad i_2=\frac{u_1-u_2}{3}=\frac{12-6}{3}=2\ \text{A},$$

$$i_3=\frac{u_2}{1}=\frac{6}{1}=6\ \text{A},\quad i_4=\frac{u_3-u_2}{1}=\frac{10-6}{1}=4\ \text{A}$$

因受控电压源电压为 $2u=2(u_1-u_2)=2(12-6)=12$ V，所以有

$$i_5=\frac{2u-u_2}{1}=\frac{12-10}{1}=2\ \text{A}$$

小结：对受控源，首先将它看成独立电源；列方程后，对每个受控源再增补一个方程，即将其控制量用结点电压表示。

【例 2.5.5】 列图 2.5.6 所示电路的结点电压方程。

图 2.5.6　例 2.5.5 的图

解 对图 2.5.6(a)所示电路，选结点 0 为参考结点，设其余三个独立结点电压分别为 u_1、u_2 和 u_3，则 $u_1=9$ V。对结点 2 和 3 列结点电压方程：

$$-\frac{1}{4}u_1 + \left(\frac{1}{4} + \frac{1}{4}\right)u_2 = 0$$

$$-\frac{1}{3}u_1 + \left(\frac{1}{3} + \frac{1}{6}\right)u_3 = 6$$

对图 2.5.6(b)所示电路,考虑到 4 V 独立电压源,所以设结点 c 为参考结点,其他结点电压设为 u_1、u_2 和 u_3,则

$$
\begin{cases}
\left(\dfrac{1}{12} + \dfrac{1}{2}\right)u_1 - \dfrac{1}{12}u_3 = 2 - 1 \\[2mm]
\left(1 + \dfrac{1}{2}\right)u_2 - u_3 = 1 \\[2mm]
u_3 = 4
\end{cases}
$$

上例说明,利用结点电压法分析电路时,一般情况下参考结点可任意选取,但类似于图 2.5.6(a)、(b)这种包含理想电压源支路的电路,如果参考结点选择得合适,会减少所列写方程的数目,从而可简化计算过程。

除采用上述方式选择参考结点外,还可以设其他结点为参考结点,并列出独立结点电压方程,但只有上述情况(即选择无伴电压源的负极作为参考结点)下,列出的方程数目最少。

例 2.5.2、例 2.5.3 及例 2.5.5 说明了包含理想电压源支路的电路在应用结点电压法分析时的处理方法。这里有两种处理方法,第一种是利用两结点间含理想电压源支路的特点,选其中一个结点作为参考结点即得另一结点的电压,因而减少了一个未知量,也就减少了一个方程式;第二种处理方法虽然增加了一个辅助方程,使求解方程过程麻烦一些,但它是一种合理的处理方法。因为,有的电路的参考结点给定,但它不是理想电压源支路所连的一个结点;有的电路可能含有多个理想电压源支路,我们只能选其中一个含理想电压源支路所连的两个结点之一作参考结点,这两种情况都避免不了对含理想电压源支路的结点列写结点电压方程。我们知道了第二种处理方法,在遇到这两种情况应用结点电压法分析时也就不会束手无策了。当然,一般情况下我们总是优先采用第一种处理方法。

本 章 小 结

本章介绍了电阻电路分析的一般方法,包括支路电流法、网孔分析法、回路电流法和结点电压法。支路电流法的方程数目为支路数 b;结点电压法的方程数为独立结点数 $(n-1)$;回路电流法的方程数为独立回路数 $(b-n+1)$。支路电流法要求每个支路电压可以用支路电流表示,限制了该方法的应用,如对于无伴电流源需要另行处理。回路电流法存在与支路电流法类似的限制。结点电压法的优点是结点电压容易选择,不存在选取独立回路的问题。网孔分析法,选取独立回路简便、直观,但仅适用于平面电路。其中,网孔分析法与结点电压法都是对支路电流法的一种改进方法。这两种方法都是重点要求掌握的方法,是通用的一般分析方法,适用于电路的全面求解。在进行具体电路分析计算时,可通过以下方面进行选择:① 比较网孔和结点的数目,若结点少,则电路分析适合用结点电压法;② 比较电压源和电流源的数目,如电压源多,则电路分析可选择网孔分析法。

习　　题

2.1　电路如题 2.1 图所示，用支路电流法求电路中的电流 I_1、I_2、I_3。

2.2　电路如题 2.2 图所示，求所示电路中的支路电流 I_1、I_2、I_3。

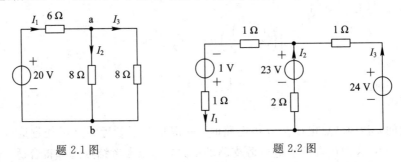

题 2.1 图　　　　　　　　　　　　　　题 2.2 图

2.3　电路如题 2.3 图所示，分别用支路电流法和网孔分析法求所示电路中各支路电流和各电源提供的功率。

2.4　电路如题 2.4 图所示，列方程组求各支路电流。

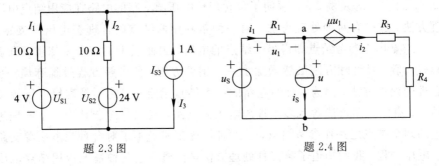

题 2.3 图　　　　　　　　　　　　　　题 2.4 图

2.5　电路如题 2.5 图所示，已知 $I_{S1}=3$ A，$I_{S2}=2$ A，$U_S=9$ V，试用网孔分析法求电流 I 和电压 U_{ab}。

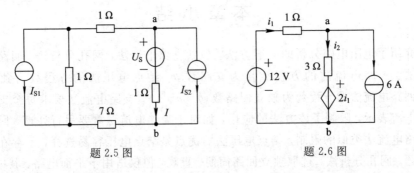

题 2.5 图　　　　　　　　　　　　　　题 2.6 图

2.6　电路如题 2.6 图所示，(1) 用网孔分析法求 i_1、i_2；(2) 判断功率是否平衡？

2.7　电路如题 2.7 图所示，已知 $R_1=2$ Ω，$R_2=3$ Ω，$R_3=2$ Ω，$R_4=15$ Ω，$R_5=2$ Ω，$U_{S1}=25$ V，$U_{S2}=24$ V，$U_{S3}=11$ V，用回路电流法求图中各支路电流以及各电源所输出的功率。

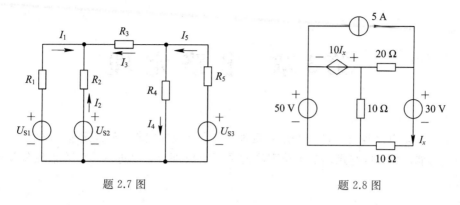

题 2.7 图   题 2.8 图

2.8 电路如题 2.8 图所示，用回路电流法求图中电流 I_x 和 CCVS 的功率。

2.9 电路如题 2.9 图所示，用结点电压法求电压 u。

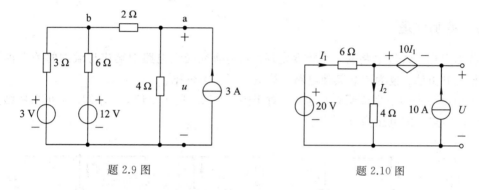

题 2.9 图   题 2.10 图

2.10 电路如题 2.10 图所示，用网孔分析法求 I_1、I_2 及 U。

2.11 电路如题 2.11 图所示，试用网孔分析法求 u_x 和 u_1。

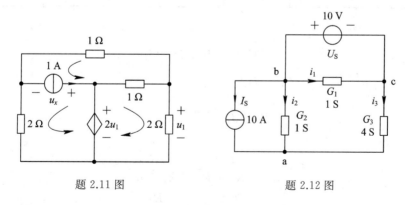

题 2.11 图   题 2.12 图

2.12 电路如题 2.12 图所示，用结点电压法求图中 i_1、i_2、i_3。

第3章　电路定理

本章将介绍电路理论中的一些重要定理,主要有叠加定理、替代定理、戴维宁定理、诺顿定理和对偶定理。这些定理是电路理论的重要组成部分,对进一步学习后续知识起着重要作用。

3.1　叠加定理、齐次定理和替代定理

3.1.1　叠加定理

叠加定理是线性电路的一个重要定理。它为研究线性电路中响应与激励的关系提供了理论根据和方法,也为建立其他电路定律提供了基本依据。

下面以一个例子来说明叠加定理。对于图 3.1.1(a)所示电路,欲求解 i_2,可采用结点电压法,设结点 1 的电压为 u_{n1}。

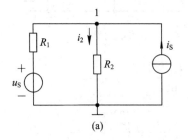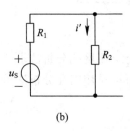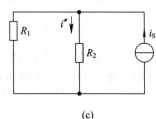

(a)　　　　　　　　　　　(b)　　　　　　　　　　　(c)

图 3.1.1　叠加定理示例

对结点 1 列方程为

$$\left(\frac{1}{R_1}+\frac{1}{R_2}\right)u_{n1}=\frac{u_S}{R_1}+i_S$$

整理可得

$$u_{n1}=\frac{R_2 u_S}{R_1+R_2}+\frac{R_1 R_2 i_S}{R_1+R_2}$$

$$i_2=\frac{1}{R_1+R_2}u_S+\frac{R_1}{R_1+R_2}i_S \tag{3.1.1}$$

由式(3.1.1)可以看出第一项只与 u_S 有关,第二项只与 i_S 有关。如果令 $i'=\dfrac{1}{R_1+R_2}u_S$,$i''=\dfrac{R_1}{R_1+R_2}i_S$,那么电流 i_2 写为

$$i_2=i'+i''$$

式中，i' 可看作仅当 u_S 作用时 R_2 上的电流，如图 3.1.1(b)所示；i'' 可看作仅当 i_S 作用时 R_2 上的电流，如图 3.1.1(c)所示。由此可见，R_2 上的电流 i_2 可看作独立电压源 u_S 与独立电流源 i_S 分别单独作用时，在 R_2 上所产生电流的代数和。响应与激励之间的这种规律，不仅本例才有，任何具有唯一解的线性电路都具有这一特性。

叠加定理可表述为：在线性电路中，任一支路电流(或支路电压)都是电路中各个独立电源单独作用时在该支路所产生的电流(或电压)的代数和。

叠加定理的正确性，可通过任意的具有 m 个网孔的线性电路加以论述。设该电路的网孔方程为

$$\begin{cases} R_{11}i_1 + R_{12}i_2 + \cdots + R_{1m}i_m = u_{S11} \\ R_{21}i_1 + R_{22}i_2 + \cdots + R_{2m}i_m = u_{S22} \\ \qquad\qquad\vdots \\ R_{m1}i_1 + R_{m2}i_2 + \cdots + R_{mm}i_m = u_{Smm} \end{cases} \tag{3.1.2}$$

根据克莱姆法则，解式(3.1.2)，得

$$\Delta = \begin{vmatrix} R_{11} & R_{12} & \cdots & R_{1m} \\ R_{21} & R_{22} & \cdots & R_{2m} \\ \vdots & \vdots & & \vdots \\ R_{m1} & R_{m2} & \cdots & R_{mm} \end{vmatrix}$$

$$\Delta_1 = \begin{vmatrix} u_{S1} & R_{12} & \cdots & R_{1m} \\ R_{S22} & R_{22} & \cdots & R_{2m} \\ \vdots & \vdots & & \vdots \\ R_{Smm} & R_{m2} & \cdots & R_{mm} \end{vmatrix}$$

$$= \Delta_{11}u_{S11} + \Delta_{21}u_{S22} + \cdots + \Delta_{j1}u_{Sjj} + \cdots + \Delta_{m1}u_{Smm} \tag{3.1.3}$$

式(3.1.3)中，Δ_{j1} 为 Δ 中第一列第 j 行元素对应的代数余子式，$j=1,2,\cdots,m$，其余类推。所以

$$i_1 = \frac{\Delta_1}{\Delta} = \frac{\Delta_{11}}{\Delta}u_{S11} + \frac{\Delta_{21}}{\Delta}u_{S22} + \cdots + \frac{\Delta_{m1}}{\Delta}u_{Smm}$$

若令 $k_{11} = \dfrac{\Delta_{11}}{\Delta}$，$k_{21} = \dfrac{\Delta_{21}}{\Delta}$，$\cdots$，$k_{m1} = \dfrac{\Delta_{m1}}{\Delta}$，得

$$i_1 = k_{11}u_{S11} + k_{12}u_{S22} + \cdots + k_{m1}u_{Smm} \tag{3.1.4}$$

因为电路中的电阻都是线性的，所以式(3.1.4)中，k_{11}，k_{21}，$\cdots$，k_{m1} 都是常数。

由式(3.1.4)可以看出，第一个网孔电流 i_1 是各个网孔等效独立电源分别单独作用时，在该网孔所产生电流的代数和。同理，其余网孔也是如此。电路中任意支路的电压与支路电流呈一次函数关系，所以电路中任一支路的电压也可看作是电路中各独立源单独作用时在该支路产生电压的代数和。由此可见，对任意线性电路，叠加定理都是成立的。

当电路中含有受控源时，受控源的作用将反映在自电阻、互电阻或自电导、互电导中，因此任一支路电流(或电压)仍可按独立电源单独作用时，在该支路所产生的电流(或电压)进行叠加计算，而独立源每次单独作用时受控源要保留其中。

应用叠加定理时，可分别计算各个电压源和电流源单独作用时的电流和电压，然后把

它们叠加起来,也可把电路中的所有电源分成组,按组计算出电流和电压后,再将它们进行叠加。

应用叠加定理时,要注意以下几点:

(1) 叠加定理只适用于线性电路,不适用于非线性电路;

(2) 在考虑某一电源单独作用时,其他电源不作用,即置零(电压源短路,电流源开路);

(3) 叠加时,要注意电流和电压的参考方向;

(4) 叠加定理只能用来分析和计算电流和电压,不能用来计算功率。

【例 3.1.1】 用叠加原理求图 3.1.2(a)所示电路中的电流 I。已知 $R_1 = 1\ \Omega$,$R_2 = 2\ \Omega$,$R_3 = 3\ \Omega$,$R_4 = 4\ \Omega$,$U_S = 35\ \text{V}$,$I_S = 7\ \text{A}$。

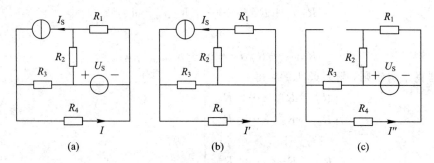

图 3.1.2　例 3.1.1 电路图

解 (1)电流源 I_S 单独作用时,电路如图 3.1.2(b)所示,得

$$I' = \frac{R_3}{R_3 + R_4} I_S = 3\ \text{A}$$

(2) 电压源 U_S 单独作用时,电路如图 3.1.2(c)所示,得

$$I'' = \frac{U_S}{R_3 + R_4} = 5\ \text{A}$$

(3) 两个电源共同作用时,得

$$I = I' + I'' = 8\ \text{A}$$

【例 3.1.2】 求图 3.1.3(a)所示电路中的电压 U,电流 I。

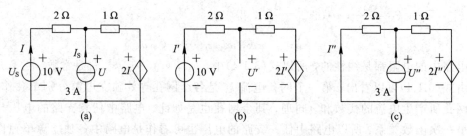

图 3.1.3　例 3.1.2 用图

解 (1)电压源 U_S 单独作用时,电路如图 3.1.3(b)所示,得

$$I' = \frac{10 - 2I'}{2 + 1}$$

$$I' = 2\ \text{A}$$

$$U' = 10 - 2I' = 6 \text{ V}$$

（2）电流源 I_S 单独作用时，电路如图 3.1.3(c)所示，得

$$2I'' + 1 \times (I'' + 3) + 2I'' = 0$$

$$I'' = -0.6 \text{ A}$$

$$U'' = -2I'' = 1.2 \text{ V}$$

（3）两个电源共同作用时

$$I = I' + I'' = 1.4 \text{ A}$$

$$U = U' + U'' = 7.2 \text{ V}$$

3.1.2 齐次定理

齐次定理可表述为：在线性电路中，当所有激励源同时增大或缩小 k（k 为实常数），其电路中任意处的响应(电压或电流)将同样增大或缩小 k。

【例 3.1.3】 电路如图 3.1.4 所示，N 是含有独立源的线性电路，已知当 $u_S = 6$ V，$i_S = 0$ V 时，开路电压 $u_o = 4$ V；当 $u_S = 0$ V，$i_S = 4$ A 时，$u_o = 0$ V；当 $u_S = -3$ V，$i_S = -2$ A 时，$u_o = 2$ V。求当 $u_S = 3$ V，$i_S = 3$ A 时的电压 u_o。

解 该题为齐次定理和叠加定理的应用将激励源分为三组，分别为电压源 u_S；电流源 i_S；N 内的全部独立源。

设仅由电压源 u_S 单独作用时产生的响应为 u_o'，根据齐次定理，令 $u_o' = K_1 u_S$；

仅由电流源 i_S 单独作用时产生的响应为 u_o''，根据齐次定理，令 $u_o'' = K_2 i_S$；

仅由 N 内部所有独立源产生的响应记为 u_o'''，于是，根据叠加定理，有

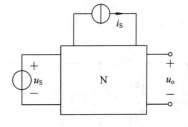

图 3.1.4 齐次定理示例

$$u_o = K_1 u_S + K_2 i_S + u_o''' \tag{3.1.5}$$

将已知数据带入式(3.1.5)，有

$$\begin{cases} 6K_1 + u_o''' = 4 \\ 4K_2 + u_o''' = 0 \\ -3K_1 - 2K_2 + u_o''' = 2 \end{cases}$$

解得 $K_1 = 1/3$，$K_2 = -1/2$，$u_o''' = 2$，故有

$$u_o = \frac{u_S}{3} - \frac{i_S}{2} + 2$$

所以，当 $u_S = 3$ V，$i_S = 3$A 时 $u_o = 1.5$ V。

3.1.3 替代定理

替代定理可以表述为：在具有唯一解的电路中，已知某支路 k 的电压为 u_k，电流为 i_k，且该支路不含受控源或该支路的电压和电流不作为其他支路中受控源的控制量，则该支路可用下列任何一个元件替代：

（1）电压等于 u_k 的理想电压源；

（2）电流等于 i_k 的理想电流源；

（3）阻值为 u_k/i_k 的电阻 R_k。

替代定理的证明如下。当第 k 条支路被一个电压源 u_k 所替代，由于改变后的新电路和原电路的连接是完全相同的，因此两个电路的 KCL 和 KVL 方程也完全相同，两个电路的全部支路的约束关系，除第 k 条支路外，也全部相同。现在，新电路的第 k 条支路的电压被规定为 $u_S=u_k$，即等于原电路的第 k 条支路电压。根据假定，电路在改变前后的各支路电压和电流均是唯一的，而原电路的全部电压和电流又将满足新电路的全部约束关系，所以，原电路各支路的电压、电流值就是新电路的唯一解。同理，当第 k 条支路被电流源 $i_S=i_k$ 所替代，也可作类似的证明。

顺便指出，替代定理还可推广到非线性电路。

【例 3.1.4】 电路如图 3.1.5(a)所示，求电流 i_1。

解 （1）将 a、b 两个结点合并为一点，如图 3.1.5(b)所示。

（2）虚线内的电路看作一条支路，且该支路的电流为 4A，如图 3.1.5(b)所示。

（3）应用替代定理把该支路用 4A 的电流源替代，如图 3.1.5(c)所示。

（4）应用电源等效互换法将图 3.1.5(c)所示电路等效为图 3.1.5(d)，得 $i_1=\dfrac{7+8}{2+4}=2.5\ \text{A}$。

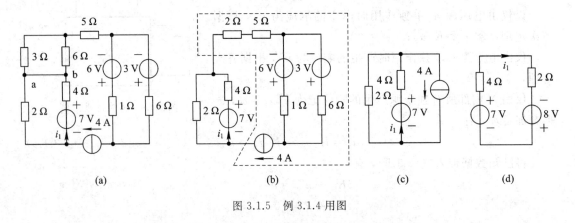

(a)　　　　　　　(b)　　　　　　　(c)　　　　　　(d)

图 3.1.5　例 3.1.4 用图

3.2　戴维宁定理和诺顿定理

3.2.1　戴维宁定理

戴维宁定理指出：对外部电路而言，任何一个线性有源二端网络 N 都可以用一个理想电压源和电阻 R_o 串联的模型来等效代换，如图 3.2.1 所示。戴维宁等效电路中的电压源 u_S 等于该网络断开负载后两端的开路电压 u_{oc}，电阻 R_o 等于有源二端网络除去所有电源（电压源短路，电流源开路）后，所得到的无源二端网络的等效电阻。

戴维宁定理的证明过程如下：

（1）设有源二端网络 N 与负载相接，负载端电压为 u，端电流为 i，如图 3.2.2(a)所示。

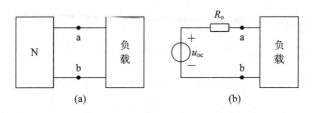

图 3.2.1　戴维宁定理示意图

（2）根据替代定理，负载可用电流源替代，电流源的电流值 $i_S = i$，如图 3.2.2(b)所示。替代后，整个电路中的电流、电压保持不变。

（3）利用叠加定理，先让电流源 i 单独作用时，二端网络 N 内部独立电源全部置零，即把有源二端网络 N 化为无源二端网络 N_0，如图 3.2.2(c)所示，$u' = -R_0 i$，R_0 为 N_0 内的等效电阻。

（4）再让二端网络 N 内的所有独立电源一起作用，将电流源 i 置零，即电流源开路，此时端口电压就是二端网络的开路电压，$u'' = u_{oc}$，如图 3.2.2(d)所示。（5）根据叠加定理，ab 端口的电压为

$$u = u' + u'' = u_{oc} - R_0 i \tag{3.2.1}$$

根据式(3.2.1)画出电路的等效模型，如图 3.2.2(e)所示，该电路与图 3.2.1(b)完全一致即证明戴维宁定理是正确的。

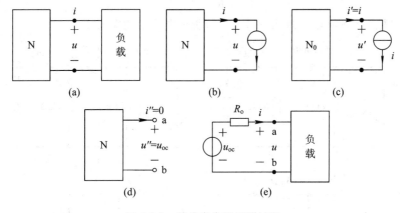

图 3.2.2　戴维宁定理证明过程

应用戴维宁定理时，关键是求出二端网络的开路电压 u_{oc} 及等效电阻 R_0，等效电阻可用求输入电阻的方法求得。这里要注意，等效变换后的等效电压源的方向与所求开路电压的方向是一致的。例如，图 3.2.1(a)中若将负载断开后所求得 ab 端口的开路电压方向：a 端为"＋"，b 端为"－"，则图 3.2.1(b)所示的等效电路中的电压源电压的方向为：a 端为"＋"，b 端为"－"，这样对负载上的电压方向才是一致的。

【例 3.2.1】　电路如图 3.2.3(a)所示，已知 $U_{S1} = 40$ V，$U_{S2} = 20$ V，$R_1 = R_2 = 4$ Ω，$R_3 = 13$ Ω，试用戴维宁定理求电流 I_3。

解　（1）断开待求支路，求二端网络的开路电压 U_{oc}，如图 3.2.3(b)所示，可得

$$I = \frac{U_{S1} - U_{S2}}{R_1 + R_2} = \frac{40 - 20}{4 + 4} = 2.5 \text{ A}$$

$$U_{oc} = U_{S2} + IR_2 = 20 \text{ V} + 2.5 \times 4 = 30 \text{ V}$$

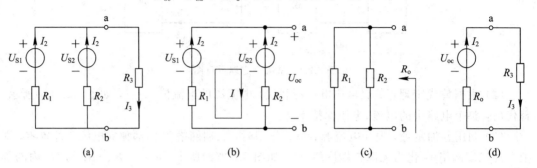

图 3.2.3　例 3.2.1 用图

（2）求等效电阻 R_o。

将电压源置零，即将电压源短路，如图 3.2.3(c)，可得

$$R_o = \frac{R_1 \times R_2}{R_1 + R_2} = 2 \ \Omega$$

（3）画出戴维宁等效电路，如图 3.2.3(d)所示，得

$$I_3 = \frac{U_{oc}}{R_o + R_3} = \frac{30}{2 + 13} = 2 \text{ A}$$

【例 3.2.2】　用戴维宁定理求图 3.2.4(a)所示电路中的电流 I_2。

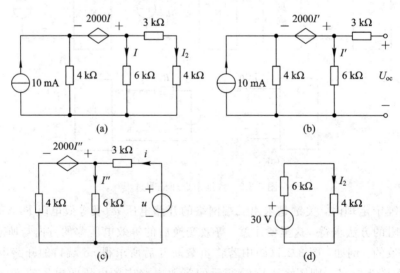

图 3.2.4　例 3.2.2 用图

解　（1）移去待求支路，求二端网络的开路电压 U_{oc} 如图 3.2.4(b)所示，得

$$6000I' - 2000I' + 4000(I' - 10 \times 10^{-3}) = 0$$

$$I' = 5 \text{ mA}$$

$$U_{oc} = 6000I' = 30 \text{ V}$$

（2）求等效电阻 R_o。将有源网络化为无源网络，如图 3.2.4(c)所示，用外加电源法求得

$$3000i + 6000I'' = u$$

$$3000i + 2000I'' + 4000(i - I'') = u$$

$$R_0 = \frac{u}{i} = 6 \text{ k}\Omega$$

(3) 画戴维宁等效电路，如图 3.2.4(d)所示，得

$$I_2 = 3 \text{ mA}$$

3.2.2 诺顿定理

诺顿定理可以表述为：任何一个线性有源二端网络，对外电路来说，都可以用一个电
流源和电阻的并联来等效代换，电流源的电流等
于该二端网络的短路电流，电阻等于该二端网络
的输入电阻，如图 3.2.5 所示。

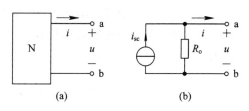

前面讨论过，电压源模型和电流源模型是可
以互换的，所以诺顿定理也是正确的。戴维宁定
理和诺顿定本质上是相同的，只是形式不同而已。
设有源二网络的开路电压为 u_{oc}，短路电流为 i_{sc}，
相应无源网络的等效电阻为 R_0，则

图 3.2.5 诺顿定理示意图

$$i_{sc} = \frac{u_{oc}}{R_0} \tag{3.2.2}$$

这里要注意，等效变换后的等效电流源的方向与所求短路电流的方向是相反的。例如，图
3.2.5(a)中若 ab 间加导线所求得的短路电流方向向下，则在图 3.2.5(b)所示等效电路中的
电流源方向就向上，这样对负载上的电流方向才是一致的。

【例 3.2.3】 用诺顿定理求图 3.2.6(a)中电流 I。

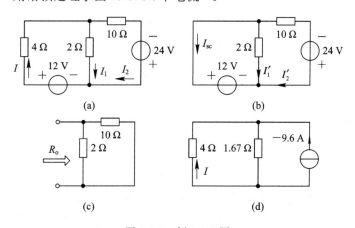

图 3.2.6 例 3.2.3 图

解 (1) 将 4 Ω 电阻短路，求短路电流 I_{sc}。短路后电流如图 3.2.6(b)所示，可得

$$I'_1 = \frac{12}{2} = 6 \text{ A}$$

$$I'_2 = \frac{24 + 12}{10} = 3.6 \text{ A}$$

$$I_{sc} = -(I'_1 + I'_2) = -9.6 \text{ A}$$

（2）求等效电阻 R_o。如图 3.2.5(c)所示，得

$$R_o = 10 /\!/ 2 = 1.67 \text{ } \Omega$$

（3）画出诺顿等效电路，如图 3.2.5(d)所示，$I = 2.83$ A。

3.3　最大功率传输定理

给定一个线性有源二端网络 N，如图 3.3.1(a)所示，当接在 N 两端的负载 R_L 不同时，该线性有源二端网络传输给负载 R_L 的功率也不同。在什么条件下，负载 R_L 能获得最大功率呢？

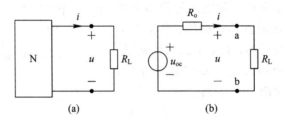

图 3.3.1　最大功率传输示意图

前面曾经讨论过，线性有源二端网络 N 可以用戴维宁等效电路或诺顿等效电路来替代，戴维宁等效电路如图 3.3.1(b)所示，当开路电压 u_{oc} 和等效电阻 R_o 固定不变时，负载 R_L 为何值时，R_L 能获得最大功率。现讨论如下：

$$i = \frac{u_{oc}}{R_o + R_L}$$

$$P_{R_L} = R_L i^2 = \left(\frac{u_{oc}}{R_o + R_L}\right)^2 R_L$$

令 $\dfrac{\mathrm{d}P_{R_L}}{\mathrm{d}R_L} = 0$，即

$$\frac{\mathrm{d}P_{R_L}}{\mathrm{d}R_L} = u_{oc}^2 \frac{(R_o + R_L)^2 - 2R_L(R_o + R_L)}{(R_o + R_L)^4} = u_{oc}^2 \frac{R_o - R_L}{(R_o + R_L)^3} = 0$$

解得

$$R_L = R_o \tag{3.3.1}$$

由以上讨论，可归纳总结出最大功率传输定理：对于确定的线性有源二端网络 N，其开路电压为 u_{oc}、等效内阻为 R_o，若负载可任意改变，则当且仅当 $R_L = R_o$ 时，网络 N 传输给负载 R_L 的功率最大，此时负载上获得的最大功率为

$$P_m = \frac{u_{oc}^2}{4R_o} \tag{3.3.2}$$

若有源二端网络 N 为诺顿等效电路，同样可得 $R_L = R_o$ 时，网络 N 传输给负载 R_L 的功率最大，此时负载上得到的最大功率为

$$P_{\text{m}} = \frac{1}{4} R_{\text{o}} i_{\text{sc}}^2 \qquad (3.3.3)$$

应该指出：最大功率传输定理不应理解为，要使负载功率最大应使戴维宁等效电路内阻 R_{o} 等于 R_{L}，由图 3.3.1(b)可看出，当 R_{L} 一定、u_{oc} 一定，改变 R_{o}，显然只有当 $R_{\text{o}} = 0$ 时才能使负载 R_{L} 获得最大功率；也不能把 R_{o} 上消耗的功率当作二端网络内部消耗的功率，这是因为"等效"的概念是对"外"而不对"内"电路。

【**例 3.3.1**】　电路如图 3.3.2(a)所示，问 R_{L} 为何值时能获得最大功率？求此时功率。

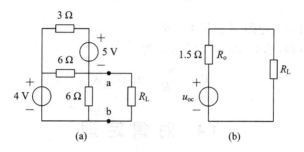

图 3.3.2　例 3.3.1 图

解　根据戴维宁定理，图 3.3.2(a)所示电路等效为图(b)所示电路。

$$R_{\text{o}} = 1.5 \ \Omega$$
$$u_{\text{oc}} = 0.5 \ \text{V}$$

根据最大功率传输定理可得 $R_{\text{L}} = R_{\text{o}} = 1.5 \ \Omega$ 时可获得最大功率。此最大功率为

$$P_{\text{m}} = \frac{U_{\text{oc}}^2}{4R_{\text{o}}} = \frac{0.5^2}{4 \times 1.5} = \frac{1}{24} \ \text{W}$$

【**例 3.3.2**】　电路如图 3.3.3(a)所示，求：

（1）电阻 R 为何值时可获最大功率；

（2）此最大功率为多少。

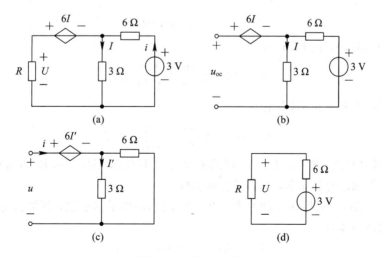

图 3.3.3　例 3.3.2 图

解　（1）移去 R，如图 3.3.3(b)所示，可求 u_{oc} 为

$$u_{oc} = 6I + 3I$$

$$I = \frac{3}{3+6} = \frac{1}{3} \text{ A}$$

$$u_{oc} = 3 \text{ V}$$

（2）除去独立电源，如图 3.3.3(c)所示，可求 R_o 为

$$u = 6I' + 6(i - I')$$

$$R_o = \frac{u}{i} = 6 \ \Omega$$

当 $R = R_o = 6 \ \Omega$ 时，电阻 R 获最大功率。

（3）画出等效电路，如图 3.3.3(d)所示，得

$$P_m = \frac{u_{oc}^2}{4R_o} = 0.375 \text{ W}$$

3.4　对　偶　定　理

在分析问题时，常会遇到一些类似的推导过程，它们在步骤上很明显是重复的。电路元件、结构、状态及定律等方面具有成对出现的相似性，这种成对的相似性就是对偶性，具有的相似关系称为对偶关系。具有对偶关系的电路称为对偶电路。如图 3.4.1 所示串联 RLC 电路和并联 GCL 电路就是对偶电路。

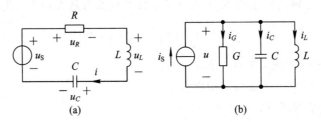

图 3.4.1　互为对偶的电路一

对于图 3.4.1(a)，由 KVL 有

$$u_S = Ri + L\frac{\mathrm{d}i}{\mathrm{d}t} + \frac{1}{C}\int_{-\infty}^{t} i\,\mathrm{d}\xi$$

对于图 3.4.1(b)，由 KCL 有

$$i_S = Gu + C\frac{\mathrm{d}u}{\mathrm{d}t} + \frac{1}{L}\int_{-\infty}^{t} u\,\mathrm{d}\xi$$

从上面可以看出，KVL 和 KCL(对偶定律)、R 和 G、L 和 C、u_S 和 i_s(对偶元件)、i 和 u(对偶变量)等都是对偶元素，它们具有对偶性。

又如图 3.4.2(a)和(b)所示的两个电路，对于图(a)所示的电路，列网孔电流方程为(网孔电流为顺时针方向)

$$(R_1 + R_2)i_{m1} - R_2 i_{m2} = u_{S1}$$

$$-R_2 i_{m1} + (R_2 + R_3)i_{m2} = -u_{S3}$$

对于图 3.4.2(b)所示电路，列结点电压方程为

$$(G_1 + G_2) u_{n1} - G_2 u_{n2} = i_{S1}$$
$$- G_2 u_{n1} + (G_2 + G_3) u_{n2} = i_{S3}$$

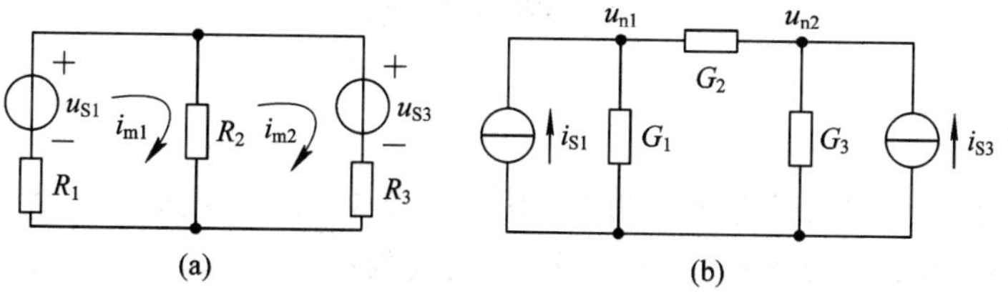

图 3.4.2　互为对偶的电路二

从上面的方程也可以看出，网孔电流方程和结点电压方程是对偶的。表 3-1 中列出了电路中的若干对偶关系。

表 3-1　电路中的若干对偶关系

理想电路元件及其元件方程的对偶关系	
电阻 R　$u = Ri$	电导 G　$i = Gu$
电感 L　$\Psi = Li$	电容 C　$q = Cu$
电压源 u_S　u_S 为给定值	电流源 i_S　i_S 为给定值
VCVS　$u_2 = \mu u_1$	CCCS　$i_2 = \beta i_1$
VCCS　$i_2 = g u_1$	CCVS　$u_2 = r i_1$
电路变量的对偶关系	
电压 u	电流 i
磁通 Φ	电荷 q
树支电压	连支电流
结点电压	回路电流
开路电压	短路电流
电路结构的对偶关系	
串联	并联
开路	短路
结点	回路
电路基本定律和定理的对偶关系	
KVL	KCL
戴维宁定理	诺顿定理

对偶原理：若 N 和 $\hat{N}$ 互为对偶，用对偶量替换后，则在网络 N 中成立的一切定理、定律和方法，在 $\hat{N}$ 中均成立，反之亦然。

应用对偶原理后可省去不必要的重复推导。如果得出了某一电路的电路方程，则与其对偶电路的电路方程就可由对偶定理直接写出。更有趣的是，当两个对偶电路中的对偶参数具有相同的数值时,则这两个对偶电路中互为对偶的响应也具有相同的数值。

本 章 小 结

1. 叠加定理

叠加定理的内容:在线性电阻电路中,任一支路电流(或支路电压)都是电路中各个独立电源单独作用时在该支路产生电流(或电压)的代数和。

应用叠加定理时,要注意以下几点:

(1) 叠加定理只适用于线性电路,不适用于非线性电路;

(2) 在考虑某一电源单独作用时,其他电源不作用,即置零(电压源短路,电流源开路);

(3) 叠加时,要注意电流和电压的参考方向;

(4) 叠加定理只能用来分析和计算电流和电压,不能用来计算功率。

2. 替代定理

替代定理可以表述为:在具有唯一解的电路中,已知某支路 k 的电压为 u_k,电流为 i_k,且该支路不含受控源或该支路的电压和电流不作为其他支路中受控源的控制量,则该支路可用下列任何一个元件替代:

(1) 电压等于 u_k 的理想电压源;

(2) 电流等于 i_k 的理想电流源;

(3) 阻值为 u_k/i_k 的电阻 R_k。

替代定理既适用于线性电路,也适用于非线性电路。

3. 戴维宁定理

戴维宁定理指出:对外部电路而言,任何一个线性有源二端网络都可以用一个理想电压源 u_S 和内阻 R_o 串联来等效代换,戴维宁等效电路中的电压源 u_S 等于该网络的开路电压 u_{oc},内阻 R_o 等于有源二端网络除去所有电源(电压源短路,电流源开路)后,所得到的无源二端网络的等效电阻。

4. 诺顿定理

诺顿定理:任何一个线性有源二端网络,对外电路来说,都可以用一个电流源和电阻的并联来等效代换,电流源的电流等于该二端网络的短路电流,电阻等于该二端网络的输入电阻。

应用戴维宁定理和诺顿定理求解电路的步骤如下:

① 求解有源二端网络的开路电压 u_{oc},或短路电流 i_{sc};

② 求解二端网络的输入电阻 R_o;

③ 画出等效电路,求解电路。

5. 最大功率传输定理

对于确定的线性有源二端网络,其开路电压为 u_{oc}、等效内阻为 R_o,若负载可任意改变,则当且仅当 $R_L = R_o$ 时,电阻 R_L 从二端网络获得最大功率,该最大功率为

$$P_m = \frac{u_{oc}^2}{4R_o}$$

若有源二端网络为诺顿等效电路,同样可得 $R_L = R_o$ 时,电阻 R_L 从二端网络获得最大功率,该最大功率为

$$P_m = \frac{1}{4}R_o i_{sc}^2$$

习 题

3.1 电路如题 3.1 图所示,求电路中的 u。

3.2 如题 3.2 图所示,已知 $u_S = 12$ V,$i_S = 6$ A,用叠加定理求电流 i。

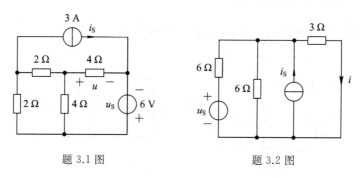

题 3.1 图   题 3.2 图

3.3 如题 3.3 图所示,用叠加定理求电流 i。

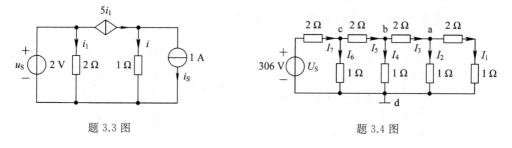

题 3.3 图   题 3.4 图

3.4 如题 3.4 图所示,在梯形电阻电路中,求电流 I_1。

3.5 电路如题 3.5 图所示,N_S 为有源网络,当 $U_S = 4$ V 时,$I_3 = 4$ A;当 $U_S = 6$ V 时,$I_3 = 5$ A;求当 $U_S = 2$ V 时,I_3 为多少?

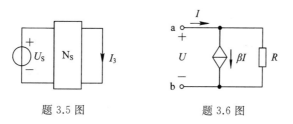

题 3.5 图   题 3.6 图

3.6 电路如题 3.6 图所示,求 a、b 两端的输入端电阻 $R_{ab}(\beta \neq 1)$。

3.7 电路如题 3.7 图所示，计算 R_x 分别为 1.2 Ω、5.2 Ω 时的 I。

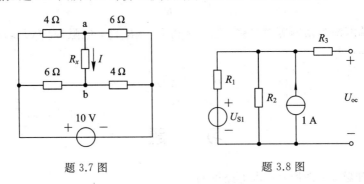

题 3.7 图   题 3.8 图

3.8 求题 3.8 图所示电路的戴维宁等效电路，已知 $R_1 = 20$ Ω，$R_2 = 30$ Ω，$R_3 = 2$ Ω，$U_{S1} = 50$ V。

3.9 用戴维宁定理求题 3.9 图所示电路中的电流 I。

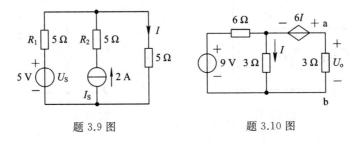

题 3.9 图   题 3.10 图

3.10 求题 3.10 图所示电路中的 $U_。$。

3.11 用诺顿定理求题 3.11 图所示电路中的 I。

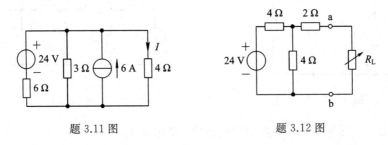

题 3.11 图   题 3.12 图

3.12 电路如题 3.12 图所示，试求电阻 R_L 为何值时可获得最大功率，此最大功率是多少？

第 4 章　动态电路的时域分析

前面章节讨论了电阻电路的基本概念、基本定律、基本分析方法和电路定理。其中，一个显著特点是，求解电阻电路的方程是一组代数方程，这就意味着电阻电路在任意时刻的响应只与同一时刻的激励有关，而与过去的激励无关，这就是电阻电路的"无记忆性"。

许多实际电路，除包含电源和电阻元件外，还常包含电感、电容等动态元件，这类元件的伏安关系(VCR)是微分或积分关系。含有动态元件的电路被称为动态电路。本章将在时域中分析动态电路。

4.1　动 态 元 件

4.1.1　电容元件

1. 电容的结构及充放电性质

电容元件是各种实际电容器或其他实际部件电容效应的理想化模型，用以反映电路中电场能量储存这一物理现象。为叙述方便、本书把电容元件简化为电容。

在工程技术中，电容器被广泛应用于电气和电子行业中，例如，在无线电和电视系统中用电容器来调谐信号，利用电容器储存电荷来点亮照相机的闪光灯，通过电容器增加泵和制冷电动机的启动转矩或提高电力系统的运行效率等。

电容器的结构非常简单，它是由两个被绝缘体隔开的导体构成的。电容器的基本形式之一为平行极板电容器，如图 4.1.1 所示，它由中间间隔不同介质(如玻璃、空气、油、云母、塑料、陶瓷或者其他合适的绝缘材料)的两块金属板组成。

将直流电接到两极板时(如图 4.1.2 所示)，电池的正电势将极板 A 中的电子吸引出来，同时，相同数量的电子堆积在 B 极板上。这使 A 极板上的电子减少，A 极板从而带正电荷；B 极板上的电子增多，B 极板从而带负电荷。处于这种状态的电容器被称为已充电的电容器。如果在此期间转移的电荷为 q，则电容器所带电荷量为 q。

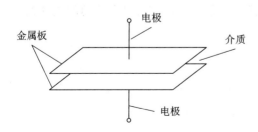

图 4.1.1　平行极板电容器的基本结构

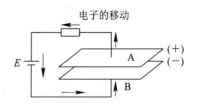

图 4.1.2　充电中的电容器

充电中的电容器，若断开电源（如图 4.1.3 所示），则移到 B 极板的多余电子被捕获。因为它们已没有路径返回到 A 极板而被留了下来，所以，即使没有电源存在，电容器还保持充电状态，这说明电容器能够储存电荷。

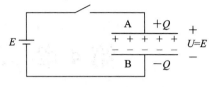

图 4.1.3　充电后的电容器

充电到高电压的大电容会储存大量电荷，当你触摸电容器时，会受到严重的电击。电源移除后电容器常会放电，可用短路线把两个电极连接起来进行放电，让电子返回到上极板，电荷恢复平衡，电容器的电压减小到零。

2. 线性电容元件的库伏特性

电容元件的库伏特性是储存的电荷 q 与电压的代数关系。线性电容元件的图形符号如图 4.1.4(a)所示，当电压参考极性与极板储存电荷的极性一致时，线性电容元件的库伏特性为

$$q = Cu \tag{4.1.1}$$

其中，C 为电容元件的参数，称为电容，它是一个正实数。在国际单位制中，当电荷和电压的单位分别为 C 和 V 时，电容的单位为 F(法拉，简称法)。法拉是一个很大的单位，一般在电气系统中使用的实际电容器的单位为微法(μF，$1\ \mu$F$=10^{-6}$F)或皮法(pF，1 pF$=10^{-12}$ F)。

电容器在单位电压下储存的电荷越多，电容 C 的值就越大。图 4.1.4(b)是电容元件的库伏特性曲线，线性电容元件的库伏特性曲线是一条通过原点的直线。

(a) 电容元件的图形符号　　　(b) 电容元件的库伏特性曲线

图 4.1.4　电容元件及其库伏特性曲线

3. 线性电容元件的伏安关系

如果电容元件的电流和电压为关联参考方向，那么电容元件的电压和电流关系(VCR)为

$$i_C = \frac{\mathrm{d}q}{\mathrm{d}t} = \frac{\mathrm{d}(Cu)}{\mathrm{d}t} = C\,\frac{\mathrm{d}u}{\mathrm{d}t} \tag{4.1.2}$$

上式表明，电容的电流与电压的变化率成正比。电容在直流情况下其两端电压恒定，电容相当于开路，即电容具有隔断直流的作用。

式(4.1.2)还可以写成积分的形式，即

$$u = \frac{1}{C}\int_{-\infty}^{t} i_C\,\mathrm{d}\xi = \frac{1}{C}\int_{-\infty}^{t_0} i_C\,\mathrm{d}\xi + \frac{1}{C}\int_{t_0}^{t} i_C\,\mathrm{d}\xi = u(t_0) + \frac{1}{C}\int_{t_0}^{t} i_C\,\mathrm{d}\xi \tag{4.1.3}$$

在实际应用中，很多情况下取 $t_0 = 0$，则式(4.1.3)变为

$$u = u(0) + \frac{1}{C}\int_{0}^{t} i\,\mathrm{d}\xi \tag{4.1.4}$$

由式(4.1.2)可知，电容元件的电压 u 和电流 i 具有动态关系，所以电容元件是一个动态元件。由式(4.1.4)可知，电容元件的电压除与 0 到 t 时间段的电流值有关外，还与 $u(0)$ 值有关，因此电容元件是一种有"记忆"的元件。与之相比，电阻元件的电压仅与该瞬间的电流值有关，是无"记忆"的元件。

这里需要特别注意的是：电容元件的伏安关系的两种形式，即式(4.1.2)和式(4.1.4)是在关联参考方向下得出的。若采用非关联参考方向，则应在两公式前加上负号。

4. 线性电容元件的功率和电场能量

在电压和电流取关联参考方向下，线性电容元件吸收的功率为

$$p = ui = Cu \frac{\mathrm{d}u}{\mathrm{d}t} \tag{4.1.5}$$

从 $-\infty$ 到 t 时刻，电容元件吸收的能量为

$$W_C(t) = \int_{-\infty}^{t} u(\xi)i(\xi)\mathrm{d}\xi = \int_{-\infty}^{t} Cu(\xi)\frac{\mathrm{d}u(\xi)}{\mathrm{d}\xi}\mathrm{d}\xi$$

$$= C\int_{u(-\infty)}^{u(t)} u(\xi)\mathrm{d}u(\xi) = \frac{1}{2}C[u^2(t) - u^2(-\infty)]$$

电容元件吸收的能量以电场能量的形式储存在元件的电场中。当 $t = -\infty$ 时，$u(-\infty) = 0$，其电场能量也为零。这样，电容元件在任何时刻 t 储存的电场能量 $W_C(t)$ 将等于它吸收的能量，则有

$$W_C(t) = \frac{1}{2}Cu^2(t) \tag{4.1.6}$$

上式表明，电容元件某时刻储存的能量取决于该时刻的电压，只要电压不为零，无论其方向或符号如何，就有能量储存在电容中。

4.1.2　电感元件

1. 电感的结构及概念

电感元件是电感线圈的理想化模型，它反映电路中磁场能量储存的物理现象。为叙述方便，本书把电感元件简称电感。

用金属导线绕在骨架上就构成了一个实际的电感器，常称为电感线圈，如图 4.1.5 所示。其中，电流 i 产生的磁通 Φ_L 与 N 匝线圈交链，交链的总磁通称为磁通链（简称磁链），$\Psi_L = N\Phi_L$。由于磁通 Φ_L 和磁通链 Ψ_L 都是由线圈本身的电流 i 产生的，因此分别称为自感磁通和自感磁通链。Φ_L 和 Ψ_L 的方向与 i 的参考方向成右手螺旋关系。当磁通链 Ψ_L 随时间变化时，在线圈的端子间产生感应电压。如果感应电压

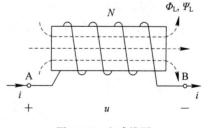

图 4.1.5　电感线圈

u 的参考方向与 Ψ_L 的方向呈右手螺旋关系（即从端子 A 沿导线到端子 B 的方向与 Ψ_L 的方向呈右手螺旋关系），根据电磁感应定律，感应电压为

$$u = \frac{\mathrm{d}\Psi_L}{\mathrm{d}t} \tag{4.1.7}$$

2. 线性电感元件的韦安特性

线性电感元件的图形符号如图 4.1.6(a)所示，一般在图中不必画出 Ψ_L、Φ_L 的参考方向，但规定 Ψ_L 的方向与电流 i 的参考方向满足右手螺旋关系。线性电感元件的磁通链 Ψ_L 与电流 i 的关系满足

$$\Psi_L = Li \tag{4.1.8}$$

其中，L 为电感元件的参数，称为自感系数或电感。在国际单位制中，磁通和磁通链的单位是韦伯(Wb)，简称韦；电感的单位是亨利(H)，简称亨，电感的常用单位还有毫亨(mH，$1\ \mathrm{mH} = 10^{-3}\ \mathrm{H}$)和微亨($\mu\mathrm{H}$，$1\ \mu\mathrm{H} = 10^{-6}\ \mathrm{H}$)。通常，电路图中的符号 L 既表示电感元件，也表示元件的参数。

线性电感元件的韦安特性曲线是 $\Psi_L - i$ 平面上通过原点的一条直线，如图 4.1.6(b)所示。

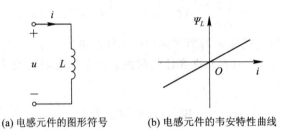

(a) 电感元件的图形符号　　　　(b) 电感元件的韦安特性曲线

图 4.1.6　电感元件及其韦安关系

3. 线性电感元件的伏安关系

与电容相同，在电路分析，我们真正关心的不是电感元件的韦安关系，而是其伏安关系。

把 $\Psi_L = Li$ 代入式(4.1.7)中，可以得到电感元件 VCR 微分关系为

$$u = \frac{\mathrm{d}\Psi_L}{\mathrm{d}t} = L\ \frac{\mathrm{d}i}{\mathrm{d}t} \tag{4.1.9}$$

式中，u 与 Ψ_L 成右手螺旋关系，与 i 为关联参考方向。

由式(4.1.9)可得电感元件 VCR 的积分形式为

$$i = \frac{1}{L}\int u\,\mathrm{d}t \tag{4.1.10}$$

写成定积分形式为

$$i = \frac{1}{L}\int_{-\infty}^{t} u\,\mathrm{d}\xi = \frac{1}{L}\int_{-\infty}^{t_0} u\,\mathrm{d}\xi + \frac{1}{L}\int_{t_0}^{t} u\,\mathrm{d}\xi = i(t_0) + \frac{1}{L}\int_{t_0}^{t} u\,\mathrm{d}\xi \tag{4.1.11}$$

可以看出，电感元件是动态元件，也是"记忆"元件。

4. 线性电感元件的功率及磁场能量

在电压和电流取关联参考方向下，线性电感元件吸收的功率为

$$p = ui = Li \frac{\mathrm{d}i}{\mathrm{d}t} \tag{4.1.12}$$

若在 $t = -\infty$ 时，$i(-\infty) = 0$，则电感元件无磁场能量。因此从 $-\infty$ 到 t 的时间段内电感吸收的磁场能量为

$$W_L(t) = \int_{-\infty}^{t} p \, \mathrm{d}\xi = \int_{-\infty}^{t} Li \frac{\mathrm{d}i}{\mathrm{d}\xi} \mathrm{d}\xi = \int_{-\infty}^{i(t)} Li \, \mathrm{d}i = \frac{1}{2} Li^2(t) \tag{4.1.13}$$

式(4.1.13)就是线性电感元件在任何时刻的磁场能量表达式。

从 t_1 到 t_2 时间段内，线性电感元件吸收的磁场能量为

$$W_L = L \int_{i(t_1)}^{i(t_2)} i \, \mathrm{d}i = \frac{1}{2} Li^2(t_2) - \frac{1}{2} Li^2(t_1) \tag{4.1.14}$$

当电流 $|i|$ 增加时，$W_L > 0$，元件吸收能量；当电流 $|i|$ 减小时，$W_L < 0$，元件释放能量。可见，电感元件不把吸收的能量消耗掉，而是以磁场能量的形式储存在磁场中，所以电感元件是一种储能元件。同时，它也不会释放出多于它所吸收或储存的能量，因此它又是一种无源元件。

4.1.3　电容、电感元件的串联、并联

1. 电容元件的串联

图 4.1.7(a)是 n 个电容相串联的电路，流经各电容的电流为同一电流 i。根据电容 VCR 的积分形式，第 $k(i = 1, 2, \cdots, n)$ 个电容的端电压为

$$u_k = \frac{1}{C_k} \int_{-\infty}^{t} i(\xi) \mathrm{d}\xi \quad (k = 1, 2, \cdots, n) \tag{4.1.15}$$

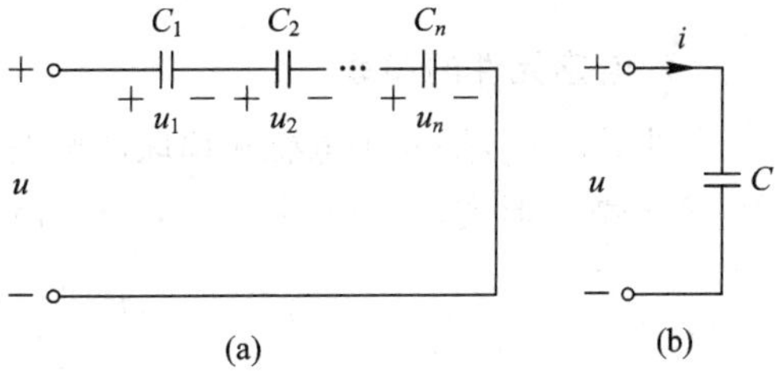

图 4.1.7　电容串联

应用 KVL，得端口电压为

$$u = u_1 + u_2 + \cdots + u_n = \left(\frac{1}{C_1} + \frac{1}{C_2} + \cdots + \frac{1}{C_n} \right) \int_{-\infty}^{t} i(\xi) \mathrm{d}\xi = \frac{1}{C} \int_{-\infty}^{t} i(\xi) \mathrm{d}\xi \tag{4.1.16}$$

可得 n 个电容相串联的等效电容 C，其倒数表示式为

$$\frac{1}{C} = \frac{1}{C_1} + \frac{1}{C_2} + \cdots + \frac{1}{C_n} = \sum_{k=1}^{n} \frac{1}{C_k} \tag{4.1.17}$$

相应的等效电路如图 4.1.7(b)所示。

将等效电容 VCR 的积分形式写为

$$\int_{-\infty}^{t} i(\xi) \mathrm{d}\xi = Cu \tag{4.1.18}$$

将式(4.1.18)代入式(4.1.15)中，得各电容电压与端口电压的关系为

$$u_k = \frac{C}{C_k} u \quad (k = 1, 2, \cdots, n) \tag{4.1.19}$$

2. 电容元件的并联

图 4.1.8(a)是 n 个电容相并联的电路，各电容的端电压为同一电压 u。根据电容 VCR

的微分形式，有

$$i_k = C_k \frac{\mathrm{d}u}{\mathrm{d}t} \quad (k = 1, 2, \cdots, n) \tag{4.1.20}$$

应用 KCL，得端口电流

$$i = i_1 + i_2 + \cdots + i_n = (C_1 + C_2 + \cdots + C_n)\frac{\mathrm{d}u}{\mathrm{d}t} = C\frac{\mathrm{d}u}{\mathrm{d}t} \tag{4.1.21}$$

可得 n 个电容相并联的等效电容 C 为

$$C = C_1 + C_2 + \cdots + C_n = \sum_1^n C_k \tag{4.1.22}$$

相应的等效电路如图 4.1.8(b)所示。

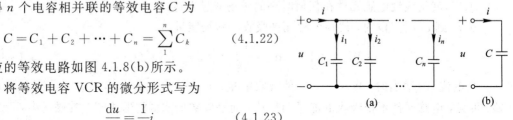

将等效电容 VCR 的微分形式写为

$$\frac{\mathrm{d}u}{\mathrm{d}t} = \frac{1}{C}i \tag{4.1.23}$$

图 4.1.8　电容并联

将式(4.1.23)代入式(4.1.20)中，得各电容电流与端口电流的关系为

$$i_k = \frac{C_k}{C}i \quad (k = 1, 2, \cdots, n) \tag{4.1.24}$$

3. 电感元件的串联

图 4.1.9(a)是 n 个电感相串联的电路，流经各电感的电流为同一电流 i。根据电感元件 VCR 的微分形式，第 $k(k=1, 2, \cdots, n)$ 个电感的端电压为

$$u_k = L_k \frac{\mathrm{d}i}{\mathrm{d}t} \quad (k = 1, 2, \cdots, n) \tag{4.1.25}$$

由 KVL，得端口电压

$$u = u_1 + u_2 + \cdots + u_n = (L_1 + L_2 + \cdots + L_n)\frac{\mathrm{d}i}{\mathrm{d}t} = L\frac{\mathrm{d}i}{\mathrm{d}t} \tag{4.1.26}$$

可得 n 个电感相串联的等效电感 L 为

$$L = L_1 + L_2 + \cdots + L_n = \sum_{k=1}^n L_k \tag{4.1.27}$$

相应的等效电路如图 4.1.9(b)所示。由式(4.1.26)或等效电感 VCR 的微分形式可得

$$\frac{\mathrm{d}i}{\mathrm{d}t} = \frac{1}{L}u \tag{4.1.28}$$

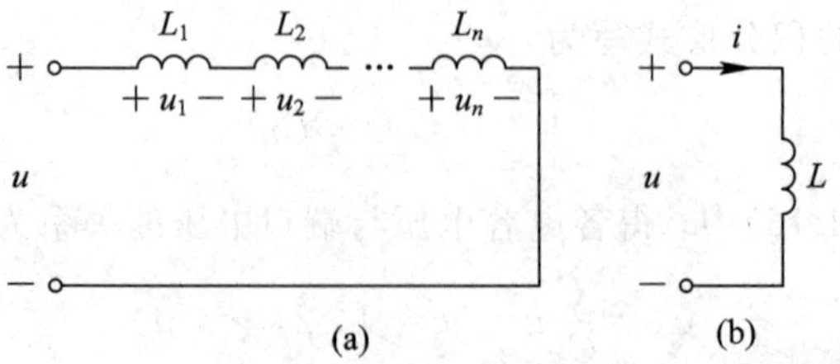

图 4.1.9　电感串联

将式(4.1.28)代入式(4.1.25)中，得出各电感上电压与端口电压的关系为

$$u_k = \frac{L_k}{L}u \quad (k=1, 2, \cdots, n) \tag{4.1.29}$$

4. 电感元件的并联

图 4.1.10(a) 是 n 个电感相并联的电路，各电感的端电压为同一电压 u。根据电感 VCR 的积分形式，有

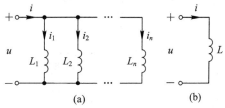

图 4.1.10　电感并联

$$i_k = \frac{1}{L_k}\int_{-\infty}^{t} u(\xi)\mathrm{d}\xi \quad (k=1, 2, \cdots, n) \tag{4.1.30}$$

由 KCL 得端口电流

$$i = i_1 + i_2 + \cdots + i_n = \left(\frac{1}{L_1} + \frac{1}{L_2} + \cdots + \frac{1}{L_n}\right)\int_{-\infty}^{t} u(\xi)\mathrm{d}\xi = \frac{1}{L}\int_{-\infty}^{t} u(\xi)\mathrm{d}\xi \tag{4.1.31}$$

式中，L 称为 n 个电感并联的等效电感。

$$\frac{1}{L} = \frac{1}{L_1} + \frac{1}{L_2} + \cdots + \frac{1}{L_n} = \sum_{k=1}^{n} \frac{1}{L_k} \tag{4.1.32}$$

相应的等效电路如图 4.1.10(b) 所示。

由式 (4.1.31) 或等效电感 VCR 的积分形式可得

$$\int_{-\infty}^{t} u(\xi)\mathrm{d}\xi = Li \tag{4.1.33}$$

将式 (4.1.33) 代入式 (4.1.30) 中，得各电感上电流与端口电流的关系为

$$i_k = \frac{L}{L_k}i \quad (k=1, 2, \cdots, n) \tag{4.1.34}$$

4.2　动态电路方程及其初始值的计算

4.2.1　动态电路方程

动态电路的工作状态有两种：一是电路中的电压、电流都是恒定值或正弦波，称这类工作状态为稳定状态，简称稳态；二是当电路中含有储能元件时，并出现结构改变（如接通、断开、短路、改接等）或出现电源、电路参数突然改变，常使电路从一个稳定状态过渡到另一个稳定状态，由于电磁惯性，电路状态的改变一般并非立即完成，往往需要经历一个过程，这一过程称为过渡过程或暂态过程，这是电路的另一个工作状态，简称暂态。

如图 4.2.1(a) 所示的一阶电路，开关闭合之前电容未充电，电路处于一种稳态（$i_C = 0\text{ A}$，$u_C = 0\text{ V}$），当闭合开关后达电路到新的稳态时，则有 $i_C = 0\text{A}$，$u_C = U_S$。从前一个稳态到后一个稳态的过程中，电容的电压不能从零跃变到 U_S，而要经历一个过渡过程，如图 4.2.1(b) 所示。

上述电路结构或参数变化引起的电路变化统称为"换路"，并认为换路是在 $t = t_0$（通常取 $t_0 = 0$）时刻进行的。为了叙述方便，把换路前的最终时刻记为 $t = 0_-$，把换路后的最初时刻记为 $t = 0_+$，换路经历时间为 0_- 到 0_+。

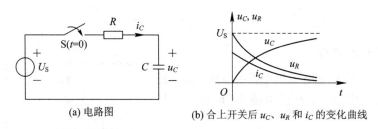

图 4.2.1　过渡过程中各参数变化趋势图

分析和求解动态电路过渡过程有两种方法：时域分析法（简称时域法，也称经典分析法）和复频域分析法（拉普拉斯变换法）。本章讨论前一种方法，它是根据 KVL、KCL 和支路的 VCR 建立描述电路的方程，这类方程是以时间为自变量的线性微分方程。求解常微分方程，进而得到电路所求变量（电压或电流）。因求微分方程时需要初始条件，因此下面先讨论换路定律。

4.2.2　换路定律及初始值的计算

用经典法求解常微分方程时，必须根据电路的初始条件确定解中的积分常数。电容的电压 $u_C(0_+)$ 和电感的电流 $i_L(0_+)$ 称为初始条件。

对于线性电容，在任意时刻 t，它的电压与电流的关系为

$$u_C(t) = u_C(t_0) + \frac{1}{C}\int_{t_0}^{t} i_C(\xi)\mathrm{d}\xi \tag{4.2.1}$$

其中 u_C 和 i_C 分别为电容的电压和电流。令 $t_0 = 0_-$，$t = 0_+$，则得

$$u_C(0_+) = u_C(0_-) + \frac{1}{C}\int_{0_-}^{0_+} i_C(t)\mathrm{d}t \tag{4.2.2}$$

从式（4.2.2）可看出，电路在换路前后，即从 0_- 到 0_+ 的瞬间，如果电流 $i_C(t)$ 为有限值，那么式（4.2.2）中右方的积分项为零，此时电容上的电压就不发生跃变，即

$$u_C(0_+) = u_C(0_-) \tag{4.2.3}$$

由于 $q(t) = Cu(t)$，得

$$q(0_+) = q(0_-) \tag{4.2.4}$$

因此，电容中的电荷在换路前后也保持不变。

线性电感的电流与电压的关系为

$$i_L(t) = i_L(t_0) + \frac{1}{L}\int_{t_0}^{t} u_L(\xi)\mathrm{d}\xi \tag{4.2.5}$$

其中 i_L、u_L 分别为电感的电流和电压。令 $t_0 = 0_-$，$t = 0_+$，则得

$$i_L(0_+) = i_L(0_-) + \frac{1}{L}\int_{0_-}^{0_+} u_L(t)\mathrm{d}t \tag{4.2.6}$$

电路从 0_- 到 0_+ 瞬间，如果电压 $u_L(t)$ 为有限值，那么式（4.2.6）中右方的积分项将为零，此时电感中的电流不发生跃变，即

$$i_L(0_+) = i_L(0_-) \tag{4.2.7}$$

由于 $\Psi(t) = Li_L(t)$，得

$$\Psi(0_+) = \Psi(0_-) \tag{4.2.8}$$

因此，电感的磁通链在换路前后也保持不变。

综上所述，电路在换路前后，电容的电流和电感的电压为有限值的条件下，换路前后瞬间电容的电压和电感的电流不能跃变，换路定律可表示为

$$\begin{cases} u_C(0_+) = u_C(0_-) \\ i_L(0_+) = i_L(0_-) \end{cases} \tag{4.2.9}$$

电容 $u_C(0_+)$ 和电感 $i_L(0_+)$ 通常称为独立初始条件。其他电路变量，如电容的电流、电感的电压以及电阻上的电压和电流等的初始值统称为非独立初始条件。

对于独立初始条件 $u_C(0_+)$ 和 $i_L(0_+)$ 的值，可以直接利用换路定律，通过换路前瞬间的 $u_C(0_-)$ 和 $i_L(0_-)$ 求出；对于非独立初始条件，则可在求出 $u_C(0_-)$ 和 $i_L(0_-)$ 后，对 $t=0_+$ 时的电路，依据基尔霍夫定律和欧姆定律计算得出。在计算时也可采用 0_+ 等效电路进行计算。所谓 0_+ 等效电路就是在 0_+ 时刻的电路中，根据替代定理，将电容用一个电压值等于 $u_C(0_+)$ 的电压源替代，其极性与电压 $u_C(0_+)$ 的极性一致；将电感用一个电流值等于 $i_L(0_+)$ 的电流源替代，其方向与电流 $i_L(0_+)$ 的方向一致；电路中的独立电源值取其在 $t=0_+$ 时刻的值。显然，这样所得到的等效电路是一个电阻电路。非独立初始条件在换路时是可以跳变的。

【**例 4.2.1**】 图 4.2.2(a)所示电路原已处于稳定状态，开关 S 原是闭合的。当 $t=0$ 时，开关 S 打开，已知 $U_S=12$ V，$R=12\ \Omega$，$R_1=R_2=24\ \Omega$，$L_1=2$ H，$L_2=1$ H，求换路后瞬间各支路的电流及电感的电压。

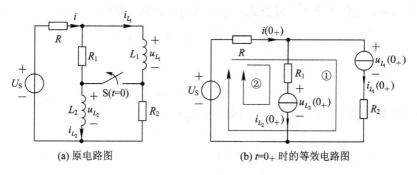

(a) 原电路图　　　　　(b) $t=0_+$ 时的等效电路图

图 4.2.2　例 4.2.1 的电路图

解 （1）求独立初始条件。

开关 S 打开前，电路已处于直流稳态，电感 L_1 和 L_2 相当于短路，将 R_1 和 R_2 分别短路则有

$$i(0_-) = i_{L_1}(0_-) = i_{L_2}(0_-) = \frac{U_S}{R} = \frac{12}{12} = 1\ \text{A}$$

（2）画出 0_+ 等效电路。

由换路定律可得

$$i_{L_1}(0_+) = i_{L_1}(0_-) = 1\ \text{A}$$
$$i_{L_2}(0_+) = i_{L_2}(0_-) = 1\ \text{A}$$

将电路中的电感分别用电流源替代，这两个电流源的电流值分别等于 $i_{L_1}(0_+)$ 和

$i_{L_2}(0_+)$。换路后的 0_+ 等效电路如图 4.2.2(b)所示。

（3）求非独立初始条件。

在 $t=0_+$ 时的等效电路中，由 KCL 和 KVL 可得

$$i(0_+)=i_{L_1}(0_+)+i_{L_2}(0_+)=2 \text{ A}$$
$$Ri(0_+)+u_{L_1}(0_+)+R_2 i_{L_1}(0_+)=U_S$$
$$Ri(0_+)+R_1 i_{L_2}(0_+)+u_{L_2}(0_+)=U_S$$

解得

$$u_{L_1}(0_+)=U_S-Ri(0_+)-R_2 i_{L_1}(0_+)=12-12\times2-24\times1=-36 \text{ V}$$
$$u_{L_2}(0_+)=U_S-Ri(0_+)-R_1 i_{L_2}(0_+)=12-12\times2-24\times1=-36 \text{ V}$$

【例 4.2.2】 图 4.2.3(a)所示的电路原已处于稳定状态。$t=0$ 时，开关 S 由 a 投向 b，求换路后瞬间电容的电压和电流。

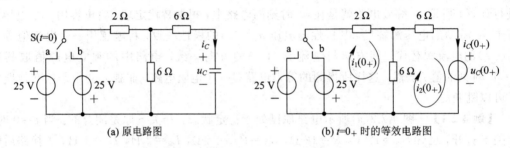

图 4.2.3　例 4.2.2 的电路图

解　换路前，电路已处于直流稳态，电容相当于开路，则有

$$u_C(0_-)=\frac{25}{6+2}\times6=18.75 \text{ V}$$

由换路定律可得

$$u_C(0_+)=u_C(0_-)=18.75 \text{ V}$$

0_+ 等效电路如图 4.2.3(b)所示，由回路电流法可得

$$\begin{cases} 8i_1(0_+)-6i_2(0_+)=-25 \\ -6i_1(0_+)+12i_2(0_+)=-18.75 \end{cases}$$

解得

$$\begin{cases} i_1(0_+)=-6.875 \text{ A} \\ i_2(0_+)=-5 \text{ A} \end{cases}$$

故，换路后瞬间电流 $i_C(0_+)=-5 \text{ A}$。

4.3　一阶电路的时域分析

4.3.1　一阶电路的零输入响应

动态电路在没有外加独立电源的情况下，仅由储能元件储存的能量在电路中产生的响应称为零输入响应。零输入响应的过程实质上就是储能元件释放能量的过程。对一阶电路

而言,零输入响应是由电容储存的电场能量或电感储存的磁场能量引起的。

1. RC 电路的零输入响应

在图 4.3.1(a)所示 RC 电路中,开关 S 闭合前,电容 C 已充电,其电压 $u_C = U_0$。开关闭合后,电容储存的能量将通过电阻以热量的形式释放出来。现把开关动作时刻取为计时起点($t = 0$)。开关闭合后,即 $t \geqslant 0_+$ 时,列写 KVL,可得

$$u_R - u_C = 0 \tag{4.3.1}$$

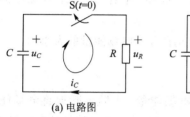 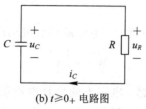 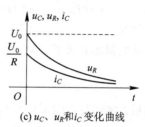

(a) 电路图　　　　　　　(b) $t \geqslant 0_+$ 电路图　　　　　　(c) u_C、u_R 和 i_C 变化曲线

图 4.3.1　RC 电路的零输入响应

将 $u_R = Ri_C$ 和 $i_C = -C\dfrac{\mathrm{d}u_C}{\mathrm{d}t}$ 代入式(4.3.1)中,得

$$RC\frac{\mathrm{d}u_C}{\mathrm{d}t} + u_C = 0 \tag{4.3.2}$$

式(4.3.2)为一阶齐次微分方程,其通解形式为

$$u_C = A\mathrm{e}^{pt} \tag{4.3.3}$$

将式(4.3.3)代入式(4.3.2)中,得

$$(RCp + 1)A\mathrm{e}^{pt} = 0 \tag{4.3.4}$$

其相应的特征方程为

$$RCp + 1 = 0 \tag{4.3.5}$$

则特征根为

$$p = -\frac{1}{RC}$$

故所求微分方程的通解为

$$u_C = A\mathrm{e}^{pt} = A\mathrm{e}^{-\frac{1}{RC}t} \tag{4.3.6}$$

其中,A 为积分常数,由电路的初始条件确定。

由换路定律可以得到初始条件:$u_C(0_+) = u_C(0_-) = U_0$,将其代入式(4.3.6)可得积分常数

$$A = U_0$$

电容的电压的零输入响应为

$$u_C = U_0\mathrm{e}^{-\frac{1}{RC}t} \quad (t \geqslant 0_+) \tag{4.3.7}$$

式(4.3.7)就是放电过程中电容的电压 u_C 表达式。

电容的电流为

$$i_C = -C\frac{\mathrm{d}u_C}{\mathrm{d}t} = -C\frac{\mathrm{d}}{\mathrm{d}t}(U_0\mathrm{e}^{-\frac{1}{RC}t}) = -C\left(-\frac{1}{RC}\right)U_0\mathrm{e}^{-\frac{1}{RC}t} = \frac{U_0}{R}\mathrm{e}^{-\frac{1}{RC}t} \quad (t \geqslant 0_+)$$

$$\tag{4.3.8}$$

电阻上的电压为

$$u_R = u_C = U_0 e^{-\frac{1}{RC}t} \quad (t \geqslant 0_+) \tag{4.3.9}$$

式(4.3.8)和式(4.3.9)的变化规律如图 4.3.1(c)所示,电容的电压 u_C、电容的电流 i_C 以及电阻的电压 u_R 都按照同样的指数规律衰减变化。电容的电压在换路瞬间没有发生跃变,从初始值 U_0 开始按指数规律衰减到零,达到新的稳定状态(简称稳态),期间要经历无限长的时间。电路中,电阻的电压值在换路瞬间发生了跃变,换路前一时刻其值为零,即 $u_R(0_-)=0$,换路后一时刻其值为 U_0,即 $u_R(0_+)=U_0$。同样,电容的电流在换路瞬间也发生了跃变。

从能量的角度看,RC 电路换路前,电容储存有电场能量,电场能量的大小为

$$W_C = \frac{1}{2} C U_0^2$$

换路后,电容与电阻形成放电回路,电容不断地释放电场能量,电阻不断地将电场能量转变为热能而消耗掉,这一过程是不可逆的。在电容放电的过程中,电阻消耗的总能量为

$$W_R = \int_0^{\infty} i^2(t) R \, dt = \int_0^{\infty} \left(\frac{U_0}{R} e^{-\frac{1}{RC}t} \right)^2 R \, dt = \frac{U_0^2}{R} \int_0^{\infty} e^{-\frac{2t}{RC}} \, dt = -\frac{1}{2} C U_0^2 \left(e^{-\frac{2}{RC}t} \right) \Big|_0^{\infty} = \frac{1}{2} C U_0^2$$

上式正好等于电容储存的电场能量,即电容储存的电场能量全部被电阻逐渐消耗掉。

动态电路的过渡过程所经历的时间长短取决于电容电压衰减的快慢,而它们衰减的快慢取决于衰减指数 $\frac{1}{RC}$ 的大小。令 $\tau = RC$,若电阻的单位为 Ω,电容的单位为 F 时,则 τ 的单位为 s。

由于 τ 具有时间的单位,且它仅与电路元件的参数 R 和 C 有关,与电路的初始状态无关,在有外加激励的电路中,与激励也无关,所以称 τ 为时间常数。

时间常数 τ 与特征方程的特征根互为负倒数,即 $p = -\frac{1}{\tau}$,p 的单位是 s^{-1},s^{-1} 为频率的单位,p 称为电路的固有频率,它取决于电路的结构和参数。

时间常数 τ 的几何意义可以从以下三个方面加以说明。

以电容的电压为例进行说明,把式(4.3.9)中的 RC 用 τ 代替,得到

$$u_C = U_0 e^{-\frac{t}{\tau}} \quad (t \geqslant 0_+) \tag{4.3.10}$$

当 $t = \tau$ 时,电容的电压在这一时刻的值为

$$u_C(\tau) = U_0 e^{-\frac{\tau}{\tau}} = U_0 e^{-1} = 0.368 U_0 \tag{4.3.11}$$

上式表明:在时间为 τ 这一时刻或者说从换路后的瞬间经过时间 τ,电容的电压由初始电压 U_0 衰减到初始电压的 36.8%,如图 4.3.2(a)所示。τ 值越大,电压衰减越慢,图中 $\tau_1 > \tau$,τ_1 所对应的曲线比 τ 所对应的曲线衰减得慢一些。由于 τ 与 R、C 的乘积成正比,因此可以通过改变 R、C 的参数来调整时间常数,从而改变电容放电的快慢。

时间常数的几何意义还可以由图 4.3.2(b)和(c)来说明。在图 4.3.2(b)中,过 $t=0$ 时曲线上的点作一切线,切线与横坐标相交所对应的时间就是时间常数 τ。因为切线的斜率为

$$\frac{du_C}{dt} \Big|_{t=0} = -\frac{U_0}{\tau} e^{-\frac{t}{\tau}} \Big|_{t=0} = -\frac{U_0}{\tau} \tag{4.3.12}$$

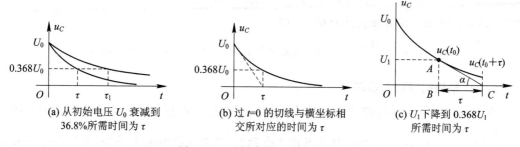

(a) 从初始电压 U_0 衰减到 36.8% 所需时间为 τ

(b) 过 t=0 的切线与横坐标相交所对应的时间为 τ

(c) U_1 下降到 $0.368U_1$ 所需时间为 τ

图 4.3.2　时间常数 τ 的几何意义

而在图 4.3.2(c)中，从 t_0 时刻对应的电压值 U_1 开始到电容的电压下降到 $0.368U_1$ 所经历的时间为时间常数 τ，所以，当 $t=t_0$ 时，有

$$U_1 = u_C(t_0) = U_0 e^{-\frac{t_0}{\tau}} \tag{4.3.13}$$

则

$$u_C(t_0+\tau) = U_0 e^{-\frac{t_0+\tau}{\tau}} = U_0 e^{-1} e^{-\frac{t_0}{\tau}} = e^{-1} U_0 e^{-\frac{t_0}{\tau}} = 0.368U_1 \tag{4.3.14}$$

在使用示波器观察一阶电路波形时，常利用时间常数的几何意义估算出电路时间常数的大小。

从理论上讲，RC 电路的过渡过程需要经历无限长时间，u_C 才能衰减至零，从而达到新的稳态。但是将 $t=5\tau$ 代入式(4.3.9)中可得电容的电压，$u_C(5\tau)=U_0 e^{-5}=0.0067U_0$，此时电容的电压几乎接近于零，故可认为电容的放电过程已基本结束。因此，在实际工程中，一般认为动态电路的过渡过程持续时间为 $(3\sim5)\tau$。

【**例 4.3.1**】　图 4.3.3(a)所示电路中，已知 $u_C(0_-)=15$ V，求 $t\geqslant0_+$ 时的 $u_C(t)$ 和 $u(t)$。

解　将电路变为标准的 RC 电路，从电容两端看进去的等效电阻为

$$R_{eq} = (12+8)//5 = \frac{20\times5}{20+5} \ \Omega = 4 \ \Omega$$

等效电路如图 4.3.3(b)所示。时间常数为

$$\tau = R_{eq}C = 4\times0.1 = 0.4 \ \text{s}$$

由换路定律可得

$$u_C(0_+) = u_C(0_-) = 15 \ \text{V}$$

故电容的电压为

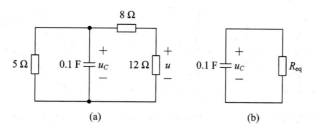

(a)　　　　　　　　(b)

图 4.3.3　例 4.3.1 电路图

$$u_C(t) = U_0 e^{-t/\tau} = 15 e^{-2.5t} \text{ V} \quad (t \geqslant 0_+)$$

从图 4.3.3(a)可知,用分压公式求得 u,即

$$u(t) = \frac{12}{12+8} u_C(t) = 0.6 \times 15 e^{-2.5t} = 9 e^{-2.5t} \text{ V} \quad (t \geqslant 0_+)$$

2. RL 电路的零输入响应

在图 4.3.4(a)所示电路中,在开关 S 动作前电压和电流已恒定不变,电感中有电流 $I_0 = \dfrac{U_S}{R_1} = i_L(0_-)$。在 $t=0$ 时,开关 S 由 1 合到 2,具有初始电流 I_0 的电感 L 和电阻 R 相连接,构成一个闭合回路,如图 4.3.4(b)所示。在 $t \geqslant 0_+$ 时,根据 KVL,有

$$u_L + u_R = 0 \tag{4.3.15}$$

将 $u_R = R i_L$,$u_L = L \dfrac{d i_L}{dt}$ 代入式(4.3.15)中,得

$$L \frac{d i_L}{dt} + R i_L = 0 \tag{4.3.16}$$

式(4.3.16)是一个一阶齐次微分方程。令方程的通解 $i_L = A e^{pt}$,将它代入式(4.3.16)中,得到相应的特征方程为

$$L p + R = 0$$

其特征根为

$$p = -\frac{R}{L}$$

故电感的电流为

$$i_L = A e^{-\frac{R}{L} t} \tag{4.3.17}$$

根据换路定律有 $i_L(0_+) = i_L(0_-) = I_0$,将它代入式(4.3.17)中,可得 $A = i_L(0_+) = I_0$,从而有

$$i_L = i(0_+) e^{-\frac{R}{L} t} = I_0 e^{-\frac{R}{L} t} \tag{4.3.18}$$

电阻和电感上的电压分别为

$$u_R = R i_L = R I_0 e^{-\frac{R}{L} t} \tag{4.3.19}$$

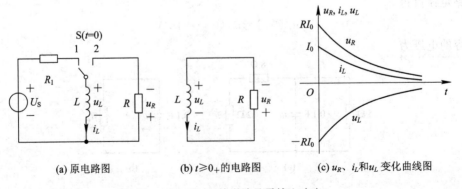

(a) 原电路图　　　　　(b) $t \geqslant 0_+$ 的电路图　　　　　(c) u_R、i_L 和 u_L 变化曲线图

图 4.3.4　RL 一阶电路及零输入响应

$$u_L = L\,\frac{\mathrm{d}i_L}{\mathrm{d}t} = -RI_0\,\mathrm{e}^{-\frac{R}{L}t} \tag{4.3.20}$$

与 RC 电路类似，令 $\tau = L/R$，τ 称为 RL 电路的时间常数，则式(4.3.18)～式(4.3.20)分别可写为

$$i_L = I_0\,\mathrm{e}^{-\frac{t}{\tau}} \tag{4.3.21}$$

$$u_R = RI_0\,\mathrm{e}^{-\frac{t}{\tau}} \tag{4.3.22}$$

$$u_L = -RI_0\,\mathrm{e}^{-\frac{t}{\tau}} \tag{4.3.23}$$

图 4.3.4(c)给出了 i_L、u_L 和 u_R 随时间变化的曲线。可见，i_L、u_R、u_L 都是从初始值开始按同一指数规律逐渐衰减到零的。

【例 4.3.2】　图 4.3.5(a)所示电路中，开关闭合已经很久了，在 $t = 0$ 时打开开关，求 $t \geqslant 0_+$ 时的电流 $i(t)$。

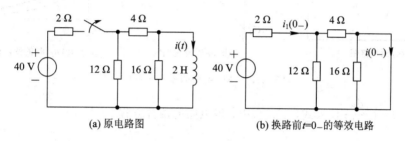

(a) 原电路图　　　　　　　　　(b) 换路前 $t=0_-$ 的等效电路

图 4.3.5　例 4.3.2 电路图

解　换路前 $t = 0_-$ 的等效电路如图 4.3.5(b)所示。电感相当于短路。

$$i_1(0_-) = \frac{40}{2 + 12 /\!/ 4} = 8\ \text{A}$$

电感的电流为

$$i(0_-) = \frac{12}{12 + 4} i_1(0_-) = 6\ \text{A}$$

根据换路定律，有

$$i(0_+) = i(0_-) = 6\ \text{A}$$

换路后，电感两端的等效电阻为

$$R_{\mathrm{eq}} = (4 + 12) /\!/ 16 = 8\ \Omega$$

时间常数为

$$\tau = \frac{L}{R_{\mathrm{eq}}} = \frac{2}{8}\,\text{s} = \frac{1}{4}\,\text{s}$$

故

$$i(t) = i(0_+)\mathrm{e}^{-t/\tau} = 6\mathrm{e}^{-4t}\ \text{A} \quad (t \geqslant 0_+)$$

4.3.2　一阶电路的零状态响应

电路在零初始状态下(动态元件初始储能为零)，换路后仅由外加独立电源在电路中产

生的响应，称为零状态响应。初始状态为零，意味着 $u_C(0_-)=0$ 和 $i_L(0_-)=0$，因此电路的响应形式不仅取决于电路的结构和参数，还与外加激励的形式有关。下面分别讨论一阶 RC 电路和 RL 电路的零状态响应。

1. RC 电路的零状态响应

在图 4.3.6 所示 RC 电路中，开关 S 闭合前电路处于零初始状态，即 $u_C(0_-)=0$。在 $t=0$ 时刻开关 S 闭合，电路接入直流电压源 U_s。根据 KVL，有

$$u_R+u_C=U_s \tag{4.3.24}$$

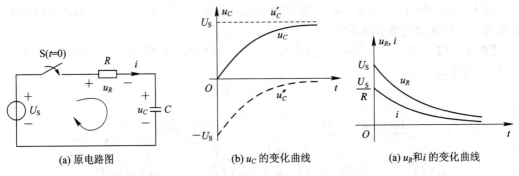

(a) 原电路图　　　　　　(b) u_C 的变化曲线　　　　　(a) u_R 和 i 的变化曲线

图 4.3.6　RC 电路的零状态响应

将 $u_R=Ri$，$i=C\dfrac{\mathrm{d}u_C}{\mathrm{d}t}$ 代入式(4.3.24)中，得电路的微分方程

$$RC\frac{\mathrm{d}u_C}{\mathrm{d}t}+u_C=U_s \tag{4.3.25}$$

式(4.3.25)为一阶线性常系数非齐次微分方程，该方程的通解由两部分组成，即

$$u_C=u_C'+u_C'' \tag{4.3.26}$$

其中，u_C' 为非齐次微分方程的特解，它与外加激励的形式有关，u_C'' 为对应的齐次方程的通解，它与外加激励无关。

非齐次微分方程的特解 u_C' 满足式(4.3.25)，则有

$$RC\frac{\mathrm{d}u_C'}{\mathrm{d}t}+u_C'=U_s \tag{4.3.27}$$

设特解为 $u_C'=K$，将它代入式(4.3.27)中，得

$$u_C'=U_s$$

而齐次方程 $RC\dfrac{\mathrm{d}u_C}{\mathrm{d}t}+u_C=0$ 的通解为

$$u_C''=A\mathrm{e}^{-\frac{t}{\tau}}$$

其中，$\tau=RC$。

非齐次方程的通解为

$$u_C=U_s+A\mathrm{e}^{-\frac{t}{\tau}} \tag{4.3.28}$$

其中，常数 A 由电路的初始条件来确定。

将零状态电路初始值 $u_C(0_+)=0$ 代入式(4.3.28)中，得

$$A = -U_s$$

故电容的电压零状态响应为

$$u_C = U_s - U_s e^{-\frac{t}{\tau}} = U_s(1 - e^{-\frac{t}{\tau}}) \quad (t \geqslant 0_+) \tag{4.3.29}$$

回路中的电流和电阻的电压分别为

$$i = C\frac{\mathrm{d}u_C}{\mathrm{d}t} = \frac{U_s}{R}e^{-\frac{t}{\tau}} \quad (t \geqslant 0_+) \tag{4.3.30}$$

$$u_R = Ri = U_s e^{-\frac{t}{\tau}} \quad (t \geqslant 0_+) \tag{4.3.31}$$

u_C 的变化曲线如图 4.3.6(b) 所示，电流 i 和电阻的电压 u_R 的变化曲线如图 4.3.6(c) 所示。换路前，电容的电压为零，换路一瞬间，电容的电压没有发生跃变，随后电容的电压 u_C 以指数形式趋近于它的最终恒定值 U_s，当达到该值后，电容的电压和电流不再变化，电容相当于开路，电流为零。此时电路达到稳定状态。

电容的电压 u_C 由 u_C' 和 u_C'' 两部分组成，其中特解 u_C' 与激励具有相同的形式，故称为强制分量，对于直流、周期激励作用下的 RC 电路，换路后电路经过一段时间可以达到新的稳态，u_C' 也是电容的电压在电路重新达到稳态时的稳态值，所以又称为稳态分量。齐次方程的通解 u_C''，其变化规律取决于电路的参数和结构，它按指数规律衰减到零，故称为暂态分量，又称为自由分量。

RC 电路接通直流电压源的过程也就是电源通过电阻对电容充电的过程，该过程将电能转换为电场能量，电容储存的电场能量为

$$W_C = \frac{1}{2}CU_s \tag{4.3.32}$$

而充电过程中电阻消耗的电能为

$$W_R = \int_0^\infty i^2 R\,\mathrm{d}t = \int_0^\infty \left(\frac{U_s}{R}e^{-\frac{t}{\tau}}\right)^2 R\,\mathrm{d}t = \frac{1}{2}CU_s^2 \tag{4.3.33}$$

比较式(4.3.32)和式(4.3.33)可知，不论电路中电容 C 和电阻 R 的参数为多少，在充电过程中，电源提供的能量只有一半转变成电场能量储存于电容中，而另一半则被电阻消耗掉，即充电效率为 50%。

【例 4.3.3】　图 4.3.7(a)所示的电路中，电容原未充电。已知 $U_s = 30$ V，$R_1 = 30$ Ω，$R_2 = 60$ Ω，$C = 0.25$ F。当 $t = 0$ 时，开关 S 闭合，求：(1) 开关闭合后电路中电容的电压和充电电流；(2) 电容的电压达到 10 V 所需的时间。

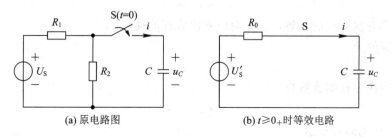

图 4.3.7　例 4.3.3 电路图

解　(1) 开关闭合后的戴维宁等效电路如图 4.3.7(b)所示，等效电压源的电压 $U_s' = 20$ V，

等效电阻 $R_0 = 20\ \Omega$，电路的时间常数 $\tau = R_0 C = 20 \times 0.25 = 5\ \text{s}$，电路中电容的电压和充电电流的零状态响应分别为

$$u_C = U_S'(1 - e^{-\frac{t}{\tau}}) = 20(1 - e^{-\frac{t}{5}})\ \text{V} \quad (t \geqslant 0_+)$$

$$i = C\frac{\mathrm{d}u_C}{\mathrm{d}t} = 0.25 \times (-20) \times \left(-\frac{1}{5}\right)e^{-\frac{t}{5}} = e^{-\frac{t}{5}}\ \text{A} \quad (t \geqslant 0_+)$$

（2）电容的电压达到 10 V 所需的时间为 t_0，满足

$$10 = 20(1 - e^{-\frac{t_0}{5}})$$

解得

$$t_0 = 3.47\ \text{s}$$

2. RL 电路的零状态响应

图 4.3.8(a)所示为 RL 电路，直流电流源的电流为 I_S，开关 S 在 $t=0$ 由触点 1 切换到触点 2。开关 S 在切换到触点 2 前，电感中的电流为零，即 $i_L(0_-) = 0$，电路处于零状态。

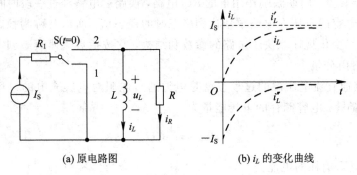

(a) 原电路图   (b) i_L 的变化曲线

图 4.3.8 RL 电路的零状态响应

当 $t \geqslant 0_+$ 时，由 KCL 可得

$$i_R + i_L = I_S \tag{4.3.34}$$

将 $i_R = \dfrac{u_L}{R} = \dfrac{L}{R}\dfrac{\mathrm{d}i_L}{\mathrm{d}t}$ 代入式(4.3.34)中，得

$$\frac{L}{R}\frac{\mathrm{d}i_L}{\mathrm{d}t} + i_L = I_S \tag{4.3.35}$$

式(4.3.35)是一个一阶常系数线性非齐次方程，该方程的通解由两部分组成

$$i_L = i_L' + i_L'' \tag{4.3.36}$$

其中，i_L' 是非齐次方程的特解，i_L'' 是对应齐次方程的通解。

易求得特解为

$$i_L' = I_S \tag{4.3.37}$$

对应的齐次方程的通解为

$$i_L'' = A e^{pt} = A e^{-\frac{t}{\tau}} \tag{4.3.38}$$

其中，$\tau = L/R$ 为时间常数。

把式(4.3.37)和式(4.3.38)代入(4.3.36)中，得

$$i_L = I_S + A e^{-\frac{t}{\tau}} \tag{4.3.39}$$

由换路定律可得

$$i_L(0_+) = i_L(0_-) = 0 \tag{4.3.40}$$

把式(4.3.40)代入式(4.3.39)中,得

$$A = -I_s$$

故电感的电流零状态响应为

$$i_L = I_s - I_s e^{-\frac{t}{\tau}} = I_s(1 - e^{-\frac{t}{\tau}}) \quad (t \geqslant 0_+) \tag{4.3.41}$$

式(4.3.41)所表示的电感的电流变化规律如图 4.3.8(b)所示。

与 RC 电路的零状态响应类似,RL 电路也有强制分量(稳态分量)与暂态分量(自由分量)的概念,电感电路只需(3～5)τ 就能达到稳态,充磁过程结束。

从能量的角度分析,RL 电路在换路之前电感处于零状态,换路后,电感不断从电源上吸收能量并以磁场能量形式储存,同时电阻还消耗一部分能量。类似于电容的充电过程,电感建立磁场的过程,外施激励的最高效率也不会超过 50%。

【例 4.3.4】 图 4.3.9(a)所示电路在 $t=0$ 时闭合开关,求 $t \geqslant 0_+$ 时的 $i_L(t)$。

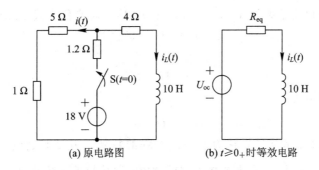

(a) 原电路图　　　　　　　　(b) $t \geqslant 0_+$ 时等效电路

图 4.3.9　例 4.3.4 电路图

解　在 $t \geqslant 0_+$ 时,可用戴维宁定理将原电路图化简为图 4.3.9(b)所示电路,其中

$$U_{oc} = 18 \times \frac{5+1}{5+1+1.2} = 15 \text{ V}$$

$$R_{eq} = \frac{1.2 \times (1+5)}{1.2+1+5} + 4 = 5 \text{ }\Omega$$

故得

$$\tau = \frac{L}{R_{eq}} = \frac{10}{5} = 2 \text{ s}$$

稳态值为

$$i_L(\infty) = \frac{U_{oc}}{R_{eq}} = \frac{15}{5} = 3 \text{ A}$$

电感的电流为

$$i_L(t) = 3(1 - e^{-\frac{t}{2}}) \text{ A} \quad (t \geqslant 0_+)$$

4.3.3　一阶电路的全响应及三要素法

一阶电路的全响应是指:由电路的初始储能与 $t \geqslant 0$ 所加的激励源共同作用产生的

响应。

在图 4.3.10 所示的 RC 电路中，U_s 是一个直流电压源，电容已经充电，设电容原有电压 $u_C(0_-)=U_0$，开关 S 在 $t=0$ 时闭合。

当 $t \geqslant 0_+$ 时，根据 KVL 可得

$$RC \frac{\mathrm{d}u_C}{\mathrm{d}t} + u_C = U_s \tag{4.3.42}$$

取换路后电路达到稳定状态时的电容的电压为特解，则

$$u'_C = U_s$$

式(4.3.42)的齐次方程的通解为

$$u''_C = A\mathrm{e}^{-\frac{t}{\tau}}$$

其中，$\tau = RC$，τ 为电路的时间常数，所以微分方程式(4.3.42)的通解为

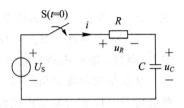

图 4.3.10　一阶电路的全响应电路

$$u_C = u'_C + u''_C = U_s + A\mathrm{e}^{-\frac{t}{\tau}} \quad (t \geqslant 0_+) \tag{4.3.43}$$

根据换路定律得初始条件 $u_C(0_+) = u_C(0_-) = U_0$，将它代入式(4.3.43)中，得

$$u_C(0_+) = U_0 = U_s + A$$

由此进一步可得

$$A = U_0 - U_s$$

故电容的电压全响应为

$$u_C = U_s + (U_0 - U_s)\mathrm{e}^{-\frac{t}{\tau}} \quad (t \geqslant 0_+) \tag{4.3.44}$$

上式，右边第一项 U_s 是常量，它为非齐次方程的特解，实质上是电容的电压稳态分量 $u_C(\infty)$；第二项 $(U_0 - U_s)\mathrm{e}^{-\frac{t}{\tau}}$ 为齐次方程的通解，它按指数规律衰减，实质上是电容的电压暂态分量。因此可得

电路的全响应＝稳态分量＋暂态分量

式(4.3.44)可改写为

$$u_C = U_0\mathrm{e}^{-\frac{t}{\tau}} + U_s(1 - \mathrm{e}^{-\frac{t}{\tau}}) \quad (t \geqslant 0_+) \tag{4.3.45}$$

上式，右边第一项对应电路的零输入响应，右边的第二项对应电路的零状态响应，电路的全响又可以分解为

电路的全响应＝零输入响应＋零状态响应

无论是把电路的全响应分解为零状态响应和零输入响应，还是分解为稳态分量和暂态分量，都不过是从不同角度去分析电路的全响应。全响应总是由初始值、特解和时间常数三个要素决定。在直流电源激励下，若初始值为 $f(0_+)$，特解为稳态分量 $f(\infty)$，时间常数为 τ，则全响应 $f(t)$ 可写为

$$f(t) = f(\infty) + [f(0_+) - f(\infty)]\mathrm{e}^{-\frac{t}{\tau}} \tag{4.3.46}$$

人们只要知道 $f(0_+)$、$f(\infty)$ 和 τ 这三个要素，就可根据式(4.3.46)直接写出直流激励下一阶电路的全响应，这种方法称为三要素法。

一阶电路在正弦电源激励下，由于电路的特解 $f'(t)$ 是时间的正弦函数，则上述公式可写为

$$f(t) = f'(t) + \left[f(0_+) - f'(0_+) \right] e^{-\frac{t}{\tau}} \qquad (4.3.47)$$

其中 $f'(t)$ 是特解，为稳态分量，$f'(0_+)$ 是 $t=0_+$ 时稳态分量的初始值，$f(0_+)$ 与 τ 的含义与式(4.3.46)相同。

式(4.3.46)和式(4.3.47)为三要素法计算公式。由于零输入响应和零状态响应是全响应的特例，故三要素法也适用于零输入响应和零状态响应的求解。

一阶电路的动态元件(电容或电感)两端以外的电路一般是一个一端口含源电阻电路(如图 4.3.11(a)所示)。根据戴维宁定理或诺顿定理，该一端口电路可简化为戴维宁等效电路或诺顿等效电路(如图 4.3.11(b)所示)，然后求储能元件上的电压和电流。若需求其他支路的电压和电流，则可按照等效前的原电路进行求解。

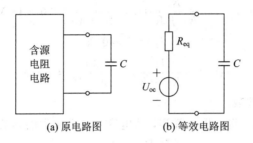

图 4.3.11　一阶电路三要素法的说明

【**例 4.3.5**】　电路图 4.3.12(a)所示，开关动作前电路处于稳态，已知 $U_S = 30$ V，$R_1 = 10$ Ω，$R_2 = 15$ Ω，$R_3 = 5$ Ω，$C = 5$ μF，$L = 2$ mH，求开关闭合后的 u_C、i 和 i_L。

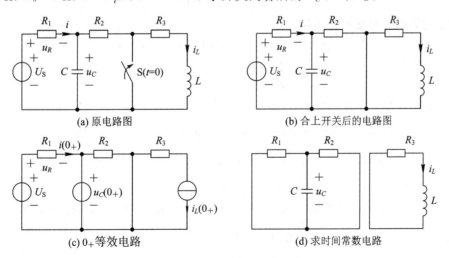

图 4.3.12　例 4.3.5 图

解　用三要素法求解电路。

(1) 计算电容的电压初始值。

电路在换路前的直流稳态下，电容相当于开路，电感相当于短路，可得

$$u_C(0_-) = \frac{U_S}{R_1 + R_2 + R_3}(R_2 + R_3) = \frac{30}{10 + 15 + 5} \times (15 + 5) = 20 \text{ V}$$

$$i_L(0_-) = \frac{U_s}{R_1 + R_2 + R_3} = \frac{30}{10 + 15 + 5} = 1 \text{ A}$$

由换路定律可得

$$u_C(0_+) = u_C(0_-) = 20 \text{ V}, \ i_L(0_+) = i_L(0_-) = 1 \text{ A}$$

$t = 0_+$ 时的等效电路如图 4.3.12(c)所示，可得

$$i(0_+) = \frac{U_s - u_C(0_+)}{R_1} = \frac{30 - 20}{10} = 1 \text{ A}$$

（2）计算电容的电压稳态分量。

当电路换路后达到稳定状态时，电路如图 4.3.12(b)所示，可得

$$u_C(\infty) = \frac{R_2}{R_1 + R_2} U_s = \frac{15}{10 + 15} \times 30 = 18 \text{ V}$$

$$i_L(\infty) = 0 \text{ A}$$

$$i(\infty) = \frac{U_s}{R_1 + R_2} = \frac{30}{10 + 15} = 1.2 \text{ A}$$

（3）求电路的时间常数。

如图 4.3.12(d)所示，将电压源置零，从电容两端看进去的等效电阻为

$$R_{eq} = \frac{R_1 R_2}{R_1 + R_2} = \frac{10 \times 15}{10 + 15} = 6 \ \Omega$$

从电感两端看进去的等效电阻为

$$R'_{eq} = R_3 = 5 \ \Omega$$

两个独立电路的时间常数分别为

$$\tau_1 = R_{eq} C = 6 \times 5 \times 10^{-6} = 3 \times 10^{-5} \text{ s},$$

$$\tau_2 = \frac{L}{R'_{eq}} = 2 \times \frac{10^{-3}}{5} = 4 \times 10^{-4} \text{ s}$$

（4）由三要素计算公式可得

$$u_C(t) = u_C(\infty) + [u_C(0_+) - u_C(\infty)] e^{-\frac{t}{\tau_1}}$$

$$= 18 + (20 - 18) e^{-\frac{t}{3 \times 10^{-5}}} = (18 + 2e^{-3.33 \times 10^4 t}) \text{ V} \quad (t \geqslant 0_+)$$

$$i(t) = i(\infty) + [i(0_+) - i(\infty)] e^{-\frac{t}{\tau_1}}$$

$$= 1.2 + (1 - 1.2) e^{-3.33 \times 10^4 t} = (1.2 - 0.2e^{-3.33 \times 10^4 t}) \text{ A} \quad (t \geqslant 0_+)$$

$$i_L(t) = i_L(\infty) + [i_L(0_+) - i_L(\infty)] e^{-\frac{t}{\tau_2}}$$

$$= 0 + (1 - 0) e^{-\frac{t}{4 \times 10^{-4}}} = e^{-2.5 \times 10^3 t} \text{ A} \quad (t \geqslant 0_+)$$

【例 4.3.6】　图 4.3.13(a)所示电路中，$U_s = 10 \text{ V}$，$I_s = 2 \text{ A}$，$R = 2 \ \Omega$，$L = 4 \text{ H}$。试求 S 闭合后电路中的电流 $i_L(t)$ 和 $i(t)$。

解　由题意知，在 $t = 0_-$ 时电路已处于直流稳态，有

$$i_L(0_-) = -I_s = -2 \text{ A}$$

根据换路定律，电感电流的初始值为

$$i_L(0_+) = i_L(0_-) = -2 \text{ A}$$

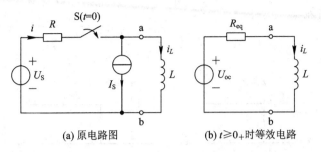

(a) 原电路图　　　　　　　　　　(b) $t \geqslant 0_+$ 时等效电路

图 4.3.13　例 4.3.6 电路图

当 $t \geqslant 0_+$ 时，戴维宁等效电路如图 4.3.13(b) 所示，其中

$$U_{oc} = U_S - R I_S = 10 - 2 \times 2 = 6 \text{ V}$$

$$R_{eq} = 2 \text{ } \Omega$$

由此可得

$$\tau = \frac{L}{R_{eq}} = \frac{4}{2} = 2 \text{ s}$$

电感的电流稳态分量为

$$i_L(\infty) = \frac{U_{oc}}{R_{eq}} = \frac{6}{2} = 3 \text{ A}$$

电路的全响应为

$$i_L(t) = i_L(\infty) + [i_L(0_+) - i_L(\infty)] e^{-\frac{t}{\tau}} = 3 + (-2 - 3) e^{-\frac{t}{2}} = (3 - 5 e^{-0.5t}) \text{ V } (t \geqslant 0_+)$$

根据 KCL 求得电流 $i(t)$ 为

$$i(t) = I_S + i_L = (5 - 5 e^{-0.5t}) \text{ A } \quad (t \geqslant 0_+)$$

4.4　一阶电路的阶跃响应

4.4.1　阶跃函数

单位阶跃函数的定义为

$$\varepsilon(t) = \begin{cases} 0 & (t \leqslant 0_-) \\ 1 & (t \geqslant 0_+) \end{cases} \tag{4.4.1}$$

其波形如图 4.4.1 所示，它在 $t \leqslant 0_-$ 时恒为 0，$t \geqslant 0_+$ 时恒为 1，在 $t = 0$ 时则由 0 跃变到 1，这是一个跃变的过程。

若 $\varepsilon(t)$ 乘以常数 A，其结果 $A\varepsilon(t)$ 称为阶跃函数，表达式为

$$A\varepsilon(t) = \begin{cases} 0 & (t \leqslant 0_-) \\ A & (t \geqslant 0_+) \end{cases} \tag{4.4.2}$$

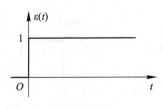

图 4.4.1　单位阶跃函数

其波形图 4.4.2(a) 所示，其中阶跃幅度 A 称为阶跃量。阶跃函数在时间上延迟 t_0，称为延迟阶跃函数，其波形如图 4.4.2(b) 所示，它在 $t = t_0$ 处出现阶

跃，数学上可表示为

$$A\varepsilon(t-t_0)=\begin{cases}0 & (t\leqslant t_{0_-})\\ A & (t\geqslant t_{0+})\end{cases} \tag{4.4.3}$$

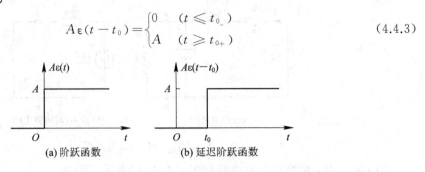

(a) 阶跃函数　　　　　　(b) 延迟阶跃函数

图 4.4.2　阶跃函数及延迟阶跃函数

　　阶跃函数可描述某些情况下的开关动作。如在图 4.4.3(a)中，阶跃电压 $U_S\varepsilon(t)$ 表示电压源 U_S 在 $t=0$ 时接入 RC 电路。类似地，在图 4.4.3(b)中，阶跃电流 $I_S\varepsilon(t)$ 表示电流源 I_S 在 $t=0$ 时接入 RL 电路。由此可见，单位阶跃函数可作为开关动作的数学模型，因此 $\varepsilon(t)$ 也常称为开关函数。

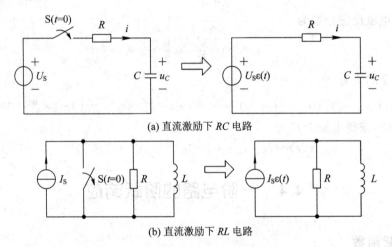

(a) 直流激励下 RC 电路

(b) 直流激励下 RL 电路

图 4.4.3　用 $\varepsilon(t)$ 表示开关动作

　　阶跃函数可用简洁的形式表示某些信号，如图 4.4.4(a)所示的矩形脉冲信号，可看成是图 4.4.4(b)、(c)所示两个延迟阶跃信号的叠加，即

$$f(t)=f_1(t)-f_2(t)=A\varepsilon(t-t_1)-A\varepsilon(t-t_2)=A\left[\varepsilon(t-t_1)-\varepsilon(t-t_2)\right]$$

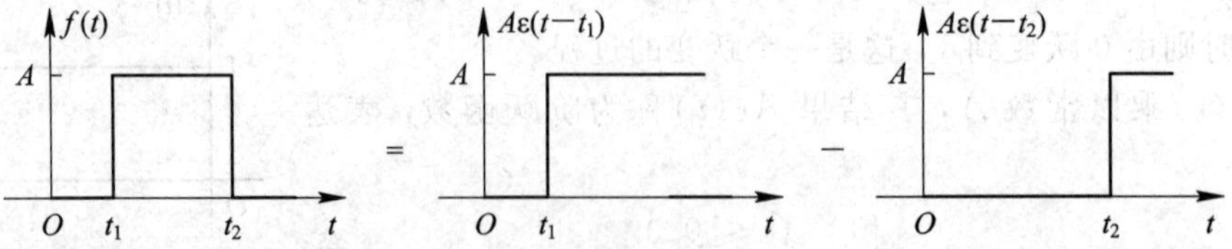

(a) 矩形脉冲信号　　　　(b) 延迟信号 $A\varepsilon(t-t_1)$　　　　(c) 延迟信号 $A\varepsilon(t-t_2)$

图 4.4.4　用阶跃函数表示矩形脉冲信号

　　依据上例，可用单位阶跃函数移位加权叠加的思想简洁表示"台阶式"或称"楼梯式"的

更为复杂的信号。

阶跃函数可用来"起始"任意一个函数 $f(t)$。设 $f(t)$ 是对所有 t 都有定义的一个任意函数，则

$$f(t)\varepsilon(t-t_0)=\begin{cases}f(t) & (t>t_0)\\ 0 & (t<t_0)\end{cases}$$

它的波形如图 4.4.5(b)所示。

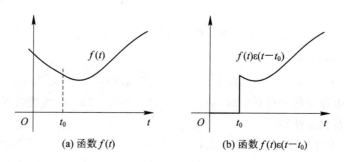

(a) 函数 $f(t)$　　　　(b) 函数 $f(t)\varepsilon(t-t_0)$

图 4.4.5　单位阶跃函数的起始作用

4.4.2　阶跃响应

电路在单位阶跃函数激励下产生的零状态响应定义为单位阶跃响应，简称为阶跃响应。

当电路的激励为单位阶跃函数，即 $\varepsilon(t)$ V 或 $\varepsilon(t)$ A 时，相当于将电路在 $t=0$ 时接通电压为1 V 的直流电压源或电流为 1 A 的直流电流源。因此对于一阶电路，阶跃响应仍可用三要素法求解。

如果电路结构和元件参数均不随时间变化，那么该电路就称为时不变电路。时不变电路的标志特征是其零状态响应的函数形式与激励接入电路的时间无关。

在线性时不变动态电路中，零状态响应与激励之间的关系满足齐次性、叠加性和时不变性。

若电路单位阶跃函数 $\varepsilon(t)$ 激励下的零状态响应(即单位阶跃响应)是 $s(t)$，则在阶跃函数 $A\varepsilon(t)$ 激励下的零状态响应是 $As(t)$；在延迟阶跃函数 $A\varepsilon(t-t_0)$ 激励下的零状态响应是 $As(t-t_0)$；在阶跃函数 $[A\varepsilon(t)+B\varepsilon(t)]$ 激励下的零状态响应是 $[As(t)+Bs(t)]$。

【例 4.4.1】　图 4.4.6(a)所示的一阶电路中，已知 $R_1=6$ Ω，$R_2=4$ Ω，$C=0.02$ F。
(1) 若以 $i_S(t)$ 为输入，以 $u_C(t)$ 为输出，求单位阶跃响应 $s(t)$；

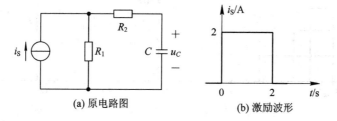

(a) 原电路图　　　　(b) 激励波形

图 4.4.6　例 4.4.1 图

（2）若激励电流源 i_S 的波形如图 4.4.6(b) 所示，求零状态响应 $u_C(t)$。

解　（1）用三要素法求 $s(t)$。令 $i_S(t)=\varepsilon(t)$A。由零状态响应可知 $u_C(0_+)=u_C(0_-)=0$，在 $t=0_+$ 时，C 视为短路，得

$$s(0_+)=s(0_-)=0$$

又当 $t=\infty$ 时，C 视为开路，得

$$s(\infty)=1\times6=6\ \text{V}$$

时间常数为

$$\tau=(R_1+R_2)C=(6+4)\times0.02=0.2\ \text{s}$$

利用三要素计算公式，得

$$s(t)=\{s(\infty)+[s(0_+)-s(\infty)]e^{-\frac{t}{\tau}}\}\varepsilon(t)=6(1-e^{-5t})\varepsilon(t)\ \text{V}$$

（2）将激励电流源信号分解，即 $i_S(t)=2\varepsilon(t)-2\varepsilon(t-2)$，由线性时不变动态电路的齐次性、时不变性及叠加性得

$$u_C(t)=2s(t)-2s(t-2)=12(1-e^{-5t})\varepsilon(t)-12[1-e^{-5(t-2)}]\varepsilon(t-2)\ \text{V}$$

4.5　一阶电路的冲激响应

4.5.1　冲激函数

单位冲激函数是一种奇异函数，可定义为

$$\begin{cases}\displaystyle\int_{-\infty}^{\infty}\delta(t)\mathrm{d}t=1\\[2mm]\delta(t)=0\ (t\neq0)\end{cases}\tag{4.5.1}$$

单位冲激函数又称为 δ 函数。它在 $t\neq0$ 处为零，但在 $t=0$ 处为奇异值。

单位冲激函数 $\delta(t)$ 可看作是单位脉冲函数的极限情况。图 4.5.1(a) 给出了一个单位矩形脉冲函数 $p(t)$ 的波形。它的高为 $\dfrac{1}{\Delta}$，宽为 Δ，在保持矩形面积 $\Delta\cdot\dfrac{1}{\Delta}=1$ 不变的情况下，它的宽度越来越窄，它的高度越来越大。当脉冲宽度 $\Delta\rightarrow0$ 时，脉冲高度 $\dfrac{1}{\Delta}\rightarrow\infty$，在此极限情况下，可得到一个宽度趋于零，幅度趋于无限大的面积仍为 1 的脉冲，这就是单位冲激函数 $\delta(t)$，可记为

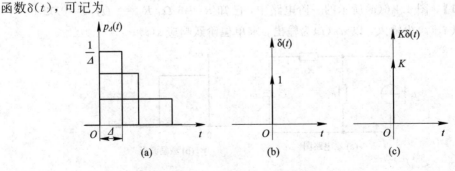

图 4.5.1　冲激函数

$$\lim_{\Delta \to 0} p(t) = \delta(t) \tag{4.5.2}$$

单位冲激函数的波形如图 4.5.1(b)所示，有时在箭头旁边注明"1"。强度为 K 的冲激函数的波形如图 4.5.1(c)所示，此时箭头旁边应注明"K"。

同在时间上延迟出现的单位阶跃函数一样，发生在 $t=t_0$ 时的单位冲激函数可写为 $\delta(t-t_0)$，还可用 $K\delta(t-t_0)$ 表示一个强度为 K，发生在 t_0 时刻的冲激函数。

冲激函数具有如下两个主要性质：

(1) 单位冲激函数 $\delta(t)$ 对时间的积分等于单位阶跃函数 $\varepsilon(t)$，即

$$\int_{-\infty}^{t} \delta(\xi)d\xi = \varepsilon(t) \tag{4.5.3}$$

反之，单位阶跃函数 $\varepsilon(t)$ 对时间的一阶导数等于冲激函数 $\delta(t)$，即

$$\frac{d\varepsilon(t)}{dt} = \delta(t) \tag{4.5.4}$$

(2) 单位冲激函数的"筛分"性质。

由于 $t \neq 0$ 时，$\delta(t)=0$，因此对任意在 $t=0$ 时的连续函数 $f(t)$，有

$$f(t)\delta(t) = f(0)\delta(t) \tag{4.5.5}$$

故

$$\int_{-\infty}^{\infty} f(t)\delta(t)dt = f(0)\int_{-\infty}^{\infty} \delta(t)dt = f(0) \tag{4.5.6}$$

同理，对于任意一个在 $t=t_0$ 时的连续函数 $f(t)$，有

$$\int_{-\infty}^{\infty} f(t)\delta(t-t_0)dt = f(t_0)\int_{-\infty}^{\infty} \delta(t-t_0)dt = f(t_0) \tag{4.5.7}$$

由此可见，冲激函数有把一个函数在某一时刻的值"筛"出来的本领，称为"筛分"性质，又称为取样性质。

4.5.2　冲激响应

一阶电路在单位冲激函数 $\delta(t)$ 的激励下所产生的零状态响应称为冲激响应，用 $h(t)$ 表示。这里的激励通常指电压源的电压、电流源的电流。在考虑冲激响应时，需指明激励是由何种电源产生的，电源是如何施加的，所关心的是哪个响应。由于冲激信号 $\delta(t)$ 可视为在 $t=0$ 时刻作用的幅度为无限大而持续时间为无限短的信号，因此对任何冲激响应显然有

$$h(t) = 0 \qquad (t < 0) \tag{4.5.8}$$

冲激信号作用于零状态电路所引起的响应可分为两个阶段来考虑：① t 在 0_- 到 0_+ 的区间内，电路受冲激信号激励，使储能元件得到能量（储能跃变），从而使电路建立了在 $t=0_+$ 时的起始状态；② 在 $t>0$ 时，$\delta(t)$ 为零，此时电路的响应便是电路在 $t=0_+$ 时建立的起始状态所引起的零输入响应。故，现在只需求出 $\delta(t)$ 作用下，$0_- \sim 0_+$ 时间内所引起的响应和所建立的起始状态就可求得一阶电路的冲激响应。下面通过例子说明一阶电路的冲激响应的分析方法。

图 4.5.2(a)给出了一 RC 电路并联接至冲激电流源的电路，求电容的电压 u_C 和电流 i_C 的冲激响应。

依据 KCL，有

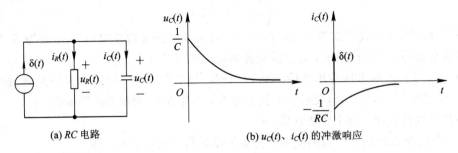

(a) RC 电路   (b) $u_C(t)$、$i_C(t)$ 的冲激响应

图 4.5.2 RC 电路冲激响应

$$i_C(t) + i_R(t) = \delta(t) \qquad (4.5.9)$$

即

$$C\frac{\mathrm{d}u_C(t)}{\mathrm{d}t} + \frac{u_C(t)}{R} = \delta(t) \qquad (4.5.10)$$

t 从 0_- 至 0_+ 时间，即冲激电流作用期间，由式(4.5.9)可知，冲激电流都流过电容，即 $i_C(t) = \delta(t)$，而 $i_R(t)$ 不可能含冲激电流。这是因为，若 i_R 中含冲激电流，则 $u_R(t)$($u_R = Ri_R$)和 $u_C(t)$($u_C = u_R$)也都含有冲激函数，而 $i_C(t) = C\dfrac{\mathrm{d}u_C(t)}{\mathrm{d}t}$ 中将含有冲激函数的一阶导数，这样式(4.5.10)就不能成立，即不满足 KCL。当 $i_C(t) = \delta(t)$ 时，$u_C(t)$ 将有跃变(但有限值)，可求得

$$u_C(0_+) = u_C(0_-) + \frac{1}{C}\int_{0_-}^{0_+} i_C(t)\mathrm{d}t = 0 + \frac{1}{C}\int_{0_-}^{0_+}\delta(t)\mathrm{d}t = \frac{1}{C}$$

因此，在 $t = 0_+$ 时建立的起始状态为 $u_C(0_+) = 1/C$。再求 $t > 0_+$ 时的响应，这时 $\delta(t) = 0$，电流源视为开路，电路中的响应都是零输入响应，可得

$$u_C(t) = u_C(0_+)\mathrm{e}^{-t/RC} = \frac{1}{C}\mathrm{e}^{-t/RC}$$

$$i_C(t) = -\frac{u_C(t)}{R} = -\frac{1}{RC}\mathrm{e}^{-t/RC}$$

综合上述结果，可得这一电路的冲激响应为

$$u_C(t) = \frac{1}{C}\mathrm{e}^{-t/RC}\varepsilon(t) \qquad (4.5.11)$$

$$i_C(t) = \delta(t) - \frac{1}{RC}\mathrm{e}^{-t/RC}\varepsilon(t) \qquad (4.5.12)$$

$u_C(t)$，$i_C(t)$ 的曲线如图 4.5.2(b)所示。

下面分析一阶 RL 串联电路冲激响应。

图 4.5.3(a)给出了单位冲激电压源 $\delta(t)$ 作用于 RL 串联电路，求电感电流 $i(t)$ 和电压 $u_L(t)$ 的冲激响应。

由 KVL，得

$$u_L(t) + u_R(t) = \delta(t) \qquad (4.5.13)$$

即

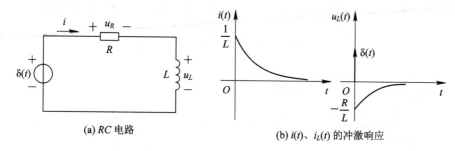

(a) RC 电路　　　　　　　(b) $i(t)$、$i_L(t)$ 的冲激响应

图 4.5.3　RL 电路冲激响应

$$L\frac{\mathrm{d}i(t)}{\mathrm{d}t}+Ri(t)=\delta(t) \tag{4.5.14}$$

t 从 0_- 至 0_+ 时间，即冲激电压源作用时间，由式(4.5.13)可知，冲激电压都加在电感上，即 $u_L(t)=\delta(t)$，而 u_R 中不含冲激电压。这是因为，如果 u_R 中含冲激电压，则 $i(t)$ 也将含有冲激电流，则 $u_L(t)=L\dfrac{\mathrm{d}i(t)}{\mathrm{d}t}$，$u_L(t)$ 将含有冲激函数的一阶导数，式(4.5.14)将不成立，即不能满足 KVL。由此可得电流 $i(t)$ 在 $t=0_+$ 时的值为

$$i(0_+)=i(0_-)+\frac{1}{L}\int_{0_-}^{0_+}u_L(t)\mathrm{d}t=0+\frac{1}{L}\int_{0_-}^{0_+}\delta(t)\mathrm{d}t=\frac{1}{L}$$

当 $t>0_+$ 时，由于 $\delta(t)=0$，电压源可视为短路，这时的响应便是零输入响应，可得

$$i(t)=\frac{1}{L}\mathrm{e}^{-Rt/L}$$

$$u_L(t)=-Ri(t)=-\frac{R}{L}\mathrm{e}^{-Rt/L}$$

综合上述结果，可得 RL 串联电路的冲激响应为

$$i(t)=\frac{1}{L}\mathrm{e}^{-Rt/L}\varepsilon(t) \tag{4.5.15}$$

$$u_L(t)=\delta(t)-\frac{R}{L}\mathrm{e}^{-Rt/L}\varepsilon(t) \tag{4.5.16}$$

$i(t)$，$u_L(t)$ 的变化曲线如图 4.5.3(b)所示。

　　线性时不变电路的冲激响应 $h(t)$ 和阶跃响应 $s(t)$ 之间有如下的重要关系：

$$h(t)=\frac{\mathrm{d}s(t)}{\mathrm{d}t} \tag{4.5.17}$$

或

$$s(t)=\int_0^t h(\tau)\mathrm{d}\tau \tag{4.5.18}$$

　　证明如下：单位冲激函数 $\delta(t)$ 可用两个阶跃函数合成后取极限来表示(如图 4.5.4 所示)，即

$$\delta(t)=\lim_{\Delta\to0}\frac{1}{\Delta}[\varepsilon(t)-\varepsilon(t-\Delta)]=\frac{\mathrm{d}}{\mathrm{d}t}\varepsilon(t)$$

即单位冲激函数 $\delta(t)$ 等于单位阶跃函数的导数。单位冲激响应便可由 $\varepsilon(t)/\Delta$ 所产生的响

应 $s(t)/\Delta$ 与 $-\varepsilon(t-\Delta)/\Delta$ 所产生的响应 $-s(t-\Delta)/\Delta$ 的和取 $\Delta \to 0$ 时的极限得到，于是有

$$h(t) = \lim_{\Delta \to 0} \frac{1}{\Delta}[s(t) - s(t-\Delta)] = \frac{\mathrm{d}}{\mathrm{d}t}s(t) \qquad (4.5.19)$$

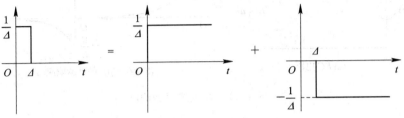

图 4.5.4　单位冲激函数的合成

这就证明了冲激响应等于阶跃响应的导数。反之，阶跃响应就等于冲激响应由 0_- 到 t 的积分。

利用线性时不变电路这一重要关系，也可用对阶跃响应求导的方法来求冲激响应。

4.6　二阶电路的时域分析

凡以二阶微分方程描述的电路称为二阶电路。二阶电路一般含有两个储能元件(两个电容、或两个电感、或一个电容加一个电感)。本节将介绍线性时不变二阶电路的基本分析方法，阐明二阶电路的零输入响应、零状态响应和全响应的基本概念。

4.6.1　线性二阶电路的微分方程

下面以 RLC 串联和并联电路为例列写电路的微分方程。

图 4.6.1 所示是 RLC 串联电路。由 KVL 可得

$$u_L + u_R + u_C = u_S$$

即

$$L\frac{\mathrm{d}i}{\mathrm{d}t} + Ri + u_C = u_S$$

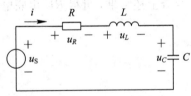

图 4.6.1　RLC 串联电路

将 $i = C\dfrac{\mathrm{d}u_C}{\mathrm{d}t}$ 带入上式，得

$$\frac{\mathrm{d}^2 u_C}{\mathrm{d}t^2} + \frac{R}{L}\frac{\mathrm{d}u_C}{\mathrm{d}t} + \frac{1}{LC}u_C = \frac{1}{LC}u_S \qquad (4.6.1)$$

图 4.6.2 所示是 RLC 并联电路，图中的电阻、电感、电容并联后接到一个电流源上，由 KCL 可知

$$i_C + i_R + i_L = i_S$$

即

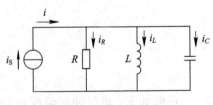

图 4.6.2　RLC 并联电路

$$C\frac{\mathrm{d}u}{\mathrm{d}t} + \frac{1}{R}u + i_L = i_S$$

将 $u=L\dfrac{\mathrm{d}i_L}{\mathrm{d}t}$ 代入上式，得

$$\frac{\mathrm{d}^2 i_L}{\mathrm{d}t} + \frac{1}{RC}\frac{\mathrm{d}i_L}{\mathrm{d}t} + \frac{1}{LC}i_L = \frac{1}{LC}i_S \tag{4.6.2}$$

从 RLC 串联和并联电路的例子可知，二阶系统都有形式相似的微分方程，这就意味着它们所出现的动态过程也有着相似性。求解二阶电路时，还需要知道两个初始条件，即 $f(0_+)$ 和 $\dfrac{\mathrm{d}f}{\mathrm{d}t}\Big|_{t=0_+}$，它们可由两个储能元件的初始状态求出。

4.6.2　二阶电路的零输入响应

下面通过图 4.6.3 所示的 RLC 串联电路的放电过程来研究二阶电路的零输入响应。设开关闭合前电容已带有电荷 $u_C(0_-)=U_0$，$i_L(0_-)=0$，当 $t=0$ 时开关闭合，电容通过电阻和电感放电。由 KVL 可得

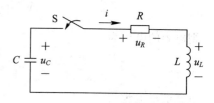

图 4.6.3　RLC 电路的零输入响应

$$-u_C + u_R + u_L = 0$$

因为 $i=-C\dfrac{\mathrm{d}u_C}{\mathrm{d}t}$，将 $u_R=Ri=-RC\dfrac{\mathrm{d}u_C}{\mathrm{d}t}$，$u_L=L\dfrac{\mathrm{d}i}{\mathrm{d}t}=-LC\dfrac{\mathrm{d}^2 u_C}{\mathrm{d}t^2}$ 代入上式，得电压变量 u_C 的微分方程为

$$\frac{\mathrm{d}^2 u_C}{\mathrm{d}t^2} + \frac{R}{L}\frac{\mathrm{d}u_C}{\mathrm{d}t} + \frac{1}{LC}u_C = 0 \tag{4.6.3}$$

式(4.6.3)是一个以电容的电压为变量的线性常系数齐次二阶微分方程，该方程的特征方程为

$$LCp^2 + RCp + 1 = 0 \tag{4.6.4}$$

其特征根为

$$p_1 = -\frac{R}{2L} + \sqrt{\left(\frac{R}{2L}\right)^2 - \frac{1}{LC}} \tag{4.6.5}$$

$$p_2 = -\frac{R}{2L} - \sqrt{\left(\frac{R}{2L}\right)^2 - \frac{1}{LC}} \tag{4.6.6}$$

式(4.6.5)和式(4.6.6)表明，p_1、p_2 仅与电路的参数和结构有关，而与激励和初始储能无关，且具有频率的单位，故称 p_1、p_2 为电路的固有频率。

式(4.6.3)所描述的线性常系数二阶微分方程的通解为

$$u_C = A_1 \mathrm{e}^{p_1 t} + A_2 \mathrm{e}^{p_2 t} \tag{4.6.7}$$

其中 A_1、A_2 为待定的积分常数。

由于初始状态已知，$u_C(0_-)=U_0$，$i_L(0_-)=0$，因此由换路定律可得

$$u_C(0_+) = u_C(0_-) = U_0$$
$$i_L(0_+) = i_L(0_-) = 0$$

根据图 4.6.3 所规定的参考方向，电感电流 $i_L = -C\dfrac{\mathrm{d}u_C}{\mathrm{d}t}$，则有 $\dfrac{\mathrm{d}u_C}{\mathrm{d}t}\Big|_{t=0_+} = -\dfrac{i_L(0_+)}{C} = 0$。

故电容的电压初始条件为

$$u_C(0_+) = U_0$$

$$\frac{\mathrm{d}u_C}{\mathrm{d}t}\Big|_{t=0+} = 0$$

将电容的电压初始条件代入式(4.6.7)中,得到

$$A_1 + A_2 = U_0, \quad p_1 A_1 + p_2 A_2 = 0$$

解得

$$A_1 = \frac{p_2}{p_2 - p_1}U_0, \quad A_2 = \frac{-p_1}{p_2 - p_1}U_0$$

则电容的电压为

$$u_C = \frac{U_0}{p_2 - p_1}(p_2 e^{p_1 t} - p_1 e^{p_2 t}) \tag{4.6.8}$$

电感的电流为

$$i_L = -C\frac{\mathrm{d}u_C}{\mathrm{d}t} = -\frac{U_0}{L(p_2 - p_1)}(e^{p_1 t} - e^{p_2 t}) \tag{4.6.9}$$

电感的电压为

$$u_L = L\frac{\mathrm{d}i_L}{\mathrm{d}t} = -\frac{U_0}{p_2 - p_1}(p_1 e^{p_1 t} - p_2 e^{p_2 t}) \tag{4.6.10}$$

电容放电过程的规律与电路特征方程的特征根 p_1、p_2 的性质有关。根据 R、L、C 参数的不同,特征根 p_1、p_2 可能是两个不相等的负实数、一对具有负实部的共轭复数、一对共轭虚数或两个相等的负实数,现分别进行如下讨论:

(1) $\left(\frac{R}{2L}\right)^2 - \frac{1}{LC} > 0$,即 $R > 2\sqrt{\frac{L}{C}}$,电路的响应处于过阻尼衰减过程。

当 $R > 2\sqrt{\frac{L}{C}}$ 时,p_1、p_2 是两个不相等的负实数,分析式(4.6.8)可以看出,电容的电压由两项衰减的指数函数组成。因为 $|p_1| < |p_2|$,又由于 $p_1 > p_2$,故有 $e^{p_1 t} > e^{p_2 t}$,电容的电压 u_C 的第二项比第一项衰减得快些。电容的电压波形如图 4.6.4(a)所示,从图中可看出,电容的电压从 U_0 开始单调地衰减到零,电容一直处于放电状态。这种情况称为过阻尼衰减过程,亦称为非振荡放电过程。

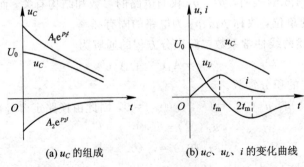

(a) u_C 的组成　　　　　　(b) u_C、u_L、i 的变化曲线

图 4.6.4　非振荡放电过程的电流、电压波形

图 4.6.4(b)画出了电容的电压、电感的电压和回路的电流随时间的变化曲线。当 $t=0$ 时，回路的电流 $i=0$，此时电容的电压最高，根据 KVL 可知，电感的电压也最高；随着时间的增加，回路的电流逐渐增大，电阻上的电压增加，电容的电压、电感的电压逐渐减少，在这个过程中，电容释放电场能量，电感吸收能量，它将部分电场能量转变为磁场能量，电阻将部分电场能量消耗转变成热能；在 $t=t_m$ 时，回路电流达到最大值，电阻的电压达到最大值，而电容的电压继续减小，电感的电压过零点，此时电感不吸收能量也不释放能量；当 $t>t_m$ 时，电容的电压继续减小，回路的电流逐渐减小，电感的电压变为负数（即改变了方向），在这个过程中，电容继续释放电场能量，电感开始释放磁场能量，电场能量和磁场能量都由电阻消耗转变为热能。当这些能量全部被电阻消耗完时，$u_C=0$、$u_L=0$、$i=0$。放电过程全部结束，电路进入稳定状态。

当 $t=t_m$ 时，回路电流达到最大，此时 $\dfrac{\mathrm{d}i_L}{\mathrm{d}t}=0$，即电感的电压 $u_L=0$，故有

$$p_1 \mathrm{e}^{p_1 t_m} - p_2 \mathrm{e}^{p_2 t_m} = 0$$

解得

$$t_m = \frac{\ln(p_2/p_1)}{p_1 - p_2} \tag{4.6.11}$$

在 t_m 这一时刻，电感的电压为零。分析可知，当 $t\to\infty$ 时，电感的电压也为零。所以在 t_m 到 ∞ 之间这一区间，电感的电压必有一个极小值，其出现的时间满足

$$\frac{\mathrm{d}u_L}{\mathrm{d}t} = 0$$

可得

$$t = 2t_m = 2\,\frac{\ln(p_2/p_1)}{p_1 - p_2} \tag{4.6.12}$$

比较式(4.6.11)和式(4.6.12)可知，电感的电压出现极值的时刻，正好是回路电流出现极值的时刻的两倍。

(2) $\left(\dfrac{R}{2L}\right)^2 - \dfrac{1}{LC} < 0$，即 $R < 2\sqrt{\dfrac{L}{C}}$，电路的响应处于欠阻尼衰减过程。

当 $R < 2\sqrt{\dfrac{L}{C}}$ 时，p_1、p_2 是一对具有负实部的共轭复数，若令

$$\delta = \frac{R}{2L},\ \omega_0 = \frac{1}{\sqrt{LC}},\ \omega = \sqrt{\frac{1}{LC} - \left(\frac{R}{2L}\right)^2}$$

则有

$$p_1 = -\delta + \sqrt{\delta^2 - \omega_0^2} = -\delta + \mathrm{j}\sqrt{\omega_0^2 - \delta^2} = -\delta + \mathrm{j}\omega \tag{4.6.13}$$

$$p_2 = -\delta - \sqrt{\delta^2 - \omega_0^2} = -\delta - \mathrm{j}\sqrt{\omega_0^2 - \delta^2} = -\delta - \mathrm{j}\omega \tag{4.6.14}$$

ω、ω_0 与 δ 的关系可用图 4.6.5 所示的直角三角形来描述。

共轭复根可先视为单根，将式(4.6.13)和式(4.6.14)代入式(4.6.8)中进行整理和化简，则电容的电压为

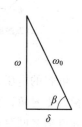

图 4.6.5　ω、ω_0 与 δ 的关系

$$u_C = \frac{U_0}{p_2 - p_1}(p_2 e^{p_1 t} - p_1 e^{p_2 t})$$

$$= \frac{U_0}{(-\delta - j\omega) - (-\delta + j\omega)}\left[(-\delta - j\omega)e^{(-\delta + j\omega)t} - (-\delta + j\omega)e^{(-\delta - j\omega)t}\right]$$

$$= -\frac{U_0}{j2\omega}e^{-\delta t}\left[-\delta(e^{j\omega t} - e^{-j\omega t}) - j\omega(e^{j\omega t} + e^{-j\omega t})\right]$$

$$= \frac{\omega_0}{\omega}U_0 e^{-\delta t}\left[\frac{\delta}{\omega_0}\sin(\omega t) + \frac{\omega}{\omega_0}\cos(\omega t)\right]$$

由图 4.6.5 可得，$\frac{\delta}{\omega_0} = \cos\beta$，$\frac{\omega}{\omega_0} = \sin\beta$，则

$$u_C = \frac{\omega_0}{\omega}U_0 e^{-\delta t}[\cos\beta\sin(\omega t) + \sin\beta\cos(\omega t)] = \frac{\omega_0}{\omega}U_0 e^{-\delta t}\sin(\omega t + \beta) \quad (4.6.15)$$

根据 $i = -C\dfrac{\mathrm{d}u_C}{\mathrm{d}t}$，回路电流 i 为

$$i = \frac{U_0}{\omega L}e^{-\delta t}\sin(\omega t) \quad (4.6.16)$$

电感的电压为

$$u_L = -\frac{\omega_0}{\omega}U_0 e^{-\delta t}\sin(\omega t - \beta) \quad (4.6.17)$$

由式(4.6.15)~式(4.6.17)可看出，电容的电压、回路电流和电感的电压的波形均为幅值按指数规律衰减的正弦函数，幅值衰减的快慢取决于 δ，故 δ 称为衰减系数。δ 数值越大，幅值衰减越快。ω 是衰减振荡角频率，ω 越大，振荡周期越小，振荡就会加快。如图 4.6.6 所示。图中按指数规律衰减的虚线称为包络线，显然，δ 越小，包络线衰减就越慢。当 $\delta = 0$ 时，幅值就不衰减了，这时电路中不包含电阻，电容的电压、回路电流和电感的电压的波形均为等幅振荡波形。

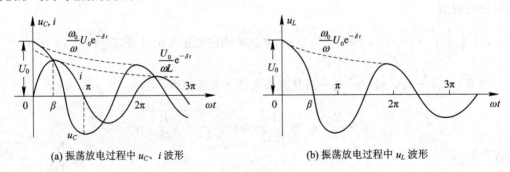

(a) 振荡放电过程中 u_C、i 波形　　　　　　　(b) 振荡放电过程中 u_L 波形

图 4.6.6　振荡放电过程

电容的电压、电感的电压和回路电流都呈指数规律衰减幅值的正弦函数变化，电容的极板时正时负，说明电容并不是一直处于放电状态，而是处于放电与充电的交替状态。电容和电感之间存在着能量交换，电感也处于吸收能量和释放能量的交替状态。在能量的转移过程中，电阻总是消耗能量，整个电路系统的能量逐渐减少，故电容的电压的幅值衰减。当 $t \to \infty$ 时，电容的电压衰减到零，电容的放电过程结束。电路的这种状态称为欠阻尼衰减

过程,又称振荡放电过程。

(3) $\left(\dfrac{R}{2L}\right)^2-\dfrac{1}{LC}=0$,即 $R=2\sqrt{\dfrac{L}{C}}$,电路处于临界阻尼衰减过程。

当 $R=2\sqrt{\dfrac{L}{C}}$ 时,p_1、p_2 是一对相等的负实数,即

$$p_1=p_2=-\delta \qquad (4.6.18)$$

此时,将 $p_1=p_2=-\delta$ 代入下式(4.6.8)可计算电容电压。由于 $p_1=p_2$,电容电压是一个不定式,利用罗比塔法求取,则有

$$u_C=U_0\lim_{p_1\to p_2}\frac{\dfrac{\mathrm{d}}{\mathrm{d}p_1}(p_2\mathrm{e}^{p_1t}-p_1\mathrm{e}^{p_2t})}{\dfrac{\mathrm{d}}{\mathrm{d}p_1}(p_2-p_1)}=U_0\lim_{p_1\to p_2}\frac{p_2t\mathrm{e}^{p_1t}-\mathrm{e}^{p_2t}}{-1}=U_0(1-p_2t)\mathrm{e}^{p_2t}$$

$$=U_0(1+\delta t)\mathrm{e}^{-\delta t} \qquad (4.6.19)$$

由元件约束关系可求出回路电流和电感的电压分别为

$$i=-C\frac{\mathrm{d}u_C}{\mathrm{d}t}=\frac{U_0}{L}t\mathrm{e}^{-\delta t} \qquad (4.6.20)$$

$$u_L=L\frac{\mathrm{d}i}{\mathrm{d}t}=U_0(1-\delta t)\mathrm{e}^{-\delta t} \qquad (4.6.21)$$

由式(4.6.19)~式(4.6.21)可看出,电容的电压和电感的电压是单调衰减函数,电路的放电过程仍然处于非振荡状态。但是,它正好介于振荡与非振荡之间,所以称它为临界阻尼衰减过程,又称临界振荡放电过程,此时的电阻值 $R=2\sqrt{\dfrac{L}{C}}$ 称为临界电阻,临界阻尼衰减过程的波形图与图 4.6.4 相似。令 $\dfrac{\mathrm{d}i}{\mathrm{d}t}=0$,可得到电流出现最大值的时间为

$$t=t_{\mathrm{m}}=\frac{1}{\delta}$$

根据以上三种情况的分析可知,二阶电路的零输入响应的表现情况取决于特征方程的特征根的具体形式,而特征根又取决于电路的结构和参数。特征根(电路的固有频率)可以是复数、实数或虚数,从而决定电路的响应形式分别为衰减振荡、非振荡、临界振荡或等幅振荡过程。具体针对 RLC 串联电路而言,当 $R>2\sqrt{\dfrac{L}{C}}$ 时,电路的响应处于过阻尼衰减过程;当 $R=2\sqrt{\dfrac{L}{C}}$ 时,电路的响应处于临界阻尼衰减过程;当 $R<2\sqrt{\dfrac{L}{C}}$ 时,电路的响应处于欠阻尼衰减过程。而当 $R=0$ 时,电路的响应处于无阻尼等幅振荡过程。

【例 4.6.1】 图 4.6.7 所示电路中,开关 S 原来是闭合的,且电路已经处于稳定状态。已知 $U=120$ V,$R=1000\ \Omega$,$R_1=200\ \Omega$,$C=100\ \mu\mathrm{F}$,$L=10$ H。开关 S 在 $t=0$ 时断开,试求 $t\geqslant 0_+$ 时的电容的电压 u_C。

解 当开关 S 在 $t=0$ 时断开,即 $t\geqslant 0_+$ 时,由 KVL 和 CVR 可得微分方程为

$$LC\frac{\mathrm{d}^2u_C}{\mathrm{d}t^2}+R_1C\frac{\mathrm{d}u_C}{\mathrm{d}t}+u_C=0$$

该方程的特征方程为

$$LCp^2 + R_1Cp + 1 = 0$$

代入 R_1、L、C 的参数可得

$$p^2 + 20p + 1000 = 0$$

则特征根为

$$p_{1,2} = \frac{-20 \pm \sqrt{20^2 - 4 \times 1 \times 1000}}{2 \times 1} = -10 \pm j30$$

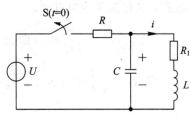

图 4.6.7　例 4.6.1 图

微分方程的通解为

$$u_C = Ae^{-10t}\sin(30t + \beta)$$

由电路的初始条件来确定积分常数。在换路前，电路已处于稳定状态，即

$$i(0_-) = \frac{U}{R + R_1} = \frac{120}{1000 + 200} = 0.1\ A$$

$$u_C(0_-) = R_1 i(0_-) = 200 \times 0.1 = 20\ V$$

由换路定律可得

$$i(0_+) = i(0_-) = 0.1\ A,\ u_C(0_+) = u_C(0_-) = 20\ V$$

将电路的初始条件代入方程的通解，得

$$\frac{du_C}{dt}\bigg|_{t=0+} = -10A\sin\beta + 30A\cos\beta = -\frac{i(0_+)}{C} = -1000$$

$$u_C(0_+) = A\sin\beta = 20$$

解上述方程组，得

$$A = 33.33,\ \beta = 143.13°$$

故电容的电压为

$$u_C = 33.33e^{-10t}\sin(30t + 143.13°)\ V \quad (t \geqslant 0_+)$$

4.6.3　二阶电路的零状态响应

在图 4.6.8 所示的 RLC 串联电路中，如果开关 S 原来是断开的，且电路已处于稳定状态，电容和电感均无初始储能，即 $u_C(0_-) = 0\ V$，$i(0_-) = 0A$。那么电容的电压 u_C、回路的电流 i 和电感的电压 u_L 在 $t \geqslant 0_+$ 时随时间的变化规律就是直流激励下的零状态响应。

在图 4.6.8 所示 RLC 串联电路中，u_C 在 $t \geqslant 0_+$ 时满足的微分方程为

$$LC\frac{d^2u_C}{dt^2} + RC\frac{du_C}{dt} + u_C = U_s \quad (4.6.22)$$

令该电容的电压特解（即稳态解）$u_C' = K$，代入式 (4.6.22)中，解得

$$u_C' = U_s \quad (4.6.23)$$

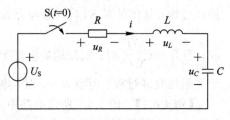

图 4.6.8　RLC 串联电路的零状态响应

电容的电压暂态解 u_C''，即齐次方程的通解，是由齐次方程

$$LC\,\frac{\mathrm{d}^2 u_C}{\mathrm{d}t^2} + RC\,\frac{\mathrm{d}u_C}{\mathrm{d}t} + u_C = 0 \tag{4.6.24}$$

得到，即有

$$u''_C = A_1 \mathrm{e}^{p_1 t} + A_2 \mathrm{e}^{p_2 t} \tag{4.6.25}$$

电容的电压 u_C 暂态解的变化规律根据特征根的不同而有三种不同的形式，因而与特解 u'_C 合在一起构成的零状态响应也有三种情况，分别讨论如下：

(1) $R > 2\sqrt{\dfrac{L}{C}}$，特征根 p_1、p_2 是两个不相等的负实数，电路的响应处于非振荡充电过程。

电容的电压为

$$u_C = u'_C + u''_C = U_S + A_1 \mathrm{e}^{p_1 t} + A_2 \mathrm{e}^{p_2 t} \tag{4.6.26}$$

回路电流为

$$i = C\,\frac{\mathrm{d}u_C}{\mathrm{d}t} = C(p_1 A_1 \mathrm{e}^{p_1 t} + p_2 A_2 \mathrm{e}^{p_2 t}) \tag{4.6.27}$$

其中，A_1、A_2 为积分常数，利用电路的初始条件 $u_C(0_+) = u_C(0_-) = 0$ V，$\left.\dfrac{\mathrm{d}u_C}{\mathrm{d}t}\right|_{t=0_+} = \dfrac{i(0_+)}{C} = \dfrac{i(0_-)}{C} = 0$ A，可得

$$A_1 = -\frac{p_2 U_S}{p_2 - p_1}, \quad A_2 = \frac{p_1 U_S}{p_2 - p_1}$$

于是得到电容的电压为

$$u_C = U_S - \frac{p_2 U_S}{p_2 - p_1}\mathrm{e}^{p_1 t} + \frac{p_1 U_S}{p_2 - p_1}\mathrm{e}^{p_2 t} = U_S - \frac{U_S}{p_2 - p_1}(p_2 \mathrm{e}^{p_1 t} - p_1 \mathrm{e}^{p_2 t}) \tag{4.6.28}$$

回路电流为

$$i = C\left(-p_1\,\frac{p_2 U_S}{p_2 - p_1}\mathrm{e}^{p_1 t} + p_2\,\frac{p_1 U_S}{p_2 - p_1}\mathrm{e}^{p_2 t}\right)$$

由于 $p_1 p_2 = \dfrac{1}{LC}$，则有

$$i = \frac{U_S}{L(p_1 - p_2)}(\mathrm{e}^{p_1 t} - \mathrm{e}^{p_2 t}) \tag{4.6.29}$$

电感的电压为

$$u_L = L\,\frac{\mathrm{d}i}{\mathrm{d}t} = \frac{U_S}{p_1 - p_2}(p_1 \mathrm{e}^{p_1 t} - p_2 \mathrm{e}^{p_2 t}) \tag{4.6.30}$$

电容的电压、回路电流和电感的电压随时间的变化曲线如图 4.6.9 所示。由于 $R > 2\sqrt{\dfrac{L}{C}}$，电容的电压、回路电流和电感的电压不会出现振荡性的变化，电容连续充电，电压 u_C 单调上升，最终接近于电源电压 U_S，因而这种过渡过程是非振荡充电过程。

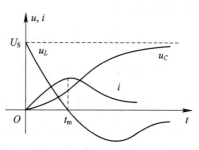

图 4.6.9　非振荡充电过程

（2）$R<2\sqrt{\dfrac{L}{C}}$，特征根 p_1、p_2 是两个具有负实部的共轭复数，电路的响应处于振荡充电过程。

当 $R<2\sqrt{\dfrac{L}{C}}$ 时，二阶齐次微分方程的特征方程的特征根 p_1、p_2 是两个具有负实部的共轭复数，即

$$p_1=-\delta+j\omega$$
$$p_2=-\delta-j\omega$$

其中，$\delta=\dfrac{R}{2L}$，$\omega=\sqrt{\left(\dfrac{R}{2L}\right)^2-\dfrac{1}{LC}}$，$\omega_0=\dfrac{1}{\sqrt{LC}}$。

在这种情况下，齐次微分方程的通解，即电容电压的暂态解为

$$u_C''=Ae^{-\delta t}\sin(\omega t+\beta)$$

其中，A、β 为待定积分常数。非齐次微分方程的通解，即电容电压的零状态响应为

$$u_C=u_C'+u_C''=U_s+Ae^{-\delta t}\sin(\omega t+\beta)\tag{4.6.31}$$

回路电流为

$$i=C\dfrac{du_C}{dt}=CA\omega e^{-\delta t}\cos(\omega t+\beta)-CA\delta e^{-\delta t}\sin(\omega t+\beta)\tag{4.6.32}$$

把电路的初始条件：$u_C(0_+)=0$ V，$\left.\dfrac{du_C}{dt}\right|_{t=0+}=\dfrac{i(0_+)}{C}=0$ 代入式（4.6.31）和式（4.6.32）中，得

$$U_s+A\sin\beta=0$$
$$\omega\cos\beta-\delta\sin\beta=0$$

解上述方程组，得

$$A=-\dfrac{U_s}{\sin\beta}=-\dfrac{\omega_0}{\omega}U_s,\quad\beta=\arctan\dfrac{\omega}{\delta}$$

则电容的电压和回路电流分别为

$$u_C=u_C'+u_C''=U_s-\dfrac{\omega_0}{\omega}U_se^{-\delta t}\sin\left(\omega t+\arctan\dfrac{\omega}{\delta}\right)\tag{4.6.33}$$

$$i=C\dfrac{du_C}{dt}=\dfrac{U_s}{\omega L}e^{-\delta t}\sin(\omega t)\tag{4.6.34}$$

电感的电压为

$$u_L=L\dfrac{di}{dt}=-\dfrac{\omega_0}{\omega}U_s\sin(\omega t-\beta)\tag{4.6.35}$$

电容的电压和回路电流随时间的变化曲线如图 4.6.10 所示。可以看出，当 $R<2\sqrt{\dfrac{L}{C}}$ 时，电路的响应处于振荡充电过程，电容的电压最大值会超过电源电压。当 t 趋向无穷大时，即电路达到新的稳态时，电容的电压接近于外加电源电压 U_s，而回路电

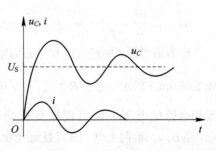

图 4.6.10　振荡充电过程

流趋近于零。

（3）$R = 2\sqrt{\dfrac{L}{C}}$，特征根 p_1、p_2 是两个相等的负实数，电路的响应处于临界非振荡充电过程。

当 $R = 2\sqrt{\dfrac{L}{C}}$ 时，二阶齐次微分方程的特征方程的特征根 p_1、p_2 是两个相等的负实数，即 $p_1 = p_2 = -\delta$。电容的电压暂态解，即对应齐次微分方程通解为

$$u''_C = (A_1 + A_2 t)e^{-\delta t}$$

则电容的电压通解为

$$u_C = U_s + (A_1 + A_2 t)e^{-\delta t} \tag{4.6.36}$$

将电路的初始条件：$u_C(0_+) = 0$ V，$\left.\dfrac{\mathrm{d}u_C}{\mathrm{d}t}\right|_{t=0_+} = \dfrac{i(0_+)}{C} = 0$ 代入式（4.6.36）可得

$$U_s + A_1 = 0$$
$$-\delta A_1 + A_2 = 0$$

解方程组得

$$A_1 = -U_s,\ A_2 = -U_s\delta$$

故电容的电压为

$$u_C = U_s - U_s(1 + \delta t)e^{-\delta t} \tag{4.6.37}$$

回路电流为

$$i = C\frac{\mathrm{d}u_C}{\mathrm{d}t} = \frac{U_s}{L}t e^{-\delta t} \tag{4.6.38}$$

电感的电压为

$$u_L = L\frac{\mathrm{d}i}{\mathrm{d}t} = U_s(1 - \delta t)e^{-\delta t} \tag{4.6.39}$$

由上述分析可知，电容的电压、回路电流和电感的电压均处于临界充电状态，只要电阻略小于 $2\sqrt{\dfrac{L}{C}}$ 时，电路就会进入振荡充电状态；只要电阻略大于 $2\sqrt{\dfrac{L}{C}}$ 时，电路就会进入非振荡充电状态。

上面所讨论的结果可推广到一般的二阶电路，即对所选电路变量 $y(t)$（电路中任意电流或电压变量）列写二阶微分方程，其零状态响应的变化规律取决于特征方程的特征根 p_1、p_2：① 当 p_1、p_2 为不等负实数时，$y(t)$ 的一般形式为 $y(t) = K + A_1 e^{p_1 t} + A_2 e^{p_2 t}$，其中 A_1、A_2 为待定积分常数，它由初始条件确定，K 是非齐次方程的特解，它与激励具有相同的形式，零状态响应为非振荡充电过程；② 当 p_1、p_2 为相等负实数时，$y(t)$ 的一般形式为 $y(t) = K + (A_1 + A_2 t)e^{pt}$，其中 A_1、A_2 为积分常数，零状态响应为临界振荡充电过程；③ 当 p_1、p_2 为一对具有负实部的共轭复数时，$p_{1,2} = -\delta \pm j\omega$，$y(t)$ 的一般形式为 $y(t) = K + A e^{-\delta t}\sin(\omega t + \beta)$，其中 A、β 为积分常数，零状态响应为振荡充电过程。若共轭复根 p_1、p_2 的实部为零，即 $p_{1,2} = \pm j\omega$，p_1、p_2 为一对共轭虚数，$y(t)$ 的一般形式为 $y(t) = K + A\sin(\omega t + \beta)$，则零状态响应为等幅振荡充电过程。

【例 4.6.2】 图 4.6.11 所示电路中，开关 S 闭合
前，电路处于零状态。已知 $U_S = 16$ V，$R = 4$ Ω，
$C = 0.33$ F，$L = 1$ H。开关 S 在 $t = 0$ 时闭合，试求
$t \geqslant 0_+$ 时的电容的电压 u_C、回路电流 i。

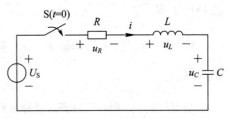

图 4.6.11　例 4.6.2 图

解　开关 S 在 $t = 0$ 时闭合，即 $t \geqslant 0_+$ 时，电路
的 KVL 方程为

$$LC \frac{d^2 u_C}{dt^2} + RC \frac{du_C}{dt} + u_C = U_S$$

该方程的特征方程为

$$LCp^2 + RCp + 1 = 0$$

代入 R、L、C 的参数可得

$$p^2 + 4p + 3 = 0$$

特征根为

$$p_{1,2} = \frac{-4 \pm \sqrt{16 - 4 \times 3}}{2} = -2 \pm 1$$

故非齐次微分方程的通解为

$$u_C = A_1 e^{-t} + A_2 e^{-3t} + 16$$

其中，A_1、A_2 为待定积分常数，可由电路的初始状态条件来确定。在换路前，电路已处于
零状态，则有

$$i(0_-) = 0 \text{ A}$$
$$u_C(0_-) = 0 \text{ V}$$

由换路定律可知 $i_L(0_+) = 0$ A，$u_C(0_+) = 0$ V，则有

$$\left. \frac{du_C}{dt} \right|_{t=0_+} = -A_1 - 3A_2 = 0$$
$$u_C(0_+) = A_1 + A_2 + 16 = 0$$

解方程组得

$$A_1 = -24, \ A_2 = 8$$

电容的电压为

$$u_C = (-24e^{-t} + 8e^{-3t} + 16) \text{ V} \quad (t \geqslant 0_+)$$

回路电流为

$$i = (8e^{-t} - 8e^{-3t}) \text{ A} \quad (t \geqslant 0_+)$$

4.6.4　二阶电路的全响应

　　二阶电路的全响应既可根据线性电路的叠加原理由零输入响应和零状态响应的和求
得，也可直接求解二阶微分方程得到。求解二阶微分方程得到二阶电路的全响应与求解二
阶微分方程得到二阶电路的零状态响应的求解思路是一样的。

【例 4.6.3】　图 4.6.12 所示的电路中，已知 $U_s = 200$ V，$u_C(0_-) = 100$ V，$R_1 = 30\ \Omega$，$R_2 = 10\ \Omega$，$C = 1000\ \mu$F，$L = 0.1$ H。若电路原处于稳态，$t = 0$ 时开关 S 闭合，试求合上开关后的 i_L。

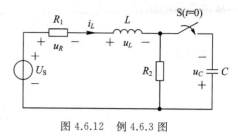

图 4.6.12　例 4.6.3 图

解　开关 S 在 $t = 0$ 时闭合，即 $t \geqslant 0_+$ 时，以电容的电压 u_C 为变量，列写电路的 KVL 方程为

$$u_R + u_L - u_C = U_s$$

由 KCL 和元件约束关系可得

$$i_L = -\frac{u_C}{R_2} - C\frac{\mathrm{d}u_C}{\mathrm{d}t}$$

故有

$$-LC\frac{\mathrm{d}^2 u_C}{\mathrm{d}t^2} - \left(R_1 C + \frac{L}{R_2}\right)\frac{\mathrm{d}u_C}{\mathrm{d}t} - \left(1 + \frac{R_1}{R_2}\right)u_C = U_s$$

该方程的特征方程为

$$LCp^2 + \left(R_1 C + \frac{L}{R_2}\right)p + 1 + \frac{R_1}{R_2} = 0$$

代入 R_1、R_2、L、C 的参数可得

$$p^2 + 400p + 40000 = 0$$

特征根为

$$p_{1,2} = -200$$

p_1、p_2 为相等的负实数，因此非齐次微分方程的通解为

$$u_C = (A_1 + A_2 t)\mathrm{e}^{-200t} - 50$$

其中，A_1、A_2 为待定积分常数。

在换路前，电路已处于稳态，则有

$$i_L(0_-) = \frac{U_s}{R_1 + R_2} = \frac{200}{30 + 10} = 5\ \text{A}$$

$$u_C(0_-) = 100\ \text{V}$$

由换路定律可得

$$i_L(0_+) = i_L(0_-) = 5\ \text{A}, \quad u_C(0_+) = u_C(0_-) = 100\ \text{V}$$

故电路的初始条件为

$$\left.\frac{\mathrm{d}u_C}{\mathrm{d}t}\right|_{t=0_+} = \left.\left(-\frac{i_L}{C} - \frac{u_C}{R_2 C}\right)\right|_{t=0_+} = -\frac{i_L(0_+)}{C} - \frac{u_C(0_+)}{R_2 C} = -15000$$

$$u_C(0_+) = 100$$

将初始条件代入电容的电压的通解，则

$$A_1 - 50 = 100$$

$$-200A_1 + A_2 = -15000$$

解方程组得

$$A_1 = 150, \quad A_2 = 15000$$

故电容的电压为

$$u_C = [(150+15000t)e^{-200t} - 50] \text{ V} \quad (t \geqslant 0_+)$$

电感的电流为

$$i_L = (5+1500te^{-200t}) \text{ A} \quad (t \geqslant 0_+)$$

本 章 小 结

1. 电容、电感动态元件的性能对比

性　能	元　件	
	$\xrightarrow{i}$ C　$+$ u $-$	$\xrightarrow{i}$ L　$+$ u $-$
韦安关系	—	$\Psi_L = Li$
库伏关系	$q = Cu$	—
电压、电流关系	$i = C\dfrac{du}{dt}, u = \dfrac{1}{C}\displaystyle\int_{-\infty}^{t} i(\xi)d\xi$	$u = L\dfrac{di}{dt}, i = \dfrac{1}{L}\displaystyle\int_{-\infty}^{t} u(\xi)d\xi$
储能	$W_C = \dfrac{1}{2}Cu^2$	$W_L = \dfrac{1}{2}Li^2$

2. 换路、换路定律与初始值的计算

（1）换路。

电路在 t_0 时刻有开关闭合或打开，或电路元件值突然变化，或电源电压突然升高或降低等现象发生，这种现象称为动态电路发生了换路。t_0 称为发生换路的时刻，通常取 $t_0=0$。

（2）换路定律。

在换路前后电容的电流和电感的电压为有限值的条件下，换路瞬间电容的电压和电感的电流不能跃变，则换路定律可表示为

$$\begin{cases} u_C(0_+) = u_C(0_-) \\ i_L(0_+) = i_L(0_-) \end{cases}$$

求解动态微分方程需要初始条件，即电路响应 $f(t)$ 及其各阶导数在换路后一瞬间 $(t=0_+)$ 的数值，该值称为电路的初始值。就一阶动态电路而言，初始值为 $f(0_+)$。

（3）求电路初始值的步骤如下：

① 由换路前一瞬间 $(t=0_-$ 时刻) 电路求出 $u_C(0_-)$、$i_L(0_-)$；

② 根据换路定律求得独立初始值，即 $u_C(0_+)=u_C(0_-)$、$i_L(0_+)=i_L(0_-)$；

③ 画出换路后一瞬间 $(t=0_+$ 时刻) 的等效电路：电容 C 用数值为 $u_C(0_+)$ 的电压源替换，电感 L 用数值为 $i_L(0_+)$ 的电流源替换。这样，在 $t=0_+$ 时刻的等效电路为电阻电路。

④ 根据 $t=0_+$ 时刻的等效电路，选用简便的电阻电路分析法求解要求的初始值。

3. 一阶电路的全响应及其求解

由电路的初始储能与 $t \geqslant 0$ 所加的激励源共同作用产生的响应，称为动态电路的全响应。全响应有两种分解方式：基于叠加原理，全响应可分解为零输入响应和零状态响应，这种分解方式强调电路响应的因果关系；基于微分方程解的结构，全响应可分解为稳态分量和暂态分量，这种分解方式强调电路的工作状态。

对于直流电源作用的一阶电路，三要素法是求解一阶电路的一般通用方法，其公式为

$$f(t) = f(\infty) + \left[f(0_+) - f(\infty)\right] \mathrm{e}^{-\frac{t}{\tau}}$$

其中，$f(0_+)$ 为初始值；$f(\infty)$ 为稳态值，它是在换路后 $t = \infty$ 时的响应数值。若是在直流电源作用下，换路后 $t = \infty$ 时电路又达到新的稳定状态，可将电感 L 视为短路，电容 C 视为开路，求出 $f(\infty)$。τ 为时间常数，先从动态元件的两端看去，求出戴维宁等效电源的等效电阻 R_{eq}，再根据 $R_{eq}C$ 或 L/R_{eq} 求出时间常数 τ。

三要素法可用来求解一阶动态电路的零输入响应、零状态响应、全响应和阶跃响应。

4. 一阶电路的阶跃响应

单位阶跃函数 $\varepsilon(t)$ 定义为

$$\varepsilon(t) = \begin{cases} 0 & (t \leqslant 0_-) \\ 1 & (t \geqslant 0_+) \end{cases}$$

用单位阶跃函数的加权、移位代数和可表示复杂的"台阶式"或"楼梯式"信号。

一阶电路的阶跃响应可应用三要素法求解。

5. 一阶电路的冲激响应

单位冲激函数定义为

$$\begin{cases} \int_{-\infty}^{\infty} \delta(t) \mathrm{d}t = 1 \\ \delta(t) = 0 \ (t \neq 0) \end{cases}$$

单位冲激函数又称为 δ 函数。它在 $t \neq 0$ 处为零，但在 $t = 0$ 处为奇异值。

一线性时不变电路的冲激响应 $h(t)$ 和阶跃响应 $s(t)$ 之间关系是

$$h(t) = \frac{\mathrm{d}s(t)}{\mathrm{d}t}$$

或

$$s(t) = \int_0^t h(\tau) \mathrm{d}\tau$$

所以冲激响应等于阶跃响应的导数。反之，阶跃响应就等于冲激响应由 0_- 到 t 的积分。

6. 二阶电路的时域分析

（1）RLC 串联电路和 RLC 并联电路具有相同形式的特征方程，即

$$p^2 + 2\delta p + \omega_0^2 = 0$$

其中，RLC 串联电路：$\delta = \dfrac{R}{2L}$；RLC 并联电路：$\delta = \dfrac{G}{2C}$。而 $\omega_0 = \dfrac{1}{\sqrt{LC}}$，$RLC$ 串、并联电路相同。

（2）电路的特征根，即固有频率，其特性如下：

① 同一电路选用不同的变量，但固有频率是相同的；

② 特征根仅与电路参数有关，根据 R、L、C 的不同，特征根有四种形式，即两个不等的负实数、两上相等的负实数、一对具有负实数的共轭复数、一对共轭虚数；

③ RLC 串联电路和 RLC 并联电路以及两个电路的微分方程、特征根都是对偶的。

（3）二阶电路响应特性：

① 过阻尼。电压或电流在趋于稳态值的过程中，没有振荡。

② 临界阻尼。电压或电流在趋于稳态值的过程中，处于振荡的临界状态。

③ 欠阻尼。电压或电流在趋于稳态值的过程中，衰减振荡。

④ 无阻尼。电压或电流为等幅振荡。

（4）求二阶电路全响应的步骤：

① 选定电路变量，一般 RLC 串联电路选取 u_C，RLC 并联电路选取 i_L，列写 $t>0_+$ 电路的微分方程；

② 求通解；

③ 求特解，即稳态解；

④ 全响应＝稳态分量＋暂态分量；

⑤ 由初始值 $f(0_+)$ 和 $\dfrac{\mathrm{d}f(t)}{\mathrm{d}t}\bigg|_{t=0+}$ 确定积分常数。

习　题

4.1　题 4.1 图(a)所示为 $C=4\ \mathrm{F}$ 的电容，其电流 i 的波形图如题 4.1 图(b)所示。

（1）若 $u(0)=0$，求 $t\geqslant0$ 时的电容的电压 $u(t)$，并画出其波形图；

（2）计算 $t=2\ \mathrm{s}$ 时电容吸收的功率 $p(2)$；

（3）计算 $t=2\ \mathrm{s}$ 时电容的储能 $W(2)$。

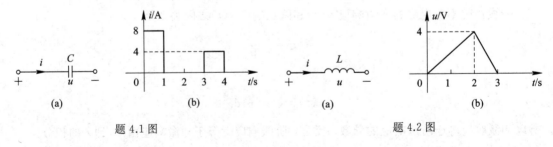

题 4.1 图　　　　　　　　　　　　　题 4.2 图

4.2　题 4.2 图(a)所示为 $L=0.5\ \mathrm{H}$ 的电感，其端电压 u 的波形如题 4.2 图(b)所示。

（1）若 $i(0)=0\ \mathrm{A}$，求电流 i，并画出其波形图；

（2）计算 $t=2\ \mathrm{s}$ 时电感吸收的功率 $p(2)$；

（3）计算 $t=2\ \mathrm{s}$ 时电感的储能 $W(2)$；

4.3　电路如题 4.3 图所示，求：

（1）图(a)中 ab 端的等效电感 L_{ab}；

（2）图(b)中 ab 端等效电容 C_{ab}。

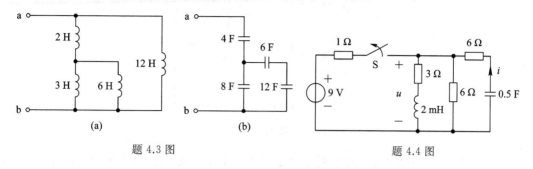

题 4.3 图　　　　　　　　　　　　　题 4.4 图

4.4　题 4.4 图所示电路中，电路已经处于稳态，$t=0$ 时开关 S 打开，求初始值 $i(0_+)$、$u(0_+)$。

4.5　题 4.5 图所示电路中，$t=0$ 时开关 S 闭合。已知 $u_C(0_-)=6\,\text{V}$，求 $i_C(0_+)$、$i_R(0_+)$。

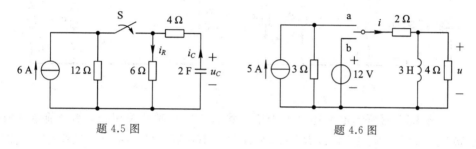

题 4.5 图　　　　　　　　　　　　　题 4.6 图

4.6　题 4.6 图所示电路已经处于稳态，$t=0$ 时开关 S 由 a 切换至 b，求 $i(0_+)$、$u(0_+)$。

4.7　在题 4.7 图所示的电路中，已知 $R_1=2\,\text{k}\Omega$，$R_2=3\,\text{k}\Omega$，$R_3=6\,\text{k}\Omega$，$C=5\,\mu\text{F}$，开关 S 打开时电容已充电到 24 V。$t=0$ 时开关闭合，试求开关闭合后各支路的电流和电容的电压随时间的变化规律。

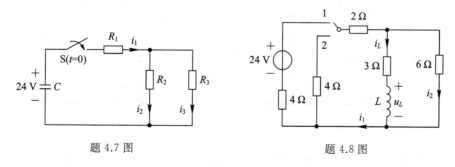

题 4.7 图　　　　　　　　　　　　　题 4.8 图

4.8　题 4.8 图所示电路中，开关 S 原处于位置 1，电路已处于稳定状态。已知 $L=6\,\text{H}$，在 $t=0$ 时开关 S 接到位置 2，求换路后电感的电压 u_L 和电流 i_L。

4.9　题 4.9 图所示电路原已处于稳定状态。在 $t=0$ 时开关 S 由位置 a 投向位置 b，试求 $t\geqslant0$ 时的 u_L 和 i_L。

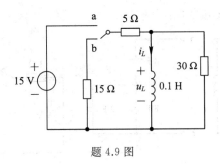

题 4.9 图

4.10 题 4.10 图所示电路原已处于稳定状态，开关 S 处于闭合状态。已知 $I_S=10$ A，$R_1=80$ Ω，$R_2=200$ Ω，$R_3=300$ Ω，$L=2$ H。开关 S 在 $t=0$ 时打开，试求开关打开后的电感的电流和电压的变化规律。

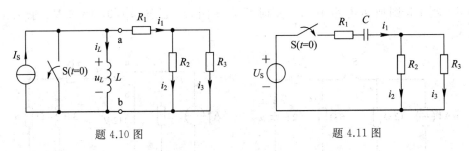

题 4.10 图   题 4.11 图

4.11 题 4.11 图所示电路原已处于稳定状态，$t=0$ 时开关闭合，闭合前电容没有充电。已知 $U_S=12$ V，$R_1=5$ kΩ，$R_2=25$ kΩ，$R_3=100$ kΩ，$C=10$ μF。试求 $t\geqslant0$ 时的电容的电压 u_C 及各支路电流。

4.12 题 4.12 图所示电路原已经处于稳定状态。已知 $U_{S1}=36$ V，$U_{S2}=12$ V，$R_1=2$ Ω，$R_2=4$ Ω，$R_3=6$ Ω，$L=3$ H。在 $t=0$ 时开关 S 由位置 1 投向位置 2，计算 $t\geqslant0$ 时的电压 u_o 的值。

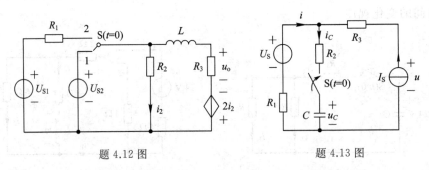

题 4.12 图   题 4.13 图

4.13 题 4.13 图所示的电路原已经处于稳定状态，$t<0$ 时开关是断开的。已知 $U_S=10$ V，$I_S=1$ A，$u_C(0-)=1$ V，$R_1=R_2=R_3=1$ Ω，$C=1$ F。在 $t=0$ 时开关 S 闭合，试求电路中的 u_C、i_C 和 i。

4.14 题 4.14 图所示电路中，已知 $I_S=10$ A，$U_S=10$ V，$R_1=6$ Ω，$R_2=4$ Ω，$R_3=4$ Ω，$C=2$ F，开关 S 在 $t=0$ 时闭合，试求电容的电压 u_C。

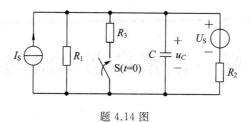

题 4.14 图

4.15　电路如题 4.15 图(a)所示，已知 $R_1=6\ \mathrm{k\Omega}$，$R_2=4\ \mathrm{k\Omega}$，$R_3=8\ \mathrm{k\Omega}$，$C=100\ \mathrm{\mu F}$。电压波形如题 4.15 图(b)所示，试求 u_o。

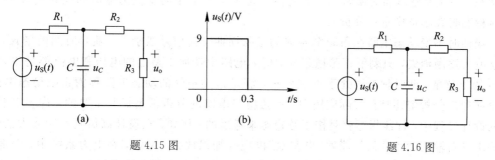

题 4.15 图　　　　　　　　　　　　　　　题 4.16 图

4.16　题 4.16 图所示电路中，已知 $R_1=100\ \mathrm{k\Omega}$，$R_2=100\ \mathrm{k\Omega}$，$R_3=50\ \mathrm{k\Omega}$，$C=1\ \mathrm{\mu F}$，试求电路的冲激响应 u_C、i_C。

4.17　题 4.17 图所示电路中，开关 S 原来是闭合状态，电路已处于稳定状态。已知 $U_\mathrm{s}=100\ \mathrm{V}$，$R_0=R=1000\ \mathrm{\Omega}$，$L=10\ \mathrm{H}$，$C=100\ \mathrm{\mu F}$，在 $t=0$ 时开关 S 断开，试求在 $t\geqslant 0$ 时的 u_C、i。

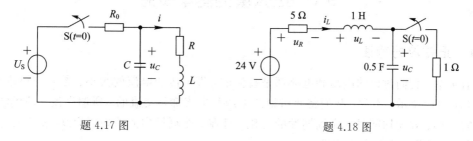

题 4.17 图　　　　　　　　　　　题 4.18 图

4.18　题 4.18 图所示电路中，开关 S 原来是闭合的，电路已处于稳定状态。在 $t=0$ 时开关 S 断开，试求电路的响应 u_C 和 i_L。

4.19　题 4.19 图所示电路中，开关 S 原来合在位置 a 上，电路已处于稳定状态。在 $t=0$ 时开关 S 投向位置 b，试求电路的响应 u_C 和 u_R。

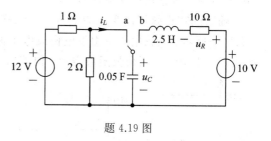

题 4.19 图

第 5 章　正弦稳态电路的分析

　　在第 4 章，我们知道了电路的状态从时间上可分为稳态和暂态（瞬态），我们也是以这两种状态的叠加形式来分析一阶线性动态电路的。对于交流电路而言，电路仍然存在这两种状态，即交流稳态和交流暂态。交流稳态是指动态电路的变量为随时间变化的周期量。交流稳态将在本章中重点分析。

　　线性时不变动态电路在角频率为 ω 的正弦周期交流信号激励下，随着时间的增长，当暂态响应逐渐消失，只剩下正弦稳态响应时，电路中任何支路上的电压和电流都是角频率为 ω 的正弦量，此时称电路处于正弦稳态，满足这类条件的动态电路称为正弦稳态电路。不论在理论分析中还是在实际应用中，正弦稳态电路的分析都是极其重要的。许多电器设备的设计过程中，性能指标就是按正弦稳态来考虑的。例如，在设计高保真音频放大器时，就要求它对输入的正弦信号能够"忠实地"再现并加以放大。又如，在电力系统中，全部电源均为同一频率的交流电源，大多数问题都可以用正弦稳态器分析来解决。

　　本章将首先介绍正弦量及其相量表示方法，电路定律的相量形式；然后介绍电阻元件、电感元件和电容元件在正弦交流电路中物理参量的关系，以及正弦交流电路的分析方法、正弦稳态电路中的功率；最后介绍交流电路中的功率及最大功率传输。

5.1　正弦量的基本概念

5.1.1　正弦波的特性

　　前 4 章，我们讨论的电压和电流都是直流的，即电压和电流的大小、方向均恒定不变，如图 5.1.1(a)所示。本章，我们将要讨论的电压和电流都是交流的。所谓交流，是指电压和电流的大小、方向均随时间做周期性的变化，且在一个周期内的平均值为 0，图 5.1.1(b)～(d)所示为三种常用的交流信号。

　　随时间按正弦规律变化的电压、电流称为正弦电压、正弦电流，统称为正弦量，如图 5.1.1(b)所示。正弦电压可由发电机或电子振荡器产生，可用正弦函数表示，也可用余弦函数表示。本书统一用余弦函数表示，但该信号仍可称为正弦波。

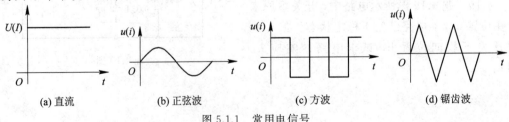

(a) 直流　　　　　(b) 正弦波　　　　　(c) 方波　　　　　(d) 锯齿波

图 5.1.1　常用电信号

正弦波在任意时刻的值称为正弦波的瞬时值,用小写字母表示。如正弦电流 i,其瞬时值表达式为

$$i(t) = I_m \cos(\omega t + \theta_i) \tag{5.1.1}$$

式中,I_m 称为电流最大值或幅值,它是一个常量,表示正弦波的振幅。式(5.1.1)对应的波形如图5.1.2所示。

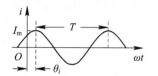

式(5.1.1)中 ω 称为角频率,单位为弧度每秒(rad/s)。它是与频率 f 有关的常量,表示正弦波变化的快慢。

$$\omega = \frac{2\pi}{T} = 2\pi f \tag{5.1.2}$$

图 5.1.2　正弦电流的波形图

式中,T 为周期,表示正弦波交变一次所需要的时间,单位为秒(s)。f 为频率,表示每秒完成的周期数,单位为赫兹(Hz)。T 与 f 互为倒数,即

$$f = \frac{1}{T} \tag{5.1.3}$$

我国和大多数国家都采用 50 Hz 作为电力标准频率,有些国家(如美国、日本等)采用 60 Hz。这种频率在工业上应用广泛,习惯上也称为工频。除工频外,某些领域还需要采用其他的频率,如无线电通信的频率为 30 kHz～3×10^4 MHz,有线通信的频率为 300～5000 Hz 等。

式(5.1.1)中 θ_i 称为初相位或初相角,简称初相,表示正弦波的初始位置,由它可以确定正弦波初始值的大小,即

$$i(0) = I_m \cos \theta_i \tag{5.1.4}$$

对任何一个正弦波来说,只要最大值、角频率和初相位确定后,这个正弦波也就随之确定了,因此这三个物理量称为正弦波的三要素。分析正弦交流电路时也应从这三个物理量进行分析。

5.1.2　正弦波的有效值

正弦电流和正弦电压的大小往往不是用它们的最大值来计量,而是用有效值来计量。

有效值是从电流的热效应来规定的,定义为:如果一个交流电流 i 和一个直流电流 I 在相等的时间 T 内通过同一个电阻,而两者产生的热量相等,那么这个交流电流 i 的有效值在数值上就等于这个直流电流 I。

设正弦电流 i 流过一电阻 R,在一周期 T 内该电阻产生的热量为

$$Q_{ac} = \int_0^T R i^2 \, dt$$

同是该电阻 R,直流电流 I 流过它,在相同的时间 T 内该电阻产生的热量为

$$Q_{dc} = R I^2 T$$

根据上述定义,热效应相等的条件为 $Q_{ac} = Q_{dc}$,即

$$\int_0^T R i^2 \, dt = R I^2 T$$

由此可得出交流电流的有效值为

$$I = \sqrt{\frac{1}{T} \int_0^T i^2 \, dt}$$

即，交流电流的有效值等于电流瞬时值的平方在一个周期内的平均值的平方根，故有效值又称为均方根值。

有效值的定义适用于任何周期性变化的量，但不能用于非周期量。

假设这个交流电流为正弦量，$i = I_m \cos(\omega t)$，则

$$I = \sqrt{\frac{1}{T}\int_0^T I_m^2 \cos^2 \omega t\, \mathrm{d}t} = \sqrt{\frac{1}{T}I_m^2 \int_0^T \frac{1 + \cos 2\omega t}{2}\mathrm{d}t}$$

$$= \sqrt{\frac{1}{T}\frac{I_m^2}{2}\int_0^T (1 + \cos 2\omega t)\,\mathrm{d}t} = \frac{1}{\sqrt{2}}I_m = 0.707 I_m$$

即

$$I_m = \sqrt{2}\, I \tag{5.1.5}$$

式(5.1.5)就是正弦电流的有效值与最大值的关系。同理，正弦电压的有效值与它们的最大值的关系为

$$U = \frac{U_m}{\sqrt{2}} \tag{5.1.6}$$

有效值用大写字母表示。如式(5.1.5)和式(5.1.6)中的 I、U 分别表示正弦电流、正弦电压的有效值。

一般所讲的正弦电压或正弦电流的大小都是指它的有效值，如交流电压 380 V 或 220 V、电器设备的额定值等。一般交流电表的刻度数值也是指它们的有效值。

引入有效值后，正弦电流和电压的表达式可写为

$$i(t) = I_m \cos(\omega t + \theta_i) = \sqrt{2}\, I \cos(\omega t + \theta_i)$$

$$u(t) = U_m \cos(\omega t + \theta_u) = \sqrt{2}\, U \cos(\omega t + \theta_u)$$

5.1.3　正弦波的相位关系

正弦波在不同时刻 t 所对应的不同的 $(\omega t + \theta)$ 值称为正弦波的相位角，简称相位。θ 称为正弦波的初相，初相的范围通常规定为 $|\theta| \leqslant \pi$。显然，初相与计时起点、正弦量参考方向的选择有关。

图 5.1.3(a)和(b)分别给出了初相 $\theta > 0$ 和 $\theta < 0$ 时正弦电流的波形图。由图可知，θ 就是正弦波最靠近纵轴的波峰所对应的相位角与坐标原点之间的夹角。最靠近纵轴的波峰出现在 $t = 0$ 之前，θ 为正；最靠近纵轴的波峰出现在 $t = 0$ 之后，θ 为负。

任何两个同频率正弦波的相位角之差称为相位差，用 φ 表示。如有正弦电压和电流分别为

$$u(t) = U_m \cos(\omega t + \theta_u)$$

$$i(t) = I_m \cos(\omega t + \theta_i)$$

u 与 i 的相位差为

$$\varphi = (\omega t + \theta_u) - (\omega t + \theta_i) = \theta_u - \theta_i \tag{5.1.7}$$

可见，频率必须相同才存在相位差。相位差也等于初相之差，而与时间无关。通常规定 $|\varphi| \leqslant \pi$。

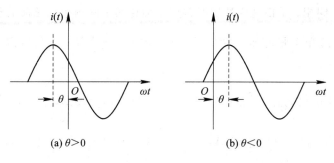

图 5.1.3　初相的起始位置与正负号示意图

因为 u 和 i 的初相不同，所以它们的变化步调不一致，即它们不是同时到达最大值或零值。它们在相位上的关系常见的有以下四种，如图 5.1.4 所示。

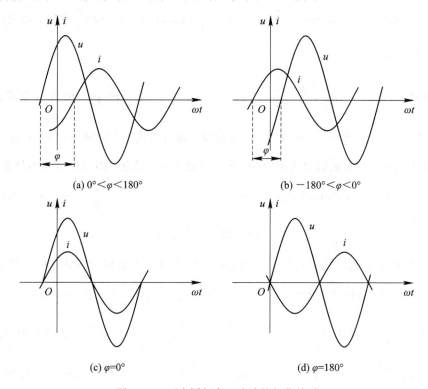

图 5.1.4　两个同频率正弦波的相位关系

图 5.1.4(a)中，$0° < \varphi < 180°$，说明 $\theta_u > \theta_i$，也就是电压比电流先到达最大值，这种情况称电压在相位上超前电流 φ 角度。

图 5.1.4(b)中，$-180° < \varphi < 0°$，说明 $\theta_u < \theta_i$，也就是电压比电流晚到达最大值，这种情况称电压在相位上滞后电流 φ 角度，也可说成电流在相位上超前电压。

图 5.1.4(c)中，$\varphi = 0°$，说明 $\theta_u = \theta_i$，也就是电压和电流同时到达最大值，同时过零点，变化步调一致，这种情况称电压和电流同相。

图 5.1.4(d)中，$\varphi = 180°$，说明 $\theta_u - \theta_i = 180°$，也就是电压与电流相位差为 $180°$，电压、电流符号正好相反，这种情况称电压与电流反相。

超前、滞后、同相、反相这四种情况常用来描述两个同频率正弦波的相位关系。

【例 5.1.1】 已知正弦电压 $u(t)=30\cos\left(100\pi t+\dfrac{\pi}{2}\right)$ V，正弦电流 $i(t)$ 为如下几种情况：

(1) $i(t)=50\cos\left(100\pi t+\dfrac{3}{4}\pi\right)$ A；　　　　(2) $i(t)=40\cos\left(100\pi t-\dfrac{3}{4}\pi\right)$ A；

(3) $i(t)=30\sin\left(100\pi t+\dfrac{2}{3}\pi\right)$ A；　　　　(4) $i(t)=-10\cos\left(100\pi t+\dfrac{\pi}{3}\right)$ A；

(5) $i(t)=20\cos\left(200\pi t-\dfrac{3}{4}\pi\right)$ A；

求 $u(t)$ 和 $i(t)$ 之间的相位差。

解　(1) 相位差 $\varphi=\theta_u-\theta_i=\dfrac{\pi}{2}-\dfrac{3}{4}\pi=-\dfrac{\pi}{4}$，即 $u(t)$ 滞后 $i(t)\dfrac{\pi}{4}$ 角度，也可以说 $i(t)$ 超前 $u(t)\dfrac{\pi}{4}$ 角度。

(2) 相位差 $\varphi=\theta_u-\theta_i=\dfrac{\pi}{2}-\left(-\dfrac{3}{4}\pi\right)=\dfrac{5}{4}\pi>\pi$，$\dfrac{5}{4}\pi$ 超出了 φ 的取值范围，所以取 $\varphi=\dfrac{5}{4}\pi-2\pi=-\dfrac{3}{4}\pi$，即 $u(t)$ 滞后 $i(t)\dfrac{3}{4}\pi$ 角度，也可以说 $i(t)$ 超前 $u(t)\dfrac{3}{4}\pi$ 角度。

(3) 此时两个正弦量函数形式不同，应先将函数形式一致化，即均用余弦函数表示，再比较相位差。所以，$i(t)=30\sin\left(100\pi t+\dfrac{2}{3}\pi\right)=30\cos\left(100\pi t+\dfrac{2}{3}\pi-\dfrac{\pi}{2}\right)=30\cos\left(100\pi t+\dfrac{\pi}{6}\right)$ A，相位差 $\varphi=\theta_u-\theta_i=\dfrac{\pi}{2}-\dfrac{\pi}{6}=\dfrac{\pi}{3}$，即 $u(t)$ 超前 $i(t)\dfrac{\pi}{3}$ 角度。

(4) 此时两个正弦量的函数形式虽然相同，但是 $i(t)$ 不是标准形式，应先将 $i(t)$ 变成标准形式后再比较相位差。所以，$i(t)=-10\cos\left(100\pi t+\dfrac{\pi}{3}\right)=10\cos\left(100\pi t+\dfrac{\pi}{3}-\pi\right)=10\cos\left(100\pi t-\dfrac{2}{3}\pi\right)$，相位差 $\varphi=\theta_u-\theta_i=\dfrac{\pi}{2}-\left(-\dfrac{2}{3}\pi\right)=\dfrac{7}{6}\pi>\pi$，$\dfrac{7}{6}\pi$ 超过了相位差的取值范围，相位差取 $\varphi=\dfrac{7}{6}\pi-2\pi=-\dfrac{5}{6}\pi$，即 $u(t)$ 滞后 $i(t)\dfrac{5}{6}\pi$ 角度，或 $i(t)$ 超前 $u(t)\dfrac{5}{6}\pi$ 角度。

(5) 因为两个正弦量的角频率不相同，相位关系没有可比性，所以不存在相位差。

可见，计算两个正弦量的相位差时，这两个正弦量必须满足同频率、同函数形式、且相位差在取值范围内才能进行比较计算。

5.2　相量基础知识

在单频正弦稳态电路中，分析电路时常遇到正弦量的加、减、求导及积分问题，而由于同频率的正弦量之和或之差仍为同一频率的正弦量，正弦量对时间的导数或积分也仍为同一频率的正弦量。故分析单频正弦稳态电路时只需确定正弦量的幅值和初相，就能完整地表达它。如果将正弦量的幅值和初相与复数中的模和辐角相对应，那么在频率已知的条件下，就可以用复数来表示正弦量。这种方法是由美国电机工程师斯泰因梅茨（C. P. Steinmetz，1865—1923）于 1893 年在国际电工会议上提出的。用来表示正弦量的复数称为相量。借用复数表示正弦量后，可以避开利用三角函数进行正弦量的加、减、求导及积分等运算的麻烦，从而使正弦稳态电路的分析和计算得到简化。

5.2.1　复数的表示及运算

1. 复数的四种表示形式

如图 5.2.1 所示，在由实轴 Re 和虚轴 Im 组成的复平面中有一复数 A，该复数在实轴上的投影为 a，称为 A 的实部，可用 Re$[A]$ 表示对 A 取实部；A 在纵轴上的投影为 b，称为 A 的虚部，可用 Im$[A]$ 表示对 A 取虚部。$|A|$ 称为 A 的模，总为非负数。A 与正实轴之间的夹角 θ 称为 A 的辐角。

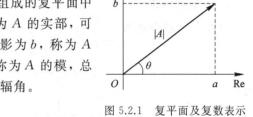

图 5.2.1　复平面及复数表示

由复数知识可知 A 可表示为

$$A = a + jb \tag{5.2.1}$$

式（5.2.1）为复数 A 的代数形式。$j = \sqrt{-1}$，j 称为虚数单位，在数学中我们用 i 表示虚数，而在电路中，i 已表示电流，为避免混乱，故改用 j 表示虚数。

由直角坐标和极坐标知识可知，它们之间有下列关系：

$$\begin{cases} a = |A|\cos\theta \\ b = |A|\sin\theta \\ |A| = \sqrt{a^2 + b^2} \\ \theta = \arctan\dfrac{b}{a} \end{cases}$$

将上述关系式代入式（5.2.1）得

$$A = |A|\cos\theta + j|A|\sin\theta = |A|(\cos\theta + j\sin\theta) \tag{5.2.2}$$

式（5.2.2）为复数 A 的三角形式。

将数学中的欧拉公式 $\cos\theta + j\sin\theta = e^{j\theta}$ 代入式（5.2.2），得

$$A = |A|e^{j\theta} \tag{5.2.3}$$

式（5.2.3）为复数 A 的指数形式。

从图 5.2.1 中可看出，一个复数有两个重要的参数，长度和起始位置，即模和辐角，所以复数 A 也可直接用这两个参数直接简写为

$$A = |A|\angle\theta \tag{5.2.4}$$

式（5.2.4）为复数 A 的极坐标形式，该形式为工程上常用的形式。

复数的四种表示形式可以相互转换。

【例 5.2.1】　将复数 $A = 3 - j4$ 转换为对应的极坐标形式。

解　极坐标形式只需要求出该复数的模和辐角即可，则

$$|A| = \sqrt{3^2 + 4^2} = 5$$

$$\theta = \arctan \frac{-4}{3}$$

显然，A 在第四象限，$\theta = -53°$，所以 $A = 5\angle -53°$。

【例 5.2.2】 将复数 $A = 2\sqrt{2} \angle 135°$ 转换为对应的代数形式。

解 将复数的极坐标形式转换成代数形式，必须算出该复数的代数形式的实部和虚部，可先转换成对应的三角形式，即

$$A = 2\sqrt{2} \angle 135° = 2\sqrt{2}\,(\cos 135° + \mathrm{j}\sin 135°) = 2\sqrt{2}\left(-\frac{\sqrt{2}}{2} - \mathrm{j}\frac{\sqrt{2}}{2}\right) = -2 - \mathrm{j}2$$

2. 复数的运算

设两个复数分别为

$$A_1 = a_1 + \mathrm{j}b_1 = |A_1|\mathrm{e}^{\mathrm{j}\theta_1} = |A_1|\angle\theta_1$$

$$A_2 = a_2 + \mathrm{j}b_2 = |A_2|\mathrm{e}^{\mathrm{j}\theta_2} = |A_2|\angle\theta_2$$

则

$$A_1 \pm A_2 = (a_1 + \mathrm{j}b_1) \pm (a_2 + \mathrm{j}b_2) = (a_1 \pm a_2) + \mathrm{j}(b_1 \pm b_2) \tag{5.2.5}$$

$$A_1 A_2 = |A_1|\mathrm{e}^{\mathrm{j}\theta_1} \cdot |A_2|\mathrm{e}^{\mathrm{j}\theta_2} = |A_1||A_2|\mathrm{e}^{\mathrm{j}(\theta_1+\theta_2)} = |A_1||A_2|\angle(\theta_1 + \theta_2) \tag{5.2.6}$$

$$\frac{A_1}{A_2} = \frac{|A_1|\mathrm{e}^{\mathrm{j}\theta_1}}{|A_2|\mathrm{e}^{\mathrm{j}\theta_2}} = \frac{|A_1|}{|A_2|}\mathrm{e}^{\mathrm{j}(\theta_1-\theta_2)} = \frac{|A_1|}{|A_2|}\angle(\theta_1 - \theta_2) \tag{5.2.7}$$

可见，复数在进行加减运算时，应采用其代数形式，实部与实部相加减，虚部与虚部相加减；复数在进行乘除运算时，采用其指数形式或极坐标形式比较方便，结果为模与模相乘除，辐角与辐角相加减，复数乘除即模的放大或缩小，辐角的逆时针旋转或顺时针旋转。此外，复数的加减运算还可在复平面上用平行四边形法则的图形来表示，如图 5.2.2 所示。

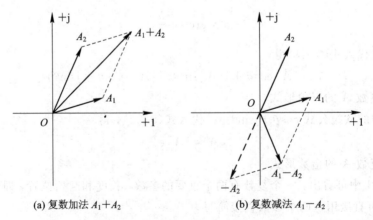

(a) 复数加法 $A_1 + A_2$ 　　　　　　　(b) 复数减法 $A_1 - A_2$

图 5.2.2　复数加减运算图解法示意图

【例 5.2.3】 已知复数 $A = -8 + \mathrm{j}6$，$B = 3 + \mathrm{j}4$，求 $A + B$，$A - B$，$A \cdot B$，$\dfrac{A}{B}$ 的值。

解 $A + B = (-8 + 3) + \mathrm{j}(6 + 4) = -5 + \mathrm{j}10$，$A - B = (-8 - 3) + \mathrm{j}(6 - 4) = -11 + \mathrm{j}2$。
根据复数的运算法则，乘除时要先把代数形式转化为指数形式或极坐标形式。所以

$$A = \sqrt{(-8)^2 + 6^2} \angle \arctan\left(\frac{6}{-8}\right) = 10\angle 143°$$

$$B = \sqrt{3^2 + 4^2} \angle \arctan\frac{4}{3} = 5\angle 53°$$

$$A \cdot B = 10\angle 143° \cdot 5\angle 53° = 50\angle 196° = 50\angle -164°$$

$$\frac{A}{B} = \frac{10\angle 143°}{5\angle 53°} = 2\angle 90° = j2$$

【例 5.2.4】　计算 $\dfrac{(3+j3)(1+j2)}{j5(2+j5)}$ 的值，并将结果写成极坐标形式和代数形式。

解　$\dfrac{(3+j3)(1+j2)}{j5(2+j5)} = \dfrac{4.243\angle 45° \times 2.236\angle 63.43°}{5\angle 90° \times 5.385\angle 68.2°} = 0.3514\angle -49.77°$

$$= 0.227 - j0.268$$

3. 旋转因子

$e^{j\theta}$ 是一个特殊的复数，因为 $e^{j\theta} = 1\angle \theta$，所以 $e^{j\theta}$ 的模等于 1，辐角为 θ。任意复数 $A = |A|e^{j\theta_a}$ 乘以 $e^{j\theta}$ 相当于把复数 A 逆时针或顺时针旋转一个角度 $|\theta|$，而 A 的模不变，如图 5.2.3所示，所以 $e^{j\theta}$ 称为旋转因子。

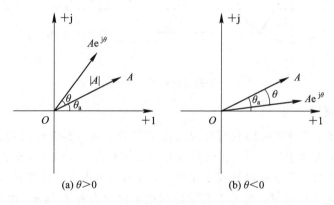

(a) $\theta > 0$　　　　　　　　　(b) $\theta < 0$

图 5.2.3　旋转因子与复数 A 相乘示意图

根据欧拉公式，不难得出 $e^{j90°} = j$，$e^{-j90°} = -j$，$e^{j0°} = 1$，$e^{j180°} = -1$。因此"$\pm j$"和"-1"都可看成旋转因子。例如一个复数与 j 相乘意味着该复数在复平面上逆时针方向旋转了90°；一个复数除以 j，等于该复数乘以 $-j$，意味着该复数在复平面上顺时针方向旋转了90°。因此 $\pm j$ 常称为 90 度旋转因子。同理，-1 可称为 180°旋转因子，相当于原复数反向了。

5.2.2　正弦量的相量表示

1. 旋转有向线段与正弦量的关系

设一正弦电流 $i(t) = I_m\cos(\omega t + \theta_i)$，其波形图如图 5.2.4 右图所示，左图为一个复平面，因为电路中的正弦波是用余弦函数表示的，正弦函数和余弦函数在起始位置上相差90°，所以该复平面逆时针旋转了90°，即实轴正方向竖直向上，虚轴的正方向水平向左。复平面内一旋转有向线段 OA。在复平面中，有向线段 OA 的模 $|A|$ 等于正弦量的幅值 I_m；

OA 的初始位置与实轴正方向的夹角 θ 等于正弦电流的初相位 θ_i；在起始位置时（即 $t=0$）OA 在实轴上的投影 $a=|A|\cos\theta$。当这个有向线段以 $|A|$ 为半径，以正弦量的角频率 ω 为角速度在复平面内做逆时针方向的匀速旋转，则任意时刻 OA 在实轴上的投影的长度的表达式为 $a=|A|\cos(\omega t+\theta)$。可见，任意时刻的投影 a 为时间函数，且具有和正弦量一样的三个要素，与正弦量的表达式有着相同的形式，故可用一旋转有向线段在实轴上的投影随时间变化的函数来表示一个三要素——对应的正弦量，也即一个正弦量可用一个旋转有向线段任意瞬间在实轴上的投影表示出来。例如，在 $t=0$ 时，$I_0=I_m\cos\theta=|A|\cos\theta=a$；在 $t=t_1$ 时，$i_1(t)=I_m\cos(\omega t_1+\theta_i)=|A|\cos(\omega t_1+\theta)=a_1$。由于正弦稳态电路中的频率 ω 不变，因此，一般只分析其中的两个要素，即幅值和相位。在实际计算中，只要正弦量和复数的幅值、相位对应相等就可以相互转换了。

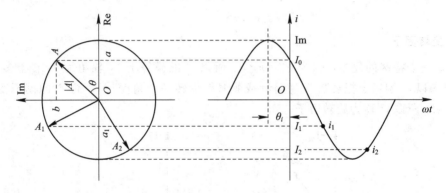

图 5.2.4　旋转有向线段与正弦量的关系

2. 相量及相量图

以上分析说明，正弦量可用旋转有向线段在实轴上的投影随时间变化的函数来表示，而有向线段可用复数来表示，所以正弦量也可用复数来表示。用以表示正弦量的复数称为相量。复数的模即为正弦量的幅值或有效值，复数的辐角即为正弦量的初相位。模等于最大值的相量称为最大值相量，模等于有效值的相量称为有效值相量。由于相量就是复数，因而相量与复数一样具有四种表示形式。由于相量是用来表示正弦量的复数，只能表示电压、电流和电动势，所以为了与一般的复数相区别，在相量的字母顶部打上"·"，例如表示正弦电压 $u(t)=U_m\cos(\omega t+\theta_u)$ 的相量为

$$\dot U_m=U_{am}+jU_{bm}=U_m(\cos\theta+j\sin\theta)=U_m e^{j\theta}=U_m\angle\theta_u$$

或

$$\dot U=U_a+jU_b=U(\cos\theta+j\sin\theta)=Ue^{j\theta}=U\angle\theta_u$$

其中，$\dot U_m$ 称为电压的最大值相量，$\dot U$ 称为电压的有效值相量。最大值相量与有效值相量之间的关系为

$$\dot U_m=\sqrt2\dot U$$

同频率的若干相量可画在同一个复平面上构成相量图。在相量图上能清晰地看出各正弦量的大小和相位关系。

需注意以下几点：

（1）相量与正弦量之间仅仅是对应关系，而不能说相量就等于正弦量，相量中只包含了正弦量的两个因素——有效值（或幅值）和初相。它们的对应关系为

$$i(t)=\sqrt{2}\,I\cos(\omega t+\theta_i)\quad\leftrightarrow\quad \dot{I}=I\angle\theta_i$$

可见，这种对应关系实质是一种"变换"，正弦量的瞬时形式可变换为与时间无关的相量；相量（再加上已知电源的频率）可变换为正弦量的瞬时值形式。通常将正弦量的瞬时形式称为正弦量的时域表示，将相量形式称为正弦量的频域表示。这种"变换"只是为了方便分析和计算电路。所以相量只是在计算的中间过程中出现，而我们真正研究的对象仍是正统统信号。

（2）只有正弦量才能用相量表示，非正弦量不能用相量表示。

（3）只有同频率的正弦量才能进行相量运算，才能画在同一个相量图上进行比较，否则无意义。如 $i_1(t)=10\sqrt{2}\cos(100\pi t+30°)$ A，$i_2(t)=10\sqrt{2}\cos(200\pi t+30°)$ A，它们的有效值相量都为 $\dot{I}=10\angle30°$ A，但它们是两个不同频率的正弦电流。

【例 5.2.5】 写出下列正弦量的有效值相量形式，要求用代数形式表示，并画相量图。

（1）$u_1(t)=10\sqrt{2}\cos\omega t$ V；

（2）$u_2(t)=10\sqrt{2}\cos(\omega t+90°)$ V；

（3）$u_3(t)=10\sqrt{2}\cos\left(\omega t-\dfrac{3}{4}\pi\right)$ V。

解 因为正弦量形式可以直接看出有效值和初相位，所以写对应的相量形式时直接写出极坐标形式或指数形式最方便，然后再转化成代数形式。

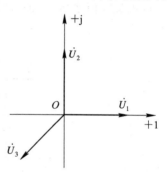

图 5.2.5　例 5.2.5 相量图

（1）$\dot{U}_1=10\angle0°=10(\cos0°+j\sin0°)=10$ V；

（2）$\dot{U}_2=10\angle90°=10(\cos90°+j\sin90°)=j10$ V；

（3）$\dot{U}_3=10\angle-135°=10[\cos(-135°)+j\sin(-135°)]$

$$=10\left[-\frac{\sqrt{2}}{2}-j\frac{\sqrt{2}}{2}\right]=(-5\sqrt{2}-j5\sqrt{2})\text{ V}。$$

相量图见图 5.2.5。

【例 5.2.6】 写出下列相量所代表的正弦量，设频率为 50 Hz，并画相量图。

（1）$\dot{I}_m=(4-j3)$ A；

（2）$\dot{U}=(-8+j6)$ V；

（3）$\dot{I}=(-12-j16)$ A。

解 只要知道正弦量的三要素，就可正确写出正弦量的表达式，一般将相量的代数形式转换成指数形式或极坐标形式，可以很方便地得出最大值和初相位。

$$\omega=2\pi f=2\times3.14\times50=314\text{ rad/s}$$

（1）$\dot{I}_m=\sqrt{4^2+3^2}\angle\arctan\left(\dfrac{-3}{4}\right)=5\angle-37°$ A

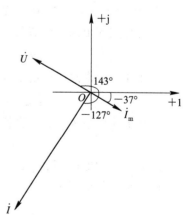

图 5.2.6　例 5.2.6 相量图

则
$$i(t)=5\cos(314t-37°) \text{ A}$$

(2) $\dot{U}=\sqrt{(-8)^2+6^2}\angle\arctan\left(\dfrac{6}{-8}\right)=10\angle143° \text{ V}$

则
$$u(t)=10\sqrt{2}\cos(314t+143°) \text{ V}$$

(3) $\dot{I}=\sqrt{(-12)^2+(-16)^2}\angle\arctan\left(\dfrac{-16}{-12}\right)=20\angle-127° \text{ A}$

则
$$i(t)=20\sqrt{2}\cos(314t-127°) \text{ A}$$

相量图见图 5.2.6。

【例 5.2.7】 电路如图 5.2.7(a)所示，已知 $i_1(t)=100\sqrt{2}\cos(\omega t+45°)$ A，$i_2(t)=60\sqrt{2}\cos(\omega t-30°)$ A。试求：(1) 总电流 i；(2) 画相量图；(3) 说明 i 的最大值是否等于 i_1 和 i_2 的最大值之和？i 的有效值是否等于 i_1 和 i_2 的有效值之和？为什么？

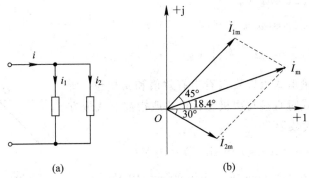

图 5.2.7　例 5.2.7 的电路图

解 此题很好地说明了将正弦量转化为相量的必要性，该题如果直接用正弦函数的时域形式计算会很困难，而将正弦量先转化为相量的形式再计算就非常简单。

(1) 因为正弦电流 i_1 和 i_2 的频率相同，可用相量求解。

① 先分别求出两个电流的最大值相量，得
$$\dot{I}_{1m}=100\sqrt{2}\angle45° \text{ A}, \quad \dot{I}_{2m}=60\sqrt{2}\angle-30° \text{ A}$$

② 用相量法求总电流的最大值相量，得
$$\dot{I}_m=\dot{I}_{1m}+\dot{I}_{2m}=100\sqrt{2}\angle45°+60\sqrt{2}\angle-30°=182.7\angle18.4° \text{ A}$$

③ 将电流的最大值相量变换成电流的瞬时值表达式，即
$$i(t)=182.7\cos(\omega t+18.4°) \text{ A}$$

也可用有效值相量进行计算，方法如下：

① 先求有效值相量，得
$$\dot{I}_1=100\angle45° \text{ A}, \quad \dot{I}_2=60\angle-30° \text{ A}$$

② 用相量法求总电流的有效值相量，得

$$\dot{I} = \dot{I}_1 + \dot{I}_2 = 100\angle 45° + 60\angle -30° = 129\angle 18.4° \text{ A}$$

③ 将总电流的有效值相量变换成电流的瞬时值表达式，即

$$i(t) = 129\sqrt{2}\cos(\omega t + 18.4°) = 182.7\cos(\omega t + 18.4°) \text{ A}$$

（2）相量图如图 5.2.7（b）所示。

（3）很显然，i 的最大值不等于 i_1 和 i_2 的最大值之和，i 的有效值也不等于 i_1 和 i_2 的有效值之和。因为它们的初相位不同，即起始位置不同，到达最大值的时刻也不相同，任意时刻两个电流都存在一个相位差，所以不能将它们的最大值或有效值简单相加来计算。

5.3　电路定律的相量形式

前三章我们所学的一些电路分析方法，如等效变换法、叠加定理、戴维宁定理、网孔分析法、结点电压法等等，无论哪种方法分析电路，都离不开两个约束关系，即元件自身的伏安关系（VCR）和基尔霍夫定律，它是电路分析的两个基本依据，在正弦交流电路中仍然要用这两个基本依据来分析电路。下面我们来研究在交流电路中和直流电路中这两种约束关系在形式上有什么不同。

5.3.1　基尔霍夫定律的相量形式

在线性时不变的单一频率 ω 的正弦稳态电路中，各处的电压、电流都为同一频率的正弦量。

1. KCL 的相量形式

由 KCL 可知，在任一时刻，连接在电路任一结点（或闭合曲面）的各支路电流的代数和为零，即 $\sum i = 0$。若电流全部都是同频率的正弦量时，则 $\sum i = 0$ 可变换为相量形式：

$$\sum \dot{I} = 0$$

即任一结点上同频率的正弦电流的对应相量的代数和为零。

2. KVL 的相量形式

由 KVL 可知，在任一时刻，对任一回路各支路电压的代数和为零，即 $\sum u = 0$。若电压全部都是同频率的正弦量时，则 $\sum u = 0$ 可变换为相量形式：

$$\sum \dot{U} = 0$$

即任一回路上同频率的正弦电压的对应相量的代数和为零。

注意：基尔霍夫定律表达式是指相量形式的电压或电流的代数和恒等于零，因为每一个元件上的电压或电流都存在相位差，从相量图上看都不是一个方向的，所以不能说是电压或电流的有效值或幅值的代数和恒等于零。即 $\sum I \neq 0$，$\sum U \neq 0$。

5.3.2　基本元件伏安关系的相量形式

在第 4 章中，我们已经讨论了在关联参考方向下，线性时不变的线性电阻、电感和电

容元件的 VCR 分别为

$$u = iR, \quad u = L\frac{\mathrm{d}i}{\mathrm{d}t}, \quad i = C\frac{\mathrm{d}u}{\mathrm{d}t}$$

在正弦稳态电路中，这些元件的电压和电流也都是同频率的正弦波，为了使用相量进行分析，下面我们分别推导这三种基本元件 VCR 的相量形式。

1. 纯电阻电路

1）电压和电流的关系

图 5.3.1(a)所示是一个线性电阻元件的交流电路，电压和电流为关联参考方向。假设电流为 $i(t) = \sqrt{2}\,I\cos(\omega t + \theta_i)$，根据欧姆定律，电压与电流的时域关系为

$$u(t) = Ri(t) = \sqrt{2}\,RI\cos(\omega t + \theta_i)$$

不难看出电阻上的电压、电流有如下关系：

(1) u 和 i 是同频率的正弦量；

(2) u 和 i 相位相同，即 $\theta_u = \theta_i$；

(3) u 和 i 的最大值和有效值之间的关系分别为

$$\begin{cases} U_\mathrm{m} = RI_\mathrm{m} \\ U = RI \end{cases} \tag{5.3.1}$$

(4) u 和 i 的最大值相量和有效值相量之间的关系分别为

$$\begin{cases} \dot{U}_\mathrm{m} = R\dot{I}_\mathrm{m} \\ \dot{U} = R\dot{I} \end{cases} \tag{5.3.2}$$

可见，在纯电阻电路中，各种形式均符合欧姆定律。u 和 i 的波形图和相量图分别如图 5.3.1(b)、(c)所示。

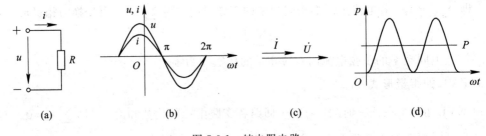

(a)　　　　　　　　(b)　　　　　　　　(c)　　　　　　　　(d)

图 5.3.1　纯电阻电路

2）功率

(1) 瞬时功率 p。

在任意瞬间，电压瞬时值 u 与电流瞬时值 i 的乘积，称为瞬时功率。用小写字母 p 表示，则

$$p = ui = \sqrt{2}\,U\cos(\omega t + \theta_i)\sqrt{2}\,I\cos(\omega t + \theta_i) = 2UI\cos^2(\omega t + \theta_i)$$
$$= UI[1 - \cos 2(\omega t + \theta_i)] = UI - UI\cos 2(\omega t + \theta_i)$$

由上式可见，p 是由两部分组成的，第一部分是常数 UI；第二部分是幅值为 UI，角频率为 2ω 的正弦量。p 随时间变化的波形如图 5.3.1(d)所示。

由 p 的波形图可知 $p \geqslant 0$，这是因为交流电路中电阻元件的 u 和 i 同相位，即同正同负，所以 p 总为正值。p 为正值，表示外电路从电源吸收能量。在这里就是电阻元件从电源吸收电能转换为热能，说明电阻是一个耗能元件。

（2）平均功率 P。

一个周期内电路消耗电能的平均速度，即瞬时功率一个周期内的平均值，称为平均功率，也叫有功功率，用大写字母 P 表示，则

$$P = \frac{1}{T} \int_0^T p \, \mathrm{d}t = \frac{1}{T} \int_0^T \left[UI - UI \cos 2(\omega t + \theta_i) \right] \mathrm{d}t$$

$$= UI = I^2 R = \frac{U^2}{R}$$

其单位为瓦（W），波形图如图 5.3.1(d) 所示。P 是一个常数，与直流电路中讲的功率意义一样，表示元件消耗的功率大小。

【例 5.3.1】　已知通过 $R = 10\ \Omega$ 的电阻的电流 $i = 2\cos(t + 30°)$ A，求电阻两端的电压 u，并画相量图。

解　由电压和电流关系得

$$\dot{U}_{\mathrm{m}} = R \, \dot{I}_{\mathrm{m}} = 10 \times 2 \angle 30° = 20 \angle 30° \text{ V}$$

则 $u = 20\cos(t + 30°)$ V。相量图如图 5.3.2 所示。

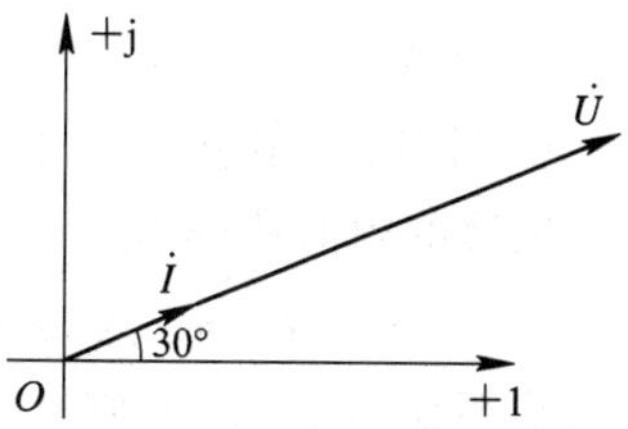

图 5.3.2　例 5.3.1 的相量图

2. 纯电感电路

1）电压和电流的关系

图 5.3.3(a) 所示是一个线性电感元件的交流电路，电压和电流为关联参考方向。为了分析方便，假如已知电感的电流 $i(t) = \sqrt{2} I \cos(\omega t + \theta_i)$，根据电感的电压与电流的时域关系有

$$u = L \frac{\mathrm{d}i}{\mathrm{d}t} = L \frac{\mathrm{d}[\sqrt{2} I \cos(\omega t + \theta_i)]}{\mathrm{d}t}$$

$$= -\sqrt{2} \omega L I \sin(\omega t + \theta_i)$$

$$= \sqrt{2} \omega L I \cos(\omega t + \theta_i + 90°)$$

不难看出电感上的电压、电流有如下关系：

（1）u 和 i 是同频率的正弦量；

（2）u 在相位上超前 i 90°，即 $\theta_u = \theta_i + 90°$；

（3）u 和 i 的最大值和有效值之间的关系分别为

$$\begin{cases} U_{\mathrm{m}} = \omega L I_{\mathrm{m}} = X_L I_{\mathrm{m}} \\ U = \omega L I = X_L I \end{cases} \tag{5.3.3}$$

式中，$X_L = \omega L = 2\pi f L$，$C_L$ 称为感抗，单位为 Ω。电压一定时，X_L 越大，则电流越小，所以 X_L 是表示电感对电流阻碍作用大小的物理量。X_L 的大小与 L 和 f 成正比，L 越大，f 越高，X_L 就越大。在直流电路中，由于 $f = 0$，$X_L = 0$，所以电感可视为短路，故电感对直流相当于短路。

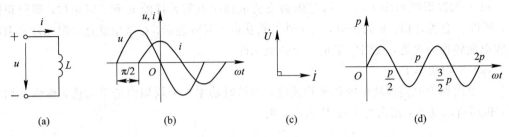

图 5.3.3　纯电感电路

（4）u 和 i 的最大值相量和有效值相量之间的关系分别为

$$\begin{cases} \dot{U}_{\mathrm{m}} = \mathrm{j}X_L \dot{I}_{\mathrm{m}} \\ \dot{U} = \mathrm{j}X_L \dot{I} \end{cases} \qquad (5.3.4)$$

μ 和 i 的波形图和相量图如图 5.3.3(b)、(c)所示。

2）功率

（1）瞬时功率 p。

电感的瞬时功率为

$$p = ui = -\sqrt{2}\,\omega L I \sin(\omega t + \theta_i)\sqrt{2}\,I \cos(\omega t + \theta_i) = -UI \sin 2(\omega t + \theta_i) \qquad (5.3.5)$$

其波形图如图 5.3.3(d)所示。由图可知，瞬时功率 p 有正有负，$p>0$ 时，$|i|$ 在增加，这时电感中储存的磁场能量在增加，电感从电源吸收电能并转换成了磁场能量；$p<0$ 时，$|i|$ 在减小，这时电感中储存的磁场能量转换成电能送回电源。电感的瞬时功率的这一特点说明了以下两点：

① 电感不消耗电能，它是一种储能元件；

② 电感与电源之间有能量的互换。

（2）平均功率 P。

电感的平均功率为

$$P = \frac{1}{T}\int_0^T p\,\mathrm{d}t = \frac{1}{T}\int_0^T -UI \sin 2(\omega t + \theta_i)\,\mathrm{d}t = 0 \qquad (5.3.6)$$

因为平均功率表示元件消耗的功率，所以从电感的平均功率（有功功率）为零这一特点也可看出电感是一储能元件而不是耗能元件。

（3）无功功率 Q。

电感和电源之间有能量的互换，这个互换功率的大小通常用瞬时功率的最大值来衡量。由于这部分功率并没有被消耗掉，因此也称为无功功率，用 Q 表示，为了区别于有功功率，Q 的单位用乏（var）表示。根据定义，电感的无功功率为

$$Q = UI = I^2 X_L = \frac{U^2}{X_L} \qquad (5.3.7)$$

【例 5.3.2】　已知电感元件两端的电压 $u = 6\cos(10t + 30°)$ V，$L = 0.2$ H，求通过电感的电流 i，并画相量图。

解　　　　　　　　　　　　$\dot{U} = \dfrac{6}{\sqrt{2}} \angle 30°$ V

$$X_L = \omega L = 10 \times 0.2 = 2 \ \Omega$$

得

$$\dot{I} = \frac{\dot{U}}{\mathrm{j}X_L} = \frac{\frac{6}{\sqrt{2}}\angle 30°}{2\angle 90°} = \frac{3}{\sqrt{2}}\angle -60° \ \mathrm{A}$$

$$i = 3\cos(10t - 60°) \ \mathrm{A}$$

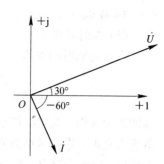

图 5.3.4　例 5.3.2 的相量图

3. 纯电容电路

1) 电压和电流的关系

图 5.3.5(a)所示是一个线性电容元件的交流电路，电压和电流为关联参考方向。为了分析方便，假如已知电容的电压 $u = \sqrt{2}U\cos(\omega t + \theta_u)$，则

$$i = C\frac{\mathrm{d}u}{\mathrm{d}t} = C\frac{\mathrm{d}[\sqrt{2}U\cos(\omega t + \theta_u)]}{\mathrm{d}t} = -\sqrt{2}\,\omega CU\sin(\omega t + \theta_u)$$

$$= \sqrt{2}\,\omega CU\cos(\omega t + \theta_u + 90°)$$

不难看出电容上的电压、电流有如下关系：

（1）u 和 i 是同频率的正弦量；

（2）u 在相位上滞后 i 90°，即 $\theta_u = \theta_i - 90°$；

（3）u 和 i 的最大值和有效值之间的关系分别为

$$\begin{cases} U_\mathrm{m} = \dfrac{1}{\omega C}I_\mathrm{m} = X_C I_\mathrm{m} \\ U = \dfrac{1}{\omega C}I = X_C I \end{cases} \tag{5.3.8}$$

式中，$X_C = \dfrac{1}{\omega C} = \dfrac{1}{2\pi f C}x$，$X_C$ 称为容抗，单位为 Ω。电压一定时，X_C 越大，则电流越小，所以 X_C 是表示电容对电流阻碍作用大小的物理量。X_C 的大小与 C 和 f 成反比，C 越大，f 越高，X_C 就越小。在直流电路中，由于 $f = 0$，$X_C \to \infty$，因此电容可视为开路，即电容隔断直流。

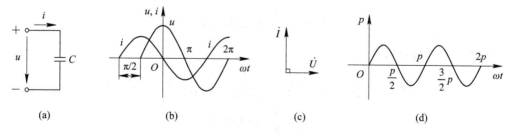

图 5.3.5　纯电容电路

（4）u 和 i 的最大值相量和有效值相量之间的关系分别为

$$\begin{cases} \dot{U}_\mathrm{m} = -\mathrm{j}X_C\dot{I}_\mathrm{m} \\ \dot{U} = -\mathrm{j}X_C\dot{I} \end{cases} \tag{5.3.9}$$

u 和 i 的波形图和相量图分别如图 5.3.5(b)、(c)所示。

2) 功率

(1) 瞬时功率 p。

电容的瞬时功率为

$$p = ui = -\sqrt{2}U\cos(\omega t + \theta_u)\sqrt{2}\omega CU\sin(\omega t + \theta_u)$$
$$= -UI\sin2(\omega t + \theta_u) \tag{5.3.10}$$

其波形图如图 5.3.5(d)所示。由图可知，瞬时功率 p 有正有负，$p>0$ 时，$|u|$ 在增加，这时电容在充电，电容从电源吸收电能并转换成了电场能量；$p<0$ 时，$|u|$ 在减小，这时电容在放电，电容中储存的电场能量又转换成电能送回电源。电容的瞬时功率的这一特点说明了以下两点：

① 电容不消耗电能，它是一种储能元件；

② 电容与电源之间有能量的互换。

(2) 平均功率 P。

电容的平均功率为

$$P = \frac{1}{T}\int_0^T p\,\mathrm{d}t = \frac{1}{T}\int_0^T -UI\sin2(\omega t + \theta_u)\,\mathrm{d}t = 0 \tag{5.3.11}$$

从平均功率(有功功率)为零这一特点也可得出电容是一储能元件而非耗能元件。

(3) 无功功率 Q。

为了区别于电感元件无功功率，电容的无功功率一般定义为瞬时功率负的最大值，所以电容的无功功率都为负，这是由于电容的电压总滞后其电流。电容的无功功率为

$$Q = -UI = -I^2X_C = -\frac{U^2}{X_C} \tag{5.3.12}$$

【例 5.3.3】 把一个 25 μF 的电容元件接到频率为 50 Hz，电压有效值为 10 V 的正弦电源上，问电流是多少？如果保持电压值不变，而电源频率改为 5000 Hz，这时电流将为多少？

解 当 $f=50$ Hz 时，有

$$X_C = \frac{1}{2\pi fC} = \frac{1}{2\times3.14\times50\times25\times10^{-6}} = 127.4\ \Omega$$

$$I = \frac{U}{X_C} = 78.5\ \text{mA}$$

当 $f=5000$ Hz 时，有

$$X_C = \frac{1}{2\pi fC} = \frac{1}{2\times3.14\times5000\times25\times10^{-6}} = 1.274\ \Omega$$

$$I = \frac{U}{X_C} = 7.85\ \text{A}$$

上例说明电容对高频率电流的阻力很小，即电容容易使电流的高频分量通过，利用这一特性可用电容实现滤波功能。

【例 5.3.4】 如图 5.3.6 所示电路中，已知 $u(t)=120\cos(1000t+90°)$ V，$R=15\ \Omega$，$L=30$ mH，$C=83.3\ \mu$F，求 $i(t)$。

解 电压最大值相量为

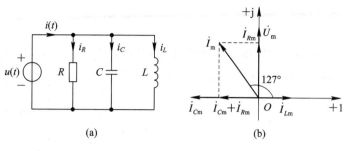

图 5.3.6　例 5.3.4 图

$$\dot{U}_m = 120\angle 90° \text{ V}$$

感抗为

$$X_L = \omega L = 1000 \times 30 \times 10^{-3} = 30 \ \Omega$$

容抗为

$$X_C = \frac{1}{\omega C} = \frac{1}{1000 \times 83.3 \times 10^{-6}} = 12 \ \Omega$$

电阻上的电流为

$$\dot{I}_{Rm} = \frac{\dot{U}_m}{R} = \frac{120\angle 90°}{15} = 8\angle 90° = j8 \text{ A}$$

电感上的电流为

$$\dot{I}_{Lm} = \frac{\dot{U}_m}{jX_L} = \frac{120\angle 90°}{30\angle 90°} = 4 \text{ A}$$

电容上的电流为

$$\dot{I}_{Cm} = \frac{\dot{U}_m}{-jX_C} = \frac{120\angle 90°}{12\angle -90°} = 10\angle 180° = -10 \text{ A}$$

由 KCL 得总电流为

$$\dot{I}_m = \dot{I}_{Rm} + \dot{I}_{Lm} + \dot{I}_{Cm} = j8 + 4 - 10 = -6 + j8 = 10\angle 127° \text{ A}$$

所以电流瞬时值为

$$i(t) = 10\cos(1000t + 127°) \text{ A}$$

　　由例 5.3.4 可以看出，交流电路分析比直流电路分析时要多考虑一个因素，即相位差，所以我们可以也把直流电路看成是频率 $f=0$ 时各电压电流之间不存在相位差的特殊交流电路看待。

5.4　阻抗和导纳

　　在直流电路中，任意一个无源线性二端网络，其端口上的电压与电流成正比关系，该网络通常可等效为一个电阻。在正弦稳态电路中，任意一个无源线性二端网络的相量模型，其端口上的电压相量与电流相量也成正比关系，通过引入阻抗与导纳的概念，可对其进行等效简化。

5.4.1　阻抗

图 5.4.1 所示为无源二端网络的相量模型，设其端口电压相量为 $\dot{U}$，电流相量为 $\dot{I}$，电压与电流对二端网络来说为关联参考方向，则阻抗 Z 定义为

$$Z = \frac{\dot{U}}{\dot{I}} \qquad (5.4.1a)$$

或

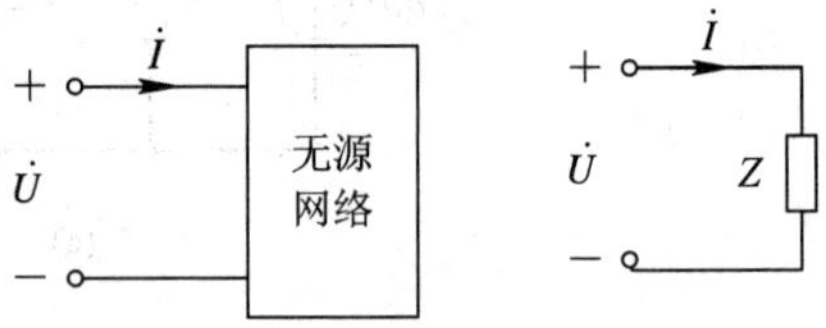

图 5.4.1　无源二端网络的相量模型

$$Z = \frac{\dot{U}_{\mathrm{m}}}{\dot{I}_{\mathrm{m}}} \qquad (5.4.1b)$$

由（5.4.1）式可以看出，阻抗的单位为 Ω（欧姆），它也为复数。将 $\dot{U} = U\angle\theta_u$，$\dot{I} = I\angle\theta_i$ 代入（5.4.1a）式，得

$$Z = \frac{\dot{U}}{\dot{I}} = \frac{U\angle\theta_u}{I\angle\theta_i} = \frac{U}{I}\angle(\theta_u - \theta_i) = |Z|\angle\varphi_Z \qquad (5.4.2)$$

式中

$$|Z| = \frac{U}{I} \qquad (5.4.3)$$

$$\varphi_Z = \theta_u - \theta_i \qquad (5.4.4)$$

$|Z|$ 称为阻抗模，单位为 Ω；φ_Z 称为阻抗角。

式（5.4.2）是阻抗的极坐标形式，将该式化为代数形式，有

$$Z = |Z|\angle\varphi_Z = |Z|\cos\varphi_Z + \mathrm{j}|Z|\sin\varphi_Z = R + \mathrm{j}X \qquad (5.4.5)$$

式中

$$R = |Z|\cos\varphi_Z \qquad (5.4.6)$$

$$X = |Z|\sin\varphi_Z \qquad (5.4.7)$$

R 称为阻抗的电阻部分，X 称为阻抗的电抗部分，单位均是 Ω。

由式（5.4.5）可得

$$|Z| = \sqrt{R^2 + X^2} \qquad (5.4.8)$$

$$\varphi_Z = \arctan\frac{X}{R} \qquad (5.4.9)$$

式（5.4.3）和式（5.4.8）都是阻抗模的公式，前者为定义式，后者为参数公式，分别在不同的场合应用。同理阻抗角的公式也有两个，见式（5.4.4）和式（5.4.9）。

阻抗为一复数，但它不是相量，因此字母 Z 顶上不加"·"。

很显然，$|Z|$、R 和 X 可借助一个直角三角形的三条边来描述它们之间的关系，R 是 Z 的实部，X 是 Z 的虚部，这个三角形称为"阻抗三角形"，如图 5.4.2 所示。

根据式（5.4.5）可知，阻抗可以用一个电阻和一个电抗元件的串联电路来等效，如图 5.4.3（a）所示。根据串联的电抗元件的性质

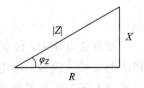

图 5.4.2　阻抗三角形

不同，电路呈现出不同的性质。当 $X>0$ 时，$\varphi_Z>0$，端口电压超前电流，电路可等效为电阻元件与电感元件的串联，电路呈电感性，如图 5.4.3(b)所示；当 $X<0$ 时，$\varphi_Z<0$，端口电压滞后电流，电路可等效为电阻元件与电容元件的串联，电路呈电容性，如图 5.4.3(c)所示；当 $X=0$ 时，$\varphi_Z=0$，端口电压与电流同相位，电路可等效为一个电阻元件，电路呈电阻性，如图 5.4.3(d)所示。

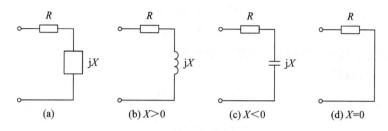

$$(a) \qquad (b)\,X>0 \qquad (c)\,X<0 \qquad (d)\,X=0$$

图 5.4.3　阻抗的等效电路

如果无源二端网络 N_0 分别为单个元件 R、L、C，设它们相应的阻抗分别为 Z_R、Z_L、Z_C，由这些元件的相量关系式，即(5.3.2)式、(5.3.4)式和(5.3.9)式，以及阻抗定义式，容易求得

$$Z_R = R \tag{5.4.10}$$

$$Z_L = j\omega L = jX_L \tag{5.4.11}$$

$$Z_C = -j\frac{1}{\omega C} = -jX_C \tag{5.4.12}$$

由此可见，纯电阻网络的阻抗只有实部没有虚部，而纯电感，或电容网络的阻抗只有虚部没有实部。

5.4.2　导纳

在图 5.4.1 所示的无源二端网络相量模型中，导纳 Y 定义为

$$Y = \frac{\dot{I}}{\dot{U}} \tag{5.4.13a}$$

或

$$Y = \frac{\dot{I}_m}{\dot{U}_m} \tag{5.4.13b}$$

由定义式不难看出，阻抗与导纳互为倒数关系，即

$$Y = \frac{1}{Z}$$

将 $\dot{U} = U\angle\theta_u$，$\dot{I} = I\angle\theta_i$ 代入(5.4.13a)式，得

$$Y = \frac{\dot{I}}{\dot{U}} = \frac{I\angle\theta_i}{U\angle\theta_u} = \frac{I}{U}\angle(\theta_i - \theta_u) = |Y|\angle\varphi_Y \tag{5.4.14}$$

式中

$$|Y| = \frac{I}{U} \tag{5.4.15}$$

$$\varphi_Y = \theta_i - \theta_u \tag{5.4.16}$$

$|Y|$ 称为导纳模,单位为西门子(S);φ_Y 称为导纳角。

式(5.4.14)是导纳的极坐标形式,将该式化为代数形式,有

$$Y = |Y| \angle \varphi_Y = |Y| \cos \varphi_Y + j |Y| \sin \varphi_Y = G + jB \tag{5.4.17}$$

式中

$$G = |Y| \cos \varphi_Y \tag{5.4.18}$$

$$B = |Y| \sin \varphi_Y \tag{5.4.19}$$

G 称为导纳的电导部分,B 称为导纳的电纳部分。

由式(5.4.17)可得

$$|Y| = \sqrt{G^2 + B^2} \tag{5.4.20}$$

$$\varphi_Y = \arctan \frac{B}{G} \tag{5.4.21}$$

式(5.4.15)和式(5.4.20)都是导纳模的公式,前者为定义式,后者为参数公式,分别在不同的场合应用。同理导纳角的公式也有两个,见式(5.4.16)和式(5.4.21)。

导纳与阻抗一样,虽然它是复数,但不是相量,因此字母 Y 顶上不加"·"。

导纳也可借助一个直角三角形来描述,该三角形称为导纳三角形,如图 5.4.4 所示。

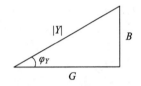

图 5.4.4　导纳三角形

根据式(5.4.17)可知,导纳可以用一个电导和一个电纳元件的并联电路来等效,如图 5.4.5(a)所示。根据并联的电纳元件的性质不同,电路呈现出不同的性质。当 $B > 0$ 时,$\varphi_Y > 0$,端口电压滞后电流,电路可等效为电导元件与电容元件的并联,电路呈电容性,如图 5.4.5(b)所示;当 $B < 0$ 时,$\varphi_Y < 0$,端口电压超前电流,电路可等效为电导元件与电感元件的并联,电路呈电感性,如图 5.4.5(c)所示;当 $B = 0$ 时,$\varphi_Y = 0$,端口电压与电流同相,电路可等效为一个电导元件,电路呈电导性,如图 5.4.5(d)所示。

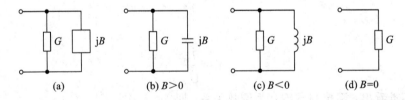

(a)　　　　　(b) $B > 0$　　　　　(c) $B < 0$　　　　　(d) $B = 0$

图 5.4.5　导纳的等效电路

如果无源二端网络分别为单个元件 R、L、C,设它们相应的导纳分别为 Y_R、Y_L、Y_C,由阻抗与导纳互为倒数的关系及式(5.4.10)、式(5.4.11)和式(5.4.12),容易求得

$$Y_R = \frac{1}{R} = G \tag{5.4.22}$$

$$Y_L = \frac{1}{j\omega L} = -j \frac{1}{\omega L} = -jB_L \tag{5.4.23}$$

$$Y_C = j\omega C = jB_C \tag{5.4.24}$$

式中，B_L 称为感纳，$B_L = \dfrac{1}{\omega L} = \dfrac{1}{X_L}$；$B_C$ 称为容纳，$B_C = \omega C - \dfrac{1}{X_C}$。感纳和容纳的单位均为西门子(S)。

5.4.3　阻抗串联模型与导纳并联模型的等效互换

由阻抗和导纳的定义可知，对同一电路，阻抗与导纳互为倒数，阻抗模与导纳模也互为倒数，阻抗角与导纳角互为相反数，即

$$Y = \frac{1}{Z}, \quad |Y| = \frac{1}{|Z|}, \quad \varphi_Y = -\varphi_Z$$

而电阻、电抗与电导、电纳之间的关系如下：

$$Y = \frac{1}{Z} = \frac{1}{R + jX} = \frac{R - jX}{(R + jX)(R - jX)} = \frac{R - jX}{R^2 + X^2} = \frac{R}{R^2 + X^2} + j\frac{-X}{R^2 + X^2} = G + jB$$

可见

$$G = \frac{R}{R^2 + X^2}, \quad B = -\frac{X}{R^2 + X^2} \tag{5.4.25}$$

同样地

$$Z = \frac{1}{Y} = \frac{1}{G + jB} = \frac{G - jB}{(G + jB)(G - jB)} = \frac{G - jB}{G^2 + B^2} = \frac{G}{G^2 + B^2} + j\frac{-B}{G^2 + B^2} = R + jX$$

可见

$$R = \frac{G}{G^2 + B^2}, \quad X = \frac{-B}{G^2 + B^2} \tag{5.4.26}$$

由此可见，一般情况下 $R \neq \dfrac{1}{G}$，$X \neq \dfrac{1}{B}$。

由式(5.4.25)可从已知阻抗中的电阻和电抗分别求得电导和电纳，得到与阻抗串联模型等效的导纳并联模型的最简形式，如图 5.4.6 所示。反之，由式(5.4.26)可从已知导纳中的电导和电纳分别求得电阻和电抗，得到与导纳并联模型等效的阻抗串联模型的最简形式。

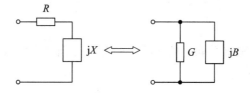

图 5.4.6　阻抗串联模型等效互换为导纳并联模型

【例 5.4.1】　RL 串联电路如图 5.4.7(a)所示。已知 $R = 80$ Ω，$L = 0.06$ mH，$\omega = 10^6$ rad/s，将其等效为图(c)所示的并联电路，并求出 R' 和 L' 的大小。

解　原电路的等效并联电路如图 5.4.7(b)所示，依原电路，有

$$X_L = \omega L = 10^6 \times 0.06 \times 10^{-3} = 60 \text{ Ω}$$
$$Z = R + jX_L = 80 + j60 = 100\angle 37° \text{ Ω}$$

故有

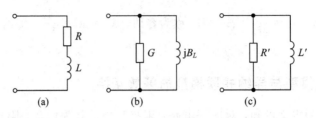

图 5.4.7　例 5.4.1 图

$$Y = \frac{1}{Z} = \frac{1}{100\angle 37°} = 0.01\angle -37° = (0.008 - j0.006) \text{ S}$$

对于图 5.4.7(b)所示电路,有 $Y' = G - jB_L$,等效时应有 $Y = Y'$ 的关系,故

$$G = 0.008 \text{ S}, \quad B_L = 0.006 \text{ S}$$

则

$$R' = \frac{1}{G} = 125 \text{ Ω}, \quad L' = \frac{1}{\omega B_L} = 0.167 \text{ mH}$$

5.5　正弦稳态电路相量法分析

5.5.1　串联、并联、混联电路的分析

在分析直流电阻电路中我们介绍过等效分析法,如串、并联电路等效,电源模型的等效,戴维宁定理和诺顿定理等,这些等效分析法在正弦稳态电路中仍可使用。

1. 阻抗串联

图 5.5.1 所示是两个阻抗串联,根据图中的参考方向,可列出电压方程为

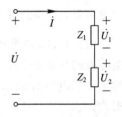

$$\dot{U} = \dot{U}_1 + \dot{U}_2 = Z_1\dot{I} + Z_2\dot{I} = (Z_1 + Z_2)\dot{I} = Z\dot{I}$$

等效阻抗为

$$Z = Z_1 + Z_2$$

图 5.5.1　两个阻抗串联

2. 阻抗并联

图 5.5.2 所示为两个阻抗并联,根据图中的参考方向,可列出电流方程为

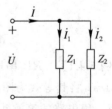

$$\dot{I} = \dot{I}_1 + \dot{I}_2 = \frac{\dot{U}}{Z_1} + \frac{\dot{U}}{Z_2} = \dot{U}\left(\frac{1}{Z_1} + \frac{1}{Z_2}\right) = \frac{\dot{U}}{Z}$$

等效阻抗为

$$Z = \frac{1}{\frac{1}{Z_1} + \frac{1}{Z_2}} = \frac{Z_1 Z_2}{Z_1 + Z_2}$$

图 5.5.2　两个阻抗并联

可见,阻抗的串、并联等效公式与电阻的串、并联等效公式相同,串联分压公式与并联分流公式都与电阻电路相同,这里不再赘述。

前面介绍了单个元件的相量模型，运用相量和相量模型分析正弦稳态电路的方法称为相量法。下文先以 RLC 串联电路为例介绍相量法的求解过程。

图 5.5.3(a)所示为 RLC 串联交流电路的瞬时值模型。图 5.5.3(b)所示为 RLC 串联交流电路的相量模型。电路中各元件的电流为同一电流，电流与各个电压的参考方向如图中所示。

根据 KVL，可列出电压方程及其相量形式为

$$u_R + u_L + u_C = u, \quad \dot{U} = \dot{U}_R + \dot{U}_L + \dot{U}_C$$

因为 $\dot{U}_R = R\dot{I}$，$\dot{U}_L = jX_L\dot{I}$，$\dot{U}_C = -jX_C\dot{I}$，所以

$$\dot{U} = R\dot{I} + jX_L\dot{I} - jX_C\dot{I}$$
$$= [R + j(X_L - X_C)]\dot{I}$$
$$= (R + jX)\dot{I} \tag{5.5.1}$$
$$= Z\dot{I}$$

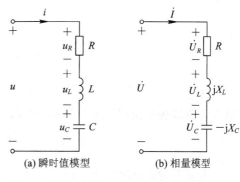

(a) 瞬时值模型　　(b) 相量模型

图 5.5.3　串联交流电路

在上一节我们分别讨论了纯电阻、纯电感和纯电容交流电路的电压和电流的关系，那么我们可以在同一个相量图上画出 RLC 串联交流电路各元件的电压和总电压之间的关系。因为是串联电路，各元件上的电流一样，所以选择电流作为参考相量比较方便，即假设电流的初相位为 0。图 5.5.4 所示为串联交流电路的电压相量图，由图可见，$\dot{U}$、$\dot{U}_R$ 及 $(\dot{U}_L + \dot{U}_C)$ 构成了一个直角三角形，称为"电压三角形"，利用这个电压三角形，可求得总电压的有效值，即

$$U = \sqrt{U_R^2 + (U_L - U_C)^2}$$
$$= \sqrt{(RI)^2 + (X_L I - X_C I)^2}$$
$$= I\sqrt{R^2 + X^2}$$

由相量图不难看出，总电压是各部分电压的相量之和而不是电压有效值之和，因此交流电路中总电压的有效值可能会小于电容或电感的电压有效值。总电压小于某部分电压，这种现象在直流电路中是不可能出现的。

由图 5.5.4 和阻抗三角形可看出，φ 角的大小是由电路（负载）的参数决定的。即 φ 角的大小由 R、L、C 的值决定。

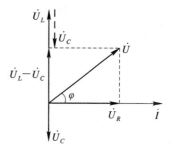

图 5.5.4　串联交流电路的电压相量图

随着电路参数的不同，电压 u 与电流 i 之间的相位差 φ 也不同，即阻抗角也随之变化。

上面讨论的串联电路中包含了三种性质不同的参数，是具有一般意义的典型电路。单一参数交流电路或者只含有某两种参数的串联交流电路都可视为 RLC 串联交流电路的特例。

【例 5.5.1】　图 5.5.5(a)所示电路中，已知 $\omega = 10^4$ rad/s，求等效总阻抗 Z_{ab}，画出电路的最简模型。

解　因为原电路图为时域图，元件的单位没有统一，无法计算，所以要先将元件的单位统一，再将时域图等效为相量模型，即

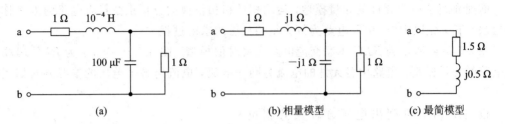

图 5.5.5　例 5.5.1 图

$$X_L = \omega L = 10^4 \times 10^{-4} = 1 \ \Omega$$

$$X_C = \frac{1}{\omega C} = \frac{1}{10^4 \times 100 \times 10^{-6}} = 1 \ \Omega$$

原电路图的相量模型如图 5.5.5(b)所示，等效总阻抗为

$$Z_{ab} = 1 + j1 + \frac{1 \times (-j1)}{1 - j1} = (1.5 + j0.5) \ \Omega$$

由虚部为正或阻抗角为正可判断出电路为感性电路，最简模型如图 5.5.5(c)所示。

【例 5.5.2】 电路模型如图 5.5.6(a)所示，已知 $R_1 = 3 \ \Omega$, $R_2 = 8 \ \Omega$, $X_L = 4 \ \Omega$, $X_C = 6 \ \Omega$,电源电压 $u = 220\sqrt{2}\cos 314t$ V，求：(1)总电流 i、i_1 和 i_2。(2)画相量图。

解　(1)求各电流。

方法一：

$$Z_1 = R_1 + jX_L = 3 + j4 = 5\angle 53° \ \Omega$$

$$Z_2 = R_2 - jX_C = 8 - j6 = 10\angle -37° \ \Omega$$

$$\dot{I}_1 = \frac{\dot{U}}{Z_1} = \frac{220\angle 0°}{5\angle 53°} = 44\angle -53° \ A$$

$$i_1 = 44\sqrt{2}\cos(314t - 53°) \ A$$

$$\dot{I}_2 = \frac{\dot{U}}{Z_2} = \frac{220\angle 0°}{10\angle -37°} = 22\angle 37° \ A$$

$$i_2 = 22\sqrt{2}\cos(314t + 37°) \ A$$

$$\dot{I} = \dot{I}_1 + \dot{I}_2 = 49.2\angle -26.5° \ A$$

$$i = 49.2\sqrt{2}\cos(314t - 26.5°) \ A$$

方法二：

$$Z = \frac{Z_1 Z_2}{Z_1 + Z_2} = 4.47\angle 26.5° \ \Omega$$

$$\dot{I} = \frac{\dot{U}}{Z} = \frac{220\angle 0°}{4.47\angle 26.5°} = 49.2\angle -26.5°$$

$$i = 49.2\sqrt{2}\cos(314t - 26.5°) \ A$$

由分流公式得

$$i_1 = \frac{Z_2}{Z_1 + Z_2} i = 44\angle -53° \ A$$

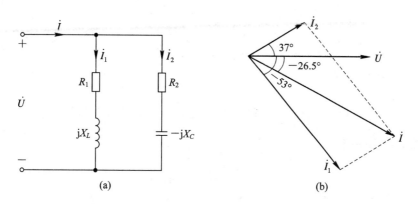

图 5.5.6　例 5.5.2 图

$$i_2 = \frac{Z_1}{Z_1 + Z_2} i = 22 \angle 37° \text{ A}$$

（2）相量图见图 5.5.6(b)所示。

5.5.2　网孔分析法、结点电压法用于正弦稳态电路的分析

　　一些较为复杂的电路，求解响应特别是求解一组变量时同样可以使用网孔分析法、回路电流法、结点电压法等方法。

　　【例 5.5.3】　图 5.5.7(a)所示电路中，已知 $R = 1$ Ω，$L = 62.5$ mH，$C = 0.25$ F，$g = 3$ S，$\omega = 4$ rad/s，求电路的输入导纳 Y。

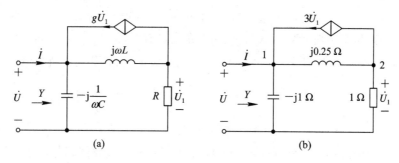

图 5.5.7　例 5.5.3 图

　　解　$X_L = \omega L = 4 \times 62.5 \times 10^{-3} = 0.25$ Ω

$$X_C = \frac{1}{\omega C} = \frac{1}{4 \times 0.25} = 1 \text{ Ω}$$

参考结点选取如图 5.5.7(b)所示，对结点 1、2 列结点电压方程：

$$\begin{cases} \dot{U}_{n1} = \dot{U} \\ -\frac{1}{j0.25} \dot{U}_{n1} + (\frac{1}{j0.25} + 1) \dot{U}_{n2} = -3\dot{U}_1 \end{cases}$$

增补方程：

$$\dot{U}_{n2} = \dot{U}_1$$

得

$$\dot{U}_1=\frac{1}{1+j}\dot{U}=(0.5-j0.5)\dot{U}$$

对参考结点列 KCL 方程：

$$\dot{I}=\frac{\dot{U}}{-j1}+\frac{\dot{U}_1}{R}=j\dot{U}+(0.5-j0.5)\dot{U}=(0.5+j0.5)\dot{U}$$

所以，电路的输入导纳为

$$Y=\frac{\dot{I}}{\dot{U}}=0.5(1+j)\text{ S}$$

【例 5.5.4】　图 5.5.8 所示电路中，$U=100$ V，$U_C=100\sqrt{3}$ V，$X_C=-100\sqrt{3}$ Ω，阻抗 Z_x 的阻抗角 $|\varphi_x|=60°$。求 Z_x 和电路的输入阻抗。

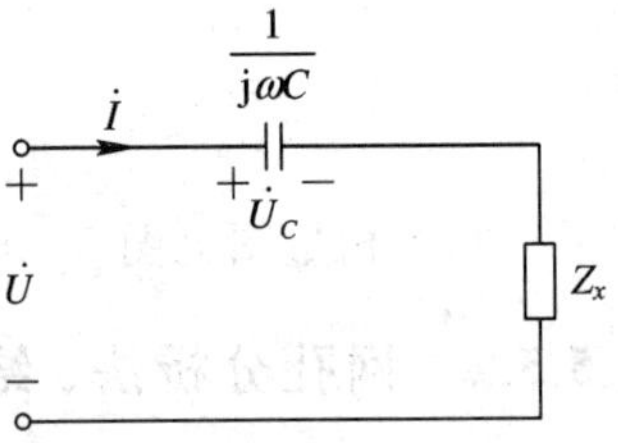

解　因为 $U<U_C$，从而可以判定 Z_x 必为感性阻抗，即 $\varphi_x>0$，并有 $I=\frac{100\sqrt{3}}{100\sqrt{3}}=1$ A。设输入阻抗 $Z_i=100\angle\varphi_Z$ Ω，$Z_C=j100\sqrt{3}$ Ω，$Z_x=|Z_x|\angle60°$ Ω，可列出如下方程：

图 5.5.8　例 5.5.4 图

$$100\angle\varphi_Z=-j100\sqrt{3}+|Z_x|\angle60°$$

方程可变换为：

$$100\angle(\varphi_Z-60°)=100\sqrt{3}\angle-150°+|Z_x|$$

上式说明每个阻抗都逆时针转了 60°，但相对角度没有变。

$$100\sqrt{3}\angle-150°+|Z_x|=100\sqrt{3}\cos(-150°)+j100\sqrt{3}\sin(-150°)+|Z_x|$$
$$=\left[100\sqrt{3}\times\left(-\frac{\sqrt{3}}{2}\right)+|Z_x|\right]-j100\sqrt{3}\times\frac{1}{2}$$
$$=(-150+|Z_x|)-j50\sqrt{3}$$

$100\angle(\varphi_Z-60°)$ 的虚部为 $100\sin(\varphi_Z-60°)$，令方程左右两边虚部相等，有

$$100\sin(\varphi_Z-60°)=-50\sqrt{3}$$
$$\sin(\varphi_Z-60°)=-\frac{\sqrt{3}}{2}$$

解得 $\varphi_Z=0°$ 或 $\varphi_Z=-60°$。

所以，输入阻抗 Z_i 和阻抗 Z_x 分别有如下两组结果：

$$Z_i=100\angle0°\text{ Ω}$$
$$Z_i=100\angle-60°\text{ Ω}$$
$$Z_x=(100\angle0°+j100\sqrt{3})\text{Ω}=200\angle60°\text{ Ω}$$
$$Z_x=(100\angle-60°+j100\sqrt{3})\text{Ω}=100\angle60°\text{ Ω}$$

思考：Z_x 在什么条件下，只有一个解？什么条件下，Z_x 无解？

【**例 5.5.5**】　求图 5.5.9 所示电路在正弦稳态下，电压源上的电流 $\dot{I}_U$ 和电流源上的电压 $\dot{U}_I$。已知 $\dot{U}_S=10\angle0°$ V，$\dot{I}_S=5\angle0°$ A，$X_{L1}=2\ \Omega$，$R_C=1\ \Omega$，$X_C=1\ \Omega$，$R_L=2\ \Omega$，$X_L=3\ \Omega$。

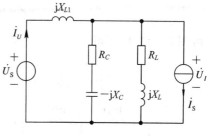

图 5.5.9　例 5.5.5 图

解　选取下结点为参考结点，对上结点可列写结点电压方程为

$$\left(\frac{1}{jX_{L1}}+\frac{1}{R_C-jX_C}+\frac{1}{R_L+jX_L}\right)\dot{U}_I=\frac{\dot{U}_S}{jX_{L1}}-\dot{I}_S$$

代入数据，有

$$\left(-j0.5+\frac{1}{1-j1}+\frac{1}{2+j3}\right)\dot{U}_I=\frac{10}{2}\angle-90°-5\angle0°$$

$$\dot{U}_I=\frac{-7.071\angle45°}{0.6934\angle-19.44°}=-10.2\angle64.44°\text{ V}$$

电压源中的电流为

$$\dot{I}_U=\frac{\dot{U}_S-\dot{U}_I}{jX_{L1}}=\frac{10°+10.2\angle64.44°}{j2}=8.544\angle-57.43°\text{ A}$$

【**例 5.5.6**】　图 5.5.10 所示电路中，已知 $\dot{U}_{S1}=100\angle0°$ V，$\dot{U}_{S2}=100\angle90°$ V，$R=5\ \Omega$，$X_C=2\ \Omega$，$X_L=5\ \Omega$，求各支路电流。

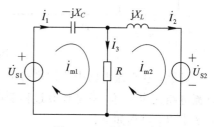

图 5.5.10　例 5.5.6 图

解　网孔电流参考方向如图所示，网孔电流方程为

$$\begin{cases}(5-j2)\dot{I}_{m1}-5\dot{I}_{m2}=100\\-5\dot{I}_{m1}+(5+j5)\dot{I}_{m2}=j100\end{cases}$$

解得

$$\dot{I}_1=\dot{I}_{m1}=27.8\angle-56.3°\text{ A}$$

$$\dot{I}_2=\dot{I}_{m2}=32.3\angle-115.3°\text{ A}$$

$$\dot{I}_3=\dot{I}_{m1}-\dot{I}_{m2}=29.8\angle11.8°\text{ A}$$

5.5.3　戴维宁定理用于正弦稳态电路的分析

【**例 5.5.7**】　电路如图 5.5.11(a)所示，求 $\dot{U}_{ab}$。

解　将 ab 间支路断开后，求含源一端口网络的戴维宁等效电路。

开路电压 $\dot{U}_{oc}$ 为

$$\dot{U}_{oc}=\frac{10\angle0°}{j10+j10}\times j10-(-j10)\times10\angle90°=5\angle0°-100\angle0°=-95\text{ V}$$

等效阻抗为

$$Z_{eq} = \frac{j10 \times j10}{j10 + j10} - j10 = -j5 \ \Omega$$

由图 5.5.11(b)可得

$$\dot{U}_{ab} = \frac{\dot{U}_{oc}}{Z_{eq} + j50} \times j50 = \frac{95\angle 180°}{5\angle -90° + 50\angle 90°} \times 50\angle 90° = -105.6 \ V$$

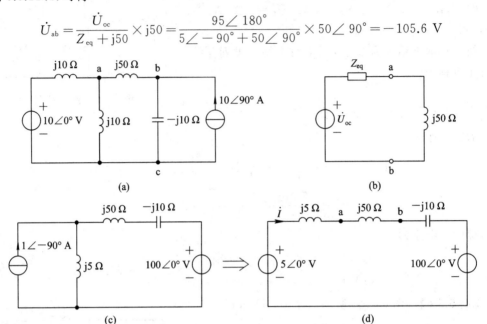

图 5.5.11　例 5.5.7 图

可见，在直流电路中我们讲过的分析方法在交流电路中仍然适用，解题步骤、思路与直流电路完全一样，只是计算过程变成了复数的运算。该题还可用电源两种模型的等效变换法求得，过程如下：

图 5.5.11(a)经过等效变换为图 5.5.11(c)，再进一步变换为最简模型，如图 5.5.11(d)所示，在图 5.5.11(d)中可求出电流

$$\dot{I} = \frac{5\angle 0° - 100\angle 0°}{j5 + j50 - j10} = \frac{19}{9}\angle 90° \ A$$

$$\dot{U}_{ab} = j50 \times \frac{19}{9}\angle 90° = 105.6\angle 180° = -105.6 \ V$$

5.5.4　相量图法

分析正弦稳态电路时还有一种辅助方法（称为相量图法）。该方法通过画电流、电压的相量图求得未知相量。它特别适用于简单的 RLC 串联、并联和混联正弦稳态电路的分析。相量图法的分析步骤是：

(1) 画出电路的相量模型。

(2) 选择参考相量，令该相量的初相为零，通常，对于串联电路，选择其电流相量作为参考相量，对于并联电路，选择其电压相量作为参考相量；因为在电流相同的情况下比较电压或在电压相同的情况下比较电流更方便。

(3) 从参考相量出发，利用元件及有关电流与电压间的相量关系，定性画出相量图。

（4）利用相量图表示的几何关系，求得所需的电压、电流相量。

相量图法最好用于相量图有特殊角度或特殊四边形的电路。

【例 5.5.8】　电路如图 5.5.12(a)所示，已知 $R = 5\ \text{k}\Omega$，交流电源频率 $f = 100\ \text{Hz}$。若 u_{SC} 与 u_{SR} 的相位差为 30°，则电容 C 应为多少？判断 u_{SC} 与 u_{SR} 的相位关系（超前还是滞后）。

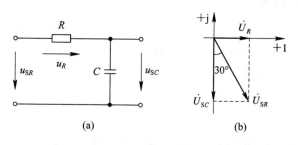

图 5.5.12　例 5.5.8 图

解　（1）由于 R、C 串联，它们具有相同的电流，因此以电流为参考相量即使设电流的初相为 0，画电路的相量图，如图 5.5.12(b)所示。

（2）由相量图可知：

$$U_{SC} = \sqrt{3}\, U_R$$

$$\frac{1}{\omega C} I = \sqrt{3}\, R I$$

$$C = 0.18\ \mu\text{F}$$

因此 u_{SC} 滞后 u_{SR} 30°

【例 5.5.9】　电路如图 5.5.13(a)所示，若电源电压 $\dot{U}$ 与电流 $\dot{I}$ 同相，且 $U = 5\ \text{V}$，$U_L = 20\ \text{V}$，问 A、B、C、D 中哪两点之间的电压最高？最高的电压为多少？

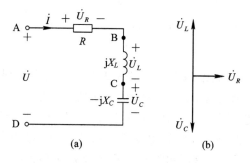

图 5.5.13　例 5.5.9 图

解　（1）画电路的相量图，如图 5.5.13(b)所示。

（2）因为 $\dot{U}$ 与 $\dot{I}$ 同相，所以 $X_L = X_C$，由相量图可知 A、C 两点之间的电压最高。

又因为 $\dot{U}$ 与 $\dot{I}$ 同相，$\dot{U}_L$ 与 $\dot{U}_C$ 大小相等，方向相反，故有 $U_R = U = 5\ \text{V}$，$U_L = U_C = 20\ \text{V}$，所以最高电压 $U_{AC} = \sqrt{U_R^2 + U_L^2} = 20.6\ \text{V}$。

5.6 正弦稳态电路的功率

5.6.1 单口网络的功率

前面分析过单一元件 R、L、C 交流电路中的功率，当电路中同时含有电阻元件和储能元件时，电路的功率既包含电阻元件消耗的功率，又包含储能元件与电源交换的无功功率。那么对于这种一般的交流电路来说，它的有功功率和无功功率与电压、电流之间有什么关系呢？

1. 瞬时功率

对于一般的交流电路，它的瞬时电压和瞬时电流的一般通式为

$$u(t) = \sqrt{2}\,U\cos(\omega t + \theta_u)$$

$$i(t) = \sqrt{2}\,I\cos(\omega t + \theta_i)$$

因为相位差 $\varphi = \theta_u - \theta_i$，所以瞬时电流可写为

$$i(t) = \sqrt{2}\,I\cos(\omega t + \theta_u - \varphi)$$

则瞬时功率为

$$
\begin{aligned}
p = ui &= \sqrt{2}\,U\cos(\omega t + \theta_u) \times \sqrt{2}\,I\cos(\omega t + \theta_u - \varphi)\\
&= 2UI\cos(\omega t + \theta_u) \times \cos(\omega t + \theta_u - \varphi)\\
&= UI[\cos(2\omega t + 2\theta_u - \varphi) + \cos\varphi]\\
&= UI\cos(2\omega t + 2\theta_u - \varphi) + UI\cos\varphi
\end{aligned}
\tag{5.6.1}
$$

2. 有功功率和无功功率

$$
\begin{aligned}
P &= \frac{1}{T}\int_0^T p\,\mathrm{d}t = \frac{1}{T}\int_0^T UI\cos(2\omega t + 2\theta_u - \varphi)\,\mathrm{d}t + \frac{1}{T}\int_0^T UI\cos\varphi\,\mathrm{d}t\\
&= UI\cos\varphi
\end{aligned}
\tag{5.6.2}
$$

式(5.6.2)就是一般的交流电路中有功功率的通式，我们是根据有功功率定义推出来的。我们还可从相量图上推出这个式子，如图 5.6.1 所示。在单一参数交流电路中，当电流与电压同相时，电路为纯电阻电路，只消耗有功功率，没有无功功率，这时电路中的电流是用来传递有功功率的；当电流与电压的相位差为 90° 时，电路为纯电感电路或纯电容电路，只有无功功率，没有有功功率，这时电路中的电流是用来传递无功功率的。在一般的交流电路中，电流与电压的相位差既不为 0°，也不为 90°，这时可将 $\dot{I}$ 分解成两个分量，其中与

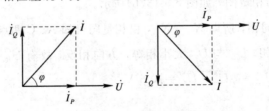

图 5.6.1　电流的有功分量和无功分量

$\dot{U}$ 同相的分量 $\dot{I}_P$ 是用来传递有功功率的，称为电流的有功分量；与 $\dot{U}$ 相位差为90°的分量 $\dot{I}_Q$ 是用来传递无功功率的，称为电流的无功分量。它们与电流 I 之间的关系为

$$I_P = I\cos\varphi$$
$$I_Q = I\sin\varphi$$

因此可以得出有功功率和无功功率的一般通式

$$\begin{cases} P = UI\cos\varphi \\ Q = UI\sin\varphi \end{cases} \tag{5.6.3}$$

3. 视在功率

电压与电流的有效值的乘积定义为视在功率，用 S 表示，单位为伏安（V·A），即

$$S = UI \tag{5.6.4}$$

在直流电路里，UI 就等于负载消耗的功率。而在交流电路中，负载消耗的功率为 $UI\cos\varphi$，所以 UI 一般不代表实际消耗的功率，除非 $\cos\varphi = 1$。工程上常用视在功率衡量电器设备在额定的电压、电流条件下最大的负荷能力，或承载能力（即对外输出有功功率的最大能力）。

有功功率、无功功率和视在功率的单位分别为 W、var、V·A，其量纲相同，目的是为了区分三种不同意义的功率。由式(5.6.2)～(5.6.4)，我们可以得出三种功率间的关系为

$$P = S\cos\varphi$$
$$Q = S\sin\varphi$$
$$S = \sqrt{P^2 + Q^2}$$

P、Q、S 三者之间符合直角三角形的关系，如图 5.6.2 所示，这个三角形称为功率三角形。不难看出，电压三角形、阻抗三角形和功率三角形是三个相似直角三角形。

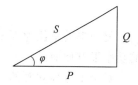

图 5.6.2　功率三角形

在接有负载的电路中，不论电路的结构如何，电路总功率与局部功率的关系如下：

(1) 总的有功功率等于各部分有功功率的算术和。因为有功功率是实际消耗的功率，所以电路中的有功功率总为正值，并且总有功功率就等于电阻元件的有功功率的算术和，即

$$P = \sum P_i = \sum R_i I_i^2 \tag{5.6.5}$$

(2) 在同一电路中，电感的无功功率为正，电容的无功功率为负。因此，电路总的无功功率等于各部分的无功功率的代数和，即

$$Q = Q_L + Q_C = |Q_L| - |Q_C| \tag{5.6.6}$$

(3) 视在功率是功率三角形的斜边，所以一般情况下总的视在功率不等于各部分视在功率的代数和，即 $S \neq \sum S_i$。 总的视在功率只能用公式进行计算。

【**例 5.6.1**】　例 5.5.2 中，求电路的 P、Q、S。

解　用三种方法求有功功率

方法一：

$$P = UI\cos\varphi = 220 \times 49.2 \times \cos26.5° = 9680 \text{ W}$$

方法二：

$$P=I_1^2R_1+I_2^2R_2=44^2\times 3+22^2\times 8=9680\ \text{W}$$

方法三：

$$\begin{aligned}P&=P_1+P_2=UI_1\cos\varphi_1+UI_2\cos\varphi_2\\&=220\times 44\times\cos 53^\circ+220\times 22\times\cos(-37^\circ)\\&=9680\ \text{W}\end{aligned}$$

$$Q=UI\sin\varphi=220\times 49.2\times\sin 26.5^\circ=4843\ \text{var}$$

$$S=UI=220\times 49.2=10824\ \text{V}\cdot\text{A}$$

4. 复功率

由前面内容可知，正弦电路的有功功率、无功功率和视在功率三者之间是一个直角三角形的关系，可以通过“复功率”来描述。

设一端口网络的端口电压相量为 $\dot{U}$，电流相量为 $\dot{I}$，复功率 $\widetilde{S}$ 定义为

$$\widetilde{S}=\dot{U}\dot{I}^*=UI\angle(\theta_u-\theta_i)=UI\cos\varphi+\text{j}\sin\varphi=P+\text{j}Q \tag{5.6.7}$$

式中，$\varphi=\theta_u-\theta_i$，$\dot{I}^*$ 是 $\dot{I}$ 的共轭复数。$\widetilde{S}$ 的实部为有功功率，$\widetilde{S}$ 的虚部为无功功率，夹角为阻抗角。复功率的吸收或输出同样根据端口电压和电流的参考方向来判断。复功率是一个辅助计算功率的复数，它将正弦稳态电路的三种功率 P、Q、S 和 $\cos\varphi$ 统一在一个公式里了，所以常称它为“四归一”公式。

由式(5.6.7)不难得到

$$|\widetilde{S}|=\sqrt{P^2+Q^2}=UI=S \tag{5.6.8}$$

复功率的单位为 V · A。显然复功率 $\widetilde{S}=\dot{U}\dot{I}^*$ 的乘积是没有意义的，只是表述一端口的功率很方便而已。

对于不含独立源的无源二端网络可以用等效阻抗 Z 或等效导纳 Y 替代，则复功率 $\widetilde{S}$ 又可表示为

$$\widetilde{S}=\dot{U}\dot{I}^*=(\dot{I}Z)\dot{I}^*=I^2Z$$

$$\widetilde{S}=\dot{U}\dot{I}^*=\dot{U}(Y\dot{U})^*=U^2Y^*$$

【例 5.6.2】 如图 5.6.3 所示，电流源 $\dot{I}_S=10\angle 0^\circ$ A。试求电路各支路的复功率 $\widetilde{S}_1$、$\widetilde{S}_2$ 和总复功率 $\widetilde{S}$。

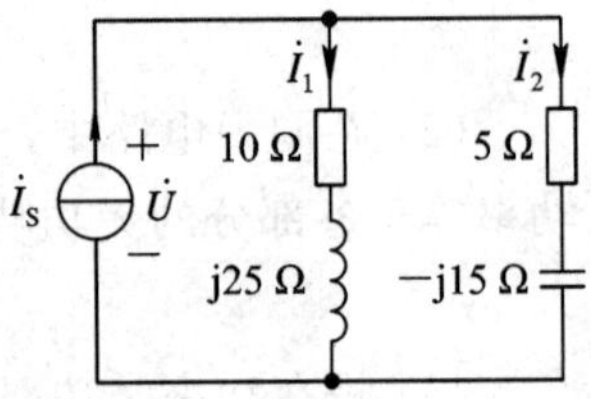

图 5.6.3　例 5.6.2 图

解　各支路的阻抗为

$$Z_1=10+\text{j}25=26.92\angle 68.2^\circ\ \Omega$$

$$Z_2=5-\text{j}15=15.81\angle -71.6^\circ\ \Omega$$

依据分流公式求各支路电流为

$$\begin{aligned}\dot{I}_1&=\frac{Z_2}{Z_1+Z_2}\times\dot{I}_S=\frac{15.81\angle -71.6^\circ\times 10\angle 0^\circ}{10+\text{j}25+5-\text{j}15}\\&=8.77\angle -105.3^\circ\ \text{A}\end{aligned}$$

$$\dot{I}_2=\frac{Z_2}{Z_1+Z_2}\times\dot{I}_S=\frac{26.92\angle 68.2^\circ\times 10\angle 0^\circ}{10+\text{j}25+5-\text{j}15}=14.93\angle 34.5^\circ\ \text{A}$$

支路复功率为

$$\widetilde{S}_1 = I_1^2 Z_1 = 8.77^2 \times (10 + j25) = (769.1 + j1922.8)\ \mathrm{V \cdot A}$$

$$\widetilde{S}_2 = I_2^2 Z_2 = 14.93^2 \times (5 - j15) = (114.5 - j3343.6)\ \mathrm{V \cdot A}$$

总复功率为

$$\widetilde{S} = \widetilde{S}_1 + \widetilde{S}_2 = (1883.6 - j1420.8)\ \mathrm{V \cdot A}$$

5.6.2　功率因数的提高

在交流电路中，有功功率与视在功率的比值称为电路的功率因数，用 λ 表示，即

$$\lambda = \frac{P}{S} = \cos\varphi \tag{5.6.9}$$

因而电压与电流的相位差 φ，即阻抗角也被称为功率因数角。同样它是由电路的参数决定的。在工农业生产中，广泛使用的异步电动机、感应加热设备等都是感性负载，有的感性负载功率因数很低。由平均功率表达式 $P = UI\cos\varphi$ 可知，$\cos\varphi$ 越小，由电网输送给此负载的电流就越大。这样一方面会占用较多的电网容量，使电网不能充分发挥其供电能力，另一方面又会在发电机和输电线上引起较大的功率损耗和电压降，因此有必要提高此类感性负载的功率因数。

在纯电阻电路中，$P = S$，$Q = 0$，$\lambda = 1$，功率因数最高。在纯电感和纯电容电路中，$P = 0$，$Q = S$，$\lambda = 0$，功率因数最低。可见只有在纯电阻电路中，电压和电流才同相，功率因数为 1，对其他负载来说，功率因数都是介于 0 和 1 之间，只要功率因数不等于 1，说明电路中发生了能量的互换，出现了无功功率 Q。因此功率因数是一项重要的经济指标，它反映了电能的利用率，从充分利用电器设备的观点来看，应尽量提高 λ。

1. 功率因数低带来的影响

功率因素低带来的影响有以下两点：

（1）发电设备的容量不能充分利用。

容量 S_N 一定的供电设备能够输出的有功功率为

$$P = S_N \cos\varphi$$

若 $\cos\varphi$ 越低，P 就越小，设备的利用率就越低。

（2）增加线路和供电设备的功率损耗。

电源流过负载的电流为

$$I = \frac{P}{U\cos\varphi}$$

因为线路的功率损耗为 $P = rI^2$，P 与 I^2 成正比，所以在 P 和 U 一定的情况下，$\cos\varphi$ 越低，I 就越大，供电设备和输电线路的功率损耗就会越大。

2. 功率因数低的原因

功率因数低的原因有目前的各种用电设备中，电感性负载居多，并且很多负载，如日光灯、工频炉等本身的功率因数就很低。电感性负载的功率因数之所以小于 1，是由于负载本身需要一定的无功功率。从技术经济观点出发，要解决功率因素低的问题，实际上就是要解决如何减少电源与负载之间能量互换的问题。

3. 提高功率因数的方法

提高功率因数常用的方法就是在电感性负载两端并联电容。以日光灯为例来说明并联电容前后整个电路的工作情况，其电路图和相量图如图 5.6.4 所示。

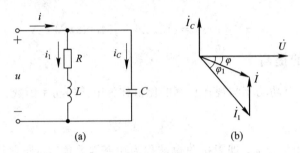

图 5.6.4　功率因数提高

并联电容前，电路的相关物理量如下：

（1）电路的总电流的有效值为 $I_1 = \dfrac{U}{\sqrt{R^2 + X_L^2}}$；

（2）电路的功率因数就是负载的功率因数 $\cos\varphi_1 = \dfrac{R}{\sqrt{R^2 + X_L^2}}$；

（3）电路的有功功率为 $P = UI_1\cos\varphi_1 = I_1^2 R$。

并联电容后，电路的相关物理量如下：

（1）电路的总电流为 $\dot{I} = \dot{I}_1 + \dot{I}_C$；

（2）电路中总的功率因数为 $\cos\varphi$；

（3）有功功率为 $P = UI\cos\varphi = I_1^2 R$。

从相量图上不难看出，因为电容与负载并联连接，所以选电压为参考相量。没有并联电容之前，感性负载的电流方向斜向下 φ_1 角度，并联电容后电容的电流方向竖直向上，根据 KVL 可看出总电流 I 与总电压之间的夹角 φ 减小了，$\varphi < \varphi_1$，所以 $\cos\varphi > \cos\varphi_1$，功率因数得到了提高。只要电容 C 值选得恰当，便可将电路的功率因数提高到希望的数值。由公式可看出，并联电容后，负载的电流 $\dot{I}_1$ 没有变，负载本身的功率因数 $\cos\varphi_1$ 没有变，因为负载的参数都没有变，所以提高功率因数不是提高负载的功率因数，而是提高整个电路的功率因数，这样对电网而言就提高了利用率。因为电感和电容的有功功率都为 0，电路的有功功率就是负载消耗的功率，即电阻消耗的功率，又因为电阻上的电流不变，所以并联电容前后电路的有功功率没有发生变化。

如果要将功率因数提高到希望的数值，负载两端应该并联多大的电容呢？这可由相量图求得。如图 5.6.4(b) 所示，在相量图上我们可以求出 I_C，即

$$I_C = I_1\sin\varphi_1 - I\sin\varphi = \frac{P}{U\cos\varphi_1}\sin\varphi_1 - \frac{P}{U\cos\varphi}\sin\varphi = \frac{P}{U}(\tan\varphi_l - \tan\varphi)$$

又因为 $U = X_C I_C = \omega C I_C$，所以

$$C = \frac{I_C}{\omega U} = \frac{P}{\omega U^2}(\tan\varphi_l - \tan\varphi) \tag{5.6.10}$$

【例 5.6.3】 电路如图 5.6.4(a)所示，RL 串联电路为一日光灯模型，已知 $U=220$ V，$f=50$ Hz，日光灯功率为 40 W，额定电流为 0.4 A。求：(1) R、L 的值；(2)要使 $\cos\varphi$ 提高到 0.8，需在日光灯两端并联多大的电容？

解 （1）由已知条件可得

$$|Z|=\frac{U}{I}=\frac{220}{0.4}=550 \text{ W}$$

$$\cos\varphi_1=\frac{P}{UI}=\frac{40}{220\times0.4}=0.45$$

$$\varphi_1=\pm63°（取"+"是因为电路为电感性电路）$$

故阻抗为

$$Z=|Z|\angle\varphi_1=550\angle63°=550(\cos63°+j\sin63°)=(250+j490)\ \Omega$$

所以

$$R=250\ \Omega$$
$$X_L=490\ \text{W}$$
$$L=\frac{X_L}{2\pi f}=\frac{490}{2\times3.14\times50}=1.56\ \text{H}$$

（2）以 $\dot U$ 为参考相量，设 $\dot U=220\angle0°$ V，则

$$I'=\frac{P}{U\cos\varphi}=\frac{40}{220\times0.8}=0.227\ \text{A}$$

$$\varphi=37°$$

因为

$$I_C=I\sin\varphi_1-I'\sin\varphi=0.4\sin63°-0.22\sin37°=0.22\ \text{A}$$

所以

$$C=\frac{I_C}{\omega U}=\frac{0.22}{2\times3.14\times50\times220}=3.2\ \mu\text{F}$$

也可用式(5.6.10)直接计算电容值：

$$C=\frac{P}{\omega U^2}(\tan\varphi_1-\tan\varphi)=\frac{40}{314\times220^2}(\tan63°-\tan37°)=3.2\ \mu\text{F}$$

思考：能否采用串联电容或者串联电阻的方法提高功率因数？

5.6.3　最大功率传输

电源的能量(功率)经传输线到达负载，在传输过程中我们希望能量损耗越小越好。传输线上损耗的功率主要是传输线自身的电阻损耗。当传输线选定且传输距离一定时，传输线的电阻 R_1 就是一定的。因此，根据 $P_1=I^2R_1$ 关系可知，要想使传输线上的损耗功率 P_1 小，就必须设法减小传输线上的电流。电力系统中高压远距离电能传输，上节讨论的功率因数的提高也是基于这样的考虑。当然，提高功率因数还为了充分发挥电源设备潜在的输出功率能力。

因为一般的实际电源都存在内电阻 R_0，所以功率传输过程中还有内阻的功率损耗(暂不考虑传输线电阻的功率损耗)，负载获得的功率 P_L 将小于电源输出的功率。电源传输功

率的传输效率 η 定义为负载获得的功率与电源输出的功率之比，即

$$\eta = \frac{I^2 R_L}{I^2 (R_0 + R_L)} = \frac{R_L}{R_0 + R_L}$$

可见，为了提高传输效率，要尽量减小内阻 R_0。如何提高传输效率，是电力工业中一个极其重要的问题。

在一些弱电系统中，常常要求负载能从给定的信号电源中获得尽可能大的功率，而不过分追求尽可能高的效率。负载从给定的电源中获得最大的功率，称为最大功率传输。

图 5.6.5(a) 中，N 为任意线性含源二端网络，根据戴维宁定理，网络 N 等效变换为电压源 $\dot{U}_S$ 串联内阻抗 Z_0 的模型，如图 5.6.5(b) 所示。可调负载 Z_L 是实际用电设备或器具的等效阻抗，它连接于二端网络 N 的两端。电源的电能输送给负载 Z_L，再转换为热能、机械能等供人们生产、生活中使用。

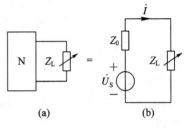

图 5.6.5　正弦稳态功率传输电路

当 $\dot{U}_S$ 和 Z_0 一定，或者说在线性有源二端网络一定的情况下，负载 Z_L 获得功率的大小将随负载阻抗的变化而变化。设已知电源内阻抗为

$$Z_0 = R_0 + jX_0 \tag{5.6.11}$$

负载阻抗为

$$Z_L = R_L + jX_L \tag{5.6.12}$$

由图 5.6.5(b) 所示电路可求得电流相量为

$$\dot{I} = \frac{\dot{U}_S}{Z_0 + Z_L} = \frac{\dot{U}_S}{(R_0 + R_L) + j(X_0 + X_L)}$$

电流的有效值为

$$I = \frac{U_S}{\sqrt{(R_0 + R_L)^2 + (X_0 + X_L)^2}}$$

负载吸收的功率为

$$P_L = I^2 R_L = \frac{U_S^2 R_L}{(R_0 + R_L)^2 + (X_0 + X_L)^2} \tag{5.6.13}$$

负载获得最大功率的条件与其调节参数的方式有关，下面分两种情况进行讨论。

1. 负载的电阻和电抗均可独立调节

由式 (5.6.13) 可见，若先将 R_L 保持不变，只改变 X_L，显然当 $X_0 + X_L = 0$ 时，P_L 可以获得最大值，这时有

$$P_L = \frac{U_S^2 R_L}{(R_0 + R_L)^2}$$

再改变 R_L，使 P_L 获得最大值的条件是

$$\frac{dP_L}{dR_L} = 0$$

即

$$\frac{\mathrm{d}P_L}{\mathrm{d}R_L}=U_S^2\ \frac{(R_0+R_L)^2-2R_L(R_0+R_L)}{(R_0+R_L)^4}=0$$

故

$$(R_0+R_L)^2-2R_L(R_0+R_L)=0$$

得 $R_0=R_L$，因此，负载获得最大功率的条件为

$$\begin{cases}X_L=-X_0\\R_L=R_0\end{cases}\tag{5.6.14}$$

或写为

$$Z_L=Z_0^*\tag{5.6.15}$$

式(5.6.14)或式(5.6.15)称为负载获得最大功率的共轭匹配条件。将该条件代入式(5.6.13)，得负载获得的最大功率为

$$P_{Lmax}=\frac{U_S^2}{4R_0}\tag{5.6.16}$$

2. 负载为纯电阻

若负载为纯电阻，$Z_L=R_L$，其中 R_L 可变化，此时式(5.6.13)中的 $X_L=0$，则

$$P_L=\frac{U_S^2R_L}{(R_0+R_L)^2+X_0^2}\tag{5.6.17}$$

P_L 获得最大值的条件是 $\dfrac{\mathrm{d}P_L}{\mathrm{d}R_L}=0$，即

$$\frac{\mathrm{d}P_L}{\mathrm{d}R_L}=U_S^2\ \frac{[(R_0+R_L)^2+X_0^2]-2R_L(R_0+R_L)}{[(R_0+R_L)^2+X_0^2]^2}=0$$

由此可得

$$(R_0+R_L)^2+X_0^2-2R_L(R_0+R_L)=0$$
$$R_L^2=R_0^2+X_0^2$$

即

$$R_L=\sqrt{R_0^2+X_0^2}=|Z_0|\tag{5.6.18}$$

式中，$|Z_0|$ 为内阻抗的模。上式表明，当负载为纯电阻时，负载获得最大功率的匹配条件是负载电阻与电源的内阻抗的模相等，该条件称为模匹配。很显然，模匹配与共轭匹配相比较，负载获得的功率要小一些。

【例 5.6.3】　如图 5.6.6(a)所示，已知 $\dot{U}_S=10\angle0°$ V，$\dot{I}_S=1\angle20°$ A，$Z_1=(3+\mathrm{j}4)$ Ω，$Z_2=10\angle0°$ Ω，$Z_3=(10+\mathrm{j}17)$ Ω，$Z_4=(3-\mathrm{j}4)$ Ω。问：(1) 当 Z 为何值时电流 I 最大？求出电流最大值；(2) 若阻抗 Z 为复数，且实部虚部均可调，Z 为何值时，可从电源处获得最大功率，最大功率为多少？

解　(1) 作出原电路的戴维宁等效电路(如图 5.6.6(b)所示)。开路电压为

$$\dot{U}_{oc}=\dot{U}_S+\left(Z_1+\frac{Z_2Z_3}{Z_2+Z_3}\right)\dot{I}_S=10\angle0°+\left[3+\mathrm{j}4+\frac{10(10+\mathrm{j}17)}{20+\mathrm{j}17}\right]\times1\angle20°$$

$$=17.28+\mathrm{j}9.53=19.73\angle28.88°\text{ V}$$

戴维宁等效阻抗为

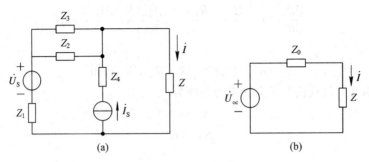

图 5.6.6 例 5.6.3 图

$$Z_0 = Z_1 + \frac{Z_2 Z_3}{Z_2 + Z_3} = 3 + j4 + \frac{10(10 + j17)}{20 + j17}$$

$$= (10.1 + j6.467)\ \Omega = 11.99 \angle 32.64° \ \Omega$$

可见，当 $Z = -j6.467\ \Omega$ 时，电流 I 最大，且其最大值为

$$I = \frac{U_{oc}}{10.1} = \frac{19.73}{10.1} = 1.95\ \text{A}$$

（2）根据共轭匹配条件，当 $Z = Z_0^* = (10.1 - j6.467)\ \Omega$ 时可获得最大功率，最大功率为

$$P_{max} = \frac{U_{oc}^2}{4 R_L} = \frac{(10.73)^2}{4 \times 10.1} = 2.85\ \text{W}$$

本 章 小 结

本章重点介绍了相量与正弦量的对应关系，基尔霍夫定律的相量形式，R、L、C 单一元件在交流电路中的伏安关系、相位关系、功率，以及阻抗电路的伏安关系，如表 5 - 1 所示。

表 5 - 1 R、L、C 元件在交流电路中的参数关系

元件	瞬时值伏安关系	有效值伏安关系	相量伏安关系	相位关系	相位差	有功功率	无功功率
R	$u = Ri$	$U = RI$	$\dot{U} = R\dot{I}$	同相	$0°$	UI	0
L	$u = L\dfrac{di}{dt}$	$U = X_L I$	$\dot{U} = jX_L \dot{I}$	u 超前 i $90°$	$90°$	0	UI
C	$i = C\dfrac{du}{dt}$	$U = X_C I$	$\dot{U} = -jX_C \dot{I}$	u 滞后 i $90°$	$-90°$	0	$-UI$
Z	—	$U = ZI$	$\dot{U} = \dot{Z}I$	3 种情况：超前，滞后，同相	$\varphi_Z = \theta_u - \theta_i$	$UI\cos\varphi_Z$	$UI\sin\varphi_Z$

本章讲解了交流电路中的复功率、视在功率、有功功率、无功功率等几种不同的功率

在电路中的意义，分析了功率因数对整个电路性质的影响，梳理了阻抗、导纳的相互转换关系。

本章还讲解了正弦稳态电路独特的分析方法——相量法。直流电路里的任一分析方法（叠加定理、等效变换法、戴维宁定理、网孔分析法、结点电压法、支路电流法等等）可用来分析正弦交流稳态电路。此外，本章还介绍了正弦稳态电路的一种独特的分析方法——相量图法。该方法通过画图即可得到答案，方法简便，做题速度快，易理解，但对学生的数学几何基本功要求较高，且仅限于已知参数均为特殊角度的电路。

本章的最后分析了交流电路中的最大功率传输问题。与直流电路相比较，交流电路的最大功率传输问题是需要根据负载的情况分别讨论的，当负载为纯电阻时，最大功率匹配条件为模匹配；当负载为复数时，最大功率匹配条件为共轭匹配。

习　题

5.1　填空题。

1. 正弦交流电的三要素是指正弦量的_____、_____和_____。

2. 已知一正弦量 $i=7.07\cos(314t-30°)$ A，则该正弦电流的最大值是_____A；有效值是_____A；角频率是_____rad/s；频率是_____Hz；周期是_____s；相位是_____°；初相是_____，合_____弧度。

3. 正弦交流电路中，电阻元件上的阻抗模 $|Z|=$ _____，其大小与频率_____；电感元件上的阻抗 $|Z|=$ _____，其大小与频率_____；电容元件上的阻抗模 $|Z|=$ _____，其大小与频率_____。

4. 单一电阻元件的正弦交流电路中，导纳 $Y=$ _____；单一电感元件的正弦交流电路中，导纳 $Y=$ _____；单一电容元件的正弦交流电路中，导纳 $Y=$ _____；电阻电感电容相并联的正弦交流电路中，导纳 $Y=$ _____。

5. RL 串联电路中，测得电阻两端电压为 120 V，电感两端电压为 160 V，则电路总电压是_____V。

5.2　判断下列说法的正误。

1. $u_1=220\sqrt{2}\cos314t$ V，$u_2=311\cos(628t-45°)$V，u_1 超前 u_2 的角度为 45°。（　　）

2. 串联电路的总电压超前电流时，电路一定呈感性。（　　）

3. 并联电路的总电流超前端电压时，电路应呈感性。（　　）

4. 电感电容相串联，$U_L=120$ V，$U_C=80$ V，则总电压等于 200 V。（　　）

5. 提高功率因数，可使负载中的电流减小，因此电源利用率提高了。（　　）

6. 只要在感性设备两端并联一电容器，即可提高电路的功率因数。（　　）

7. 视在功率在数值上等于电路中有功功率和无功功率之和。（　　）

5.3　单项选择题。

1. 在正弦交流电路中，电感元件的瞬时值伏安关系可表达为（　　）。

A. $u=iX_L$　　　　　　　B. $u=j\omega L$　　　　　　　C. $u=L\dfrac{di}{dt}$

2. 在电容元件的正弦交流电路中，电压有效值不变，当频率增大时，电路中电流将（　　）。

A. 增大　　　　　　　　B. 减小　　　　　　　　C. 不变

3. 在电感元件的正弦交流电路中，电压有效值不变，当频率增大时，电路中电流将（　　）。

A. 增大　　　　　　　　B. 减小　　　　　　　　C. 不变

4. 周期 $T=1$ s、频率 $f=1$ Hz 的正弦波是（　　）。

A. $4\cos314t$　　　　　　B. $6\sin(5t+17°)$　　　　　C. $4\cos2\pi t$

5. 电感、电容相串联的正弦交流电路，消耗的有功功率为（　　）。

A. UI　　　　　　　　B. I^2X　　　　　　　C. 0

6. $u=-100\sin(6\pi t+10°)$ V，$i=5\cos(6\pi t-15°)$ A，u 超前 i 的相位差是（　　）。

A. $25°$　　　　　　　　B. $95°$　　　　　　　C. $115°$

7. 下图所示电路中，各电容量、交流电源的电压值和频率均相同，电流表的读数最大的是（　　）。

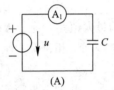　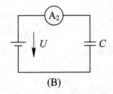　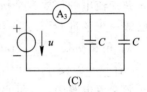

（A）　　　　　　　　　（B）　　　　　　　　（C）

选择题 10 图

8. 选择题 12 图所示电路中，已知 $R=X_L=X_C$，电流表 A_1 的读数为 3 A，则电流表 A_2、A_3 的读数应为（　　）。

A. 1 A、1A　　　　　　B. 3A、0A　　　　　　C. 4.24A、3 A

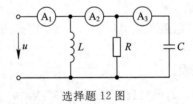

选择题 12 图

5.4　已知 $A=8+j6$，$B=4\sqrt{2}\angle-45°$。求：（1）$A+B$；（2）$A-B$；（3）$A\cdot B$；（4）$\dfrac{A}{B}$。

5.5　求串联交流电路在下列三种情况下电路中的 R 和 X，指出电路的性质和电压对电流的相位差，画出电路最简相量模型。

（1）$Z=(6+j8)$ Ω；

（2）$\dot{U}=50\angle30°$ V，$\dot{I}=2\angle30°$ A；

（3）$\dot{U}=100\angle-30°$ V，$\dot{I}=4\angle30°$ A。

5.6　题 5.6 图所示电路中，R 与 ωL 串联接到 $u = 10\cos(\omega t - 180°)$ V 的电源上，求电感的电压 u_L。

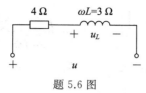

题 5.6 图

5.7　分别求出题 5.7 图所示电路中电流表 A_0 和电压表 V_0 的读数。

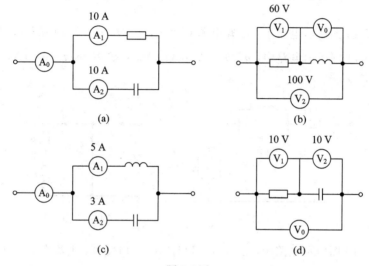

题 5.7 图

5.8　RL 串联电路接到 220 V 的直流电源时，功率为 1.2 kW；接到 220 V、50 Hz 的电源时，功率为 0.6 kW，试求 R、L 值。

5.9　如题 5.9 图所示，已知 $Z = (30 + j30)$ Ω，感抗为 10 Ω，$U_Z = 85$ V，求端口总电压有效值 U。

5.10　题 5.10 图所示为正弦稳态电路，$\dot{U}$ 与 $\dot{I}$ 同相，电源电压有效值 $U = 1$ V，频率为 50 Hz，电源发出的平均功率为 0.1 W，且已知 Z_1 和 Z_2 吸收的平均功率相等，Z_2 的功率因数为 0.5(感性)，求 Z_1 和 Z_2。

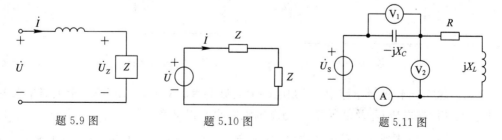

题 5.9 图　　　　　　　　题 5.10 图　　　　　　　　题 5.11 图

5.11　题 5.11 图所示的正弦稳态电路中，已知 $u_S = 200\sqrt{2}\cos(314t + 60°)$ V，电流表 A 的读数为 2 A。电压表 V_1、V_2 的读数均为 200 V。求 R、X_L 和 X_C。

5.12 题 5.12 图所示电路中，已知 $\dot{U}=220\angle0°$ V，求电压 $\dot{U}_{ab}$。

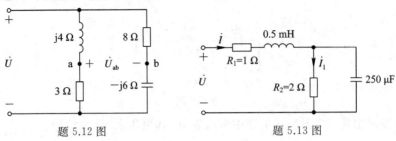

题 5.12 图 题 5.13 图

5.13 题 5.13 图所示电路中，已知电源 $\dot{U}=10\angle0°$ V，$\omega=2000$ rad/s，求电流 $\dot{I}_1$。

5.14 题 5.14 图所示电路中，$u(t)=\sqrt{2}\cos(t)$ V，$i(t)=\cos(t+45°)$A，N 为不含源网络，求 N 的阻抗 Z。

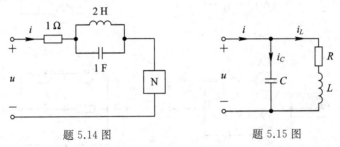

题 5.14 图 题 5.15 图

5.15 题 5.15 图所示电路中，已知 $u=141.4\cos(314t)$ V，电流有效值 $I=I_C=I_L$，电路消耗的有功功率为 866 W，求 i、i_L、i_C。

5.16 已知感性负载两端电压 $u=311\cos(314t)$ V，测得电路中的有功功率为 7.5 kW，无功功率为 5.5 kvar，试求感性负载的功率因数及其串联或并联等效参数。

5.17 题 5.17 图所示电路中，已知阻抗 $Z_2=j60$ Ω，各交流电压的有效值分别为：$U_S=100$ V，$U_1=171$ V，$U_2=240$ V，求阻抗 Z_1。

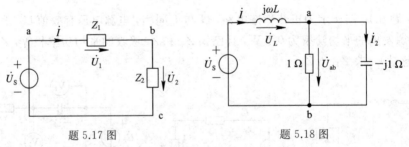

题 5.17 图 题 5.18 图

5.18 题 5.18 图所示电路中，已知电路中电流 $I_2=2$ A，$U_S=7.07$ V，求电路中总电流 I、电感元件两端电压 U_L 及电压源 U_S 与总电流之间的相位差。

5.19 题 5.19 图所示正弦电流电路中，已知 $u_S(t)=16\sqrt{2}\cos(10t)$ V，求电流 $i_1(t)$ 和 $i_2(t)$。

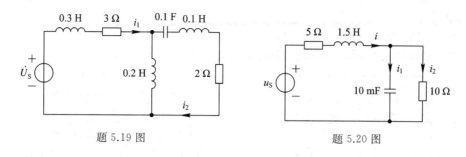

题 5.19 图　　　　　　　　　　　题 5.20 图

5.20　题 5.20 图所示为正弦稳态电路，$u_S(t) = 100\sqrt{2}\cos(10t)$ V，求电流 $i(t)$、$i_1(t)$、$i_2(t)$，画出三个电流的相量图。

5.21　电路如题 5.21 图所示，已知 $f = 50$ Hz，$\dot{U} = 220\angle 0°$，$R = 100$ Ω，$L = 0.5H$，$C = 10$ μF。求电流 $\dot{I}$、$\dot{I}_1$、$\dot{I}_2$ 及电路的 P、Q、S、$\cos\varphi$，并画出相量图。

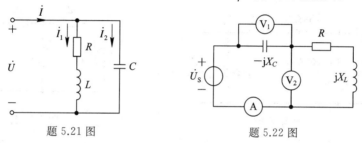

题 5.21 图　　　　　　　　　　　题 5.22 图

5.22　题 5.22 图所示正弦稳态电路中，已知 $u_S = 200\sqrt{2}\cos(314t + 60°)$ V，电流表 A 的读数为 2 A，电压表 V_1、V_2 的读数均为 200 V。求 R、X_L 和 X_C。

5.23　有一个 100 W 的电动机，接到 50 H、220 V 的正弦电源上，其功率因数为 0.6。问通过电动机的电流为多少？若在电动机两端并联上一个 5.6 μF 的电容（如题 5.25 图所示），则功率因数有何变化。

5.24　为提高日光灯电路的功率因数，常在日光灯电路（等效为 RL 电路）两端并联上一个电容 C，如题 5.24 图所示。问电路的等效阻抗 Z 为多大？利用复功率的概念，求出并比较电容 C 并联前、后电路中的有功功率、无功功率及视在功率（电源电压不变）。已知：$R = 4$ Ω，$L = 3$ mH，$C = 100$ μF，$\dot{U} = 220\angle 0°$ V，$\omega = 10^3$ rad/s。

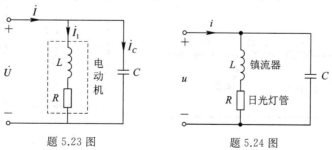

题 5.23 图　　　　　　　　　　　题 5.24 图

5.25　题 5.25 图所示电路中，已知 $\dot{U}_1 = 7.07\angle 0°$ V，$\dot{U}_2 = 14.14\angle 30°$ V，$Z_1 = j20$ Ω，$Z_2 = (6 + j8)$ Ω，$Z_3 = j40$ Ω，$Z_4 = (20 - j40)$ Ω。列出该电路的结点电压方程，并求出流过

Z_1 的电流大小。

　　5.26　用网孔分析法验证 5.25 题。

　　5.27　列出题 5.27 图所示电路的网孔电流方程。

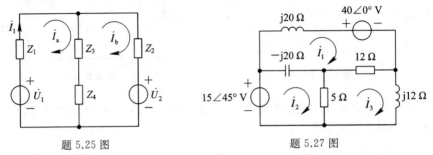

　　　　　题 5.25 图　　　　　　　　　　　　　题 5.27 图

　　5.28　列出题 5.28 图所示电路的结点电压方程。

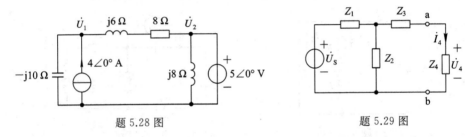

　　　　　题 5.28 图　　　　　　　　　　　　　题 5.29 图

　　5.29　电路如题 5.29 图所示，已知 $\dot{U}_\mathrm{s}=100\angle-30°$ V，$Z_1=Z_3=-\mathrm{j}40$ Ω，$Z_2=30$ Ω，$Z_4=-\mathrm{j}50$ Ω，用戴维宁定理求 Z_4 的电流 $\dot{I}_4$ 和电压 $\dot{U}_4$。

　　5.30　在 5.29 题中，若 Z_2 支路串上一个 $\dot{U}_\mathrm{S2}=50\angle0°$ V 的电源电压后，Z_4 中的电流 $\dot{I}_4$ 和电压 $\dot{U}_4$ 有何变化？（用叠加定理求解）

　　5.31　求题 5.31 图所示电路的戴维宁等效电路。

　　5.32　用叠加定理求题 5.32 图所示电路的各支路电流。已知 $u_1=10\cos(10^4 t+45°)$ mV，$u_2=5\cos(10^4 t)$ mV，$L=8$ mH，$R=40$ Ω，$C=5000$ pF。

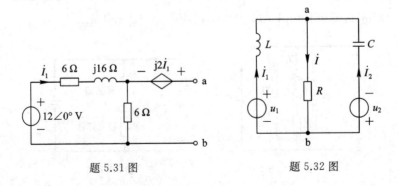

　　　　　题 5.31 图　　　　　　　　　　　　　题 5.32 图

　　5.33　电路如题 5.33 图所示，若 $i_\mathrm{s}=5\sqrt{2}\cos(10^5 t)$ A，$Z_1=(4+\mathrm{j}8)$ Ω，问 Z_L 在什么条件下获得最大功率，其值为多少？

5.34　电路如题 5.34 图所示，已知 $\dot{U}=8\angle 0° $ V。问模匹配时，负载 Z_L 获得的最大功率是多少？

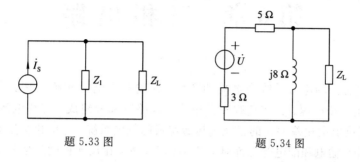

题 5.33 图　　　　　　　　题 5.34 图

第6章　三 相 电 路

　　目前，世界各国的电力系统中电能的产生、传输和供电方式绝大多数都采用三相制，三相制主要是由三相电源、三相负载和三相输电线路三部分组成。三相电源是由三个同频率、等幅值、相位依次相差120°的正弦电压源组成的供电系统。与单相交流电路相比，三相交流电路在发电、输电和配电等方面具有很多优点，如：在尺寸相同的情况下，三相发电机输出的功率比单相发电机的大；传输电能时，在电气指标相同的情况下，三相交流电路比单相交流电路节省导线材料。本章主要讨论三相电源的基本概念、三相电源的连接、三相负载的连接以及对称三相电路、不对称三相电路、三相电路功率的计算等。

6.1　三相电源的基本概念

　　三相电源是由三相发电机获得的，图 6.1.1(a)所示为三相发电机的示意图。由图可知，一台三相发电机主要由转子与定子组成。中间的转子可以转动，它一般由锻钢制成，其上绕有线圈，通直流电产生磁场。四周的定子是固定不动的，它一般由硅钢片叠成，定子内圆凹槽中嵌入三相线圈(绕组)，即 AX、BY、CZ，每组线圈称为一相，分别称为 A 相、B 相、C 相。每组线圈的匝数、形状、尺寸、绕向都是相同的，其中，A、B、C 称为始端，X、Y、Z 称为末端。三相线圈在空间的几何位置互差120°。同时，在设计、工艺上保证定子、转子间气隙中的磁通密度沿定子内表面的分布是正弦分布，且最大值在转子的磁极 N 和 S 处。

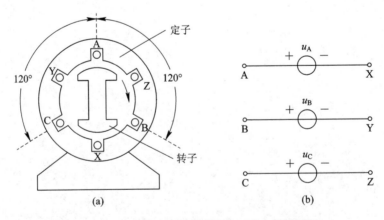

图 6.1.1　三相发电机的示意图与三相电源模型图

　　当装配在转轴上的转子在汽轮机或水轮机驱动下以角速度 ω 顺时针旋转时，在各相绕组的始末端产生随时间按正弦变化的感应电压，这些电压的频率相同、幅值相同、相位依次相差120°，它们相当于三个独立的正弦电压源，其模型如图 6.1.1(b)所示，它们的电压瞬时表达式为

$$\begin{cases} u_A(t) = U_m\cos(\omega t) = \sqrt{2}U\cos(\omega t) \\ u_B(t) = U_m\cos(\omega t - 120°) = \sqrt{2}U\cos(\omega t - 120°) \\ u_C(t) = U_m\cos(\omega t + 120°) = \sqrt{2}U\cos(\omega t + 120°) \end{cases} \qquad (6.1.1)$$

其中，U_m 为每相电压的幅值，U 为每相电压的有效值。

由式(6.1.1)写出各相正弦电压的有效值相量为

$$\begin{cases} \dot{U}_A = U\angle 0° \\ \dot{U}_B = U\angle -120° \\ \dot{U}_C = U\angle 120° \end{cases} \qquad (6.1.2)$$

三相电源的波形图与相量图如图 6.1.2 所示。三个同频率、等幅值、相位依次相差120° 的一组正弦电压源，称为对称三相电源。这样一组电压源的一个突出特点是：无论何时，对称三相电源瞬时电压代数和恒等于零，即有 $u_A(t) + u_B(t) + u_C(t) = 0$，显然也有 $\dot{U}_A + \dot{U}_B + \dot{U}_C = 0$。这三个电压达到最大值的先后次序称为相序，由式(6.1.1)或图 6.1.2(a)可以看出，这三个电压的相序是 A−B−C。我国三相电源频率为 $f=50$ Hz，入户电压为 220 V，而日本、美国、欧洲等国家的电源频率和入户电压分别为 60 Hz、110V。

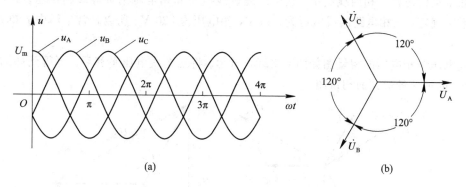

(a) (b)

图 6.1.2 三相电源的波形图与相量图

6.2 三相电路的连接

6.2.1 三相电源的连接

三相电源的基本连接方式有两种：一种是 Y 形连接(星形连接)，另一种是 △ 形连接 (三角形连接)。

1. 三相电源的 Y 形连接

三相电源的 Y 形连接如图 6.2.1 所示，它是将三个电源的末端 X、Y、Z 连接在一起，从三个始端 A、B、C 引出三根导线至负载。A、B、C 三根线俗称火线，公共端点 N 称为三相电源的中性点，简称中点或零点。从中点引出的导线称为中线(中性线)，俗称零线。这种供电方式称为三相四线制。

火线到中线间的电压称为相电压，如 $\dot{U}_A$、$\dot{U}_B$、$\dot{U}_C$ 就是 A 相、B 相、C 相的相电压，相电压有效值一般用 U_P 表示。火线与火线之间的电压称为线电压，如 $\dot{U}_{AB}$、$\dot{U}_{BC}$、$\dot{U}_{CA}$，线电压有效值一般用 U_L 表示。

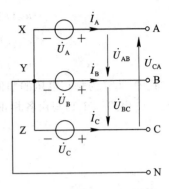

图 6.2.1　三相电源的 Y 形连接

对于图 6.2.1 所示三相电源的 Y 形连接，由 KVL 可知，线电压与相电压的关系为

$$\dot{U}_{AB} = \dot{U}_A - \dot{U}_B = U\angle 0° - U\angle -120°$$
$$= U - U(\cos 120° - \mathrm{j}\sin 120°)$$
$$= \frac{3}{2}U + \mathrm{j}\frac{\sqrt{3}}{2}U = \sqrt{3}\dot{U}_A\angle 30°$$

同理，其他两个线电压也有

$$\dot{U}_{BC} = \sqrt{3}\dot{U}_B\angle 30°, \qquad \dot{U}_{CA} = \sqrt{3}\dot{U}_C\angle 30°$$

以上结果表明：三相电源为 Y 形连接时，若相电压对称，则线电压也对称。而且线电压的有效值是相电压有效值的 $\sqrt{3}$ 倍，即 $U_L = \sqrt{3}U_P$，线电压超前相电压 30°。

在常见的对称三相四线制中，它可以提供线电压和相电压两种等级的电压。我国低压配电系统规定：三相电路的线电压为 380 V，相电压为 220 V。所以日常生活中的单相电器均为 220 V。

线电压与相电压的相量图如图 6.2.2(a)所示。将三个线电压平移后，可得到如图 6.2.3 (b)所示的另一种形式的相量图。

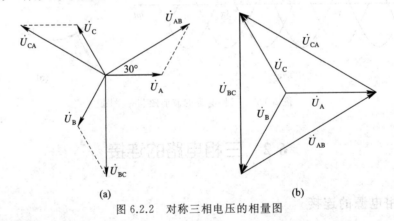

(a)　　　　　　　　　　　　　　(b)

图 6.2.2　对称三相电压的相量图

2. 三相电源的△形连接

三相电源的△形连接如图 6.2.3 所示。它是将三个电源的始、末端依次连接在一起，形成一个三角形回路。由于电压是对称的，因此回路电压为零。从三个始端 A、B、C 引出三根导线至负载，A、B、C 三根线俗称火线，这种供电方式无中线，称为三相三线制。

对于图 6.2.3 所示的三相电源的△形连接，相电压与线电压是相同的，即 $\dot{U}_A = \dot{U}_{AB}$，$\dot{U}_B = \dot{U}_{BC}$，$\dot{U}_C = \dot{U}_{CA}$。

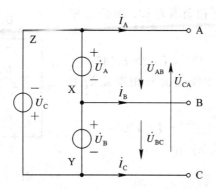

图 6.2.3 三相电源的△形连接

6.2.2 三相负载的连接

生产三相电源的目的是给各种负载供电，只是三相电路中的电源是三相对称电源，负载是三相负载。三相负载是由三个单独的负载组成，每一部分称为一相负载。三相负载基本连接方式有两种：一种是星形连接（Y形连接），另一种是三角形连接（△形连接）。

1. 三相负载的 Y 形连接

设有三相负载 Z_A、Z_B、Z_C，如果它们与三相电源的连接如图 6.2.4 所示，该连接方式就称为三相负载的 Y 形连接。若各相负载相同，即 $Z_A=Z_B=Z_C=Z$，则三相负载称为对称三相负载。

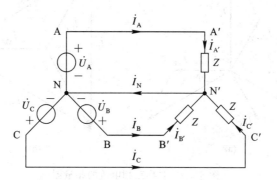

图 6.2.4 三相负载的 Y 形连接

火线上的电流称为线电流，如 $\dot{I}_A$、$\dot{I}_B$、$\dot{I}_C$ 就是火线 A、B、C 的线电流。流过各相负载的电流称为相电流，如 $\dot{I}_{A'}$、$\dot{I}_{B'}$、$\dot{I}_{C'}$。显然，在三相负载为 Y 形连接的情况下，线电流等于相应的相电流，即 $\dot{I}_A=\dot{I}_{A'}$，$\dot{I}_B=\dot{I}_{B'}$，$\dot{I}_C=\dot{I}_{C'}$。每相负载上的电压为负载的相电压，如 $\dot{U}_{A'N'}$、$\dot{U}_{B'N'}$、$\dot{U}_{C'N'}$，显然有 $\dot{U}_A=\dot{U}_{A'N'}$，$\dot{U}_B=\dot{U}_{B'N'}$，$\dot{U}_C=\dot{U}_{C'N'}$。

2. 三相负载的△形连接

图 6.2.5 所示电路中，负载为△形连接。若三相负载完全相同，则为对称三相负载。

由图 6.2.5 可知，每相负载都直接连接在两端线之间，三相电源的线电压就等于负载的相电压，即 $\dot{U}_{AB}=\dot{U}_{A'B'}$，$\dot{U}_{BC}=\dot{U}_{B'C'}$，$\dot{U}_{CA}=\dot{U}_{C'A'}$。

由于三相电源对称，三相负载对称，因而三相负载的相电流也对称，则有

$\dot I_{A'B'}=I\angle0°$，$\dot I_{B'C'}=I\angle-120°$，$\dot I_{C'A'}=I\angle120°$

根据 KCL，由图 6.2.5 可知线电流与相电流的关系为

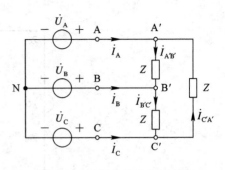

$$\dot I_A=\dot I_{A'B'}-\dot I_{C'A'}=I\angle0°-I\angle120°$$
$$=I-I(\cos120°+j\sin120°)$$
$$=\frac{3}{2}I-j\frac{\sqrt3}{2}I=\sqrt3\,\dot I_{A'B'}\angle-30°$$

图 6.2.5　三相负载的△形连接

同理，其他两个线电流也有

$$\dot I_B=\sqrt3\,\dot I_{B'C'}\angle-30°$$
$$\dot I_C=\sqrt3\,\dot I_{C'A'}\angle-30°$$

以上结果表明：在三相对称负载为△形连接时，相电流对称，线电流也对称，而且线电流的有效值是相电流有效值的 $\sqrt3$ 倍，即 $I_L=\sqrt3\,I_P$，线电流滞后相电流 30°。

线电流与相电流的相量图如图 6.2.6(a)所示。将三个线电流平移后，可得图6.2.6(b)所示的另一种形式的相量图。

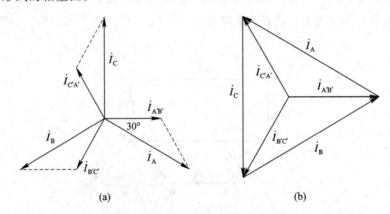

图 6.2.6　对称三相电流的相量图

三相电路就是由对称三相电源和三相负载连接起来所组成的系统，工程上根据实际需要可以组成：Y-Y 连接方式、Y-△连接方式、△-Y 连接方式、△-△连接方式。

6.3　对称三相电路的计算

对称三相电路由于电源对称、负载对称、线路对称，因而可引入一特殊的计算方法来简化对称三相电路的分析计算。

图 6.3.1 所示为 Y-Y 连接的对称三相电路。N 为电源中性点，N′为负载中性点，每相负载阻抗均为 Z，Z_l 为线路阻抗，Z_N 为中线阻抗。由于该对称三个电路只有一个独立结点，因此以 N 为参考结点，列结点电压方程可得

$$\left(\frac{1}{Z_N} + \frac{3}{Z + Z_1}\right)\dot{U}_{N'N} = \frac{1}{Z_1 + Z}(\dot{U}_A + \dot{U}_B + \dot{U}_C) \tag{6.3.1}$$

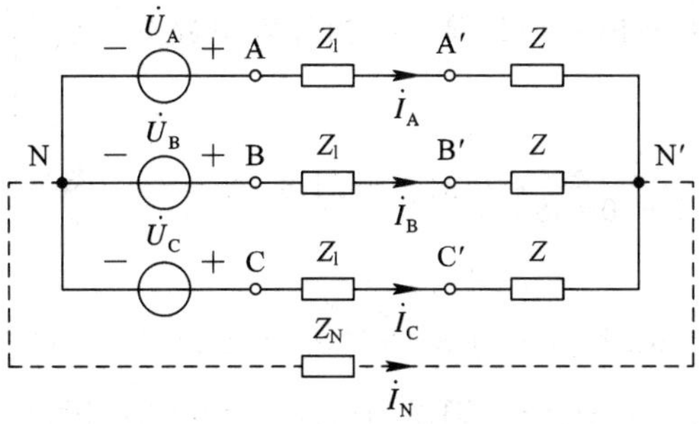

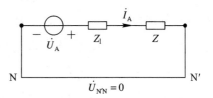

图 6.3.1   Y－Y 连接的对称三相电路

由于三相电源对称，恒有 $\dot{U}_A + \dot{U}_B + \dot{U}_C = 0$，所以 $\dot{U}_{N'N} = 0$。这表明两中性点等电位，中线无电流，即 $\dot{I}_N = 0$。各相电源和负载中的电流等于线电流，分别为

$$\begin{cases} \dot{I}_A = \dfrac{\dot{U}_A - U_{N'N}}{Z + Z_1} = \dfrac{\dot{U}_A}{Z + Z_1} \\[2mm] \dot{I}_B = \dfrac{\dot{U}_B}{Z + Z_1} = \dfrac{\dot{U}_A \angle -120°}{Z + Z_1} \\[2mm] \dot{I}_C = \dfrac{\dot{U}_C}{Z + Z_1} = \dfrac{\dot{U}_A \angle 120°}{Z + Z_1} \end{cases} \tag{6.3.2}$$

由式(6.3.2)可知，各相电流是独立计算的，由于三相电流是对称的，我们只要计算其中的一相就可以了。图 6.3.2 所示电路就是三相电路中 A 相电路的等效电路，用它可计算 A 相的电流，其他两相可根据对称性直接推出。

【例 6.3.1】   如图 6.3.3 所示，电路为 Y－Y 连接的对称三相电路，A 相电压源 $\dot{U}_A = 110 \angle 0°$ V，线路

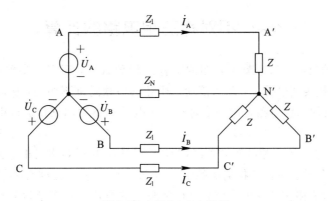

图 6.3.2   A 相电路的等效电路

图 6.3.3   例 6.3.1 电路图

阻抗 $Z_1=(5-\mathrm{j}2)\ \Omega$，负载阻抗 $Z=(10+\mathrm{j}8)\ \Omega$，中线阻抗

$Z_\mathrm{N}=(1+\mathrm{j}1)\ \Omega$，求线电流 $\dot{I}_\mathrm{A}$、$\dot{I}_\mathrm{B}$、$\dot{I}_\mathrm{C}$。

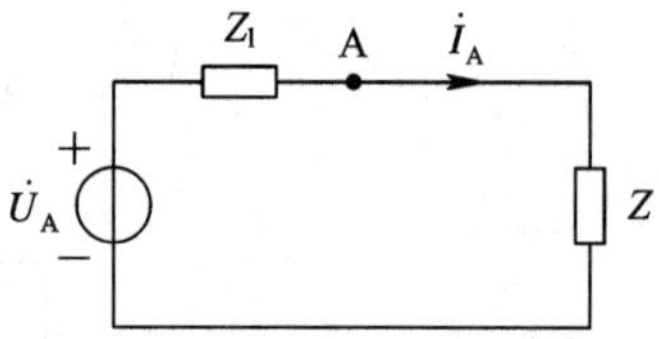

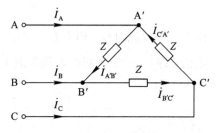

解　对称三相电路可抽出一相计算。A 相等效电路如
图 6.3.4 所示，计算可得

$$\dot{I}_\mathrm{A}=\frac{\dot{U}_\mathrm{A}}{Z_1+Z}=\frac{110\angle 0^\circ}{5-\mathrm{j}2+10+\mathrm{j}8}=6.81\angle -21.8^\circ\ \mathrm{A}$$

图 6.3.4　例 6.3.1 的 A 相电路图

其他两个线电流分别为

$$\dot{I}_\mathrm{B}=6.81\angle(-21.8^\circ-120^\circ)=6.81\angle -141.8^\circ\ \mathrm{A}$$

$$\dot{I}_\mathrm{C}=6.81\angle(-21.8^\circ+120^\circ)=6.81\angle 98.2^\circ\ \mathrm{A}$$

【例 6.3.2】　对称三相三线制的线电压为 380 V，
每相负载阻抗 $Z=10\angle 53.1^\circ\ \Omega$，求负载为△形连接时
的相电流和线电流。

解　负载为△形连接时，电路如图 6.3.5 所示。

设 $\dot{U}_\mathrm{AB}=380\angle 0^\circ$ V，则

$$\dot{I}_\mathrm{A'B'}=\frac{\dot{U}_\mathrm{AB}}{Z}=\frac{380\angle 0^\circ}{10\angle 53.1^\circ}=38\angle -53.1^\circ\ \mathrm{A}$$

图 6.3.5　例 6.3.2 电路图

其他两相负载的相电流分别为

$$\dot{I}_\mathrm{B'C'}=38\angle(-53.1^\circ-120^\circ)=38\angle -173.1^\circ\ \mathrm{A}$$

$$\dot{I}_\mathrm{C'A'}=38\angle(-53.1^\circ+120^\circ)=38\angle 66.9^\circ\ \mathrm{A}$$

线电流分别为

$$\dot{I}_\mathrm{A}=\sqrt{3}\ \dot{I}_\mathrm{A'B'}\angle -30^\circ=65.8\angle -83.1^\circ\ \mathrm{A}$$

$$\dot{I}_\mathrm{B}=\dot{I}_\mathrm{A}\angle -120^\circ=65.8\angle -203.1^\circ=65.8\angle 156.9^\circ\ \mathrm{A}$$

$$\dot{I}_\mathrm{C}=\dot{I}_\mathrm{A}\angle 120^\circ=65.8\angle 36.9^\circ\ \mathrm{A}$$

负载为△形连接的对称三相电路，也可利用电阻的 Y-△等效变换将其化成 Y-Y 连接，再
抽出一相进行计算。

6.4　不对称三相电路的计算

　　三相电路中的负载，除上节中介绍的对称三相负载外，还有许多单相负载（如照明负
载）。这些单相负载接到电源上，就可能使三个相的负载阻抗不相同，从而形成不对称三相
负载。这节所讨论的三相电路是由一个对称三相电源和不对称三相负载组成的不对称三相
电路。

　　图 6.4.1 所示电路是三相电源和负载都是 Y 形连接的不对称三相电路，其中 Z_A、Z_B、
Z_C 是不对称三相负载。对称三相电源的中点 N 与负载中点 N′之间有中线。

　　由于该电路接有阻抗为零的中线，每相负载上的电压一定等于该相电源的电压，而与
每相负载阻抗无关，即

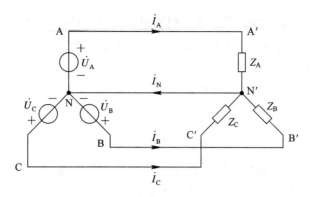

图 6.4.1 有中线的不对称三相电路

$$\dot{U}_{A'N'} = \dot{U}_A, \ \dot{U}_{B'N'} = \dot{U}_B, \ \dot{U}_{C'N'} = \dot{U}_C \tag{6.4.1}$$

式(6.4.1)表明,三相负载上的电压是对称的。但由于三相负载的阻抗不相同,所以三相负载的电流是不对称的,则有

$$\dot{I}_A = \frac{\dot{U}_{A'N'}}{Z_A}, \ \dot{I}_B = \frac{\dot{U}_{B'N'}}{Z_B}, \ \dot{I}_C = \frac{\dot{U}_{C'N'}}{Z_C}$$

此时中线电流 $\dot{I}_N$ 为

$$\dot{I}_N = \dot{I}_A + \dot{I}_B + \dot{I}_C$$

该值一般不等于零。

下面再分析另一个不对称三相电路,如图 6.4.2 所示。这个电路与图 6.4.1 所示电路的不同之处是该电路没有中线。

采用结点电压法来分析此电路,设结点 N′ 至电源中点 N 的电压为 $\dot{U}_{N'N}$,此电路结点电压方程是

$$\left(\frac{1}{Z_A} + \frac{1}{Z_B} + \frac{1}{Z_C}\right)\dot{U}_{N'N} = \frac{1}{Z_A}\dot{U}_A + \frac{1}{Z_B}\dot{U}_B + \frac{1}{Z_C}\dot{U}_C$$

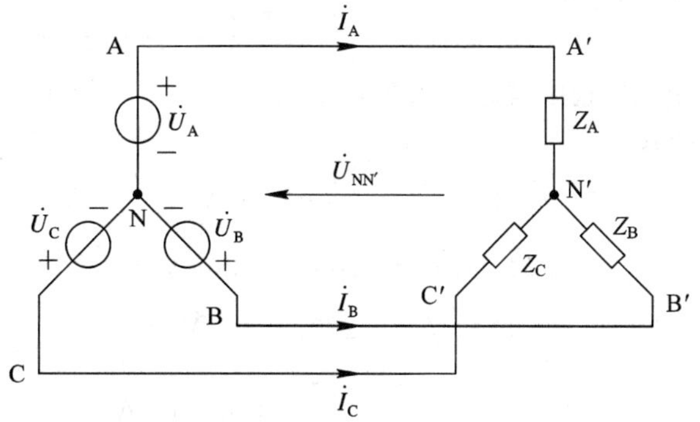

图 6.4.2 没有中线的不对称三相电路

由此可得

$$\dot{U}_{N'N} = \left(\frac{1}{Z_A}\dot{U}_A + \frac{1}{Z_B}\dot{U}_B + \frac{1}{Z_C}\dot{U}_C\right) \Big/ \left(\frac{1}{Z_A} + \frac{1}{Z_B} + \frac{1}{Z_C}\right) \tag{6.4.2}$$

显然，这电路的电压 $\dot{U}_{N'N}$ 一般不等于零，即负载中点 N' 的电压与电源中点 N 的电压不相等，这一现象称为"中点位移"，中点间的电压 $\dot{U}_{N'N}$ 称为中点位移电压。

三相负载上的相电压分别为

$$\dot{U}_{A'N'} = \dot{U}_A - \dot{U}_{N'N}$$

$$\dot{U}_{B'N'} = \dot{U}_B - \dot{U}_{N'N}$$

$$\dot{U}_{C'N'} = \dot{U}_C - \dot{U}_{N'N}$$

由于该电路发生中点移位，电压 $\dot{U}_{N'N}$ 不等于零，所以三相负载上的电压不是对称三相电压，各电压相量如图 6.4.3 所示。

由图 6.4.3 可看出，就电压有效值而言，有的负载相电压高于电源相电压（如 B 相），有的负载相电压低于电源相电压（如 A 相）。

三相负载的电流分别为

$$\dot{I}_A = \frac{\dot{U}_{A'N'}}{Z_A}, \quad \dot{I}_B = \frac{\dot{U}_{B'N'}}{Z_B}, \quad \dot{I}_C = \frac{\dot{U}_{C'N'}}{Z_C}$$

由上式可看出三相负载的电流也是不对称的。

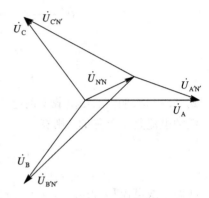

图 6.4.3　中点位移

低压配电电路一般采用三相四线制。中线的存在保证了每相负载上的电压等于电源的相电压，而与负载的大小无关。但如果中线断开，电路将会产生"中点位移"，可能影响负载正常工作。

【例 6.4.1】　图 6.4.4 所示电路为 Y–Y 连接的有中线的不对称三相电路。假定中线阻抗为零，$R_A = R_B = 48.4\ \Omega$，$R_C = 242\ \Omega$，电源是对称的，相电压为 220 V。试求电流 $\dot{I}_A$、$\dot{I}_B$、$\dot{I}_C$ 和中线电流 $\dot{I}_N$。

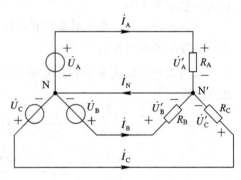

图 6.4.4　例 6.4.1 图

解　由于电路有中线，且中线阻抗为零，以 A 相电压为参考相量，则有

$$\dot{U}'_A = \dot{U}_A = 220\angle 0°\ V$$

$$\dot{U}'_B = \dot{U}_B = 220\angle -120°\ V$$

$$\dot{U}'_C = \dot{U}_C = 220\angle 120°\ V$$

$$\dot{I}_A = \frac{\dot{U}_A}{R_A} = \frac{220\angle 0°}{48.4} = 4.55\angle 0°\ A$$

$$\dot{I}_B = \frac{\dot{U}_B}{R_B} = \frac{220\angle -120°}{48.4} = 4.55\angle -120°\ A$$

$$\dot{I}_C = \frac{\dot{U}_C}{R_C} = \frac{220\angle 120°}{242} = 0.91\angle 120° \text{ A}$$

$$\dot{I}_N = \dot{I}_A + \dot{I}_B + \dot{I}_C = 4.55\angle 0° + 4.55\angle 120° + 0.91\angle -120° = 3.64\angle 60° \text{ A}$$

从上例可看出，Y 形连接的不对称三相电路有中线存在，且中线阻抗可以忽略时，负载的相电压还是对称的，只是各相电流不同，中线电流也不为零，它等于三相电流的代数和。

【例 6.4.2】 例 6.4.1 的中线断开，其他条件不变，试求负载的相电压。

解 如图 6.4.4 所示，将 N'N 视为开路，N 点接地，列写结点电压方程为

$$\left(\frac{1}{R_A} + \frac{1}{R_B} + \frac{1}{R_C}\right)\dot{U}_{N'N} = \frac{\dot{U}_A}{R_A} + \frac{\dot{U}_B}{R_B} + \frac{\dot{U}_C}{R_C}$$

故

$$\dot{U}_{N'N} = \frac{\dfrac{\dot{U}_A}{R_A} + \dfrac{\dot{U}_B}{R_B} + \dfrac{\dot{U}_C}{R_C}}{\dfrac{1}{R_A} + \dfrac{1}{R_B} + \dfrac{1}{R_C}}$$

$$= \frac{(220\angle 0°)/48.4 + (220\angle -120°)/48.4 + (220\angle 120°)/242}{1/48.4 + 1/48.4 + 1/242}$$

$$= -80\angle 120° \text{ V}$$

$$\dot{U}'_A = \dot{U}_A - \dot{U}_{N'N} = 220\angle 0° + 80\angle 120° = 192\angle 21.2° \text{ V}$$

$$\dot{U}'_B = \dot{U}_B - \dot{U}_{N'N} = 220\angle -120° + 80\angle 120° = 192\angle -14.1° \text{ V}$$

$$\dot{U}'_C = \dot{U}_C - \dot{U}_{N'N} = 220\angle 120° + 80\angle 120° = 300\angle 120° \text{ V}$$

从上例可以看出，Y 形连接负载不对称电路无中性线时，负载的相电压不再是对称的，会出现有的相电压偏高、有的相电压偏低的现象，这可能使有的负载因电压偏高，超过了它的额定电压而损坏；有的负载因电压偏低，低于它的额定电压而不能正常工作。因此，为了使负载正常工作，应使负载的相电压尽可能对称。在 Y - Y 连接的电路中，为防三相负载相电压不对称，电路常接有中线，迫使各相负载电压对称。

6.5 三相电路功率的计算

6.5.1 三相电路的瞬时功率

三相电路总的瞬时功率等于各相瞬时功率之和，即 $p = p_1 + p_2 + p_3$。

若对称三相电路各相电压、电流分别为

$$u_A = \sqrt{2}U_P\cos(\omega t), \ i_A = \sqrt{2}I_P\cos(\omega t - \varphi)$$

$$u_B = \sqrt{2}U_P\cos(\omega t - 120°), \ i_B = \sqrt{2}I_P\cos(\omega t - \varphi - 120°)$$

$$u_C = \sqrt{2}U_P\cos(\omega t + 120°), \ i_C = \sqrt{2}I_P\cos(\omega t - \varphi + 120°)$$

则各相瞬时功率分别为

$$p_A = u_A i_A = \sqrt{2} U_P \cos(\omega t) \times \sqrt{2} I_P \cos(\omega t - \varphi) = U_P I_P [\cos(2\omega t - \varphi) + \cos\varphi]$$

$$p_B = u_B i_B = \sqrt{2} U_P \cos(\omega t - 120°) \times \sqrt{2} I_P \cos(\omega t - \varphi - 120°)$$

$$= U_P I_P [\cos(2\omega t - \varphi - 240°) + \cos\varphi]$$

$$p_C = u_C i_C = \sqrt{2} U_P \cos(\omega t + 120°) \times \sqrt{2} I_P \cos(\omega t - \varphi + 120°)$$

$$= U_P I_P [\cos(2\omega t - \varphi + 240°) + \cos\varphi]$$

总的瞬时功率为

$$p = p_A + p_B + p_C = 3 U_P I_P \cos\varphi \tag{6.5.1}$$

上式表明，对称三相电路的瞬时功率为一常数。因此，采用对称三相电路运行的发电机和电动机的机械转矩是恒定的，也就没有波动，这是对称三相电路的一个突出优点。

6.5.2　三相电路的有功功率和无功功率

若三相电路各相电压的有效值分别为 U_A、U_B、U_C，相电流的有效值分别为 I_A、I_B、I_C，相电压与相电流的相位差分别为 φ_A、φ_B、φ_C，则三相负载的有功功率（平均功率）为

$$P = P_A + P_B + P_C = U_A I_A \cos\varphi_A + U_B I_B \cos\varphi_B + U_C I_C \cos\varphi_C \tag{6.5.2}$$

若三相电路为对称三相电路，由于 $U_A = U_B = U_C = U_P$，$I_A = I_B = I_C = I_P$，$\varphi_A = \varphi_B = \varphi_C = \varphi$，则式(6.5.2)可写成

$$P = 3 U_P I_P \cos\varphi \tag{6.5.3}$$

当负载为 Y 形连接时，$U_P = \dfrac{U_L}{\sqrt{3}}$，$I_P = I_L$；当负载为△形连接时，$U_P = U_L$，$I_P = \dfrac{I_L}{\sqrt{3}}$，则式(6.5.3)均可写成

$$P = \sqrt{3} U_L I_L \cos\varphi \tag{6.5.4}$$

式(6.5.4)适用于负载是 Y 形连接和△形连接的对称三相电路，φ 是相电压与对应相电流的相位差。

三相电路的无功功率等于各相无功功率之和，即

$$Q = Q_A + Q_B + Q_C = U_A I_A \sin\varphi_A + U_B I_B \sin\varphi_B + U_C I_C \sin\varphi_C \tag{6.5.5}$$

三相电路若为对称三相电路，由于 $U_A = U_B = U_C = U_P$，$I_A = I_B = I_C = I_P$，$\varphi_A = \varphi_B = \varphi_C = \varphi$，式(6.5.5)可以写成

$$Q = 3 U_P I_P \sin\varphi \tag{6.5.6}$$

或

$$Q = \sqrt{3} U_L I_L \sin\varphi \tag{6.5.7}$$

6.5.3　三相电路的视在功率和复功率

三相电路的视在功率为

$$S = \sqrt{P^2 + Q^2} \tag{6.5.8}$$

若三相电路为对称三相电路，则有

$$S = 3 U_P I_P \tag{6.5.9}$$

或

$$S = \sqrt{3} U_{\text{L}} I_{\text{L}} \tag{6.5.10}$$

功率因数为

$$\cos\varphi = \frac{P}{S} \tag{6.5.11}$$

三相电路的复功率等于各相复功率之和,即有

$$\tilde{S} = \tilde{S}_{\text{A}} + \tilde{S}_{\text{B}} + \tilde{S}_{\text{C}} = \dot{U}_{\text{A}} \dot{I}_{\text{A}}^* + \dot{U}_{\text{B}} \dot{I}_{\text{B}}^* + \dot{U}_{\text{C}} \dot{I}_{\text{C}}^* \tag{6.5.12}$$

若三相电路为对称三相电路,则有 $\tilde{S}_{\text{A}} = \tilde{S}_{\text{B}} = \tilde{S}_{\text{C}}$,式(6.5.12)可以写成

$$\tilde{S} = 3\tilde{S}_{\text{A}} \tag{6.5.13}$$

三相电路中,复功率、有功功率和无功功率仍然是守恒的。

【例 6.5.1】 对称三相电源的线电压 $U_{\text{L}} = 230$ V,负载阻抗 $Z = (12 + \text{j}16)$ Ω。试求:
(1)负载为 Y 形连接时的线电流和吸收的总功率;(2)负载为△形连接时的相电流和吸收的总功率。

解 (1)负载为 Y 形连接时,电路如图 6.5.1(a)所示。

相电压的有效值为

$$U_{\text{P}} = \frac{U_{\text{L}}}{\sqrt{3}} = \frac{230}{\sqrt{3}} = 132.79 \text{ V}$$

选择 A 相电压为参考相量,则有

$$\dot{U}_{\text{A}} = 132.79 \angle 0° \text{ V}$$

则 A 负载的线电流为

$$\dot{I}_{\text{A}} = \frac{\dot{U}_{\text{A}}}{Z} = \frac{132.79 \angle 0°}{12 + \text{j}16} = 6.64 \angle -53.13° \text{ A}$$

根据三相电路的对称性,B 相、C 相负载的线电流分别为

$$\dot{I}_{\text{B}} = 6.64 \angle -173.13° \text{A}, \quad \dot{I}_{\text{C}} = 6.64 \angle 66.87° \text{ A}$$

负载吸收的总功率为

$$P = 3 I_{\text{P}}^2 R = 3 \times 6.64^2 \times 12 = 1587.23 \text{ W}$$

(2)负载为△形连接时,电路如图 6.5.1(b)所示,A 相负载的相电流为

$$\dot{I}_{\text{A'B'}} = \frac{\dot{U}_{\text{AB}}}{Z} = \frac{230 \angle 30°}{12 + \text{j}16} = 11.5 \angle -23.16° \text{ A}$$

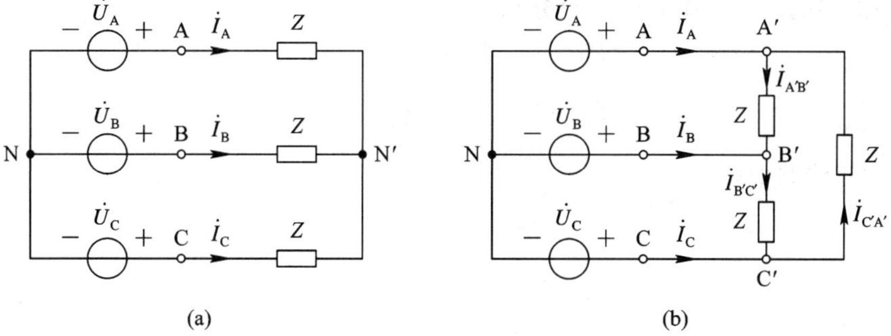

(a)　　　　　　　　　　　　　　　　(b)

图 6.5.1　例 6.5.1 电路图

根据三相电路的对称性，B 相、C 相负载的相电流分别为

$$\dot{I}_{B'C'} = 11.5 \angle -143.16° \text{ A}$$

$$\dot{I}_{C'A'} = 11.5 \angle 96.84° \text{ A}$$

负载吸收的总功率为

$$P = 3I_P^2 R = 3 \times 11.5^2 \times 12 = 4761 \text{ W}$$

比较(1)、(2)两种情况下的计算结果，可以看出：在电源线电压相同的情况下，△形连接负载所吸收的总功率是 Y 形连接负载的 3 倍。

6.5.4　三相电路功率的测量

三相电路连接方式不同，其功率测量的方法也不相同。在三相四线制电路中，负载不对称时可以采用三个单相功率表测量三相负载的功率，如图 6.5.2 所示，三相电路的有功功率为

$$P = P_A + P_B + P_C \tag{6.5.14}$$

若三相电路对称，只需要一个单相功率表测量一相功率，图 6.5.2 所示测量电路中的每一个功率表都可以完成测量任务，即

$$P = 3P_A = 3P_B = 3P_C \tag{6.5.15}$$

在三相三线制电路中，可采用两个单相功率表测量三相负载的有功功率，接线方法如图 6.5.3 所示，该方法称为二瓦特计法。这种方法的特点是两个功率表的电流线圈分别串联接入任意两个火线，如图中的 A、B 两线，电压线圈的非公用端都接到余下的一根火线上，如图中的 C 线。这种方法与负载无关，无论负载是否对称，无论负载采用 Y 形连接还是△形连接，该方法都适用，所以在三相三线制中得到了广泛应用。

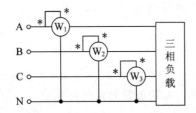
图 6.5.2　三相四线制有功功率的测量

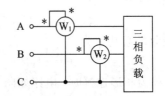
图 6.5.3　三相三线制有功功率的测量

图 6.5.3 中的两个功率表的读数分别为

$$\begin{cases} P_1 = U_{AC} I_A \cos(\varphi_{\dot{U}_{AC}} - \varphi_{i_A}) \\ P_2 = U_{BC} I_B \cos(\varphi_{\dot{U}_{BC}} - \varphi_{i_B}) \end{cases} \tag{6.5.16}$$

在三相三线制中，有

$$i_A + i_B + i_C = 0$$

故

$$i_C = -i_A - i_B$$

若负载等效为 Y 形连接，三相负载各相的相电压分别为 $u_{AN'}$、$u_{BN'}$、$u_{CN'}$，则三相电路的瞬时功率为

$$p = u_{AN'}i_A + u_{BN'}i_B + u_{CN'}i_C = (u_{AN'} - u_{CN'})i_A + (u_{BN'} - u_{CN'})i_C = u_{AB}i_A + u_{BC}i_B$$

根据有功功率的定义有

$$P = \frac{1}{T}\int_0^T p\,dt = U_{AC}I_A\cos(\varphi_{\dot{U}_{AC}} - \varphi_{i_A}) + U_{BC}I_B\cos(\varphi_{\dot{U}_{BC}} - \varphi_{i_B}) \quad (6.5.17)$$

式(6.5.16)中两个功率表的读数之和等于式
(6.5.17)的结果,三相三线制电路的有功功率等于
图 6.5.3 所示两个功率表读数之和,而其中任何一
个表的读数无实际意义。

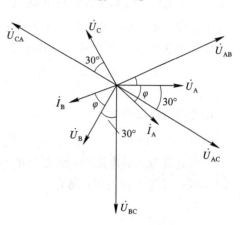

在对称三相三线制电路中,两个功率表的读
数有一定的规律,以图 6.5.3 所示的接线方式为
例,设三相负载为感性负载,其相量图如图 6.5.4
所示,则有

$$\begin{cases} P_1 = U_{AC}I_A\cos(30° - \varphi) \\ P_2 = U_{BC}I_B\cos(30° + \varphi) \end{cases} \quad (6.5.18)$$

其中,φ 为负载的阻抗角。两个功率表的读数一般
不相等。当 $\varphi > 60°$ 时,P_2 会出现负值,但两个功
率表的代数和为对称三相电路的功率。

图 6.5.4 感性负载电压和电流相量图

由式(6.5.18)可得

$$P_1 + P_2 = U_{AC}I_A\cos(30° - \varphi) + U_{BC}I_B\cos(30° + \varphi) = \sqrt{3}U_LI_L\cos\varphi$$

$$P_1 - P_2 = U_{AC}I_A\cos(30° - \varphi) - U_{BC}I_B\cos(30° + \varphi) = U_LI_L\sin\varphi$$

故有

$$Q = \sqrt{3}(P_1 - P_2) = \sqrt{3}U_LI_L\sin\varphi \quad (6.5.19)$$

$$\cos\varphi = \cos\left(\arctan\frac{\sqrt{3}(P_1 - P_2)}{P_1 + P_2}\right) \quad (6.5.20)$$

式(6.5.19)和式(6.5.20)表明,对称三相电路的无功功率和功率因数也可以通过两个功率表
的读数获得。

【例 6.5.2】 三相电路如图 6.5.5 所示,第一个功率表 W_1 的
读数为 833.33 W,第二个功率表 W_2 的读数为 1666.67 W,试求
三相感性负载的有功功率、无功功率及功率因数。

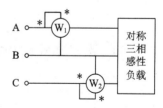

解 三相电路的有功功率为

$$P = P_1 + P_2 = 833.33 + 1666.67 = 2500 \text{ W}$$

无功功率为

$$Q = \sqrt{3}(P_2 - P_1) = \sqrt{3}(1666.67 - 883.33) = 1443 \text{ var}$$

图 6.5.5 例 6.5.2 图

功率因素为

$$\cos\varphi = \cos\left(\arctan\frac{\sqrt{3}(P_1 - P_2)}{P_1 + P_2}\right) = \cos\left(\arctan\frac{1443}{2500}\right) = 0.866$$

本 章 小 结

三相电路供电系统具有许多优点,应用非常广泛,须重点掌握对称三相电路的计算。对于对称三相电路,当负载为 Y 形连接时,线电压的有效值是相电压有效值的 $\sqrt{3}$ 倍,线电压超前相电压 30°,线电流等于相电流,则有

$$U_{\mathrm{L}} = \sqrt{3} U_{\mathrm{P}}$$
$$I_{\mathrm{L}} = I_{\mathrm{P}}$$

三相负载的总功率为

$$P = \sqrt{3} U_{\mathrm{L}} I_{\mathrm{L}} \cos \varphi_Z$$

当负载为 △ 形连接时,线电流的有效值是相电流有效值的 $\sqrt{3}$ 倍,线电流滞后相电流 30°,线电压等于相电压,则有

$$U_{\mathrm{L}} = U_{\mathrm{P}}$$
$$I_{\mathrm{L}} = \sqrt{3} I_{\mathrm{P}}$$

三相负载的总功率为

$$P = \sqrt{3} U_{\mathrm{L}} I_{\mathrm{L}} \cos \varphi_Z$$

不对称三相电路负载功率的计算与一般正弦稳态功率的计算相同,求出各相负载的电压、电流后,即可计算出各相负载的功率,总功率为各相负载功率之和。

对称三相电路的计算特点:Y–Y 连接的电路可以抽出一相计算。对于非 Y–Y 连接的电路,可以先把电路转换成 Y–Y 连接的电路,再抽出一相计算(通常选择 A 相),其他各相电量可以根据对称性写出。

无中线的不对称三相电路会产生中性点位移,会使各相负载上的电压不对称。解决的方法就是必须有中线,使两中点强制重合,从而使负载上的电压对称。

对称或不对称三相三线制电路的总功率,可以采用二瓦特计法。

习 题

6.1　题 6.1 图所示为对称三相电路,已知 $\dot{U}_{\mathrm{A}} = 220\angle 0°$ V, $Z = (6+\mathrm{j}8)$ Ω, $Z_{\mathrm{N}} = (1+\mathrm{j}2)$ Ω,

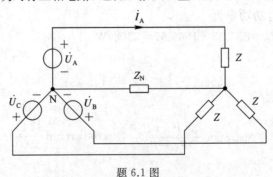

题 6.1 图

求各相负载电流。

6.2 电路如题 6.2 图所示，在三相四线制供电线路中，已知电源线电压 $u_{12} = 380\sqrt{2}\cos(314t + 30°)$ V，Y 形连接的三相负载的阻抗 $Z_1 = Z_2 = Z_3 = 22$ Ω。试求：

(1) 相电压 $\dot{U}_1$、$\dot{U}_2$、$\dot{U}_3$；

(2) 线电流 $\dot{I}_{L1}$、$\dot{I}_{L2}$、$\dot{I}_{L3}$；

(3) 相电流 $\dot{I}_1$、$\dot{I}_2$、$\dot{I}_3$；

(4) 三相总功率 P。

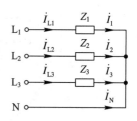

题 6.2 图

6.3 对称三相电源的相电压为 125 V，对称 Y 形连接负载阻抗为 $(19.9 + j14.2)$ Ω，线路阻抗为 $(0.1 + j0.8)$ Ω，以电源的 A 相电压为参考相量，求：

(1) 三个相电流；

(2) 电源处的三个线电压；

(3) 负载处的三个相电压；

(4) 负载处的三个线电压。

6.4 对称三相电路电源端的线电压 $U_L = 380$ V，负载为△形连接，负载阻抗 $Z = (78 + j67)$ Ω，输电线的线路阻抗 $Z_1 = (2 + j3)$ Ω。试求负载的相电流、相电压和线电压。

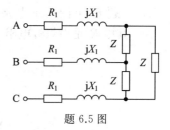

题 6.5 图

6.5 题 6.5 图所示为对称三相电路，负载阻抗 $Z = (150 + j150)$ Ω，传输线参数 $X_1 = 2$ Ω，$R_1 = 2$ Ω，负载线电压为 380 V，试求电源线电压。

6.6 题 6.6 图所示电路中，已知方框内为 Y 形连接的对称三相负载，其线电压有效值为 380 V，功率因素为 0.909(感性)，三相功率为 10 kW，试求线电流 $\dot{I}_A$、$\dot{I}_B$、$\dot{I}_C$。

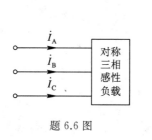

题 6.6 图

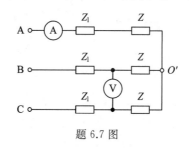

题 6.7 图

6.7 题 6.7 图所示对称三相电路中，电压表的读数为 1143.16 V，$Z_1 = (1 + j2)$ Ω，$Z = (15 + j15)\sqrt{3}$ Ω，试求电路中电流表的读数、电压 U_{BC} 及电源输出的有功功率。

6.8 题 6.8 图所示对称三相电路中，电源电压 $\dot{U}_{AB} = 380\angle 0°$ V，其中对称三相感性负载的有功功率为 5.7 kW，功率因素为 0.866，另一组 Y 形连接的容性负载的每相阻抗 $Z = 22\angle -30°$ Ω，求电流 $\dot{I}_A$。

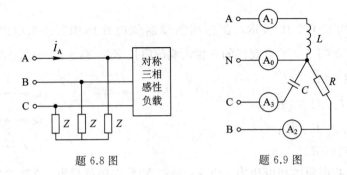

题 6.8 图　　　　　　　　　　题 6.9 图

6.9　题 6.9 图所示的电路中，对称三相电源供给不对称负载，用电流表测出三根火线的电流均为 20 A。试求电流表 A_0 的读数（中线电流的读数）。

6.10　把一个三相对称负载接入三相电源，负载额定电压为 220 V，每相电阻为 12 Ω，感抗为 16 Ω，电源线电压为 380 V，问：

（1）负载应为何种连接？

（2）三相电路的 P、Q、S 及 $\cos\varphi$ 各是多少？

6.11　题 6.11 图所示电路为一不对称三相电路，对称三相电源线电压为 U_L，$R = 1/(\omega C)$，其中 R 是白炽灯电阻，求中点位移电压和各个电阻上的电压。

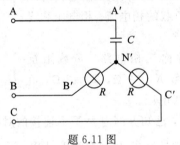

题 6.11 图

第 7 章　耦合电感和变压器的分析

在很多电工电子设备中，不仅有电路的问题，由于电路中存在电感线圈，所以还有磁路的问题。本章学习的耦合电感元件和变压器元件属于多端元件。实际电路中，如收音机和电视机中使用的中周、振荡线圈，整流电路中使用的变压器等都是耦合电感元件或变压器元件。

7.1　耦 合 电 感

当线圈中通以电流，线圈中会产生磁通，通以变化的电流会产生变化的磁通，它的周围将建立磁场。当两个或两个以上的线圈较近，其中一个线圈有交变电流通过时，不仅在自身线圈上产生磁通和电压，还会在其他线圈上产生磁通和电压。载流线圈之间通过彼此的磁场相互联系的物理现象称为磁耦合。具有磁耦合的两个或两个以上的线圈，称为耦合线圈或互感线圈。假定各线圈的位置固定，且线圈本身所具有的损耗电阻和匝间分布电容可忽略，那么得到的耦合线圈的理想化模型称为理想耦合电感(Coupled Inductor)。

7.1.1　耦合电感

图 7.1.1 所示为一个由 N 匝线圈构成的电感，当电流 i 流过该线圈时，在其周围产生的磁通设为 Φ，则该线圈的磁通链 Ψ 应为

$$\Psi = N\Phi$$

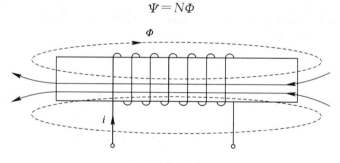

图 7.1.1　电感

当线圈周围的介质为非铁磁物质时，磁通链 Ψ 与流过线圈的电流 i 成正比。当 Ψ 与 i 的参考方向符合右手螺旋定则时，有

$$\Psi = Li$$

式中 L 为线圈的自感系数，简称自感，它是常量，单位为亨(H)。

变化磁通在自身线圈两端引起了自感电压，这种现象称为自感现象。当电流 i 变化时，磁通 Φ 和磁通链 Ψ 也随之变化，于是在线圈的两端出现感应电压，即自感电压 u_L。按照法

拉第电磁感应定律,该线圈中的感应电压正比于线圈的匝数 N 以及磁通量 Φ 关于时间的变化率。

$$u_L = N \frac{\mathrm{d}\Phi}{\mathrm{d}t} \qquad (7.1.1)$$

如果端口电压 u_L 与电流 i 为关联参考方向,且电流 i 与磁通的参考方向符合右手螺旋定则,那么电感的伏安关系为

$$u_L = L \frac{\mathrm{d}i}{\mathrm{d}t} \qquad (7.1.2)$$

由式(7.1.1)和式(7.1.2)可以得到自感 L 为

$$L = N \frac{\mathrm{d}\Phi}{\mathrm{d}i} \qquad (7.1.3)$$

图 7.1.2 中有两个线圈 1、2,线圈匝数分别为 N_1 和 N_2,自感分别为 L_1 和 L_2。线圈 1 中通以电流 i_1,线圈 2 中通以电流 i_2,i_1 和 i_2 称为施感电流。当 i_1 通过线圈 1 时,线圈 1 中将产生自感磁通 Φ_{11},方向如图 7.1.2 所示,Φ_{11} 在穿越自身的线圈时,所产生的磁通链为 Ψ_{11},Ψ_{11} 称为自感磁通链,$\Psi_{11} = N_1 \Phi_{11}$。$\Phi_{11}$ 的一部分或全部交链线圈 2 时,线圈 1 对线圈 2 的互感磁通为 Φ_{21},Φ_{21} 在线圈 2 中产生的磁通链为 Ψ_{21},Ψ_{21} 称为互感磁通链,$\Psi_{21} = N_2 \Phi_{21}$。同理,线圈 2 中的电流 i_2 也在线圈 2 中产生自感磁通 Φ_{22} 和自感磁通链 Ψ_{22},在线圈 1 中产生互感磁通 Φ_{12} 和互感磁通链 Ψ_{12}。这就是彼此耦合的情况,工程上称这对耦合线圈为耦合电感。

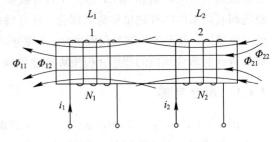

图 7.1.2 两个线圈耦合的电感线圈

两个线圈间有磁通交链,因此相互引起的电压称为互感电压,这种相互引起感应电压的现象称为互感现象。

每个耦合线圈中的磁通链等于自感磁通链和互感磁通链的代数和,设线圈 1 和 2 的总磁通链分别为 Ψ_1 和 Ψ_2,则

$$\begin{cases} \Psi_1 = \Psi_{11} \pm \Psi_{12} \\ \Psi_2 = \pm \Psi_{21} + \Psi_{22} \end{cases} \qquad (7.1.4)$$

当周围空间为各向同性的线性磁介质时,每一种磁通链都与产生它的施感电流成正比,则自感磁通链为

$$\Psi_{11} = L_1 i_1, \ \Psi_{22} = L_2 i_2$$

互感磁通链为

$$\Psi_{12} = M_{12} i_2, \ \Psi_{21} = M_{21} i_1$$

式中,M_{21} 为线圈 1 中电流对线圈 2 的互感系数;M_{12} 为线圈 2 的电流对线圈 1 的互感系数。M_{12} 和 M_{21} 简称互感(Mutual Inductance),单位均为亨利(H),可以证明 $M_{12} = M_{21}$。所以在只有两个线圈耦合时可以略去 M 的下标,不再区分 M_{12} 和 M_{21},都用 M 表示。于是一对耦合线圈的磁通链可表示为

$$\begin{cases} \Psi_1 = L_1 i_1 \pm M i_2 \\ \Psi_2 = \pm M i_1 + L_2 i_2 \end{cases} \qquad (7.1.5)$$

　　只要 u、i 为关联参考方向，自感磁通链总为正数，互感磁通链可正可负。当互感磁通链的参考方向与自感磁通链的参考方向一致时，彼此相互加强，互感磁通链取正号；反之，互感磁通链取负号。互感磁通链的方向由它的电流方向、线圈绕向及相对位置决定。

　　当图 7.1.2 中耦合电感 L_1 和 L_2 有变化的电流通过时，各电感中的磁通链也将随电流的变化而变化。设 L_1 和 L_2 中的电压、电流均为关联参考方向，且电流与磁通符合右手螺旋定则，依据法拉第电磁感应定律，由式(7.1.5)可得

$$\begin{cases} u_1 = \dfrac{d\Psi_1}{dt} = u_{11} \pm u_{12} = L_1 \dfrac{di_1}{dt} \pm M \dfrac{di_2}{dt} \\ u_2 = \dfrac{d\Psi_2}{dt} = \pm u_{21} + u_{22} = \pm M \dfrac{di_1}{dt} + L_2 \dfrac{di_2}{dt} \end{cases} \tag{7.1.6}$$

自感电压为

$$u_{11} = L_1 \frac{di_1}{dt}, \quad u_{22} = L_2 \frac{di_2}{dt}$$

互感电压

$$u_{12} = M \frac{di_2}{dt}, \quad u_{21} = M \frac{di_1}{dt}$$

　　式(7.1.6)表示了耦合电感的电压、电流关系，即伏安关系，该式表明耦合电感上的电压是自感电压和互感电压的代数和。u_1 不仅与 i_1 有关，也与 i_2 有关，u_2 亦如此。u_{12} 是变化的电流 i_2 在 L_1 中产生的互感电压，u_{21} 是变化的电流 i_1 在 L_2 中产生的互感电压。如果电感的电压和电流取关联参考方向时，自感电压总为正数，互感电压可正可负。当互感磁通链与自感磁通链相互增强（即磁通相助）时，互感电压为正；反之（即磁通相消时）互感电压为负。

　　在正弦稳态激励下，耦合电感的伏安关系，即式(7.1.6)的相量形式为

$$\begin{cases} \dot{U}_1 = j\omega L_1 \dot{I}_1 \pm j\omega M \dot{I}_2 \\ \dot{U}_2 = \pm j\omega M \dot{I}_1 + j\omega L_2 \dot{I}_2 \end{cases} \tag{7.1.7}$$

式中，ωL_1 和 ωL_2 分别为两线圈的自感抗；ωM 为互感抗。

　　互感的量值反映了一个线圈在另一个线圈产生磁通链的能力。在一般情况下，一个耦合线圈的电流产生磁通，其中只有部分磁通与另一个线圈相交链，如图 7.1.2 所示，Φ_{21} 只是 Φ_{11} 的一部分，即 $\Phi_{21} \leqslant \Phi_{11}$；同理 $\Phi_{12} \leqslant \Phi_{22}$。为了描述耦合线圈耦合的紧密程度，通常把两线圈的互感磁通链与自感磁通链之比的几何平均值定义为耦合系数（Coupling Coefficient），用 k 表示，即

$$k = \sqrt{\frac{\Psi_{21}}{\Psi_{11}} \cdot \frac{\Psi_{12}}{\Psi_{22}}} = \sqrt{\frac{\Phi_{21}}{\Phi_{11}} \cdot \frac{\Phi_{12}}{\Phi_{22}}} = \frac{M}{\sqrt{L_1 L_2}} \tag{7.1.8}$$

又由于

$$k = \frac{M}{\sqrt{L_1 L_2}} = \sqrt{\frac{M^2}{L_1 L_2}} = \sqrt{\frac{(Mi_1)(Mi_2)}{L_1 i_1 L_2 i_2}} = \sqrt{\frac{\Psi_{12}\Psi_{21}}{\Psi_{11}\Psi_{22}}} \leqslant 1$$

　　由上式可知，$0 \leqslant k \leqslant 1$。$k$ 值越大，互感磁通越接近自感磁通，说明两个线圈之间耦合越紧密；当 $k=1$ 时，两线圈耦合称为全耦合；当 $k=0$ 时，说明两线圈没有耦合；k 值接近

1，两线圈耦合称为紧耦合；k 值较小时，两线圈耦合称为松耦合。

耦合系数 k 的大小与两线圈的结构、相互位置以及周围磁介质有关。如图 7.1.3(a) 所示，将两个线圈绕在一起，其 k 值可能接近 1；相反，如图 7.1.3(b) 所示，两线圈的轴线相互垂直，其 k 值可能近似于零。由此可见，改变或调整两线圈的相互位置，可以改变耦合系数 k 的大小。当 L_1、L_2 一定时，改变 k 值也就相应地改变了互感 M 的大小。

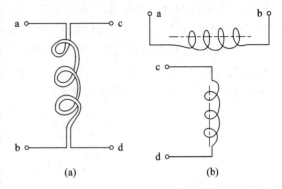

图 7.1.3　耦合线圈的结构及相互位置

在电子电路和电力系统中，为了更有效地传输信号或功率，线圈耦合总是尽可能紧密地耦合，使 k 值尽可能接近 1，一般都采用铁磁性材料制成芯子的方法来达到这一目的。而在工程上有时需要尽量减少互感的作用，以避免线圈之间的相互干扰，除了采用磁屏蔽手段外，还可合理布置这些线圈的相互位置，大大地减小它们的耦合作用，使实际的电器设备或系统少受或不受干扰影响，从而能正常地运行。

7.1.2　耦合电感的同名端

根据之前关于互感电压符号的讨论，要确定互感电压的"＋"或"－"号，必须知道互感磁通链和自感磁通链是相互增强还是相互抵消。在电压、电流参考方向一定的前提下，就必须知道线圈的相对位置及绕行方向。但实际的线圈往往是密封的，无法看到具体绕行方向，并且在电路图中绘出线圈的绕行方向和空间位置也很不方便，为此引入同名端（Dotted Terminals）的概念。

两个线圈的同名端是这样规定的：当两个电流分别从两个线圈的对应端子同时流入（或流出）时，若产生的磁通相互增强，则这两个对应端子称为两个线圈的同名端；反之，称为异名端。

如图 7.1.4(a) 所示，当 i_1 和 i_2 分别从 a、d 端流入时，所产生的磁通相互增强，则 a 与 d 是一对同名端（b 与 c 也是一对同名端），a 与 c 是一对异名端（b 与 d 也是一对异名端）。两个有耦合的线圈同名端用相同的符号标记，如"·"或"＊"。根据同名端的规定，图 7.1.4(a) 所示的耦合线圈在电路中可用图 7.1.4(b) 所示的有同名端标记的电路模型表示。

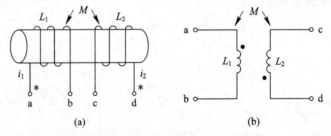

图 7.1.4　同名端

　　耦合线圈标注同名端后，且两线圈上电压、电流参考方向标定后，可按下列规则确定自感电压和互感电压的符号：先确定自感电压的符号，自感电压符号由各自线圈上的电压、电流参考方向决定，如果线圈上的电压、电流为关联参考方向，该线圈的自感电压取"＋"号，否则取"－"号；再确定互感电压的符号，互感电压的符号由同名端判定，若两个耦合线圈电流均从各自同名端流入（或流出），则各线圈的互感电压与自感电压符号相同，否则互感电压与自感电压符号相反。

　　同名端总是成对出现的，如果有两个以上的线圈彼此间都存在磁耦合时，同名端应一对一对地加以标记，且每一对须用不同的符号标出。如图 7.1.5 中线圈 1 和线圈 2 用小圆点标示的端子为同名端，当电流从这两端子同时流入或流出时，互感起相助作用。同理，线圈 1 和线圈 3 用星号标示的端子为同名端；线圈 2 和线圈 3 用三角标示的端子为同名端。

　　对于未标明同名端的一对耦合线圈，我们可采用实验的方法加以测定其同名端。实验电路如图 7.1.6 所示，把一个线圈通过开关 S 接到一个直流电源上，把一个直流电压表接到另一线圈上。把开关 S 迅速闭合，就有随时间增大的电流 i 从电源正极流入线圈 a 端，如果电压表指针正向偏转，就说明 c 端为高电位端，由此判断，a 端和 c 端是同名端；如果电压表指针反向偏转，就说明 c 端为低电位端，由此判断，a 端和 d 端是同名端。

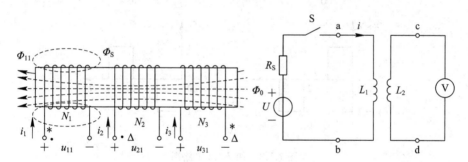

图 7.1.5　耦合线圈同名端的表示方法　　　　图 7.1.6　测定同名端的实验电路

　　【例 7.1.1】　图 7.1.7(a)、(b)所示分别为两个耦合线圈，已知同名端和各线圈上电压、电流的参考方向，试写出每一线圈上的电压、电流关系。

　　解　分析图(a)有以下结果。

　　线圈 1：由于其电压和电流为关联参考方向，因此其自感电压取"＋"号。

　　线圈 2：由于其电压和电流为关联参考方向，因此其自感电压取"＋"号。

　　互感电压符号判断：由于两线圈电流均从同名端流入，磁通相助，因此每个线圈的自感电压和互感电压同号。

　　由此可写出图 7.1.7(a)所示线圈的电压、电流关系如下式：

$$u_1 = L_1 \frac{\mathrm{d}i_1}{\mathrm{d}t} + M \frac{\mathrm{d}i_2}{\mathrm{d}t}, \quad u_2 = M \frac{\mathrm{d}i_1}{\mathrm{d}t} + L_2 \frac{\mathrm{d}i_2}{\mathrm{d}t}$$

同理，可分析出图 7.1.7(b)所示线圈的电压和电流的关系为

$$u_1 = L_1 \frac{\mathrm{d}i_1}{\mathrm{d}t} - M \frac{\mathrm{d}i_2}{\mathrm{d}t}, \quad u_2 = -M \frac{\mathrm{d}i_1}{\mathrm{d}t} + L_2 \frac{\mathrm{d}i_2}{\mathrm{d}t}$$

　　注意：耦合电感的伏安关系，与耦合电感的同名端位置有关、与两线圈上电流参考方

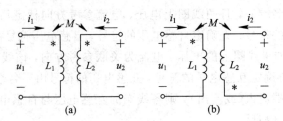

图 7.1.7　例 7.1.1 电路图

向及电压参考方向有关。

【例 7.1.2】　在图 7.1.8(a)所示耦合电路中，已知 $L_1=L_2=1$ H，互感 $M=0.5$ H，电流源 $i_1(t)$ 的波形如图 7.1.8(b)所示，试求左侧输入电压 u_{ab} 和右侧开路电压 u_{cd} 的波形。

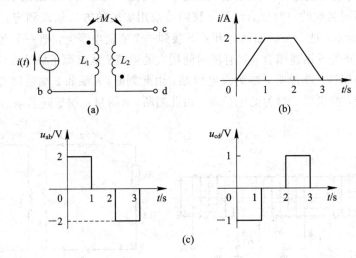

图 7.1.8　例 7.1.2 电路图

解　由于 L_2 线圈开路，其电流为零，因而 L_1 上只有自感电压 u_{ab}，而 L_2 上自感电压为零，仅有由电流 i_1 产生的互感电压 u_{cd}。规定线圈 L_1 的 u_{L1} 与 i_1 正方向一致，故 u_{L1} 在图中为上正下负；互感电压 u_{cd} 与 i_1 正方向对同名端一致，故 u_{cd} 为上负下正，有

$$u_{ab}=u_{L1}=L_1\frac{\mathrm{d}i}{\mathrm{d}t}, \quad u_{cd}=u_{M2}=-M\frac{\mathrm{d}i}{\mathrm{d}t}$$

由图 7.1.8(b)波形可知

$$i=\begin{cases} 2t & 0<t<1 \\ 2 & 1<t<2 \\ 6-2t & 2<t<3 \end{cases}$$

当 $0<t<1s$ 时，得

$$u_{ab}=L_1\frac{\mathrm{d}i}{\mathrm{d}t}=1\cdot\frac{\mathrm{d}(2t)}{\mathrm{d}t}=2 \text{ V}$$

$$u_{cd}=-M\frac{\mathrm{d}i}{\mathrm{d}t}=-0.5\cdot\frac{\mathrm{d}(2t)}{\mathrm{d}t}=-1 \text{ V}$$

当 $1<t<2s$ 时，得

$$u_{ab} = L_1 \frac{di}{dt} = 1 \cdot \frac{d(2)}{dt} = 0$$

$$u_{cd} = -M \frac{di}{dt} = -0.5 \cdot \frac{d(2)}{dt} = 0$$

当 $0 < t < 1s$ 时，得

$$u_{ab} = L_1 \frac{di}{dt} = 1 \cdot \frac{d(6-2t)}{dt} = -2 \text{ V}$$

$$u_{cd} = -M \frac{di}{dt} = -0.5 \cdot \frac{d(6-2t)}{dt} = 1 \text{ V}$$

输入电压 u_{ab} 与开路电压 u_{cd} 的波形如图 7.1.8(c) 所示。

【例 7.1.3】 电路如图 7.1.9 所示，已知 $L_1 = 10$ mH、$L_2 = 22.5$ mH，耦合电感的耦合系数 $k = 0.8$，当线圈 2 短接时，求线圈 1 端口的等效电感。

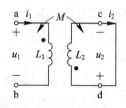

图 7.1.9　例 7.1.3 电路图

解 两线圈的互感为

$$M = k\sqrt{L_1 L_2} = 0.8\sqrt{10 \times 22.5}\text{ mH} = 12\text{ mH}$$

设 u_1、i_1、u_2、i_2 如图所示，则

$$\begin{cases} u_1 = L_1 \dfrac{di_1}{dt} + M \dfrac{di_2}{dt} \\[2mm] u_2 = +L_2 \dfrac{di_2}{dt} + M \dfrac{di_1}{dt} = 0 \end{cases}$$

由第二个式子得

$$\frac{di_2}{dt} = -\frac{M}{L_2}\frac{di_1}{dt}$$

将它代入第一个式子得

$$u_1 = L_1 \frac{di_1}{dt} - \frac{M^2}{L_2}\frac{di_1}{dt} = \left(L_1 - \frac{M^2}{L_2}\right)\frac{di_1}{dt}$$

所以线圈 1 端口的等效电感为

$$L = L_1 - \frac{M^2}{L_2} = 3.6\text{ mH}$$

7.2　耦合电感的计算

本节主要讲述含耦合电感的电路的基本计算方法。在分析计算含耦合电感的正弦稳态电路时，仍然采用相量法，其 KCL 的形式不变，但在 KVL 表达式中，应计入由于互感的作用而引起的互感电压。

如果我们对含耦合电感的电路进行等效变换，消去互感，求出它们的去耦等效电路，就可不必计入由于互感的作用而引起的互感电压，最终可达到简化这类电路的分析计算的目的。含耦合电感的电路有多种形式，下面将对具有不同特点的含耦合电感的电路进行分析，消去互感，得到消去互感后的等效电路。

7.2.1　耦合电感的串联

耦合电感的串联方式有两种——顺接和反接,电流从两个电感的同名端流入(或流出)称为顺接,即异名端相接,如图 7.2.1(a)所示,应用 KVL,得

$$u_1 = L_1 \frac{\mathrm{d}i}{\mathrm{d}t} + M \frac{\mathrm{d}i}{\mathrm{d}t}$$

$$u_2 = L_2 \frac{\mathrm{d}i}{\mathrm{d}t} + M \frac{\mathrm{d}i}{\mathrm{d}t}$$

$$u = u_1 + u_2 = (L_1 + L_2 + 2M) \frac{\mathrm{d}i}{\mathrm{d}t} = L \frac{\mathrm{d}i}{\mathrm{d}t} \qquad (7.2.1)$$

对应的相量形式为

$$\dot{U} = \mathrm{j}\omega(L_1 + L_2 + 2M)\dot{I} = \mathrm{j}\omega L \dot{I} \qquad (7.2.2)$$

其中,$L = L_1 + L_2 + 2M$,由此方程可以得到图 7.2.1(a)所示的无互感的等效电路,如图 7.2.1(c)所示,所以耦合电感顺接时可用一个等效电感 L 替代,可见顺接时总电感增大。

图 7.2.1(b)给出了耦合电感的反接,即同名端相接,应用 KVL,得

$$u_1 = L_1 \frac{\mathrm{d}i}{\mathrm{d}t} - M \frac{\mathrm{d}i}{\mathrm{d}t}$$

$$u_2 = L_2 \frac{\mathrm{d}i}{\mathrm{d}t} - M \frac{\mathrm{d}i}{\mathrm{d}t}$$

$$u = L_1 \frac{\mathrm{d}i}{\mathrm{d}t} - M \frac{\mathrm{d}i}{\mathrm{d}t} + L_2 \frac{\mathrm{d}i}{\mathrm{d}t} - M \frac{\mathrm{d}i}{\mathrm{d}t} = (L_1 + L_2 - 2M) \frac{\mathrm{d}i}{\mathrm{d}t} = L \frac{\mathrm{d}i}{\mathrm{d}t} \qquad (7.2.3)$$

对应的相量形式为

$$\dot{U} = \mathrm{j}\omega(L_1 + L_2 - 2M)\dot{I} = \mathrm{j}\omega L \dot{I} \qquad (7.2.4)$$

其中,$L = L_1 + L_2 - 2M$,由此方程可以得到图 7.2.1(b)所示的无互感的等效电路,如图 7.2.1(d)所示,耦合电感反接时可用一个等效电感 L 替代,可见反接时总电感变小。

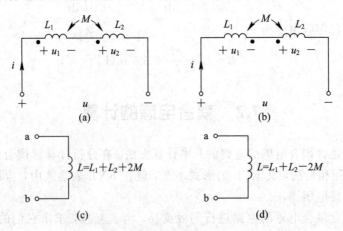

图 7.2.1　耦合电感的串联及等效电路

实际电感线圈可等效成一个电阻与一个理想电感的串联,所以在耦合电感串联电路分

析中往往也会出现与电感串联的电阻，其分析方法与理想电感电路串联分析方法基本相同，只需要在图 7.2.1 中加上线圈的电阻效应即可。此时有

$$u = (R_1 + R_2)i + (L_1 + L_2 \pm 2M)\frac{\mathrm{d}i}{\mathrm{d}t} \tag{7.2.5}$$

对应的相量形式为

$$\dot U = (R_1 + R_2)\dot I + \mathrm{j}\omega(L_1 + L_2 \pm 2M)\dot I = (R_1 + R_2)\dot I + \mathrm{j}\omega L\dot I \tag{7.2.6}$$

【例 7.2.1】　电路如图 7.2.2 所示，已知 $L_1 = 1$ H、$L_2 = 2$ H、$M = 0.5$ H、$R_1 = R_2 = 1$ kΩ，正弦电压 $u_S = 100\cos(200\pi t)$ V，试求电流 i 及耦合系数 k。

解　电压 u_S 的最大值相量为

$$\dot U_{Sm} = 100\angle 0° \text{ V}$$

因两线圈为反接，所以等效阻抗为

$$\begin{aligned}
Z_i &= R_1 + R_2 + \mathrm{j}\omega(L_1 + L_2 - 2M) \\
&= 2000 + \mathrm{j}200\pi(3 - 1) = 2000 + \mathrm{j}400\pi \\
&= 2360\angle 32.1° \text{ Ω}
\end{aligned}$$

$$\dot I_m = \frac{\dot U_{Sm}}{Z_i} = 42.3\angle -32.1° \text{ mA}$$

$$i = 42.3\cos(200\pi t - 32.1°) \text{ mA}$$

$$k = \frac{M}{\sqrt{L_1 L_2}} = \frac{0.5}{\sqrt{2\times 1}} = \frac{0.5}{1.41} = 0.354 = 35.4\%$$

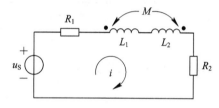

图 7.2.2　例 7.2.1 电路图

7.2.2　耦合电感的并联

耦合电感的并联也有两种形式，一种是两个电感线圈的同名端相连，称为同侧并联，如图 7.2.3(a)所示；另一种是两个电感线圈的异名端相连，称为异侧并联，如图 7.2.3(b)所示。在正弦稳态情况下对同侧并联电路，列电路相量方程：

$$\begin{cases}
\dot U = \mathrm{j}\omega L_1 \dot I_1 + \mathrm{j}\omega M \dot I_2 \\
\dot U = \mathrm{j}\omega L_2 \dot I_2 + \mathrm{j}\omega M \dot I_1 \\
\dot I = \dot I_1 + \dot I_2
\end{cases} \tag{7.2.7}$$

由 $\dot I = \dot I_1 + \dot I_2$ 可得 $\dot I_2 = \dot I - \dot I_1$，$\dot I_1 = \dot I - \dot I_2$。再将 $\dot I_2$ 和 $\dot I_1$ 分别代入第 1 条支路和第 2 条支路方程中，则有

$$\begin{cases}
\dot U = \mathrm{j}\omega L_1 \dot I_1 + \mathrm{j}\omega M(\dot I - \dot I_1) = \mathrm{j}\omega(L_1 - M)\dot I_1 + \mathrm{j}\omega M\dot I \\
\dot U = \mathrm{j}\omega L_2 \dot I_2 + \mathrm{j}\omega M(\dot I - \dot I_2) = \mathrm{j}\omega(L_2 - M)\dot I_2 + \mathrm{j}\omega M\dot I
\end{cases} \tag{7.2.8}$$

根据式(7.2.8)的伏安关系及等效电路的概念，图 7.2.3(a)所示的具有互感的电路就可用图 7.2.3(c)所示的无互感的电路来等效。

同理，对异侧并联，也可得到无互感的等效电路，如图 7.2.3(d)所示。像这样把具有互感的电路等效化为无互感的电路的处理方法，称为去耦法，把得到的等效的无互感电路称为去耦等效电路。等效电感与电流的参考方向无关。由图 7.2.3(c)可直接求出两个线圈同

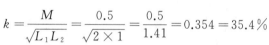

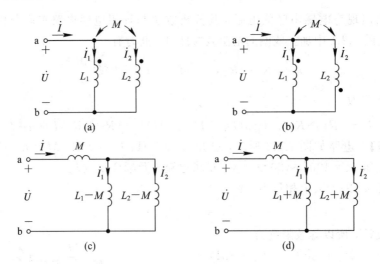

图 7.2.3　耦合电感的并联及去耦等效电路

侧并联时的等效电感为

$$L = \frac{L_1 L_2 - M^2}{L_1 + L_2 - 2M} \tag{7.2.9}$$

由图 7.2.3(d)可直接求出两个线圈异侧并联时的等效电感为

$$L = \frac{L_1 L_2 - M^2}{L_1 + L_2 + 2M} \tag{7.2.10}$$

7.2.3　耦合电感的 T 形等效

如果耦合电感的两条支路各有一端与第三条支路形成一个仅含 3 条支路的共同结点，称为耦合电感的 T 形连接。显然耦合电感的并联就属于 T 形连接。T 形连接有两种方式，一种是同名端连在一起，如图 7.2.4(a)所示，称为同名端为共同端的 T 形连接；另一种是异名端连在一起，如图 7.2.4(b)所示，称为异名端为共同端的 T 形连接。

对图 7.2.4(a)中同名端为共同端相连的耦合电感 T 形电路，易知其电压方程为

$$\begin{cases} \dot{U}_{ac} = j\omega L_1 \dot{I}_1 + j\omega M \dot{I}_2 \\ \dot{U}_{bc} = j\omega L_2 \dot{I}_2 + j\omega M \dot{I}_1 \end{cases} \tag{7.2.11}$$

由 $\dot{I} = \dot{I}_1 + \dot{I}_2$ 得 $\dot{I}_2 = \dot{I} - \dot{I}_1$，$\dot{I}_1 = \dot{I} - \dot{I}_2$，将它们代入式(7.2.11)，变换后得

$$\begin{cases} \dot{U}_{ac} = j\omega(L_1 - M) \dot{I}_1 + j\omega M \dot{I} \\ \dot{U}_{bc} = j\omega M(L_2 - M) \dot{I}_2 + j\omega M \dot{I} \end{cases} \tag{7.2.12}$$

由式(7.2.12)可得图 7.2.4(a)的去耦等效电路，如图 7.2.4(c)所示。

同理，两互感线圈异名端为共同端的电路(见图 7.2.4(b))的去耦等效电路如图 7.2.4(d)所示。

归纳如下：如果耦合电感的 2 条支路各有一端与第 3 条支路形成一个仅含 3 条支路的共同结点，则可用 3 条无耦合的电感支路等效替代，3 条支路的等效电感如下：

支路 3：$L_3 = \pm M$，当同名端为共同端时，L_3 取"+"，反之取"−"。

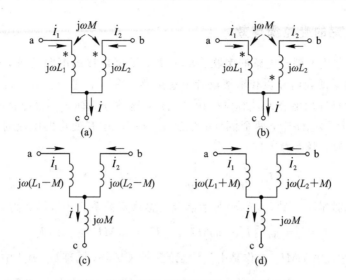

图 7.2.4　耦合电感的 T 形连接及去耦等效电路

支路 1：$L_1' = L_1 \mp M$，M 前所取符号与 L_3 中的相反。

支路 2：$L_2' = L_2 \mp M$，M 前所取符号与 L_3 中的相反。

上述分别对具有耦合电感的串联、并联及 T 形电路进行分析，得到了相应的去耦等效电路。在去耦等效电路中采用无互感电路进行分析和计算，但要注意等效的含义。

【例 7.2.2】　电路如图 7.2.5(a)、(b)所示，求对应端口 ab 间的等效电感。

解　根据耦合电感的 T 形连接可得去耦等效电路。

图 7.2.5(a)的等效电路如图 7.2.5(c)所示，可得端口 ab 间的等效电感为 5H。

图 7.2.5(b)的等效电路如图 7.2.5(d)所示电路，可得端口 ab 间的等效电感为 6 H。

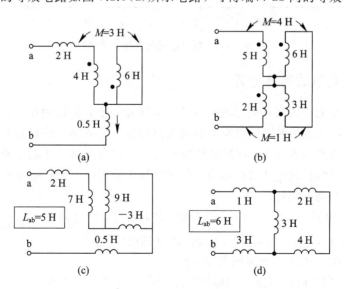

图 7.2.5　例 7.2.2 电路图

7.2.4　耦合电感的受控源等效

上文，我们介绍了耦合电感的串联、并联以及 T 型连接的电路等效，这些计算思路和方法能够很好地帮助我们分析和求解耦合电感电路。除了上述分析方法之外，我们还可将耦合电感电路的特性用电感元件和受控源来模拟，这种方法称为耦合电感的受控源等效。

图 7.2.6(a) 所示电路中，两个耦合的电感 L_1 和 L_2 中有变化的电流时，由于 L_1 和 L_2 的电压、电流均为关联参考方向，可得

$$u_1 = L_1 \frac{\mathrm{d}i_1}{\mathrm{d}t} + M \frac{\mathrm{d}i_2}{\mathrm{d}t}, \quad u_2 = M \frac{\mathrm{d}i_1}{\mathrm{d}t} + L_2 \frac{\mathrm{d}i_2}{\mathrm{d}t}$$

在正弦稳态激励下，图 7.2.6(a) 所示耦合电感伏安关系的相量形式为

$$\dot{U}_1 = \mathrm{j}\omega L_1 \dot{I}_1 + \mathrm{j}\omega M \dot{I}_2, \quad \dot{U}_2 = \mathrm{j}\omega M \dot{I}_1 + \mathrm{j}\omega L_2 \dot{I}_2$$

我们将 $\dot{U}_1$ 的表达式中 $\mathrm{j}\omega M \dot{I}_2$ 看作是由 $\dot{I}_2$ 控制的一个 CVVS，同理 $\dot{U}_2$ 表达中的 $\mathrm{j}\omega M \dot{I}_1$ 也可看作由 $\dot{I}_1$ 控制的一个 CVVS。这样图 7.2.6(a) 所示的电路就可以等效为图 7.2.6(b) 所示的受控源电路。不难看出，受控电压源(互感电压)的极性与产生它的变化电流的参考方向对同名端而言是一致的。其含义是，若一线圈中的电流参考方向由同名端指向异名端，则由此电流引起的在另一线圈上的互感电压极性由"＋"到"－"的方向也是从同名端到异名端的方向。

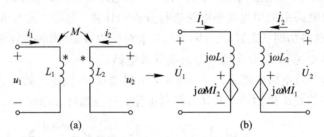

图 7.2.6　耦合电感的受控源等效

7.2.5　含耦合电感的电路计算

具有耦合电感的正弦交流电路的计算仍可采用相量法，但区别在于：利用基尔霍夫定律列方程时，应计入由互感的作用而引起的互感电压。当某些支路具有互感时，这些支路的电压不仅与本支路电流有关，同时还与那些与本支路有互感关系的支路电流有关，这种情况类似于含有电流控制电压源的电路，在进行具体分析计算时，应当充分注意因互感的作用而出现的一些特殊问题。

【例 7.2.3】　电路如图 7.2.7 所示，cd 端无闭合回路，同名端已标出，$M = 0.025$ H，$i_1 = \sqrt{2}\cos(1200t)$ A，求互感电压 u_{M2}。

解　选 u_{M2} 和 i_1 的正方向对同名端一致。

该电路因 cd 端无闭合回路，故无电流通过线圈 2，该端只有互感电压

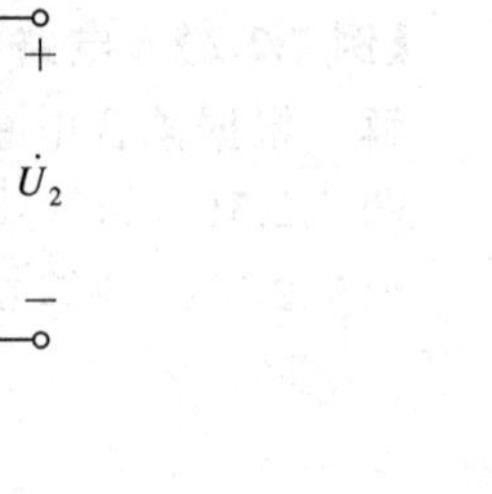

$$u_{M2} = M \frac{\mathrm{d}i_1}{\mathrm{d}t}$$

图 7.2.7　例 7.2.3 电路图

由于 i_1 为正弦电流，故可用相量法计算，即

$$\dot{U}_{M2} = j\omega M \dot{I}_1 = j1200 \times 0.025 \times 1\angle 0° = 30\angle 90° \text{ V}$$

$$u_{M2} = 30\sqrt{2}\cos(1200t + 90°) \text{ V}$$

【例 7.2.4】　图 7.2.8(a)所示具有互感的正弦电路中，已知 $u_S(t) = 2\cos(2t + 45°)$ V，$L_1 = L_2 = 1.5$ H，$M = 0.5$ H，$C = 0.25$ F，$R_L = 1$ Ω，求 R_L 上的电流 $\dot{I}_{Lm}$。

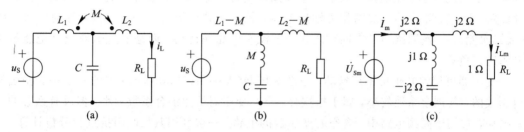

图 7.2.8　例 7.2.4 电路图

解　图 7.2.8(a)所示电路为同名端为共同端的 T 形连接，其去耦等效电路如图 7.2.8 (b)所示，其相量模型如图 7.2.8(c)所示。利用阻抗串、并联等效变换，求得电流

$$\dot{I}_m = \frac{\dot{U}_{Sm}}{\dfrac{(1+j2)(j-j2)}{(1+j2)+(j-j2)}+j2} = 2\sqrt{2}\angle 0° \text{ A}$$

由分流公式，得

$$\dot{I}_{Lm} = \frac{j - j2}{1 + j2 + j - j2}\dot{I}_m = 2\angle -135° \text{ A}$$

【例 7.2.5】　电路如图 7.2.9 所示，列写出网孔电流方程。

解　假设网孔电流的方向如图 7.2.9 所示，根据耦合电感电路自感、互感间的相互关系有

$$\begin{cases} (R_1 + j\omega L_1)\dot{I}_1 - j\omega L_1\dot{I}_3 + j\omega M(\dot{I}_2 - \dot{I}_3) = -\dot{U}_S \\ (R_2 + j\omega L_2)\dot{I}_2 - j\omega L_2\dot{I}_3 + j\omega M(\dot{I}_1 - \dot{I}_3) = k\dot{I}_1 \\ \left(j\omega L_1 + j\omega L_2 - j\dfrac{1}{\omega C}\right)\dot{I}_3 - j\omega L_1\dot{I}_1 - j\omega L_2\dot{I}_2 + j\omega M(\dot{I}_3 - \dot{I}_1) + j\omega M(\dot{I}_3 - \dot{I}_2) = 0 \end{cases}$$

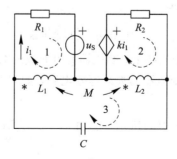

图 7.2.9　例 7.2.5 电路图

7.3　空芯变压器

变压器是利用电磁感应原理传输电能或电信号的器件。它常应用在电工、电子技术中，在其他课程有专门的论述，这里仅对其电路原理进行简要的介绍。变压器由两个耦合线圈绕在一个共同的芯子上制成，其中一个线圈作为输入端口，与电源形成一个回路，称为一次回路（或一次侧）；另一线圈作为输出端口，接入负载后形成另一个回路，称为二次回路（或二次侧）。一次回路与二次回路之间一般没有电路相连接，而是通过磁通耦合把能量从电源送到负载。

变压器可用铁芯也可不用铁芯。空芯变压器（Air-core Transformer）的芯子是非铁磁材料制成的，其耦合系数较小，属于松耦合。空芯变压器虽然耦合系数较小，但没有铁芯的功率损耗，常用于高频电路中。含空芯变压器的电路，一般利用其反映阻抗进行分析计算。

当电路中含有空芯变压器时，由于电路含有互感，所以与一般的正弦稳态电路分析不同，下面在正弦稳态情况下，介绍一些这类电路的分析计算方法。

7.3.1　直接去耦合分析法

变压器是利用电磁感应原理制成的，可以用耦合电感构成它的模型，其电路模型如图7.3.1(a)所示，图中的负载 Z_L 为电阻和电感串联。变压器通过耦合作用，将一次回路的输入传递到二次回路的输出。有两种方法可以对变压器电路模型进行分析求解，第一种可以先把耦合去掉，将电路等效成不含耦合的电路，然后用前面章节所学的方法分析，这种方法称为直接去耦合分析法；第二种是先不去耦合，直接列网孔电流方程，根据推出来的公式将一次回路和二次回路分别等效成戴维宁等效电路，然后在戴维宁等效电路中进行求解，这种方法称为反映阻抗及等效电路分析法。这一节中我们先介绍第一种方法。

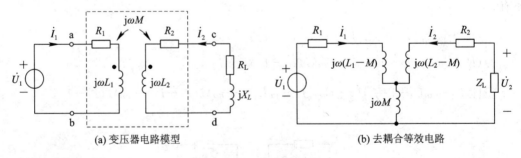

(a) 变压器电路模型　　　　　　　　　　　(b) 去耦合等效电路

图 7.3.1　变压器电路

先把变压器的 b 和 d 端子连起来，变压器就可看成同名端为共同端的 T 形连接，利用耦合电感的 T 形等效可得该变压器的去耦等效电路，如图 7.3.1(b) 所示。之后对去耦合等效电路进行计算。

【**例 7.3.1**】　电路如图 7.3.2(a) 所示，已知 $u_S = 10\sqrt{2}\cos(10^3 t)$ V，求电流 i_1、i_2 和负载可获得的最大功率。

解　将耦合电感 b、d 两端相连，用等效电路代替耦合电感，得到如图 7.3.2(b) 所示相

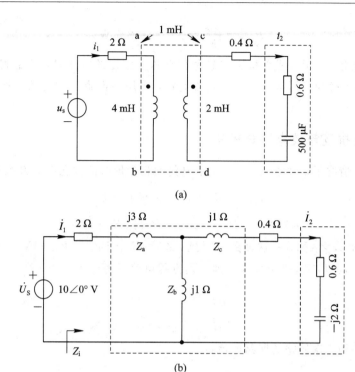

图 7.3.2　例 7.3.1 电路图

量模型。等效电路中 3 个电感的阻抗分别为

$$Z_a = j\omega(L_1 - M) = (j4 - j1)\ \Omega = j3\ \Omega$$

$$Z_b = j\omega M = j1\ \Omega$$

$$Z_c = j\omega(L_2 - M) = (j2 - j1)\ \Omega = j1\ \Omega$$

用阻抗串、并联和分流公式求得

$$Z_i = \left[2 + j3 + \frac{j1(1 - j1)}{0.4 + 0.6}\right] = (3 + j4)\ \Omega$$

$$\dot{I}_1 = \frac{\dot{U}_S}{Z_i} = \frac{10\angle 0^\circ}{3 + j4} = 2\angle -53.1^\circ\ \text{A}$$

$$\dot{I}_2 = \frac{j1}{j1 + 1 - j1}\dot{I}_1 = 2\angle 36.9^\circ\ \text{A}$$

$$i_1 = 2\sqrt{2}\cos(10^3 t - 53.1^\circ)\ \text{A}$$

$$i_2 = 2\sqrt{2}\cos(10^3 t + 36.9^\circ)\ \text{A}$$

为求负载可获得的最大功率，断开负载 Z_L，$Z_L = (0.6 - j2)\Omega$，求得

$$\dot{U}_{oc} = \frac{j1}{2 + j4}\dot{U}_S = \frac{j10(2 - j4)}{20} = (2 + j1) = \sqrt{5}\angle 26.6^\circ\ \text{V}$$

$$Z_0 = 0.4 + j1 + \frac{j1(2 + j3)}{2 + j4} = (0.5 + j1.8)\ \Omega$$

当 $Z_L = Z_0^* = (0.5 - j1.8)\ \Omega$，可获得最大功率为

$$P_{\max} = \frac{U_{\mathrm{oc}}^2}{4R_0} = \frac{5}{4 \times 0.5} = 2.5 \text{ W}$$

由上例可看出，使用方程分析法求解含有空芯变压器的电路时，就是利用耦合电感的等效电路，将其转换为我们学过的一般交流电路，再用前面章节学过的求解交流电路的方法进行求解。

7.3.2　反映阻抗及等效电路分析法

在正弦稳态情况下，对图 7.3.1(a)所示电路列相量形式的网孔电流方程有

$$(R_1 + j\omega L_1)\dot{I}_1 + j\omega M \dot{I}_2 = \dot{U}_1$$

$$j\omega M \dot{I}_1 + (R_2 + j\omega L_2 + R_L + jX_L)\dot{I}_2 = 0$$

令 $Z_{11} = R_1 + j\omega L_1$，$Z_{11}$ 称为一次回路自阻抗；$Z_{22} = R_2 + j\omega L_2 + R_L + jX_L$，$Z_{22}$ 称为二次回路自阻抗；$Z_M = j\omega M$，Z_M 为互阻抗。则上列方程可简写为

$$Z_{11}\dot{I}_1 + Z_M \dot{I}_2 = \dot{U}_1$$

$$Z_M \dot{I}_1 + Z_{22}\dot{I}_2 = 0$$

可求得一次回路和二次回路的回路电流：

$$\dot{I}_1 = \frac{\dot{U}_1}{Z_{11} - Z_M^2 Y_{22}} = \frac{\dot{U}_1}{Z_{11} + (\omega M)^2 Y_{22}} \tag{7.3.1}$$

$$\dot{I}_2 = \frac{-Z_M Y_{11}\dot{U}_1}{Z_{22} - Z_M^2 Y_{11}} = \frac{-j\omega M Y_{11}\dot{U}_1}{R_2 + j\omega L_2 + R_L + jx_L + (\omega M)^2 Y_{11}} \tag{7.3.2}$$

式中，$Y_{11} = \dfrac{1}{Z_{11}}$，$Y_{22} = \dfrac{1}{Z_{22}}$。式(7.3.1)中的分母 $Z_{11} + (\omega M)^2 Y_{22}$ 是一次回路的输入阻抗，其中 $(\omega M)^2 Y_{22}$ 称为反映阻抗(Reflected Impedance)，或引入阻抗，它是二次回路的回路阻抗通过互感反映到一次回路的等效阻抗。这就是说二次回路对一次回路的影响可用反映阻抗来计算。反映阻抗 $(\omega M)^2 Y_{22}$ 的性质与 Z_{22} 相反，即感性(容性)变为容性(感性)。

显然，如果同名端的位置不同，对一次回路电流 $\dot{I}_1$ 来说，由于式(7.3.1)中的 $j\omega M$ 以平方形式出现，不管 $j\omega M$ 的符号为正还是为负，算得的 $\dot{I}_1$ 都是一样的。但对于二次回路电流 $\dot{I}_2$ 来说却不同，当同名端位置变化时，$j\omega M$ 的符号也变化，$\dot{I}_2$ 的符号也随着变化。也就是说，如果把变压器二次回路线圈接负载的两个端子对调一下，或是改变两线圈的相对绕行方向，流过负载的电流将反相 $180°$。在电子电路中，如对变压器耦合电路的输出电流相位有要求，应注意线圈的相对绕行方向和负载的接法。

式(7.3.1)可用图 7.3.3(a)所示的等效电路表示，它是从电源端看进去的等效电路。应用同样的分析方法分析式(7.3.2)，可得出如图 7.3.3(b)所示的等效电路，它是从二次回路看进去的含源一端口的一种等效电路。其中，$j\omega M Y_{11}\dot{U}_1$ 是当 $\dot{I}_2 = 0$ 时，c 和 d 端的开路电压 $\dot{U}_{\mathrm{oc}}$，称为等效电源电压，它是一次回路电流 $\dot{I}_1$ 通过互感而在二次回路线圈中产生的感应电压，则

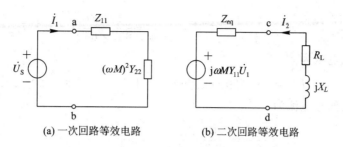

(a) 一次回路等效电路　　　　　(b) 二次回路等效电路

图 7.3.3　空芯变压器的等效电路

$$\dot U_{oc}=j\omega M\dot I_1=\frac{j\omega M\,\dot U_1}{Z_{11}}$$

$j\omega M\dot I_1$ 是一次回路电流 $\dot I_1$ 通过互感在二次回路线圈中产生的感应电压，二次回路的电流就是 $j\omega M\dot I_1$ 作用的结果。

Z_{eq} 是从 c 和 d 端看进去的等效阻抗，令 $\dot U_1=0$ 得到

$$Z_{eq}=R_2+j\omega L_2+Y_{11}(\omega M)^2$$

变压器还有其他形式的等效电路，这里不再介绍。

等效电路分析法就是采用反映阻抗，将含有空芯变压器的电路变换成一次回路等效电路或二次回路等效电路，针对等效电路列电路方程，再进一步求解的方法。

【例 7.3.2】　电路如图 7.3.4(a)所示，已知 $L_1=3.185$ H，$L_2=0.1$ H，$M=0.465$ H，$R_1=20\ \Omega$，$R_2=1\ \Omega$，$R_L=42\ \Omega$，$\omega=314$ rad/s，$\dot U_1=115\angle0°$ V。求：$\dot I_1$、$\dot I_2$。

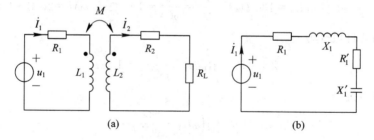

(a)　　　　　　　　　　　(b)

图 7.3.4　例 7.3.2 电路图

解　图 7.3.4(a)的空芯变压器一次回路等效电路如图 7.3.4(b)所示。一次回路的自阻抗

$$Z_{11}=R_1+j\omega L_1=(20+j1000)\ \Omega$$

二次回路的自阻抗

$$Z_{22}=R_2+j\omega L_2+R_L=(53.2\angle36.1°)\ \Omega$$

二次回路对一次回路的反映阻抗为

$$Z_{1f}=\frac{X_M^2}{Z_{22}}=\frac{314^2\times0.465^2}{53.2\angle36.1°}=(323-j236)\Omega$$

所以

$$I_1 = \frac{\dot{U}_1}{Z_{11} + Z_{1f}} = \frac{115\angle 0°}{20 + \mathrm{j}1000 + 323 - \mathrm{j}236} = \frac{115\angle 0°}{837\angle 65.8°} = 0.137\angle -65.8°\ \mathrm{A}$$

二次回路的互感电压为

$$\dot{U}_{M2} = \mathrm{j}\omega M\dot{I}_1 = 314 \times 0.465\angle 90° \times 0.137\angle -65.8° = 20\angle 24.2°\ \mathrm{V}$$

所以二次回路的回路电流为

$$I_2 = \frac{\dot{U}_{M2}}{Z_{22}} = \frac{20\angle 24.2°}{53.2\angle 36.1°} = 0.376\angle -11.9°\ \mathrm{A}$$

【例 7.3.3】 已知图 7.3.5(a)所示电路中，$L_1 = L_2 = 0.1\ \mathrm{mH}$，$M = 0.02\ \mathrm{mH}$，$R_1 = 10\ \Omega$，$C_1 = C_2 = 0.01\ \mathrm{mF}$，$\omega = 10^6\ \mathrm{rad/s}$，$\dot{U}_S = 10\angle 0°\ \mathrm{V}$，问：$R_2$ 为何值时，它能吸收最大功率，最大功率是多少？

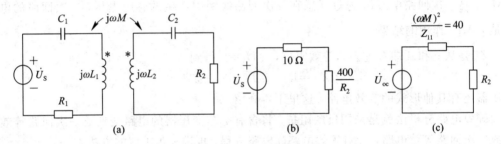

图 7.3.5　例 7.3.3 电路图

解　解法 1：因为

$$\omega L_1 = \omega L_2 = 100\ \Omega，\quad \frac{1}{\omega C_1} = \frac{1}{\omega C_2} = 100\ \Omega，\quad \omega M = 20\ \Omega$$

所以一次回路的自阻抗为

$$Z_{11} = R_1 + \mathrm{j}\left(\omega L_1 - \frac{1}{\omega C_1}\right) = 10\ \Omega$$

二次回路的自阻抗为

$$Z_{22} = R_2 + \mathrm{j}\left(\omega L_2 - \frac{1}{\omega C_2}\right) = R_2$$

一次回路等效电路如图 7.3.5(b)所示，反映阻抗为

$$Z_{1f} = \frac{(\omega M)^2}{Z_{22}} = \frac{400}{R_2}$$

因此当 $Z_{1f} = Z_{11} = 10 = \dfrac{400}{R_2}$，即 $R_2 = 40\ \Omega$ 时，它吸收最大功率，最大功率为

$$P_{\max} = \frac{10^2}{(4 \times 10)} = 2.5\ \mathrm{W}$$

解法 2：应用图 7.3.5(c)所示的二次回路等效电路，得

$$Z_{2f} = \frac{(\omega M)^2}{Z_{11}} = \frac{400}{10} = 40\ \Omega$$

$$\dot{U}_{oc} = \mathrm{j}\omega M\frac{\dot{U}_S}{Z_{11}} = \frac{\mathrm{j}20 \times 10}{10} = \mathrm{j}20\ \mathrm{V}$$

因此当 $Z_{2f} = R_2 = 40\ \Omega$ 时，R_2 吸收最大功率，最大功率为

$$P_{\max} = \frac{20^2}{4 \times 40} = 2.5\ \text{W}$$

7.4　理想变压器

7.4.1　理想变压器的理想极限条件

理想变压器(Ideal Transformer)也是一种耦合元件，它是从实际变压器中抽象出来的理想化模型，主要是为了方便分析变压器电路，尤其是铁芯变压器电路，图 7.4.1 所示为铁芯变压器，其一次回路、二次回路绕阻匝数分别为 N_1 和 N_2。理想变压器的电路符号如图 7.4.2 所示，与耦合电感元件的符号相同，但二者有本质的不同，理想变压器只有一个参数，即匝数比(Transformation Ratio)，或称变比，记为 n，其定义为

$$n = \frac{N_1}{N_2} \tag{7.4.1}$$

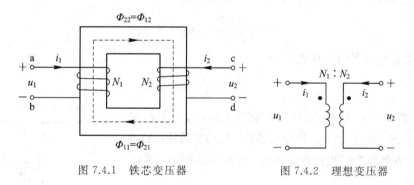

图 7.4.1　铁芯变压器　　　　　图 7.4.2　理想变压器

理想变压器可看成是耦合电感的极限情况，即变压器要同时满足如下三个理想化条件：

（1）变压器本身无损耗，这意味着绕制线圈的金属导线无电阻，或者说，绕制线圈的金属导线的电导率为无穷大，其铁芯的磁导率为无穷大；

（2）耦合系数 $k = \dfrac{M}{\sqrt{L_1 L_2}} = 1$，即全耦合；

（3）L_1、L_2 和 M 均为无限大，但保持 $\sqrt{\dfrac{L_1}{L_2}} = n$ 不变，n 为匝数比。

理想变压器由于满足三个理想化条件，故与互感线圈在性质上有着本质的不同。

而以上三个条件，在工程实际中永远不可能满足。可以说，实际中使用的变压器都不是这样定义的理想变压器。但是在实际制造变压器时，从选材到工艺都将这三个条件作为努力方向。

如选用良金属导线绕制线圈，选用磁导率高的硅钢片并采用叠式结构做成铁芯，这些都是为了尽可能地减小损耗。

又如，采用高绝缘层的漆包线紧绕、密绕、双线绕，并且采取对外的磁屏蔽措施，这些都是为了使耦合系数尽可能接近于 1。

再如，理想条件(3)要求 L_1、L_2 和 M 均为无限大，实际变压器固然难以满足，但在绕制实际铁芯变压器时也常常用足够多的匝数(有的达几千匝)使参数有相当大的数值。

而在一些实际工程概算中，如计算变压比、变流比等，在工程误差允许的范围以内，把实际使用的变压器当作理想变压器来对待，可简化计算过程。

7.4.2　理想变压器的伏安关系

1. 电压关系

图 7.4.2 给出了满足三个理想条件的耦合线圈，由于 $k=1$，所以流过变压器一次回路线圈的电流 i_1 所产生的磁通 Φ_{11} 将全部与二次回路线圈相交链，即 $\Phi_{21}=\Phi_{11}$；同理，i_2 产生的磁通 Φ_{22} 也将全部与一次回路线圈相交链，所以 $\Phi_{12}=\Phi_{22}$。这时，穿过两线圈的总磁通或称为主磁通相等，即

$$\Phi=\Phi_{11}+\Phi_{12}=\Phi_{22}+\Phi_{21}=\Phi_{11}+\Phi_{22}$$

总磁通在两线圈中分别产生互感电压 u_1 和 u_2，即

$$u_1=N_1\frac{\mathrm{d}\Phi}{\mathrm{d}t}, \quad u_2=N_2\frac{\mathrm{d}\Phi}{\mathrm{d}t}$$

由此可得理想变压器的电压关系为

$$\frac{u_1}{u_2}=\frac{N_1}{N_2}=n \tag{7.4.2}$$

可见，若 u_1、u_2 参考方向的"+"极设在同名端，则 u_1 与 u_2 之比等于 N_1 与 N_2 之比，即变压器的变比或匝数比；如果 u_1、u_2 参考方向的"+"极设在异名端，如图 7.4.3 所示，则 u_1 与 u_2 之比为

$$\frac{u_1}{u_2}=-\frac{N_1}{N_2}=-n \tag{7.4.3}$$

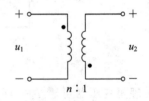

图 7.4.3　电压参考方向的"+"极设在变压器的异名端

注意：在进行理想变压器的电压关系分析计算时，电压关系式的正负号取决于两电压的参考方向的极性与同名端的位置，和两线圈中电流参考方向无关。

2. 电流关系

理想变压器不仅可以进行变压，而且具有变流的特性。理想变压器如图 7.4.2 所示，其耦合电感的伏安关系为

$$u_1=L_1\frac{\mathrm{d}i_1}{\mathrm{d}t}+M\frac{\mathrm{d}i_2}{\mathrm{d}t}$$

其相量形式为

$$\dot{U}_1=\mathrm{j}\omega L_1\dot{I}_1+\mathrm{j}\omega M\dot{I}_2$$

可得

$$\dot{I}_1 = \frac{\dot{U}_1}{j\omega L_1} - \frac{M}{L_1}\dot{I}_2 = \frac{\dot{U}_1}{j\omega L_1} - \sqrt{\frac{L_1}{L_2}}\dot{I}_2$$

根据理想化的条件(3)，当 $L_1 \to \infty$，但 $\sqrt{\dfrac{L_1}{L_2}} = n$，所以上式可整理为

$$\dot{I}_1 = -\sqrt{\frac{L_2}{L_1}}\dot{I}_2, \qquad \frac{\dot{I}_1}{\dot{I}_2} = -\frac{1}{n}$$

即

$$\frac{i_1}{i_2} = -\frac{1}{n} \tag{7.4.4}$$

式(7.4.4)表示，当一次回路、二次回路电流 i_1、i_2 分别从同名端流入(或流出)时，i_1 与 i_2 之比等于负的 N_2 与 N_1 之比；如果 i_1、i_2 参考方向从异名端流入，如图 7.4.4 所示，则 i_1 与 i_2 之比等于 N_2 与 N_1 之比，即

$$\frac{i_1}{i_2} = \frac{1}{n} \tag{7.4.5}$$

同理，电流比的正负号只取决于电流的方向与同名端的关系，与电压的参考方向无关。

图 7.4.2 所示的理想变压器用受控源表示的电路模型如图 7.4.5 所示。

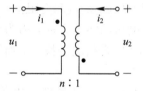

图 7.4.4 电流的参考方向从变压器异名端流入

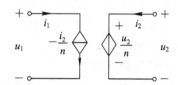

图 7.4.5 理想变压器模型

3. 功率

通过以上分析可知，不论理想变压器的同名端如何，由理想变压器的伏安关系，总有

$$u_1 i_1 + u_2 i_2 = 0$$

这表明理想变压器吸收的瞬时功率恒等于零，理想变压器是一个既不耗能也不储能的无记忆的多端元件。在电路图中，理想变压器虽然也用线圈作为电路符号，但这个符号并不意味着它有电感的作用，它仅代表式(7.4.2)、(7.4.4)两式所示的电压之间及电流之间的约束关系。

7.4.3 理想变压器的阻抗变换作用

从上述分析可知，理想变压器可改变电压及电流大小；从下面的分析可以看出，它还具有阻抗变换的作用。图 7.4.6(a)所示电路在正弦稳态下，理想变压器二次回路所接的负载阻抗为 Z_L，则从一次回路看进去的输入阻抗为

$$Z_{\text{in}} = \frac{\dot{U}_1}{\dot{I}_1} = \frac{n\dot{U}_2}{-\dfrac{1}{n}\dot{I}_2} = n^2 \left(-\frac{\dot{U}_2}{\dot{I}_2} \right) = n^2 Z_L \tag{7.4.6}$$

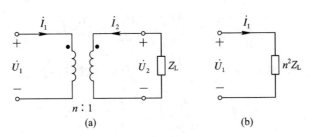

图 7.4.6　理想变压器的阻抗变换作用

式(7.4.6)表明，当二次回路连接阻抗 Z_L 时，对一次回路来说，相当于连接一个 $n^2 Z_L$ 的阻抗，如图 7.4.6(b)所示，Z_{in} 称为二次回路对一次回路的折合阻抗（Referred Impedance）。可以证明，折合阻抗的计算与同名端无关。由式(7.4.6)可见理想变压器具有阻抗变换的作用。

理想变压器的折合阻抗与空芯变压器的反映阻抗是有区别的，理想变压器的阻抗变换的作用只改变原阻抗的大小，不改变原阻抗的性质。也就是说，负载阻抗为感性时折合到一次回路的阻抗也为感性，负载阻抗为容性时折合到一次回路的阻抗也为容性。

利用阻抗变换作用，可简化理想变压器电路的分析计算。也可利用改变匝数比的方法来改变输入阻抗，实现最大功率匹配。收音机的输出变压器就是以此目的而设计的。

从以上分析可知，理想变压器具有三个主要作用，即变压、变流和变阻抗。在对含有理想变压器的电路进行分析时，还要注意同名端及电流、电压的参考方向，因为当同名端及电流、电压的参考方向变化时，伏安关系的表达式的符号也要随之变换。下面举例说明含理想变压器的电路分析。

【例 7.4.1】 电路如图 7.4.7(a)所示。如果要使 100 Ω 电阻能获得最大功率，试确定理想变压器的变比 n。

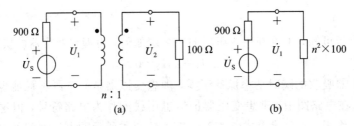

图 7.4.7　例 7.4.1电路图

解　已知负载 $R = 100$ Ω，故二次回路对一次回路的折合阻抗为

$$Z_{in} = n^2 \times 100 \ \Omega$$

电路可等效为图 7.4.7(b)所示。

由最大功率传输条件可知，当 $n^2 \times 100$ Ω 等于电压源的串联电阻（或电源内阻）时，负载可获得最大功率，则

$$n^2 \times 100 \ \Omega = 900$$

变比 n 为

$$n = 3$$

【例 7.4.2】 求图 7.4.8(a)所示电路负载电阻上的电压 $\dot{U}_2$。

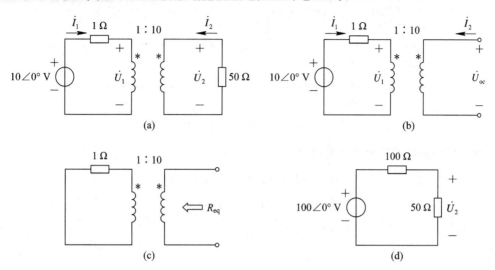

图 7.4.8　例 7.4.2 电路图

解　解法 1：利用阻抗变换，将 R_L 变换到一次回路得到等效电阻 R'_L 为

$$R'_L = n^2 R'_L = \left(\frac{1}{10}\right)^2 \times 50 = \frac{1}{2}\,\Omega$$

一次回路绕组两端的电压为

$$\dot{U}_1 = \frac{10\angle 0°}{1 + \frac{1}{2}} \times \frac{1}{2} = \frac{10}{3}\angle 0°\,\text{V}$$

二次回路绕组两端的电压即为负载两端电压，则

$$\dot{U}_2 = \frac{1}{n}\dot{U}_1 = 10\dot{U}_1 = 33.33\angle 0°\,\text{V}$$

解法 2：应用戴维宁定理，首先根据图 7.4.8(b)所示电路，求 $\dot{U}_{oc}$。

因为 $\dot{I}_2 = 0$，所以 $\dot{I}_1 = 0$，则

$$\dot{U}_{oc} = 10\dot{U}_1 = 10\dot{U}_s = 100\angle 0°\,\text{V}$$

由图 7.4.8(c)所示电路求等效电阻 R_{eq}，由 $n = \frac{1}{10}$，二次回路的等效电阻应为

$$R_{eq} = \frac{1}{n^2}R_1 = 10^2 \times 1 = 100\,\Omega$$

戴维宁等效电路如图 7.4.8(d)所示，则

$$\dot{U}_2 = \frac{100\angle 0°}{100 + 50} \times 50 = 33.33\angle 0°\,\text{V}$$

【例 7.4.3】 已知图 7.4.9(a)所示电路的等效阻抗 $Z_{ab} = 0.25\,\Omega$，求理想变压器的变比 n。

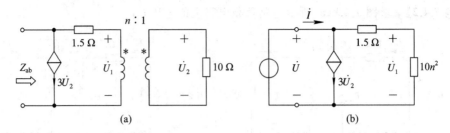

图 7.4.9　例 7.4.3 电路图

解　应用阻抗变换及外加电源得

$$\begin{cases} \dot{U} = (\dot{I} - 3\dot{U}_2) \times (1.5 + 10n^2) \\ \dot{U}_1 = (\dot{I} - 3\dot{U}_2) \times 10n^2 \\ \dot{U}_1 = n\dot{U}_2 \end{cases}$$

求得

$$\dot{U}_2 = \frac{10n\dot{I}}{30n + 1}$$

根据已知条件

$$Z_{ab} = 0.25 = \frac{\dot{U}}{\dot{I}} = \frac{1.5 + 10n^2}{30n + 1}$$

解得

$$n = 0.5 \text{ 或 } n = 0.25$$

本 章 小 结

　　本章讲述的耦合电感元件与理想变压器元件均属于多端元件，是某些实际电路元件的理想化电路模型，在实际电路分析中有着广泛的应用。

　　耦合电感的同名端在列写伏安关系及去耦等效变换中是非常重要的，只有知道了同名端，并设出电压、电流参考方向的条件下，才能正确列写伏安关系，也才能进行去耦等效变换。

　　空芯变压器电路的分析，亦是对含互感线圈电路的分析，我们讲述的是这类电路在正弦稳态下分析计算的基本方法，运用的仍然是相量法。方程分析法就是根据相量模型列出一次回路、二次回路的回路方程，进而求出一次回路、二次回路电流相量，必须注意的是，按 KVL 列回路方程，应计入由互感作用而存在的互感电压，应正确选定互感电压 ±jωM，应正确选定互感电压的正负号；等效电路分析法就是采用反映阻抗将含有空芯变压器的电路变换成一次回路等效电路和二次回路等效电路，然后针对等效电路列电路方程，再进一步求解；去耦等效分析法就是对空芯变压器进行去耦等效变换，其方法与 T 形去耦等效变换相同，将含互感的空芯变压器变换为无互感的等效电路，在等效电路中进行分析计算。

　　理想变压器的三个理想化条件：无损耗、全耦合、电感参数无限大。它的一次回路、二次回路电压和电流关系是代数关系，因而它是不储能、不耗能的元件，是一种无记忆元件。

变压、变流、变阻抗是理想变压器的三个重要作用，其变压、变流关系式与同名端及所设电压、电流的参考方向密切相关，应用中只需记住变压与匝数成正比，变流与匝数成反比，至于变压、变流关系式中应是负号还是正号，则要看同名端位置与所设电压及电流的参考方向，不能一概而论。

习　题

7.1　耦合系数 k 的大小与两个线圈的结构、相互_____以及周围磁介质有关。改变或调整它们的相互位置有可能改变耦合系数的_____。

7.2　两个耦合线圈上的伏安关系不仅与两个耦合线圈上的_____的位置有关，还与两线圈上的电压、电流的____有关。

7.3　当两个线圈同时通以电流时，每个线圈两端的电压均包含自感电压和_____电压。

7.4　耦合电感的耦合系数 $k=0$，说明耦合电感的耦合程度为_____。

7.5　两个耦合电感在串联时，顺接和反接的等效电感相差_____。

7.6　题 7.6 图所示耦合线圈的同名端为_____。

7.7　变压器是利用耦合线圈之间的磁耦合来实现电路与电路之间传递_____或传输_____的器件。

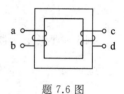

题 7.6 图

7.8　理想变压器如题 7.8 图所示，变比 $n=10$，一次回路电压 $U_1=220$ V，二次回路电压 U_2 为_____。

7.9　理想变压器如题 7.9 图所示，变比 $n=5$，一次回路电流 $I_1=1$ A，二次回路电流 I_2 为_____。

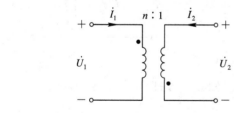

题 7.8 图

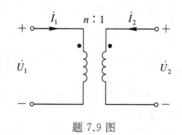

题 7.9 图

7.10　题 7.10 图所示理想变压器的变比为 10:1，电阻 R_L 为_____时，它获得最大功率。

7.11　题 7.11 图所示理想变压器的变比为 10:1，电压 $\dot{U}_2$ 为_____。

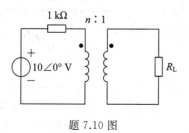

题 7.10 图

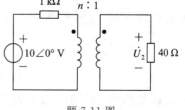

题 7.11 图

7.12 在题 7.12 图所示电路中，如果使 10 Ω 电阻获得最大功率，理想变压器的变比为 _____。

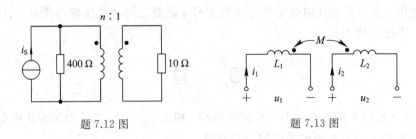

题 7.12 图   题 7.13 图

7.13 电路如题 7.13 图所示，感应电压 u_1 为 _____。

A. $L\dfrac{\mathrm{d}i_1}{\mathrm{d}t}+M\dfrac{\mathrm{d}i_2}{\mathrm{d}t}$ B. $L\dfrac{\mathrm{d}i_1}{\mathrm{d}t}-M\dfrac{\mathrm{d}i_2}{\mathrm{d}t}$

C. $-L\dfrac{\mathrm{d}i_1}{\mathrm{d}t}-M\dfrac{\mathrm{d}i_2}{\mathrm{d}t}$ D. $-L\dfrac{\mathrm{d}i_1}{\mathrm{d}t}+M\dfrac{\mathrm{d}i_2}{\mathrm{d}t}$

7.14 理想变压器一次回路与二次回路的匝数比等于 _____。

A. $-\sqrt{\dfrac{L_2}{L_1}}$ B. $\sqrt{\dfrac{L_2}{L_1}}$ C. $-\sqrt{\dfrac{L_1}{L_2}}$ D. $\sqrt{\dfrac{L_1}{L_2}}$

7.15 理想变压器如题 7.15 图所示，二次回路与一次回路的电流比为 _____。

A. $-n$ B. n C. $-\dfrac{1}{n}$ D. $\dfrac{1}{n}$

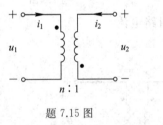   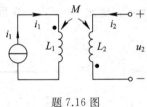   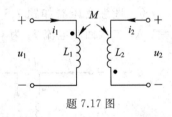

题 7.15 图   题 7.16 图   题 7.17 图

7.16 电路如题 7.16 图所示，u_2 两端为开路，已知 $L_1=4$ H，$L_2=3$ H，$M=2$ H，$i_1=3(1-\mathrm{e}^{-2t})$ A，则电压 u_2 为 _____。

7.17 电路如题 7.17 图所示，u_2 两端为开路，已知 $L_1=5$ H，$L_2=4$ H，$M=3$ H，$u_1=10\cos t$ V，则电压 u_2 等于 _____。

A. $3\sqrt{2}\cos(t+45°)$ V   B. $6\cos(t-180°)$ V

C. $\sqrt{2}\cos(t+45°)$ V   D. $\sqrt{2}\cos t$ V

7.18 试求题 7.18 图所示电路中 ab 端的等效电感 L_{ab} 等于 _____。

A. 11.1 H   B. 12 mH

C. 11.1 mH   D. 12 H

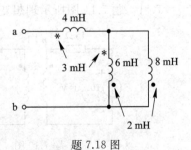

题 7.18 图

7.19 试确定题 7.19 图所示电路中耦合线圈的同名端。

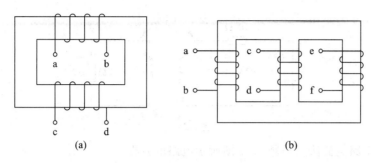

题 7.19 图

7.20　写出题 7.20 图所示电路中各耦合电感的伏安特性。

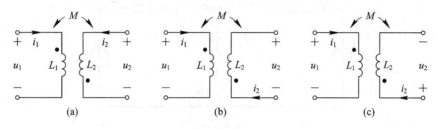

题 7.20 图

7.21　题 7.21 图所示电路中，已知 $L_1 = 6$ H，$L_2 = 3$ H，$M = 4$ H。试求从端子 ab 看进去的等效电感。

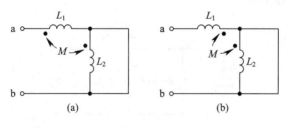

题 7.21 图

7.22　电路如题 7.22 图所示，求输出电压 $\dot{U}_2$。

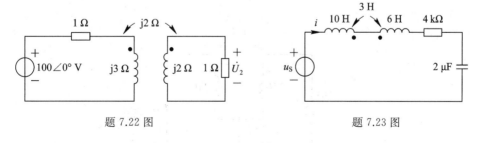

题 7.22 图　　　　　　　　　　题 7.23 图

7.23　电路如题 7.23 图所示，已知 $u_S = \sqrt{2} \times 100\cos(100t)$ V，则 i 等于_____。

7.24　电路如题 7.24 图所示，(1) 试选择合适的匝数比使传输到负载上的功率达到最大；(2) 求 1 Ω 负载上获得的最大功率。

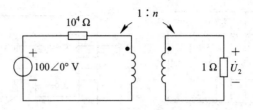

题 7.24 图

7.25　用支路电流法列写题 7.25 图所示电路的方程。

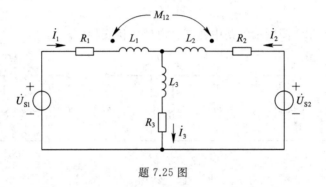

题 7.25 图

7.26　题 7.26 图所示电路中，已知 $\dot{I}_\mathrm{S}=50^\circ A$，$\omega=3$ rad/s，$R=4$ Ω，$L_1=4$ H，$L_2=3$ H，$M=2$ H。求 $\dot{U}_2$。

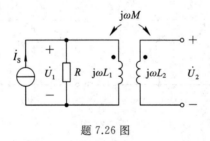

题 7.26 图

7.27　电路如题 7.27 图所示，已知 $u_\mathrm{S}=8\sqrt{2}\cos(2t+90°)$ V，$i_\mathrm{S}=2\sqrt{2}\cos(2t)$ A。试求 $i(t)$。

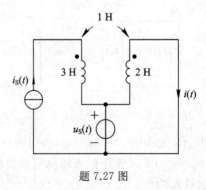

题 7.27 图

7.28　题 7.28 图所示电路中, 已知 $R_1=1$ kΩ, $R_2=0.4$ kΩ, $R_L=0.6$ kΩ, $L_1=1$ H, $L_2=4$ H, $k=0.1$, $\dot{U}_S=100\angle0°$ V, $\omega=1000$ rad/s。试求 $\dot{I}_2$。

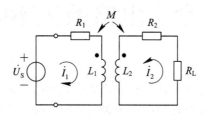

题 7.28 图

7.29　电路如题 7.29 图所示, 已知电源内阻 $R_S=1$ kΩ, 负载电阻 $R_L=10$ Ω。为使 R_L 上获得最大功率, 试确定该电路中理想变压器的匝数比 n。

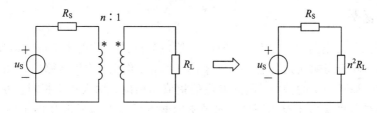

题 7.29 图

7.30　求题 7.30 图所示电路中的阻抗 Z。已知电流表的读数为 10 A, 正弦电压 $U=10$ V。

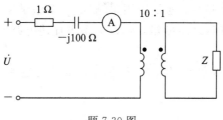

题 7.30 图

第8章　电路的频率响应

含有电感、电容的正弦稳态电路，由于其阻抗是频率的函数，因此电路响应随频率变化。本章将分析电源频率变化对电路中电压和电流的影响，即分析电路的频率响应。

8.1　网络函数与频率响应

8.1.1　网络函数

在分析正弦稳态电路时，对于一个在单一给定频率的正弦电压或电流激励下的线性时不变电路而言，其稳态响应是与输入同频率的正弦量。但是，由于电路中存在电容、电感等电抗元件，它们都是频率的函数，因此响应的幅值和相位与输入的不相同。另外，电路对于不同频率激励信号的响应也是不同的，即当不同频率的正弦激励源作用于同一电路时，即使它们的幅值和初相位都相同，所对应的响应的幅值和初相位仍会因输入频率的不同而彼此不同。这种在正弦稳态条件下，电路的响应随激励频率改变而相应发生变化的性质称为电路的频率响应，又称频率特性，通常采用单输入（一个激励量）、单输出（一个输出量）的方式。在输入变量和输出变量之间可建立函数关系来描述电路的频率特性，这种函数关系就称为电路的网络函数。

正弦稳态电路的网络函数定义为电路的响应相量与电路的激励相量之比，以符号 $H(\mathrm{j}\omega)$ 表示，即

$$H(\mathrm{j}\omega) \overset{\text{def}}{=\!=} \frac{\dot{R}_n(\mathrm{j}\omega)}{\dot{E}_{Sm}(\mathrm{j}\omega)} \tag{8.1.1}$$

其中，$\dot{R}_n(\mathrm{j}\omega)$ 为输出端口 n 的响应，它既可以是电压相量 $\dot{U}_n(\mathrm{j}\omega)$，也可以是电流相量 $\dot{I}_n(\mathrm{j}\omega)$；$\dot{E}_{Sm}(\mathrm{j}\omega)$ 为输入端口 m 的输入变量（正弦激励），它既可以是电压源相量 $\dot{U}_{Sm}(\mathrm{j}\omega)$，也可以是电流源相量 $\dot{I}_{Sm}(\mathrm{j}\omega)$。

网络函数可以分为两大类：① 若响应相量和激励相量位于同一对端子上，所定义的网络函数称为驱动点函数或策动网络函数；② 若响应相量和激励相量各处于不同的端子对上，所定义的网络函数称为转移函数（又称为传输函数）。每一类网络函数还可被细分为多种。

根据网络函数的定义，对于图 8.1.1(a)所示的电路，$\dot{U}_S$ 为电压源相量，$\dot{I}_1$ 为响应相量，则 N 的网络函数为

$$H_1(\mathrm{j}\omega) = \frac{\dot{I}_1}{\dot{U}_S} \tag{8.1.2}$$

该函数称为驱动点导纳函数。

对于图 8.1.1(b)所示的电路，$\dot{I}_S$ 为电流源相量，$\dot{U}_1$ 为响应相量，则 N 的网络函数为

$$H_2(\mathrm{j}\omega) = \frac{\dot{U}_1}{\dot{I}_S} \tag{8.1.3}$$

该函数称为驱动点阻抗函数。

对于图 8.1.1(c)所示的电路，若以 $\dot{U}_2$ 为响应相量，则 N 的网络函数为

$$H_3(\mathrm{j}\omega) = \frac{\dot{U}_2}{\dot{U}_S} \tag{8.1.4}$$

该函数称为转移电压比；若以 $\dot{I}_2$ 为响应相量，则 N 的网络函数为

$$H_4(\mathrm{j}\omega) = \frac{\dot{I}_2}{\dot{U}_S} \tag{8.1.5}$$

该函数称为转移导纳函数。

对于图 8.1.1(d)所示电路，若以 $\dot{U}_2$ 为响应相量，则 N 的网络函数为

$$H_5(\mathrm{j}\omega) = \frac{\dot{U}_2}{\dot{I}_S} \tag{8.1.6}$$

该函数称为转移阻抗函数；若以 $\dot{I}_2$ 为响应相量，则 N 的网络函数为

$$H_6(\mathrm{j}\omega) = \frac{\dot{I}_2}{\dot{I}_S} \tag{8.1.7}$$

该函数称为转移电流比。

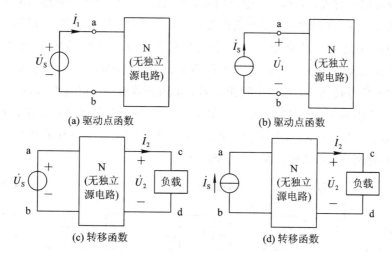

(a) 驱动点函数   (b) 驱动点函数

(c) 转移函数   (d) 转移函数

图 8.1.1 定义网络函数使用电路

显而易见，式(8.1.2)和式(8.1.5)的网络函数的单位为西门子(S)；式(8.1.3)和式(8.1.6)的网络函数的单位为欧姆(Ω)；式(8.1.4)和式(8.1.7)的网络函数无单位。

这里需要指出的是：当所讨论的网络给定时，若选的激励端、响应端不同，其网络函数

形式亦可以是不同的,但都是频率的复函数。

8.1.2　网络频率响应

一般情况下,含动态元件电路的网络函数 $H(j\omega)$ 是频率的复函数,将它写为指数表示形式,有

$$H(j\omega) = |H(j\omega)| e^{j\varphi(\omega)} \tag{8.1.8}$$

其中,$|H(j\omega)|$ 称为网络函数的模,它反映了电路响应和激励的幅值之比与频率的函数关系,称为幅度频率特性,简称幅频特性;$\varphi(\omega)$ 称为网络函数的辐角,它反映了电路响应相量和激励相量的相位差与频率的函数关系,称为相位频率特性,简称相频特性。显然,$|H(j\omega)|$ 和 $\varphi(\omega)$ 均为频率 ω 的函数,且 $|H(j\omega)| \geqslant 0$。因为这两者全面表征了电路响应与频率的关系,所以合称为频率响应或频率特性。

为了直观地反映电路的频率响应,可将幅频特性和相频特性分别画成曲线,称为电路的幅频特性曲线和相频特性曲线,合称为频率特性曲线。

根据网络的幅频特性,可将网络分为低通、高通、带通、带阻、全通网络,也相应地也称为低通、高通、带通、带阻、全通滤波器,对应的理想滤波器的幅频特性如图 8.1.2 所示。图中,"通带"表示频率处于这个区域的激励信号(又称输入信号)可以通过网络,顺利到达输出端从而产生响应信号输出;"止带"表示频率处于这个区域的激励信号被网络阻止,不能到达输出端从而产生输出信号,即输入信号被滤除了,滤波器名称的由来就源于此;ω_c 为截止角频率。图 8.1.2(a) 中的 ω_c 表示角频率高于 ω_c 的输入信号被截止,不产生输出信号,低通滤波器的通频带宽度(简称通频带)BW 为 $0 \sim \omega_c$。图 8.1.2(b) 中的 ω_c 表示角频率低于 ω_c 的输入信号被截止,不产生输出信号,高通滤波器的通频带宽度 BW 为 $\omega_c \sim \infty$。图 8.1.2(c) 中的 ω_{c1}、ω_{c2} 分别称为下、上截止角频率,其意为角频率低于 ω_{c1} 的输入信号和角频率高于 ω_{c2} 的输入信号均被截止,不产生输出信号,带通滤波器的通频带宽度 BW 为 $\omega_{c1} \sim \omega_{c2}$。图 8.1.2(d) 中的 ω_{c1}、ω_{c2} 亦分别称为下、上截止角频率,其意为角频率高于 ω_{c1} 而低于 ω_{c2} 的输入信号被截止,不产生输出信号,带阻滤波器的带阻宽度为 $\omega_{c1} \sim \omega_{c2}$,它的通频带宽度要分两段表示,即 BW 为 $0 \sim \omega_{c1}$ 和 $\omega_{c2} \sim \infty$。对于带阻滤波器来说,人们更关注的是它的带阻宽度。图 8.1.2(e)(全通滤波器)中无截止角频率 ω_c,意味着所有频率分量的输入信号都能通过网络,到达输出端,产生输出信号。

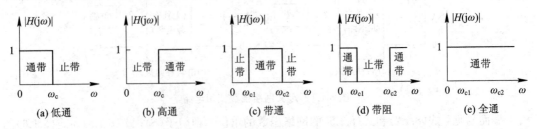

图 8.1.2　理想滤波器的幅频特性

8.2　常用 RC 一阶电路的频率响应

8.2.1　RC 一阶低通电路的频率响应

在图 8.2.1 所示的电路中，若选 $\dot{U}_1$ 为激励相量，$\dot{U}_2$ 为响应相量，则网络函数为

$$H(\mathrm{j}\omega) = \frac{\dot{U}_2}{\dot{U}_1} = \frac{\dfrac{1}{\mathrm{j}\omega C}}{R + \dfrac{1}{\mathrm{j}\omega C}} = \frac{1}{1 + \mathrm{j}\omega RC} = |H(\mathrm{j}\omega)| \, \mathrm{e}^{\mathrm{j}\varphi(\omega)}$$

$$(8.2.1)$$

其中

$$|H(\mathrm{j}\omega)| = \frac{1}{\sqrt{1 + \omega^2 R^2 C^2}} \tag{8.2.2}$$

$$\varphi(\omega) = -\arctan(\omega RC) \tag{8.2.3}$$

根据式（8.2.2）和式（8.2.3）可分别画出该网络的幅频特性和相频特性曲线，如图 8.2.2(a)、(b)所示。

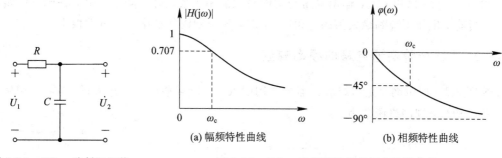

图 8.2.1　RC 一阶低通网络　　　　图 8.2.2　RC 一阶低通网络的频率特性曲线

由图 8.2.2 可见：当 $\omega = 0$ 时，$|H(\mathrm{j}0)| = 1$，$\varphi(0) = 0°$，输入信号为直流信号，这说明输出信号电压与输入信号电压大小相等、相位相同；当 $\omega = \infty$ 时，$|H(\mathrm{j}\infty)| = 0$，$\varphi(\infty) = -90°$，这说明输出信号电压大小为 0，而相位滞后输入信号电压 90°。由此可见，对图 8.2.1 所示的电路来说，直流和低频信号容易通过，而高频信号受到抑制，所以这样的网络属于低通网络。但图 8.2.2(a)所示的幅频特性与图 8.1.2(a)所示理想低通滤波器的幅频特性相比有着明显的差异，那么它的截止角频率如何确定呢？

实际低通网络的截止角频率是指网络函数的幅值 $|H(\mathrm{j}\omega)|$ 下降到 $|H(\mathrm{j}0)|$ 值的 $1/\sqrt{2}$ 时所对应的角频率，记为 ω_c。对图 8.2.1 所示的 RC 一阶低通网络，因为 $|H(\mathrm{j}0)| = 1$，所以按 $|H(\mathrm{j}\omega_c)| = 1/\sqrt{2}$ 来求截止角频率。由式（8.2.2）得

$$|H(\mathrm{j}\omega_c)| = \frac{1}{\sqrt{1 + \omega_c^2 R^2 C^2}} = \frac{1}{\sqrt{2}}$$

解得

$$\omega_c = \frac{1}{RC} \tag{8.2.4}$$

引入截止角频率 ω_c 以后，可将式(8.2.1)表达的一阶低通网络的网络函数归纳为

$$H(j\omega) \overset{\text{def}}{=} |H(j0)| \frac{1}{1 + j\dfrac{\omega}{\omega_c}} \tag{8.2.5}$$

其中，$|H(j0)| = |H(j\omega)|\big|_{\omega=0}$，它是与网络的结构及元件参数有关的常数。

由式(8.2.5)或图 8.2.2 可以看出：当 $\omega = \omega_c$ 时，$|H(j\omega_c)| = 0.707|H(j0)|$，$\varphi(\omega_c) = -45°$。对于 $|H(j0)| = 1$ 的这类低通网络，当 ω 高于低通截止频率 ω_c 时，$|H(j\omega)| < 0.707$，输出信号的幅值较小，在实际工程中常将它忽略不计，认为角频率高于 ω_c 的输入信号不能通过网络，被滤除了。通常把 $0 \leqslant \omega \leqslant \omega_c$ 的角频率范围作为这类实际低通滤波器的通频带宽度。

如果以分贝为单位表示网络的幅频特性，其定义为

$$|H(j\omega)| \overset{\text{def}}{=} 20 \lg |H(j\omega)| \, \text{dB} \tag{8.2.6}$$

当 $\omega = \omega_c$ 时，有

$$20 \lg |H(j\omega_c)| = 20 \lg 0.707 = -3 \, \text{dB}$$

所以在 ω_c 这一角频率上，输出电压与它的最大值相比较正好下降了 3 dB。在电子电路中约定：当输出电压下降到最大值的 3 dB 以下时，该频率成分对输出的贡献很小。

8.2.2　RC 一阶高通电路的频率响应

图 8.2.3 所示网络是多级放大器中常用的 RC 一阶高通网络，若选 $\dot{U}_1$ 为输入相量，$\dot{U}_2$ 为输出相量，则网络函数为

$$H(j\omega) = \frac{\dot{U}_2}{\dot{U}_1} = \frac{R}{R - j\dfrac{1}{\omega C}} = \frac{1}{1 - j\dfrac{1}{\omega RC}}$$

$$= |H(j\omega)| e^{j\varphi(\omega)} \tag{8.2.7}$$

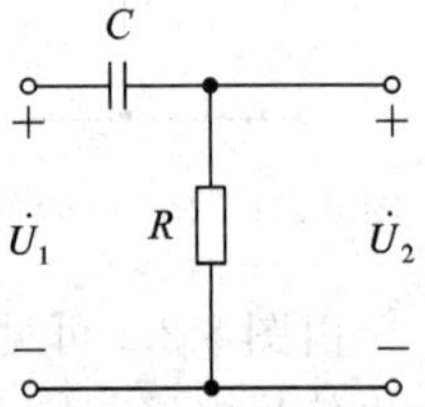

式中

图 8.2.3　RC 一阶高通网络

$$|H(j\omega)| = \frac{1}{\sqrt{1 + \dfrac{1}{\omega^2 R^2 C^2}}} \tag{8.2.8}$$

$$\varphi(\omega) = \arctan \frac{1}{\omega RC} \tag{8.2.9}$$

由式(8.2.8)和式(8.2.9)可分别画出网络的幅频特性和相频特性曲线，如图 8.2.4(a)、(b)所示。

由图 8.2.4 可以看出：当 $\omega = 0$ 时，$|H(j0)| = 0$，$\varphi(0) = 90°$，说明输出电压大小为 0 V，而相位超前输入电压 90°；当 $\omega = \infty$ 时，$|H(j\infty)| = 1$，$\varphi(\infty) = 0$，说明输入与输出电压相量大小相等、相位相同。由此可以看出，图 8.2.4 所示网络的幅频特性恰与低通网络的

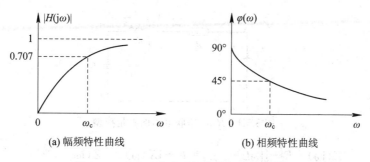

图 8.2.4 RC 一阶高通网络的频率特性曲线

幅频特性相反,该网络起抑制低频分量、使高频分量易通过的作用,所以它属于高通网络。

实际高通网络的截止角频率可定义为

$$\left| H(\mathrm{j}\omega_\mathrm{c}) \right| \overset{\text{def}}{=} \frac{1}{\sqrt{2}} \left| H(\mathrm{j}\infty) \right| \tag{8.2.10}$$

对于图 8.2.4 所示的 RC 一阶高通网络,$\left| H(\mathrm{j}\infty) \right| = 1$,把式(8.2.10)代入式(8.2.8)中,即

$$\frac{1}{\sqrt{1 + \dfrac{1}{\omega^2 R^2 C^2}}} = \frac{1}{\sqrt{2}}$$

得

$$\omega_\mathrm{c} = \frac{1}{RC} \tag{8.2.11}$$

由式(8.2.4)和式(8.2.11)可以看出:一阶 RC 低通和高通网络的截止角频率的数值都等于一阶电路时间常数的倒数,但低通、高通网络截止角频率的含义恰恰是相反的。

与低通网络类似,在引入截止角频率 ω_c 后,一阶高通网络的网络函数亦可写成以下形式

$$H(\mathrm{j}\omega) \overset{\text{def}}{=} \left| H(\mathrm{j}\infty) \right| \frac{1}{1 - \mathrm{j}\left(\dfrac{\omega_\mathrm{c}}{\omega} \right)} \tag{8.2.12}$$

其中 $\left| H(\mathrm{j}\infty) \right| = \left| H(\mathrm{j}\omega) \right| \big|_{\omega = \infty}$,它是与网络的结构和元件参数有关的常数。

8.3 RLC 串联谐振电路

在通信和无线电技术中,经常要求电路对频率的选择性很强,即电路具有很高频率窄带的带通特性。由无源元件 RLC 构成的谐振电路便具有这种选频特性,它们是最简单的二阶带通电路。当一个含有 L、C 元件的无源一端口网络在正弦激励作用下,其输入端阻抗呈电阻性,即端口电压和电流同相位,这种工作状态称为谐振。

由实际的电感、电容相串联组成的电路,称为串联谐振电路。图 8.3.1 所示为一个在正弦电压源作用下的 RLC 串联电路的相量模型。设正弦激励电压源的角频率为 ω,其电压相量为 $\dot{U}_\mathrm{s}$,则串联电路的总阻抗为

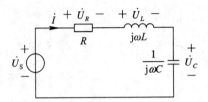

图 8.3.1　RLC 串联电路的相量模型

$$Z(\mathrm{j}\omega)=R+\mathrm{j}\left(\omega L-\frac{1}{\omega C}\right)=R+\mathrm{j}X(\omega)=\left|Z(\mathrm{j}\omega)\right|\mathrm{e}^{\mathrm{j}\varphi_Z(\omega)} \tag{8.3.1}$$

其中

$$\begin{cases} \left|Z(\mathrm{j}\omega)\right|=\sqrt{R^2+\left(\omega L-\dfrac{1}{\omega C}\right)^2} \\[4mm] \varphi_Z(\omega)=\arctan\left[\dfrac{\omega L-\dfrac{1}{\omega C}}{R}\right] \end{cases} \tag{8.3.2}$$

1.谐振条件和谐振频率

设图 8.3.1 所示电路中各元件参数保持一定,电源的频率 ω 可变,则电路的总阻抗 $Z(\mathrm{j}\omega)$ 仅为频率的函数。电路中的电阻 R、感抗 $X_L=\omega L$、容抗 $X_C=\dfrac{1}{\omega C}$、电抗 $X=\omega L-\dfrac{1}{\omega C}$ 及阻抗模 $\left|Z(\mathrm{j}\omega)\right|$ 随 ω 变化的关系曲线如图 8.3.2 所示。由图可以看到,X_L 随 ω 频率升高而增大;X_C 随 ω 频率升高而减小。由于两者的电抗性质是相反的,因此,随着电源频率 ω 升高到某一个特定值时势必会使整个 RLC 串联电路的总电抗等于 0,即有

$$\omega_0 L-\frac{1}{\omega_0 C}=0 \tag{8.3.3}$$

这时,就称电路发生了谐振。式(8.3.3)称为 RLC 串联电路的谐振条件,由此可以得到谐振角频率为

$$\omega_0=\frac{1}{\sqrt{LC}} \tag{8.3.4}$$

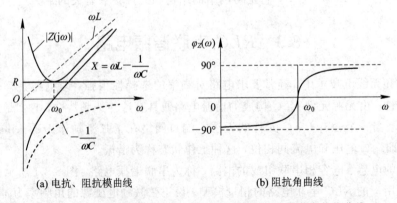

(a) 电抗、阻抗模曲线　　　　　　　　　(b) 阻抗角曲线

图 8.3.2　RLC 串联电路电抗、阻抗模、阻抗角随频率变化的曲线

进而可得谐振频率为

$$f_0 = \frac{1}{2\pi\sqrt{LC}} \tag{8.3.5}$$

由式(8.3.5)可知,电路的谐振频率 f_0 仅由电路自身的元件参数 L 和 C 决定,它为电路所固有的,故也称为固有频率。因此,电路的谐振频率可以看作是 RLC 串联谐振网络基本属性的一个重要参数。

由图 8.3.2 可以看出:当 $\omega = \omega_0$ 时,$|Z(j\omega_0)| = R$,$\varphi_Z(\omega_0) = 0$,电路对外呈电阻性,端口电压 $u(t)$ 与 $i(t)$ 同相位;当 $\omega < \omega_0$ 时,$\omega L < \frac{1}{\omega C}$,$X(\omega) < 0$,$\varphi_Z(\omega) < 0$,电路呈电容性;当 $\omega > \omega_0$ 时,$\omega L > \frac{1}{\omega C}$,$X(\omega) > 0$,$\varphi_Z(\omega) > 0$,电路呈电感性。

从上面分析可知,当 RLC 串联电路外加激励的频率与电路固有的谐振频率相同时,电路就会发生谐振。因此,有两种调谐方法能够使 RLC 串联电路发生谐振:一是不改变电路元件的参数 L 和 C,调节电源频率,使之等于电路的谐振频率,这称之为调频调谐;二是保持电源频率不变,通过调整电路参数 L 或 C,或同时调整电路参数 L 和 C 来改变电路的谐振频率,使之与电源频率相同,从而实现电路谐振的目的。在实际应用中,一般采用第二种方法使电路发生谐振,调节电感参数的称为调感调谐,调节电容参数的则称为调容调谐。如,要收听电台的某一短波频率为 86.5 MHz 的电台节目,可以调整收音机的波段开关,即调整电感,使之处于短波段,再调整收音机的调台旋钮来改变电容量,当电路的谐振频率正好是 86.5 MHz 时,电路便与该台播音信号发生谐振,于是就选到了该台的节目。现代的许多电子设备,都采用电调谐,电调谐速度快、谐振点更精确。总之,在电感 L、电容 C 和电源频率 f 这三个量中,无论改变哪一个都可以使电路满足谐振条件,使之与某一特定频率的信号谐振,这一过程称为调谐,也可以使三者之间的关系不满足谐振条件而达到消除谐振的目的。

2. 品质因数与特性阻抗

为了评价 RLC 串联谐振电路的品质,引入一个重要参数,称为品质因数。RLC 串联电路在谐振时电压源供给电路的能量全部转化为电阻消耗产生的热能,因此要维持谐振电路中的电容与电感之间所进行的周期电磁振荡,电源就必须不断地向电路提供能量,以补偿电阻消耗的那部分能量。显然,如果每振荡一次电路所消耗的能量越小,即在一定时间内维持一定能量的电磁振荡,电路所需来自电源的能量越小,则电路的品质自然就越好。因此,为了定量地反映谐振电路的储能效率,品质因数 Q 一般定义为

$$Q = 2\pi \frac{\text{谐振时电路中所储存的总电磁能}}{\text{谐振时电路在一个周期内消耗的能量}} \tag{8.3.6}$$

对于 RLC 串联谐振电路,其品质因数根据式(8.3.6)可以表示为

$$Q = 2\pi \frac{LI_0^2}{T_0 R I_0^2} = 2\pi f_0 \frac{L}{R} = \frac{\omega_0 L}{R} = \frac{1}{\omega_0 RC} \tag{8.3.7}$$

电路发生谐振时的感抗或容抗值,称为电路的特性阻抗,以符号 ρ 表示,即

$$\rho = \omega_0 L = \frac{1}{\omega_0 C} \tag{8.3.8}$$

把式(8.3.4)代入上式得

$$\rho = \omega_0 L = \frac{1}{\omega_0 C} = \sqrt{\frac{L}{C}} \tag{8.3.9}$$

因此，RLC 串联谐振电路品质因数 Q 与其特性阻抗 ρ 的关系为

$$Q = \frac{\rho}{R} = \frac{\omega_0 L}{R} = \frac{1}{R\omega_0 C} = \frac{1}{R}\sqrt{\frac{L}{C}} \tag{8.3.10}$$

3. 谐振时的特点

RLC 串联电路发生谐振时($f = f_0$)具有以下特点：

（1）由式(8.3.1)可得谐振时的电路阻抗为

$$Z_0 = R + j\left(\omega_0 L - \frac{1}{\omega_0 C}\right) = R \tag{8.3.11}$$

此为纯电阻，且数值最小。

（2）由式(8.3.11)可得谐振时的回路电流为

$$\dot{I}_0 = \frac{\dot{U}_S}{Z_0} = \frac{\dot{U}_S}{R} \tag{8.3.12}$$

其值最大，且与激励源 $\dot{U}_S$ 同相位。

（3）谐振时电阻 R 上的电压为

$$\dot{U}_{R0} = R\dot{I}_0 = \dot{U}_S \tag{8.3.13}$$

它与激励源 $\dot{U}_S$ 大小相等、相位相同。

（4）谐振时电容 C 上的电压为

$$\dot{U}_{C0} = -j\frac{1}{\omega_0 C}\dot{I}_0 = -j\frac{1}{\omega_0 C} \cdot \frac{\dot{U}_S}{R} = -jQ\dot{U}_S \tag{8.3.14}$$

（5）谐振时电感 L 上的电压为

$$\dot{U}_{L0} = j\omega_0 L\dot{I}_0 = j\omega_0 L\frac{\dot{U}_S}{R} = jQ\dot{U}_S \tag{8.3.15}$$

比较式(8.3.14)与式(8.3.15)可知：当 RLC 串联电路发生谐振时，电容 C 上的电压与电感 L 上的电压大小相等、相位相反，两者电压大小都等于电源电压的 Q 倍。通常实际串联谐振电路的品质因数 Q 大小为几十、几百的数值，这就意味着，谐振时电容（或电感）上电压可以比输入电压大几十、几百倍。

由于 RLC 串联谐振电路中为同一电流，因此，以该电流作为参考相量，可以得出电路中电流、电压的相位关系，如图 8.3.3 所示。

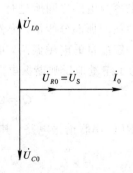

图 8.3.3　RLC 串联谐振电路电压、电流相量图

【例 8.3.1】 电路如图 8.3.4 所示，$L=0.3 \text{ mH}$，$R=10 \text{ Ω}$，$f_0=560 \text{ kHz}$。求：(1) 调谐电容 C 的值；(2) 如果输入电压为 1.5 μV，求谐振电流 I_0 和此时的电容电压 U_C。

解 (1) 由 $f_0=\dfrac{1}{2\pi\sqrt{LC}}$ 得

$$C=\frac{1}{(2\pi f_0)^2 L}$$

$$=\frac{1}{(2\times 3.14\times 560\times 10^3)^2\times 0.3\times 10^{-3}}$$

$$=2.7\times 10^{-10}\text{ F}=270\text{ pF}$$

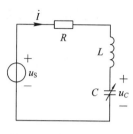

图 8.3.4 例 8.3.1 图

(2) 输入电压为 1.5 μV 时，谐振电流为

$$I_0=\frac{U_s}{R}=\frac{1.5\times 10^{-6}}{10}=1.5\times 10^{-7}\text{ A}=0.15\text{ μA}$$

电容电压为

$$U_{C0}=I_0 X_C=I_0\frac{1}{2\pi f_0 C}=1.5\times 10^{-7}\times\frac{1}{2\times 3.14\times 560\times 10^3\times 2.7\times 10^{-10}}$$

$$=1.58\times 10^{-4}\text{ V}=158\text{ μV}$$

【例 8.3.2】 在图 8.3.5 所示的串联谐振电路中，已知回路品质因数 $Q=50$，电源电压有效值 $U_s=1 \text{ mV}$。试求：电路的谐振频率 f_0、谐振时回路中电流的有效值 I_0、电容的电压有效值 U_{C0}。

解 电路的谐振频率为

$$f_0=\frac{1}{2\pi\sqrt{LC}}$$

$$=\frac{1}{2\times 3.14\times\sqrt{50\times 10^{-6}\times 200\times 10^{-12}}}$$

$$=1.59\times 10^6\text{ Hz}$$

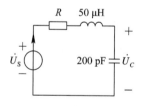

图 8.3.5 例 8.3.2 图

由 $Q=\dfrac{1}{R}\sqrt{\dfrac{L}{C}}$ 可得回路中的电阻

$$R=\frac{1}{Q}\sqrt{\frac{L}{C}}=\frac{1}{50}\sqrt{\frac{50\times 10^{-6}}{200\times 10^{-12}}}=10\text{ Ω}$$

所以谐振时电流的有效值为

$$I_0=\frac{U_s}{R}=\frac{1}{10}=0.1\text{ mA}$$

电容的电压有效值为

$$U_{C0}=QU_s=50\times 1=50\text{ mV}$$

8.4 *RLC* 串联电路频率响应

谐振电路广泛应用于无线电技术，它们通常都不是在单一频率的正弦输入信号下工作，一般会同时接收到若干个中心频率不同、波形也可能相异的多种信号，对于这种多频

输入信号,谐振电路具有频率选择性,即可以选中某些需要频率的信息,而剔除其他频率的干扰信息。因此,为了了解串联谐振电路的选频特性,就必须讨论它的频率特性。

在图 8.4.1 所示电路中,若以 $\dot{U}_s$ 为激励相量,以电流 $\dot{I}$ 为响应相量,则网络函数为

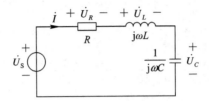

图 8.4.1　RLC 串联电路的相量模型

$$H(\mathrm{j}\omega)=\frac{\dot{I}}{\dot{U}_s}=\frac{1}{R+\mathrm{j}\left(\omega L-\dfrac{1}{\omega C}\right)}=\frac{1/R}{1+\mathrm{j}\dfrac{\omega L-\dfrac{1}{\omega C}}{R}}=\frac{1/R}{1+\mathrm{j}\dfrac{\omega_0 L}{R}\left(\dfrac{\omega}{\omega_0}-\dfrac{1}{\omega\omega_0 LC}\right)} \tag{8.4.1}$$

把 $Q=\omega_0 L/R$,$\omega_0^2=1/(LC)$ 代入上式,得

$$H(\mathrm{j}\omega)=\frac{1/R}{1+\mathrm{j}Q\left(\dfrac{\omega}{\omega_0}-\dfrac{\omega_0}{\omega}\right)}=|H(\mathrm{j}\omega)|\mathrm{e}^{\mathrm{j}\varphi(\omega)} \tag{8.4.2}$$

其中

$$|H(\mathrm{j}\omega)|=\frac{1/R}{\sqrt{1+Q^2\left(\dfrac{\omega}{\omega_0}-\dfrac{\omega_0}{\omega}\right)^2}} \tag{8.4.3}$$

$$\varphi(\omega)=-\arctan\left[Q\left(\dfrac{\omega}{\omega_0}-\dfrac{\omega_0}{\omega}\right)\right] \tag{8.4.4}$$

由式(8.4.3)和式(8.4.4)可画出该网络的幅频特性与相频特性曲线。

为了通用性和分析问题的方便,一般对 $H(\mathrm{j}\omega)$ 进行归一化处理,定义谐振函数为

$$N(\mathrm{j}\omega)\overset{\mathrm{def}}{=}\frac{H(\mathrm{j}\omega)}{H(\mathrm{j}\omega_0)} \tag{8.4.5}$$

在 $\omega=\omega_0$ 时,由式(8.4.2)得

$$H(\mathrm{j}\omega_0)=\frac{1}{R} \tag{8.4.6}$$

将式(8.4.2)和式(8.4.6)代入式(8.4.5)中,得

$$N(\mathrm{j}\omega)=\frac{H(\mathrm{j}\omega)}{H(\mathrm{j}\omega_0)}=\frac{1}{1+\mathrm{j}Q\left(\dfrac{\omega}{\omega_0}-\dfrac{\omega_0}{\omega}\right)}=|N(\mathrm{j}\omega)|\mathrm{e}^{\mathrm{j}\varphi_N(\omega)} \tag{8.4.7}$$

其中

$$|N(\mathrm{j}\omega)|=\frac{1}{\sqrt{1+Q^2\left(\dfrac{\omega}{\omega_0}-\dfrac{\omega_0}{\omega}\right)^2}} \tag{8.4.8}$$

$$\varphi_N(\omega) = -\arctan\left[Q\left(\frac{\omega}{\omega_0} - \frac{\omega_0}{\omega}\right)\right] \tag{8.4.9}$$

为了表述方便，将 $|N(j\omega)|$ 和 $\varphi_N(\omega)$ 中的自变量 ω 改用角频率与谐振频率之比 $\xi = \omega/\omega_0$。ξ 称为相对角频率，它表示激励电压的角频率 ω 偏离谐振角频率 ω_0 的程度。因此，$|N(j\omega)|$ 和 $\varphi_N(\omega)$ 的表述式对应分别改写为

$$|N(j\omega)| = \frac{1}{\sqrt{1 + Q^2\left(\xi - \dfrac{1}{\xi}\right)^2}} \tag{8.4.10}$$

$$\varphi_N(\omega) = -\arctan\left[Q\left(\xi - \frac{1}{\xi}\right)\right] \tag{8.4.11}$$

若以 Q 为参变量，由式(8.4.10)和式(8.4.11)可画出归一化的幅频特性和相频特性曲线，如图 8.4.2 所示。由图 8.4.2(a)所示的归一化幅频特性曲线可见，回路 Q 值越大，曲线越尖锐，对非谐振频率信号的抑制能力就越强，电路对谐振频率选择性(也称选频特性)越好。反之，Q 值较小时，在谐振频率 ω_0 附近电流变化不大，幅频特性曲线的顶部较为平坦，电路的选择性就很差。收音机的输入电路就是采用 RLC 串联谐振电路，通过调谐使收音机输入电路的谐振频率与欲收听电台信号的载波频率相同，使电路发生谐振，从而实现了"选台"收听。

从图 8.4.2(b)所示的归一化相频特性(也称选频特性)也可看出，当 $\xi < 1$ 时，导纳角 $\varphi_N > 0$，相移为正，电路呈容性，电流 $\dot{I}$ 超前电压源 $\dot{U}_S$；当 $\xi = 1$(谐振)时，$\varphi_N = 0$，相移为零，$\dot{I}$ 和 $\dot{U}_S$ 同相位；当 $\xi > 1$ 时，导纳角 $\varphi_N < 0$，相移为负，此时电路呈感性，电流 $\dot{I}$ 滞后电压源 $\dot{U}_S$。由图 8.4.2(b)还可看到，回路品质因数 Q 越大，在 $\xi = 1$ 附近(即 f_0 附近)，相频特性曲线的斜率越大。

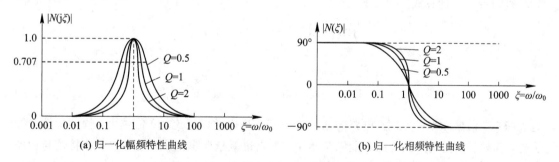

图 8.4.2　RLC 串联谐振电路的归一化频率特性曲线

通过对串联谐振电路的频率特性的讨论可见，Q 值越大的电路，幅频特性曲线越尖锐，越适合于从多个单一频率信号中选择出所需要的频率信号，而将其他频率信号作为干扰加以有效抑制。然而，实际信号都占有一定的频带宽度，即实际信号是由若干频率分量所组成的多频率信号。如果电路只选择实际信号中的某一频率分量而把实际信号中其余有用的频率分量抑制掉，那么就会引起严重的信号失真。这就要求谐振电路能够把实际信号中的各有用频率分量都能选择出来，并能对它们均等地进行传输，而对于不需要的频率信号视

为干扰，能最大限度地加以抑制。所以要全面评估一个谐振电路的性能，不仅要注重其对频率信号的选择能力，还必须考察其不失真地传输信号的能力，即在传输具有一定带宽的实际信号时，能够均等地传输其中所包含的各个频率分量以确保最后输出信号的波形不会改变，一般用通频带来衡量这种能力。下面定义串联谐振电路的通频带。

在中心频率 f_0 两侧，当 $|N(j\omega)| = 1/\sqrt{2}$ 时，对应的频率为 f_{c1}、f_{c2}，如图 8.4.3 所示。把高于 f_0 的 f_{c2} 称为上截止频率，低于 f_0 的 f_{c1} 称为下截止频率。把介于这两个截止频率之间的一段频率范围定义为电路的通频带，即

$$BW = f_{c2} - f_{c1} \quad Hz \tag{8.4.12}$$

或

$$BW = \omega_{c2} - \omega_{c1} \quad rad/s \tag{8.4.13}$$

从上面分析可以看出，RLC 串联谐振电路属于带通电路。

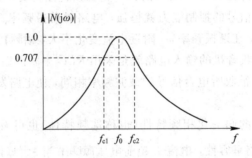

图 8.4.3　通频带示意图

通频带宽度 BW 是反应带通电路固有属性的一个重要参数，因此，它与电路另外两个参数，即电路的谐振频率 $f_0(\omega_0)$、品质因数 Q 之间存在着必然的联系。通过推导可以得到电路通频带又一计算式

$$BW = f_{c2} - f_{c1} = \frac{f_0}{Q} \quad Hz \tag{8.4.14}$$

或

$$BW = \omega_{c2} - \omega_{c1} = \frac{\omega_0}{Q} \quad rad/s \tag{8.4.15}$$

这表明：在谐振频率一定时，电路的通频带与其品质因数成反比，Q 值越大，幅频特性曲线越陡，选频特性越好，但电路的通频带越窄，失真也就越严重。所以电路的选频特性与通频带之间存在着一定的矛盾，一般的应用原则是，在满足电路带宽等于或略大于欲传输信号带宽的前提下，应尽量提高其电路的 Q 值。

【例 8.4.1】　在图 8.4.4 所示的 rLC 串联谐振电路中，已知 $u_S(t) = 100\cos(\omega_0 t)$ mV，ω_0 为电路谐振角频率，$C = 400$ pF，电阻 r 上消耗的功率为 5 mW，电路通频带 $BW = 4 \times 10^4$ rad/s，试求 L、ω_0、U_{Cm}。

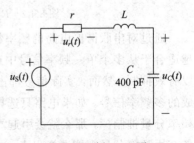

图 8.4.4　例 8.4.1 图

解　由于电路处于谐振状态，因此电阻 r 上的电压

与电源电压相等。由

$$P_r = \frac{1}{2}\frac{U_{rm}^2}{r} = \frac{1}{2}\frac{U_{Sm}^2}{r}$$

得

$$r = \frac{U_{Sm}^2}{2P_r} = \frac{(100\times10^{-3})^2}{2\times5\times10^{-3}} = 1\ \Omega$$

又因为

$$Q = \frac{\omega_0 L}{r},\ \mathrm{BW} = \frac{\omega_0}{Q}$$

得

$$\mathrm{BW} = \frac{\omega_0}{\omega_0 L/r} = \frac{r}{L} = 4\times10^4\ \mathrm{rad/s}$$

故

$$L = \frac{r}{\mathrm{BW}} = \frac{1}{4\times10^4} = 2.5\times10^{-5}\ \mathrm{H}$$

$$\omega_0 = \frac{1}{\sqrt{LC}} = \frac{1}{\sqrt{25\times10^{-6}\times400\times10^{-12}}} = 10^7\ \mathrm{rad/s}$$

$$Q = \frac{\omega_0 L}{r} = \frac{10^7\times25\times10^{-6}}{1} = 250$$

所以

$$U_{Cm} = QU_{Sm} = 250\times100\times10^{-3} = 25\ \mathrm{V}$$

8.5　RLC 并联谐振电路

　　串联谐振电路仅适用于信号源内阻小的情况，若信号源内阻较大，则电路的 Q 值减小，以致电路的选频特性变差。当信号源内阻较大时，为了获得较好的选频特性，常采用并联谐振电路，可分两种情况讨论：非工程型 RLC 并联谐振电路和工程型 RLC 并联谐振电路。本节重点讨论后者的谐振情况。

8.5.1　非工程型 RLC 并联谐振电路

　　所谓非工程型 RLC 并联谐振电路，就是与 RLC 串联谐振电路对偶的电路，其电路的相量模型如图8.5.1所示，在角频率为 ω 的正弦电流源 $\dot{I}_S$ 激励作用下，电路的输入导纳为

$$
\begin{aligned}
Y(\mathrm{j}\omega) &= \frac{\dot{I}_S}{\dot{U}}\\
&= G + \mathrm{j}\left(\omega C - \frac{1}{\omega L}\right)\\
&= G + \mathrm{j}(B_C - B_L)\\
&= G + \mathrm{j}B(\omega) = \left|Y(\mathrm{j}\omega)\right|\angle\varphi_Y(\omega)\quad(8.5.1)
\end{aligned}
$$

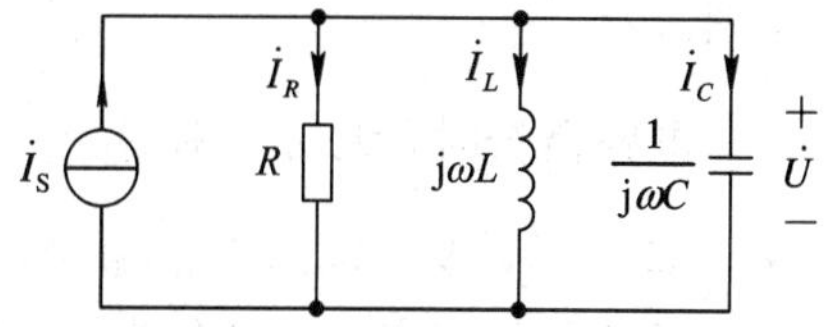

图 8.5.1　非工程型 RLC 并联谐振
电路的相量模型

其中，$|Y(\mathrm{j}\omega)| = \sqrt{G^2 + \left(\omega C - \dfrac{1}{\omega L}\right)^2}$，$\varphi_Y(\omega) = \arctan \dfrac{\omega C - \dfrac{1}{\omega L}}{G}$。

电路谐振时，导纳的虚部 $B = 0$，即有

$$\omega_0 C = \frac{1}{\omega_0 L} \tag{8.5.1}$$

因此，谐振角频率为

$$\omega_0 = \frac{1}{\sqrt{LC}} \tag{8.5.2}$$

进而得到谐振频率为

$$f_0 = \frac{1}{2\pi \sqrt{LC}} \tag{8.5.3}$$

该频率称为电路的固有频率。

电路谐振时，输入导纳 $Y(\mathrm{j}\omega_0)$ 最小

$$Y(\mathrm{j}\omega_0) = G + \mathrm{j}\left(\omega_0 C - \frac{1}{\omega_0 L}\right) = G \tag{8.5.4}$$

或者说输入阻抗最大，即 $Z(\mathrm{j}\omega_0) = R$，所以谐振时端电压达到最大值，即

$$U(\omega_0) = |Z(\mathrm{j}\omega_0)| I_\mathrm{S} = R I_\mathrm{S} \tag{8.5.5}$$

可根据这一现象判别并联电路是否发生了谐振。

电路谐振时，有 $\dot{I}_L + \dot{I}_C = 0$，谐振时电感的电流和电容的电流有效值相同，相位相反，所以并联谐振也称为电流谐振。

电路谐振时电感的电流和电容的电流分别为

$$\dot{I}_L(\mathrm{j}\omega_0) = -\mathrm{j}\frac{1}{\omega_0 L}\dot{U} = -\mathrm{j}\frac{1}{\omega_0 LG}\dot{I}_\mathrm{S} = -\mathrm{j}Q\,\dot{I}_\mathrm{S} \tag{8.5.6}$$

$$\dot{I}_C(\mathrm{j}\omega_0) = \mathrm{j}\omega_0 C\dot{U} = \mathrm{j}\frac{\omega_0 C}{G}\dot{I}_\mathrm{S} = \mathrm{j}Q\,\dot{I}_\mathrm{S} \tag{8.5.7}$$

其中，Q 称为并联谐振电路的品质因数，有

$$Q = \frac{I_L(\omega_0)}{I_\mathrm{S}} = \frac{I_C(\omega_0)}{I_\mathrm{S}} = \frac{1}{\omega_0 LG} = \frac{\omega_0 C}{G} = \frac{1}{G}\sqrt{\frac{C}{L}} \tag{8.5.8}$$

如果 $Q \gg 1$，则电路谐振时电感和电容中会出现过电流，当从 L、C 两端看进去的等效电纳等于零，即阻抗为无限大，该部分电路相当于开路，图 8.5.2 所示为 RLC 并联谐振电路的电流相量图。

电路谐振时，无功功率 $Q_L = \dfrac{1}{\omega_0 L}U^2$，$Q_C = -\omega_0 CU^2$，则有 $Q_L + Q_C = 0$，表明电路在谐振时，电感的磁场能量与电容的电场能量彼此相互交换，完全补偿，两种能量的总和为

$$\begin{aligned} W(\omega_0) &= W_L(\omega_0) + W_C(\omega_0) = LQ^2 I_\mathrm{S}^2 \\ &= CU_{C0}^2 = LI_{L0}^2 = 常数 \end{aligned} \tag{8.5.9}$$

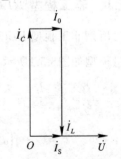

图 8.5.2　RLC 并联谐振电路的电流相量图

其中，U_{C0} 为电路谐振时电容两端的电压，I_{L0} 为电路谐振时流过电感的电流。

8.5.2 工程型 RLC 并联谐振电路

1.电路模型

实际的电感、电容元件都有损耗，并且在有些情况下电感元件的损耗是不能忽略的。因此，对于工程技术中由电感线圈与电容并联组成的谐振电路，其模型不能采用图 8.5.1 所示的理想形式，而应采用图 8.5.3 所示的模型，该模型中电容器的损耗极小可忽略不计。

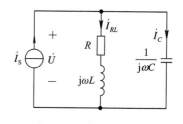

图 8.5.3　工程型 RLC 并联谐振电路相量模型

在角频率为 ω 的正弦激励电流源 $\dot{I}_s$ 作用下，图 8.5.3 所示电路的输入导纳为

$$Y(j\omega) = \frac{\dot{I}_s}{\dot{U}} = j\omega C + \frac{1}{R + j\omega L}$$
$$= \frac{R}{R^2 + \omega^2 L^2} + j\left(\omega C - \frac{\omega L}{R^2 + \omega^2 L^2}\right)$$
$$= G + jB \tag{8.5.10}$$

其中

$$G = \frac{R}{R^2 + \omega^2 L^2} \tag{8.5.11}$$

$$B = \omega C - \frac{\omega L}{R^2 + \omega^2 L^2} \tag{8.5.12}$$

2. 谐振条件与谐振频率

按照谐振的定义，当图 8.5.3 所示电路发生谐振时，端口电压 $\dot{U}$ 与端口电流 $\dot{I}_s$ 同相位，因此式(8.5.10)的虚部等于零，由此得该电路发生谐振的条件为

$$B(\omega_0) = \omega_0 C - \frac{\omega_0 L}{R^2 + \omega_0^2 L^2} = 0 \tag{8.5.13}$$

即有

$$R^2 + \omega_0^2 L^2 = \frac{L}{C} \tag{8.5.14}$$

由式(8.5.14)求出电路的谐振角频率 ω_0 为

$$\omega_0 = \sqrt{\frac{1}{LC} - \left(\frac{R}{L}\right)^2} = \frac{1}{\sqrt{LC}}\sqrt{1 - \frac{R^2 C}{L}} \tag{8.5.15}$$

进而得到谐振频率 f_0 为

$$f_0 = \frac{1}{2\pi}\sqrt{\frac{1}{LC} - \left(\frac{R}{L}\right)^2} = \frac{1}{2\pi\sqrt{LC}}\sqrt{1 - \frac{R^2 C}{L}} \tag{8.5.16}$$

式(8.5.15)表明，对于图 8.5.3 所示的并联谐振电路，其谐振角频率不但与回路中的电抗元件参数有关，而且与回路中的损耗电阻 R 有关。

图 8.5.3 所示并联电路发生谐振时的电压、电流相量如图 8.5.4 所示。

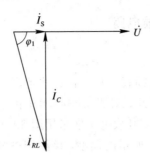

图 8.5.4　工程型 RLC 并联电路谐振时电压、电流相量图

2. 品质因数

当图 8.5.3 所示 RLC 并联电路谐振时，由于流过电阻 R 和电感 L 的电流为同一电流 I_{RL0}，由式(8.3.6)可以得出品质因数为

$$Q = \frac{\omega_0 L I_{RL0}^2}{R I_{RL0}^2} = \frac{\omega_0 L}{R} \tag{8.5.17}$$

在通信和无线电技术等实际应用中，线圈的电阻 R 通常很小，电路(特别是高频电路)具有很大的 Q 值，即有 $\omega_0 L \gg R$，因此，由式(8.5.15)和式(8.5.16)分别可得

$$\omega_0 \approx \frac{1}{\sqrt{LC}} \tag{8.5.18}$$

$$f_0 \approx \frac{1}{2\pi\sqrt{LC}} \tag{8.5.19}$$

从形式上看，在 Q 值较大的条件下，并联谐振电路谐振频率的计算公式同串联谐振电路计算谐振频率的公式是一样的。

并联谐振电路在发生谐振时，激励源 $\dot{I}_s$ 的角频率 ω 等于电路的谐振角频率 ω_0，下面将讨论它的特点。

3. 谐振时的特点

(1) 在 Q 值较大的条件下，电路发生谐振时，由式(8.5.10)得 RLC 并联电路输入导纳为

$$Y_0 = \frac{R}{R^2 + \omega_0^2 L^2} \approx \frac{R}{\omega_0^2 L^2} = \frac{CR}{L} = G_0 \tag{8.5.20}$$

此时输入导纳最小，且为纯电导。若换算为阻抗，即

$$Z_0 = \frac{1}{Y_0} = \frac{L}{CR} = R_0 \tag{8.5.21}$$

(2) 在 Q 值较大的条件下，电路发生谐振时，回路两端电压为

$$\dot{U}_0 = \frac{\dot{I}_s}{G_0} = R_0 \dot{I}_s \tag{8.5.22}$$

此时回路两端电压为最大值，且与激励源 $\dot{I}_s$ 同相位。实验室中观察并联谐振电路的谐振状

态，常用电压表并联到回路两端，以电压表指示最大作为回路处于谐振状态的标志。

（3）电路谐振时，电容支路的电流为

$$\dot{I}_{C0} = \mathrm{j}\omega_0 C\dot{U}_0 = \mathrm{j}\omega_0 CR_0\dot{I}_\mathrm{S} = \mathrm{j}\omega_0 C\frac{L}{CR}\dot{I}_\mathrm{S} = \mathrm{j}\frac{\omega_0 L}{R}\dot{I}_\mathrm{S} = \mathrm{j}Q\dot{I}_\mathrm{S} \tag{8.5.23}$$

电感的电流为

$$\dot{I}_{L0} = \dot{I}_\mathrm{S} - \dot{I}_{C0} = (1 - \mathrm{j}Q)\dot{I}_\mathrm{S} \tag{8.5.24}$$

在 Q 值较大的条件下，有

$$\dot{I}_{L0} \approx -\mathrm{j}Q\dot{I}_\mathrm{S} \tag{8.5.25}$$

比较式(8.5.23)和式(8.5.25)可以看出，电路谐振时的电容支路电流与电感支路电流大小近似相等、相位相反，且远大于电流源的电流，因此，Q 值较大的 RLC 并联电路的谐振也称为电流谐振，谐振时好像 RL 和 C 组成的并联闭合回路中，有一个很大的过电流 QI_S 在其中往复循环流动，该回路中的这一电流称为环流。

【例 8.5.1】　图 8.5.5(a)所示电路处于谐振状态，已知电压源的角频率 $\omega = 10^3$ rad/s，$R_1 = 25\ \Omega$，$C = 16\ \mu\mathrm{F}$，电压表的读数为 100 V，电流表读数为 1.2 A，求 R、L。

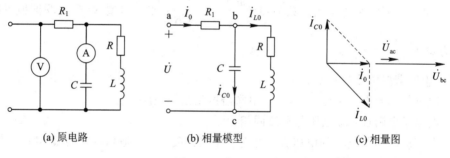

(a) 原电路　　　　　　(b) 相量模型　　　　　　(c) 相量图

图 8.5.5　例 8.5.1 图

　　解　电路处于谐振状态时的相量模型如图 8.5.5(b)所示，当 $\omega = \omega_0 = 10^3$ rad/s 时电路发生谐振，并联支路导纳的虚部为零。设并联支路电压 $\dot{U}_\mathrm{bc0}$ 为参考相量，有

$$\dot{U}_\mathrm{bc0} = U_\mathrm{bc0}\angle 0° = \frac{I_{C0}}{\omega_0 C} = \frac{1.2}{\omega_0 C}\ \mathrm{V}$$

电阻 R_1 上的电压为

$$\dot{U}_\mathrm{ab0} = R_1\dot{I}_0 = R_1\dot{U}_\mathrm{bc0}G_0 = R_1\frac{I_{C0}}{\omega_0 C}\frac{RC}{L} = \frac{1.2RR_1}{\omega_0 L}\ \mathrm{V}$$

电路总电压为

$$\dot{U}_\mathrm{ac0} = \dot{U}_\mathrm{ab0} + \dot{U}_\mathrm{bc0} = \frac{1.2RR_1}{\omega_0 L} + \frac{1.2}{\omega_0 C}$$

因此可得

$$100 = \frac{1.2 \times 25R}{\omega_0 L} + \frac{1.2}{\omega_0 C}$$

在 $\omega = \omega_0 = 10^3$ rad/s，按照并联支路导纳虚部为零得出的谐振频率公式有

$$\omega_0 = \sqrt{\frac{1}{LC} - \left(\frac{R}{L}\right)^2} = 30^3\ \mathrm{rad/s}$$

由上面两个式子解得

$$R = 30.7 \ \Omega, \ L = 36.0 \ \mathrm{mH}$$

相量图如图 8.5.5(c)所示,其中,$\dot{I}_0$、$\dot{U}_{ab0}$、$\dot{U}_{bc0}$、$\dot{U}_{ac0}$同相位。

本 章 小 结

正弦稳态电路的网络函数定义为电路的响应相量与电路的激励相量之比,即

$$\text{网络函数 } H(\mathrm{j}\omega) = \frac{\text{响应相量}}{\text{激励相量}}$$

其中响应可以是电压也可以是电流,激励同样可以是电压或电流。

电路的频率响应就是网络函数 $H(\mathrm{j}\omega)$ 随频率 ω 变化的规律,它的模 $|H(\mathrm{j}\omega)|$ 与频率的关系称为幅频特性,它的幅角 $\varphi(\omega)$ 与频率的关系称为相频特性。

RLC 串联谐振电路和非工程型 RLC 并联谐振电路的谐振频率均为 $\omega_0 = \dfrac{1}{\sqrt{LC}}$。

RLC 串联谐振电路的品质因数为 $Q = \dfrac{\omega_0 L}{R} = \dfrac{1}{\omega_0 CR}$;非工程型 RLC 并联谐振电路的品

质因数为 $Q = \dfrac{\omega_0 C}{G} = \dfrac{1}{\omega_0 LG}$。

RLC 串联谐振电路的特点:

(1) 阻抗 $|Z|$ 最小,电流最大,LC 串联谐振相当于短路;

(2) 电路呈电阻性,总电压与电流同相;

(3) 电感的电压与电容的电压大小相等,相位相反,并且是总电压的 Q 倍;

非工程型 RLC 并联谐振电路的特点:

(1) 输入导纳的模 $|Y|$ 最小,输入阻抗的模 $|Z|$ 最大;

(2) 电路呈电阻性,总电流与电压同相;

(3) 电感的电流与电容的电流大小相等,相位相反,并且是总电流的 Q 倍。

工程型 RLC 并联谐振电路的特点:

(1) 品质因数为 $Q = \dfrac{\omega_0 L}{R}$,谐振频率(当 $Q \gg 1$ 时)为 $\omega_0 = \dfrac{1}{\sqrt{LC}}$;

(2) 电路呈电阻性,总电流与电压同相;

(3) 电感的电流、电容的电流与总电流构成直角三角形。

习 题

8.1　求题 8.1 图所示网络的网络函数 $H(\mathrm{j}\omega) = \dot{U}_2 / \dot{U}_1$。

8.2　求题 8.2 图所示二端口网络函数 $H(\mathrm{j}\omega) = \dot{U}_2 / \dot{U}_1$。

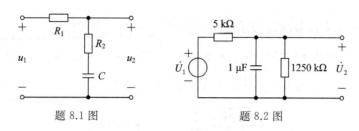

题 8.1 图　　　　　　　　　　题 8.2 图

8.3　求题 8.3 图所示电路 ab 端口的驱动点阻抗 $\dot{U}/\dot{I}_1$、转移电流比 $\dot{I}_C/\dot{I}_1$、转移阻抗 $\dot{U}_2/\dot{I}_1$。

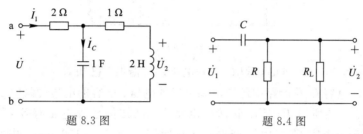

题 8.3 图　　　　　　　　　　题 8.4 图

8.4　如题 8.4 图所示的简单 RC 串联电路常用作放大器的 RC 耦合电路。前级放大器输出的信号电压通过它输送到下一级放大器，C 称为耦合电容。下一级放大器的输入电阻并联到 R 两端，作为它的负载电阻 R_L。试分析该耦合电路的频率特性(求出截止角频率 ω_c，画出幅频和相频特性曲线)，并讨论负载 R_L 的大小对频率特性的影响。

8.5　求题 8.5 图所示电路的电流转移比 $H(j\omega)=\dot{I}_2/\dot{I}_1$ 以及截止频率和通频带。

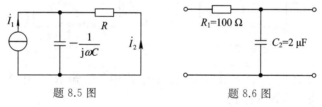

题 8.5 图　　　　　　　　　　题 8.6 图

8.6　对于题 8.6 图所示的 RC 低通网络，求在 $|H(j\omega)|=0.5$ 时的频率。

8.7　RC 一阶低通滤波器，$C=100\ \mu F$，$R=100\ \Omega$，试求：(1) 输入频率为 10 Hz 时网络函数幅值衰减到多少？(2) 输入频率为 250 Hz 时网络函数幅值衰减到多少？

8.8　题 8.8 图所示串联谐振电路中，谐振角频率 $\omega_0=3\ rad/s$，$I=2\ A$，$U_{ab}=8\ V$，$U_{ad}=10\ V$，试求电路参数 R、L、C。

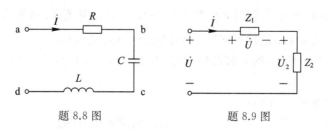

题 8.8 图　　　　　　　　　　题 8.9 图

8.9　题 8.9 图所示电路中，电能由传输线 Z_1 送至负载 Z_2，线路参数 $Z_1=(2+j4)\ \Omega$，电源电压 $U=220\ V$，频率为 50 Hz，负载电阻 $R_2=20\ \Omega$，电路发生谐振。试求：(1) 此时

的电流 $\dot{I}$ ；(2) 电压 $\dot{U}_1$、$\dot{U}_2$；(3)负载消耗的功率 P_2；(4)负载等值串联参数。

8.10　题 8.10 图所示电路的电源频率 $f=\dfrac{100}{\pi}$ Hz，$R_1=6\ \Omega$，$R_2=20\ \Omega$，调节电容，当 $C=1000\ \mu\mathrm{F}$ 时，电流表的最大读数为 1 A，功率表读数为 10 W，试求 R、L 的值。

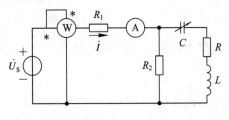

题 8.10 图

8.11　当 $\omega=5000$ rad/s 时，RLC 串联电路发生谐振。已知 $R=5\ \Omega$，$L=400$ mH，端电压 $U=1$ V，求电容 C 及电路中的电流和电感的电压、电容的电压的瞬时表达式。

8.12　题 8.12 图所示 RLC 串联谐振电路中，已知信号源电压有效 $U_\mathrm{s}=1$ V，频率 $f=1$ MHz，现调节电容 C 使回路谐振，这时回路电流 $I_0=100$ mA，电容器两端电压 $U_{C0}=100$ V。试求电路参数 R、L、C 及回路的品质因数 Q 与通频带 BW。

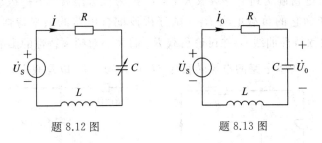

题 8.12 图　　　　　　　　　题 8.13 图

8.13　在题 8.13 图所示的 RLC 串联谐振电路中，已知 $R=10\ \Omega$，回路的品质因数 $Q=100$，谐振频率 $f_0=1000$ kHz。

(1) 求该电路的 L、C 和通频带 BW；

(2) 若外加电压源频率 f 等于电路谐振频率 f_0，外加电压源的有效值 $U_\mathrm{s}=100\ \mu\mathrm{V}$，求此时回路中的电流 I_0 和电容上的电压 U_{C0}。

8.14　已知 RLC 串联电路中，$R=50\ \Omega$，$L=400$ mH，谐振角频率 $\omega_0=5000$ rad/s，$U_\mathrm{s}=1$ V。求电容 C 及各元件电压的瞬时表达式。

8.15　RLC 串联电路谐振时，已知 BW $=6.4$ kHz，电阻的功耗为 2 μW，$u_\mathrm{s}(t)=\sqrt{2}\cos(\omega_0 t)$ mV，试求 L、谐振频率 f_0 和谐振时电感的电压 U_L。

8.16　在题 8.16 图所示的并联谐振电路中，已知 $r=10\ \Omega$，$L=1$ mH，$C=1000$ pF，信号源内阻 $R_\mathrm{s}=150$ kΩ。

(1) 求电路的通频带 BW；

(2) 欲使回路阻抗 $|Z|>50$ kΩ，求满足要求的角频率范围。

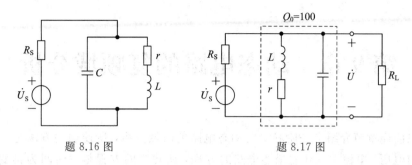

题 8.16 图   题 8.17 图

8.17   在题 8.17 图所示的并联谐振电路中，已知 $L = 500\ \mu\text{H}$，空载回路品质因数 $Q_0 = 100$，$\dot{U}_S = 50\angle 0°\ \text{V}$，$R_S = 50\ \text{k}\Omega$，电源角频率 $\omega = 10^6\ \text{rad/s}$，并假设电路发生谐振。

（1）求电路的通频带 BW 和回路两端电压 U；

（2）如果在回路上并联 $R_L = 30\ \text{k}\Omega$ 的电阻，这时通频带又为多少？

8.18   在题 8.18 图所示的并联谐振电路中，已知 $L = 100\ \mu\text{H}$，$C = 100\ \text{pF}$，虚线框所围的空载回路 $Q_0 = 50$，信号源电压有效值 $U_S = 150\ \text{V}$，内阻 $R_S = 25\ \Omega$。若欲使回路谐振，电源的角频率应是多少？求谐振时的总电流 I_0、环流 I_1、回路两端电压 U_0 及回路消耗的功率 P。

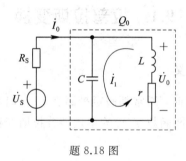

题 8.18 图

第 9 章　动态电路的复频域分析

我们在前面章节介绍了一阶和二阶动态电路的时域分析，所使用的方法是根据电路定律和元件的电压、电流关系建立描述电路的方程，所建立的方程是以时间为自变量的线性常微分方程，求解该方程即可得到电路变量在时域的响应，这种方法称为经典法。但对于具有多个动态元件的复杂电路，用直接求解微分方程的方法比较困难。拉普拉斯变换法是利用拉普拉斯变换将电路从时域变换到频域，得到解之后，再利用拉普拉斯逆变换将结果逆变换到时域。

拉普拉斯变换的重要性体现在如下几个方面：首先，与相量分析相比，拉普拉斯变换适用于更广泛的输入；其次，它提供了一种求解包含初始条件的电路问题的简单方法；最后，通过一次拉普拉斯变换即可确定电路的全响应。

9.1　拉普拉斯变换

9.1.1　拉普拉斯变换的定义

研究动态电路的过渡过程时，通常都假定换路在 $t=0$ 时刻发生，因此电路理论中常采用的是单边拉普拉斯变换。时间函数 $f(t)$ 的单边拉普拉斯变换记为 $\mathcal{L}[f(t)]$，它定义为如下的积分变换：

$$\mathcal{L}[f(t)]=F(s)=\int_{0_-}^{\infty} f(t)\mathrm{e}^{-st}\,\mathrm{d}t \tag{9.1.1}$$

其中，s 为一个复变量：

$$s=\sigma+\mathrm{j}\omega \tag{9.1.2}$$

由于式(9.1.1)是定积分，因此积分结果将是复变量 s 的函数，记为 $F(s)$，且称 $F(s)$ 为 $f(t)$ 的象函数，称 $f(t)$ 为 $F(s)$ 的原函数。后文将拉普拉斯变换简称为拉氏变换。

由式(9.1.1)可以看出，$f(t)$ 的拉氏变换 $F(s)$ 存在的条件是该式右边的积分为有限值。对于一个函数 $f(t)$，如果存在正的有限值常数 M 和 c，使得对于所有 t 满足条件

$$|f(t)|\leqslant M\mathrm{e}^{ct}$$

则 $f(t)$ 的拉氏变换 $F(s)$ 总存在，因为总可以找到一个合适的 s 值，使得式(9.1.1)中的积分为有限值。电路中涉及的激励函数的拉氏变换一般都是存在的，故这里假定本书中的 $f(t)$ 都满足此条件。

另外，式(9.1.1)中的积分下限为 0_-。因为如果 $t=0$ 时激励函数包含冲激函数，那么冲激函数的作用便包含在这一积分中，就电路问题而言，用 0_- 作为积分下限比用 0 好，这会给计算存在冲激函数的电压和电流的电路带来方便。

【例 9.1.1】　求常数 $f(t)=A$ 和单位阶跃函数 $\varepsilon(t)$、单位冲激函数 $\delta(t)$ 的拉氏变换。

解　对于常数 $f(t)=A$，其拉氏变换为

$$F(s)=\mathcal{L}[A]=\int_{0_-}^{\infty}A\mathrm{e}^{-st}\,\mathrm{d}t=-\frac{A}{s}\mathrm{e}^{-st}\bigg|_{0_-}^{\infty}=\frac{A}{s}$$

对于单位阶跃函数 $\varepsilon(t)$，其拉氏变换为

$$F(s)=\int_{0_-}^{\infty}\varepsilon(t)\mathrm{e}^{-st}\,\mathrm{d}t=-\frac{1}{s}\mathrm{e}^{-st}\bigg|_{0_-}^{\infty}=\frac{1}{s}$$

对于单位冲激函数 $\delta(t)$，其拉氏变换为

$$F(s)=\int_{0_-}^{\infty}\delta(t)\mathrm{e}^{-st}\,\mathrm{d}t=\mathrm{e}^{-s\cdot0}=1$$

【例 9.1.2】　求指数函数 $f(t)=\mathrm{e}^{\alpha t}$ 的拉氏变换（α 为实数）。

解　对于指数函数 $f(t)=\mathrm{e}^{\alpha t}$，其拉氏变换为

$$F(s)=\int_{0_-}^{\infty}\mathrm{e}^{\alpha t}\mathrm{e}^{-st}\,\mathrm{d}t=\frac{1}{\alpha-s}\mathrm{e}^{(\alpha-s)t}\bigg|_{0_-}^{\infty}=\frac{1}{s-\alpha}$$

9.1.2　拉普拉斯变换的性质

下面从电路分析的角度出发，介绍拉普拉斯变换的一些重要性质，这些性质都可以由拉氏变换的定义式得以证明，这里就不证明了。

1. 线性性质

设 $f_1(t)$ 和 $f_2(t)$ 是两个任意的时间函数，它们的象函数分别为 $F_1(s)$ 和 $F_2(s)$，a 和 b 是两个任意实常数，则

$$\mathcal{L}[af_1(t)+bf_2(t)]=a\,\mathcal{L}[f_1(t)]+b\,\mathcal{L}[f_2(t)]=aF_1(s)+bF_2(s)$$

这一性质表明，函数线性组合的拉氏变换等于各函数拉氏变换的线性组合。

【例 9.1.3】　求 $f(t)=\sin(\omega t)$ 的拉氏变换。

解　对于 $f(t)=\sin(\omega t)$，利用欧拉公式可以知道 $\sin(\omega t)=\frac{1}{2\mathrm{j}}(\mathrm{e}^{\mathrm{j}\omega t}-\mathrm{e}^{-\mathrm{j}\omega t})$，所以

$$\mathcal{L}[\sin(\omega t)]=\mathcal{L}\left[\frac{1}{2\mathrm{j}}(\mathrm{e}^{\mathrm{j}\omega t}-\mathrm{e}^{-\mathrm{j}\omega t})\right]=\frac{1}{2\mathrm{j}}\left(\frac{1}{s-\mathrm{j}\omega}-\frac{1}{s+\mathrm{j}\omega}\right)=\frac{\omega}{s^2+\omega^2}$$

2. 微分性质

设 $f(t)$ 是一个任意的时间函数，它的象函数为 $F(s)$，则

$$\mathcal{L}\left[\frac{\mathrm{d}f(t)}{\mathrm{d}t}\right]=sF(s)-f(0_-)$$

这一性质表明，一个函数求导数后的象函数等于该函数的象函数乘以复变量 s，再减去该函数在 $t=0_-$ 时的初值。

【例 9.1.4】　在电压和电流取关联参考方向时，线性时不变电容元件的特性方程为

$$i(t)=C\frac{\mathrm{d}u(t)}{\mathrm{d}t}$$

求电压和电流的拉氏变换关系。

解　设 $i(t)$ 对应的象函数为 $I(s)$，$u(t)$ 对应的象函数为 $U(s)$。

对方程 $i(t) = C\dfrac{\mathrm{d}u(t)}{\mathrm{d}t}$ 两边同时取拉氏变换，即有

$$\mathcal{L}[i(t)] = \mathcal{L}\left[C\,\dfrac{\mathrm{d}u(t)}{\mathrm{d}t}\right]$$

由线性性质和微分性质，有

$$I(s) = sCU(s) - Cu(0_-)$$

3. 积分性质

设 $f(t)$ 是一个任意的时间函数，它的象函数为 $F(s)$，则

$$\mathcal{L}\left[\int_{0_-}^{\infty} f(t)\mathrm{d}t\right] = \dfrac{F(s)}{s}$$

这一性质表明，一个函数积分后的象函数等于该函数的象函数除以复变量 s。

【例 9.1.5】　利用积分性质求 $f(t) = t$ 的拉氏变换。

解　由于 $f(t) = t = \displaystyle\int_0^t \varepsilon(\xi)\mathrm{d}\xi$，所以

$$\mathcal{L}[f(t)] = \dfrac{1}{s}\cdot\dfrac{1}{s} = \dfrac{1}{s^2}$$

4. 时域平移性质

设 $f(t)$ 是一个任意的时间函数，它的象函数为 $F(s)$，则函数 $f(t)$ 的象函数与其延迟函数 $f(t-t_0)\varepsilon(t-t_0)$ 的象函数之间有如下关系：

$$\mathcal{L}[f(t-t_0)\varepsilon(t-t_0)] = \mathrm{e}^{-st_0}F(s)$$

这一性质表明，一个函数延迟时间 t_0 后的象函数等于该函数的象函数乘以 e^{-st_0}。

【例 9.1.6】　求图 9.1.1 所示矩形脉冲的拉氏变换。

解　根据图 9.1.1 所示信号，可以将其表示为

$$f(t) = \varepsilon(t) - \varepsilon(t-T)$$

利用延迟性质可得

$$F(s) = \dfrac{1}{s} - \dfrac{1}{s}\mathrm{e}^{-sT}$$

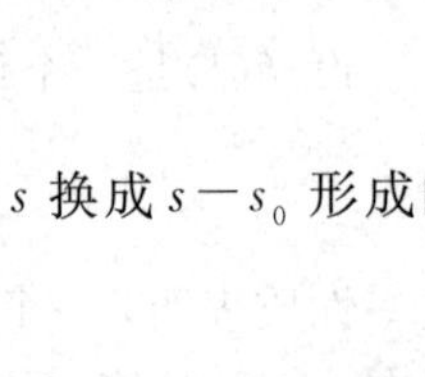

图 9.1.1　例 9.1.6 图

5. 频域平移性质

设 $f(t)$ 是一个任意的时间函数，它的象函数为 $F(s)$，则

$$\mathcal{L}[f(t)\mathrm{e}^{s_0t}] = F(s-s_0)$$

这一性质表明，一个函数乘以 e^{s_0t} 后的象函数等于该函数的象函数中将 s 换成 $s-s_0$ 形成的函数。

【例 9.1.7】　求 $\mathrm{e}^{-at}\sin(\omega t)$ 的拉氏变换。

解　由于

$$\mathcal{L}[\sin(\omega t)] = \dfrac{\omega}{s^2 + \omega^2}$$

所以

$$\mathcal{L}\left[\mathrm{e}^{-\alpha t}\sin(\omega t)\right]=\frac{\omega}{(s+\alpha)^{2}+\omega^{2}}$$

6. 拉氏变换的卷积定理

设 $f_1(t)$ 和 $f_2(t)$ 是两个任意的时间函数，它们的象函数分别为 $F_1(s)$ 和 $F_2(s)$，$f_1(t)$ 和 $f_2(t)$ 的卷积可以用下列积分式来定义

$$f_1(t)*f_2(t)=\int_0^t f_1(t-\xi)f_2(\xi)\mathrm{d}\xi$$

则

$$\mathcal{L}\left[f_1(t)*f_2(t)\right]=\mathcal{L}\left[\int_0^t f_1(t-\xi)f_2(\xi)\mathrm{d}\xi\right]=F_1(s)F_2(s)$$

这一性质表明，两个时间函数的卷积的拉氏变换等于其对应象函数的乘积。

一些常用函数的拉氏变换如表 9-1 所示。

表 9-1　一些常用函数的拉氏变换表

原函数($t>0$)	象函数	原函数($t>0$)	象函数
$\varepsilon(t)$	$\dfrac{1}{s}$	$t^n\mathrm{e}^{-\alpha t}$	$\dfrac{n!}{(s+\alpha)^{n+1}}$
$\delta(t)$	1	$\sin(\omega t)$	$\dfrac{\omega}{s^2+\omega^2}$
$\mathrm{e}^{-\alpha t}$	$\dfrac{1}{s+\alpha}$	$\cos(\omega t)$	$\dfrac{s}{s^2+\omega^2}$
$t\mathrm{e}^{-\alpha t}$	$\dfrac{1}{(s+\alpha)^2}$	$\mathrm{e}^{-\alpha t}\sin(\omega t)$	$\dfrac{\omega}{(s+\alpha)^2+\omega^2}$
$(1-\alpha t)\mathrm{e}^{-\alpha t}$	$\dfrac{s}{(s+\alpha)^2}$	$\mathrm{e}^{-\alpha t}\cos(\omega t)$	$\dfrac{s+\alpha}{(s+\alpha)^2+\omega^2}$
$1-\mathrm{e}^{-\alpha t}$	$\dfrac{\alpha}{(s+\alpha)s}$	$\sin(\omega t+\theta)$	$\dfrac{s\sin\theta+\omega\cos\theta}{s^2+\omega^2}$
t^n（n 为正整数）	$\dfrac{n!}{s^{n+1}}$	$\cos(\omega t+\theta)$	$\dfrac{s\cos\theta-\omega\sin\theta}{s^2+\omega^2}$

下面以大家熟悉的 *RLC* 串联电路为例，说明如何将描述线性时不变电路的常系数线性微分方程（或微分积分方程）转化为复频域的代数方程。在图 9.1.2 所示电路中，设电压源电压 $u_S(t)=\varepsilon(t)f(t)$，$i_L(0_-)=I_0$，$u_C(0_-)=U_0$。选 i_L 作为变量，由各元件的伏安特性关系和基尔霍夫定律可得，该电路的电压方程为

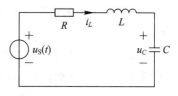

图 9.1.2　*RLC* 串联二阶电路

$$L\frac{\mathrm{d}i_L(t)}{\mathrm{d}t}+Ri_L(t)+u_C(0_-)+\frac{1}{C}\int_{0_-}^t i_L(\xi)\mathrm{d}\xi=\varepsilon(t)f(t)$$

对方程两边同时取拉氏变换，得

$$\mathcal{L}\left[L\frac{di_L(t)}{dt}+Ri_L(t)+u_C(0_-)+\frac{1}{C}\int_{0_-}^{t}i_L(\xi)d\xi\right]=L\left[\varepsilon(t)f(t)\right]$$

设 $\mathcal{L}\left[\varepsilon(t)f(t)\right]=U_S(s)$，$\mathcal{L}\left[i_L(t)\right]=I_L(s)$，由拉氏变换的线性性质，可得

$$\mathcal{L}\left[L\frac{di_L(t)}{dt}\right]+R\,\mathcal{L}\left[i_L(t)\right]+\mathcal{L}\left[u_C(0_-)\right]+\frac{1}{C}\mathcal{L}\left[\int_{0_-}^{t}i_L(\xi)d\xi\right]=U_S(s)$$

由拉氏变换的微分性质和积分性质，可得

$$sLI_L(s)-LI_0+R\,I_L(s)+\frac{U_0}{s}+\frac{1}{sC}I_L(s)=U_S(s)$$

这是含复变量 s 的代数方程，解此方程得

$$I_L(s)=\frac{sU_S(s)+sLI_0-U_0}{L\left(s^2+\frac{R}{L}s+\frac{1}{LC}\right)}$$

这样求得的是响应的变换式。我们的目的是求解时域中的响应，这就需要对响应的象函数进行拉普拉斯逆变换，将响应变换为时间函数

9.2　拉普拉斯逆变换的部分分式展开

象函数 $F(s)$ 的拉氏逆变换记为 $\mathcal{L}^{-1}\left[F(s)\right]$，即原函数 $f(t)=\mathcal{L}^{-1}\left[F(s)\right]$。求拉氏逆变换最简单也是最常用的方法是查拉普拉斯变换表，不过这要求 $F(s)$ 恰好是表中所列的形式。原则上，求拉氏逆变换可用下面的公式进行：

$$f(t)=\mathcal{L}^{-1}\left[F(s)\right]=\frac{1}{2\pi j}\int_{\sigma-j\omega}^{\sigma+j\omega}F(s)e^{st}ds \tag{9.2.1}$$

这是一个复变函数的积分，其数学计算通常是困难的。如果象函数简单，可通过查表 9-1 直接写出其原函数。对于不能查表的象函数，应设法将象函数分解为若干较简单且可查表的几项，分别查表得出各项的原函数并求和，所得即为该象函数的原函数。

设 s 的一个有理分式：

$$F(s)=\frac{F_1(s)}{F_2(s)}=\frac{b_m s^m+b_{m-1}s^{m-1}+\cdots+b_1 s+b_0}{a_n s^n+a_{n-1}s^{n-1}+\cdots+a_1 s+a_0} \tag{9.2.2}$$

式中，所有系数 a 和 b 都是实常数，且假定 $n>m$，即 $F(s)$ 为真分式。在电路分析中，通常不会出现 $n<m$ 的情况，本书亦不讨论 $F(s)$ 为假分式的情况，有兴趣的读者可以参考其他相关教材。

因为 $F_1(s)$ 和 $F_2(s)$ 都是 s 的实系数多项式，所以可对它们分别进行因式分解，则分母多项式 $F_2(s)=0$ 时的根有两种情况：

（1）$F_2(s)=0$ 只有单根（含复数根）；

（2）$F_2(s)=0$ 为单根且有重根。

1. $F_2(s)=0$ 的根只有单根的情况

$F_2(s)=0$ 的根只有单根时，$F(s)=\dfrac{F_1(s)}{F_2(s)}$ 可以展开成下列简单的部分分式之和，即

$$F(s) = \frac{F_1(s)}{F_2(s)} = \frac{A_1}{s - p_1} + \frac{A_2}{s - p_2} + \cdots + \frac{A_n}{s - p_n} = \sum_{k=1}^{n} \frac{A_k}{s - p_k} \tag{9.2.3}$$

式中，p_1，p_2，$\cdots$，p_n 为 $F_2(s) = 0$ 的 n 个不同的根，它们可以是实根，也可以是共轭复数根；A_1，A_2，$\cdots$，A_n 为常数。

由前面的拉氏变换表可知：

$$f(t) = \mathcal{L}^{-1} [F(s)] = \sum_{k=1}^{n} A_k \mathrm{e}^{p_k t} \tag{9.2.4}$$

所以求 $F(s)$ 拉氏逆变换就归结为求方程 $F_2(s) = 0$ 的根和求待定系数 A_1，A_2，$\cdots$，A_n。

为确定 A_1，可以先对式(9.2.3)两边同时乘以$(s - p_1)$，即

$$(s - p_1) F(s) = A_1 + (s - p_1) \left(\frac{A_2}{s - p_2} + \cdots + \frac{A_n}{s - p_n} \right)$$

显然等式左边的因子$(s - p_1)$与 $F(s)$ 分母的因子$(s - p_1)$一定会相互约去。然后再令 $s = p_1$，于是等式右边除第一项外全部为零，所以

$$A_1 = (s - p_1) F(s) \big|_{s = p_1} \tag{9.2.5}$$

按同样的方法可以确定 A_2，A_3，$\cdots$，A_n。一般的，确定待定常数的计算公式可以表示为

$$A_k = (s - p_k) F(s) \big|_{s = p_k} \tag{9.2.6}$$

【例 9.2.1】 已知象函数 $F(s) = \dfrac{2}{s^2 + 5s + 6}$，求其原函数。

解　令 $s^2 + 5s + 6 = 0$，解得

$$p_1 = -2, \quad p_2 = -3$$

所以

$$F(s) = \frac{2}{s^2 + 5s + 6} = \frac{A_1}{s + 2} + \frac{A_2}{s + 3}$$

利用式(9.2.6)求得

$$A_1 = (s + 2) F(s) \big|_{s = -2} = \frac{2}{-2 + 3} = 2$$

$$A_2 = (s + 3) F(s) \big|_{s = -3} = \frac{2}{-3 + 2} = -2$$

对应的有

$$F(s) = \frac{2}{s^2 + 5s + 6} = \frac{2}{s + 2} - \frac{2}{s + 3}$$

查表 9 - 1 可得

$$f(t) = 2\mathrm{e}^{-2t} - 2\mathrm{e}^{-3t}$$

【例 9.2.2】 已知象函数 $F(s) = \dfrac{s^2 + 3s + 4}{s^3 + 6s^2 + 11s + 6}$，求其原函数。

解　令 $s^3 + 6s^2 + 11s + 6 = 0$，即$(s + 1)(s + 2)(s + 3) = 0$，解得

$$p_1 = -1, \quad p_2 = -2, \quad p_3 = -3$$

所以

$$F(s) = \frac{s^2 + 3s + 4}{s^3 + 6s^2 + 11s + 6} = \frac{A_1}{s + 1} + \frac{A_2}{s + 2} + \frac{A_3}{s + 3}$$

利用式(9.2.6)求得

$$A_1 = (s+1) F(s)\big|_{s=-1} = 1$$
$$A_2 = (s+2) F(s)\big|_{s=-2} = -2$$
$$A_2 = (s+3) F(s)\big|_{s=-3} = 2$$

对应的有

$$F(s) = \frac{s^2+3s+4}{s^3+6s^2+11s+6} = \frac{1}{s+1} - \frac{2}{s+2} + \frac{2}{s+3}$$

查表 9-1 可得

$$f(t) = e^{-t} - 2e^{-2t} + 2e^{-3t}$$

2. $F_2(s)=0$ 的根为单根且有重根的情况

设 $F_2(s)=0$ 含有 m 个重根,则单根数为 $(n-m)$ 个。此时多项式 $F(s)$ 可表示为

$$F(s) = \frac{F_1(s)}{F_2(s)} = \Big(\sum_{k=1}^{n-m} \frac{A_k}{s-p_k} \Big) + \frac{A_{n,m}}{(s-p_n)^m} + \frac{A_{n,m-1}}{(s-p_n)^{m-1}} + \cdots + \frac{A_{n,1}}{s-p_n} \quad (9.2.7)$$

式(9.2.7)中的第一项和式为 $F(s)$ 中 $F_2(s)=0$ 的单根部分分式展开式;后面各项之和为重根部分分式展开式。这里主要要解决的是待定系数 $A_{n,m}$、$A_{n,m-1}$ 等的求解问题。

现将式(9.2.7)的等号两边乘以 $(s-p_n)^m$,则得

$$(s-p_n)^m F(s) = \Big((s-p_n)^m \cdot \sum_{k=1}^{n-m} \frac{A_k}{s-p_k} \Big) + A_{n,m} + A_{n,m-1}(s-p_n) + \cdots + A_{n,1} (s-p_n)^{m-1}$$

$$(9.2.8)$$

令 $s=p_n$,则式(9.2.8)的等号右边只剩 $A_{n,m}$ 一项,故有

$$A_{n,m} = (s-p_n)^m F(s)\big|_{s=p_n}$$

用求极限法求 $A_{n,m}$,则有

$$A_{n,m} = \lim_{s \to p_n} (s-p_n)^m F(s) = \lim_{s \to p_n} \frac{F_1(s) (s-p_n)^m}{(s-p_1)(s-p_2)\cdots(s-p_{n-m})(s-p_n)^m}$$

故得

$$A_{n,m} = \frac{F_1(s)}{(s-p_1)(s-p_2)\cdots(s-p_{n-m})}\bigg|_{s=p_n} \quad (9.2.9)$$

下面再求 $A_{n,m-1}$,$A_{n,m-2}$,$\cdots$,$A_{n,1}$。

为求 $A_{n,m-1}$,可把式(9.2.8)等号两边对 s 求导,然后再令 $s=p_n$,则等号右边只剩下一项 $A_{n,m-1}$,故得

$$A_{n,m-1} = \lim_{s \to p_n} \frac{d}{ds} \big[(s-p_n)^m F(s) \big] \quad (9.2.10)$$

依照同样方法,可得

$$A_{n,m-2} = \frac{1}{2!} \lim_{s \to p_n} \frac{d^2}{ds^2} \big[(s-p_n)^m F(s) \big] \quad (9.2.11)$$

同理可得 $A_{n,m-3}$,$A_{n,m-4}$,$\cdots$,$A_{n,1}$ 各系数。将各系数代入式(9.2.7),即得 $F(s)$ 的部分分式展开式。

查表可得 $\dfrac{1}{(s-p_n)^m}$ 的原函数为

$$\mathcal{L}^{-1}\left[\frac{1}{(s-p_n)^m}\right]=\frac{t^{m-1}}{(m-1)!}\mathrm{e}^{p_n t}$$

同样对式(9.2.7)各项进行拉普拉斯逆变换,便得到 $F_2(s)=0$ 的根为单根且有重根的情况下的原函数,即

$$f(t)=\mathcal{L}^{-1}[F(s)]$$

$$=\sum_{k=1}^{n-m}A_k\mathrm{e}^{p_k t}+\left[A_{n,m}\frac{t^{m-1}}{(m-1)!}+A_{n,m-1}\frac{t^{m-2}}{(m-2)!}+\cdots+A_{n,1}\right]\mathrm{e}^{p_n t}$$

$$(9.2.12)$$

【例 9.2.3】　已知象函数 $F(s)=\dfrac{s+4}{s^3(s+1)^2}$,求其原函数。

解　令 $s^3(s+1)^2=0$,解得该式有两种重根:一种是三重根 0,一种是二重根 -1。
由我们之前推导的式子易得

$$A_{1,3}=\frac{s+4}{(s+1)^2}\bigg|_{s=0}=4$$

$$A_{1,2}=\lim_{s\to 0}\frac{\mathrm{d}}{\mathrm{d}s}\left[\frac{s+4}{(s+1)^2}\right]=-7$$

$$A_{1,1}=\frac{1}{2!}\lim_{s\to 0}\frac{\mathrm{d}^2}{\mathrm{d}s^2}\left[\frac{s+4}{(s+1)^2}\right]=10$$

$$A_{2,2}=\frac{s+4}{s^3}\bigg|_{s=-1}=-3$$

$$A_{2,1}=\lim_{s\to -1}\frac{\mathrm{d}}{\mathrm{d}s}\left[\frac{s+4}{s^3}\right]=-10$$

故 $F(s)$ 的展开式为

$$F(s)=\frac{4}{s^3}-\frac{7}{s^2}+\frac{10}{s}+\frac{-3}{(s+1)^2}+\frac{-10}{s+1}$$

查表 9-1 可得相对应的原函数为

$$f(t)=\mathcal{L}^{-1}[F(s)]=2t^2-7t+10-3t\mathrm{e}^{-t}-10\mathrm{e}^{-t}$$

9.3　运　算　电　路

在动态电路分析中,时域分析法(亦称经典法)和复频域分析法(亦称运算法)都是常用的方法。将一般的时域电路模型转换为普拉斯变换中对应的复频域的代数方程,我们通常采用的方法是先根据时域电路引入拉氏变换后的 KCL、KVL 及电路元件特征方程的描述,进而得到复频域电路模型(也称运算电路),再根据复频域电路模型列写出复频域的代数方程,并用运算法加以求解。本节将介绍基尔霍夫定律与简单时域电路的运算电路。

9.3.1　基尔霍夫定律的运算电路

KCL 方程的基本形式为 $\sum i_k(t)=0$。设 $\mathcal{L}[i_k(t)]=I_k(s)$,$I_k(s)$ 称为第 k 条支路的运算电流。对电路方程 $\sum i_k(t)=0$ 两边同时取拉普拉斯变换,则根据拉氏变换的线性性

质，有

$$\sum I_k(s) = 0 \tag{9.3.1}$$

式(9.3.1)为复频域中的 KCL 方程，它表明：对于任一集总参数电路中的任一结点，流入（或流出）该结点的各支路运算电流的代数和等于零。

同理根据 KVL 方程的基本形式 $\sum u_k(t) = 0$，设 $\mathscr{L}[u_k(t)] = U_k(s)$。对电路方程 $\sum u_k(t) = 0$ 两边同时取拉普拉斯变换，则根据拉氏变换的线性性质，有

$$\sum U_k(s) = 0 \tag{9.3.2}$$

式(9.3.2)为复频域中的 KVL 方程。

由上可见，复频域中的 KCL 方程和 KVL 方程，与时域中的 KCL 方程和 KVL 方程在形式上是相同的。

9.3.2　电路元件的运算电路

我们所研究的电路基本元件包括电阻 R、电感 L 和电容 C。电路中的激励源为电压源 u_S、电流源 i_S。现在研究在复频域中，即引入了象函数的变换方法后的电路元件所对应的模型。

1. 电阻 R

当电压和电流取关联参考方向时，电阻电路的电压与电流关系为

$$u(t) = Ri(t)$$

对等式两边取拉氏变换有

$$U(s) = RI(s) \tag{9.3.3}$$

由式(9.3.3)可以画出相应的电路图，如图 9.3.1 所示。图 9.3.1(b)所示为电阻在复频域中的电路模型。

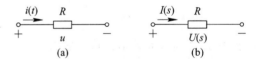

图 9.3.1　复频域中电阻的电路模型

2. 电感 L

当电压和电流取关联参考方向时，电感电路的电压与电流关系为

$$u(t) = L \frac{\mathrm{d}i(t)}{\mathrm{d}t}$$

根据拉氏变换的微分性质对等式两边取拉氏变换有

$$U(s) = sLI(s) - Li(0_-) \tag{9.3.4}$$

由式(9.3.4)可以画出相应的电路图，如图 9.3.2 所示。图 9.3.2(b)所示为电感在复频域中的电路模型。

sL 称为电感的运算感抗，$i(0_-)$ 为电感的初始电流。$Li(0_-)$ 为附加电压源，反映了电感中初始电流作用，附加电压源方向与 $i(0_-)$ 相反。若电感中初始电流为零，则附加电压源也为零。

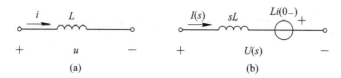

图 9.3.2　复频域中电感的电路模型

3. 电容 C

当电压和电流取关联参考方向时，电容电路的电压与电流关系为

$$u(t) = \frac{1}{C} \int_{0_-}^{t} i(\xi) \mathrm{d}\xi + u(0_-)$$

由积分性质可知，对等式两边取拉氏变换有

$$U(s) = \frac{I(s)}{sC} + \frac{u(0_-)}{s} \tag{9.3.5}$$

由式(9.3.5)可以画出相应的电路图，如图 9.3.3 所示。图 9.3.3(b)所示为电容在复频域中的电路模型。

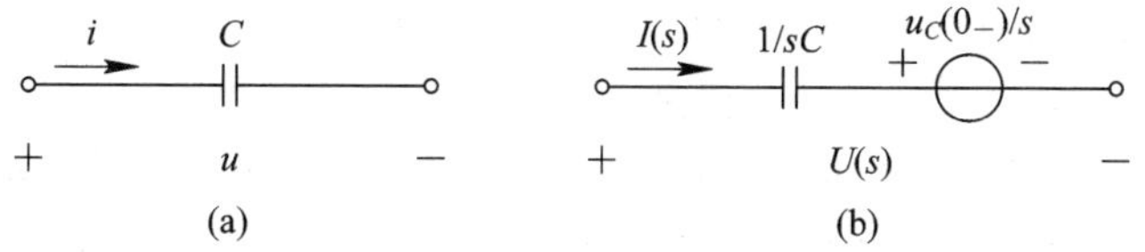

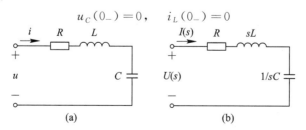

图 9.3.3　复频域中电容的电路模型

$\dfrac{1}{sC}$ 称为电容的运算容抗，$u(0_-)$ 为电容的初始电压，$\dfrac{u(0_-)}{s}$ 为附加电压源，反映了电容上初始电压作用，其方向与初始电压 $u(0_-)$ 的方向相同。若电容上初始电压为零，则附加电压源也为零。图 9.3.2(b)和图 9.3.3(b)的电路模型都可等效变换为电流源与运算阻抗的并联形式。

9.3.3　RLC 串联电路的运算电路

由图 9.3.4(a)所示电路有

$$u(t) = Ri(t) + L\frac{\mathrm{d}i(t)}{\mathrm{d}t} + \frac{1}{C}\int i(t)\mathrm{d}t$$

设电路为零状态，即

$$u_C(0_-) = 0, \quad i_L(0_-) = 0$$

图 9.3.4　复频域中 RLC 串联电路模型

对 $u(t)$ 表达式等式两边取拉氏变换有

$$U(s)=RI(s)+sLI(s)+\frac{I(s)}{sC}=\left(R+sL+\frac{1}{sC}\right)I(s)$$

则

$$\frac{U(s)}{I(s)}=R+sL+\frac{1}{sC}=Z(s)$$

式中，$Z(s)$ 称为运算阻抗。图 9.3.4(b) 所示为图 9.3.4(a) 所示电路在复频域中的电路模型。

可见，动态元件无初始储能，运算电路就没有附加电源。

9.4　应用拉普拉斯变换分析线性电路

有了复频域的电路模型、运算电路、复频域的 KCL、KVL，并掌握了拉普拉斯变换与逆变换的方法，就可在复频域中进行动态电路的分析与计算。

与正弦交流电路的相量法分析相类似，用运算法计算动态电路的全响应，就是应用运算形式的电路，列写出有关运算电压（象电压）、电流（象电流）的代数方程，解出待求响应的象函数，再进行拉普拉斯逆变换，即得动态电路的响应。

用运算法求解电路响应的一般步骤是：

(1) 首先求动态元件的初始值，即 $u_C(0_-)$、$i_L(0_-)$，并求出电路中激励信号的象函数；

(2) 将原电路改画成运算电路，注意不要遗忘电容、电感初始值产生的附加电压源，以及电源的方向；

(3) 对运算电路依照电阻电路的各种计算方法求出相应的象函数；

(4) 利用拉普拉斯逆变换由象函数求解得到原函数。

下面，通过一些实例来说明拉氏变换在线性电路分析中的应用。

【例 9.4.1】　图 9.4.1(a) 所示电路原处于稳态，已知 $t=0$ 时刻电路中的开关 S 打开，求换路后的 $i_1(t)$、$i_2(t)$。

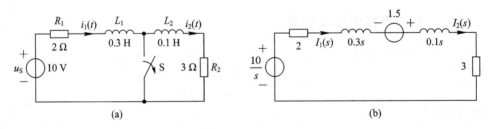

图 9.4.1　例 9.4.1 图

解　由题目易得，电感中的初始电流为

$$i_1(0_-)=\frac{10}{2}=5\text{ A},\quad i_2(0_-)=0\text{ A}$$

计算可得

$$sL_1=0.3s,\quad sL_2=0.1s$$

画出图 9.4.1(a) 所示电路的运算电路，如图 9.4.1(b) 所示。

开关打开后列电路方程有

$$(2+0.3s)I_1(s)-1.5+(3+0.1s)I_2(s)=\frac{10}{s}$$

求解得

$$I_1(s)=I_2(s)=\frac{\dfrac{10}{s}+1.5}{5+0.4s}=\frac{2}{s}+\frac{1.75}{s+12.5}$$

所以

$$i_1(t)=i_2(t)=(2+1.75\mathrm{e}^{-12.5t})\,\text{A}\quad(t\geqslant0)$$

由所求的结果可以看出，当开关断开时，电感 L_1 和 L_2 中的电流都被强制置成了同一电流

$$i_1(0_+)=i_2(0_+)=3.75\,\text{A}$$

与电感中的初始电流相比较，显然

$$i_1(0_+)\neq i_1(0_-)\qquad i_2(0_+)\neq i_2(0_-)$$

可见两个电感的电流都发生了跃变，电感中的电流不满足换路定则，电感 L_1 和 L_2 中的电压都应该有冲激函数出现。进一步求解电感 L_1 和 L_2 中的电压为

$$U_{L_1}(s)=0.3I_1(s)-1.5=-\frac{6.56}{s+12.5}-0.375$$

$$u_{L_1}(t)=\left[-0.375\delta(t)-6.56\mathrm{e}^{-12.5t}\right]\text{V}$$

$$U_{L_2}(s)=0.1I_2(s)=0.375-\frac{2.19}{s+12.5}$$

$$u_{L_2}(t)=\left[0.375\delta(t)-2.19\mathrm{e}^{-12.5t}\right]\text{V}$$

从本例可以看出，动态元件的初值在换路时发生突变，不满足换路定则，用复频域法分析电路仅需要换路前 $t=0_-$ 时的初值，无需求解 $t=0_+$ 时的突变值。

【例 9.4.2】 图 9.4.2(a)所示电路中，已知 $t=0$ 时刻电路中的开关 S 闭合，且 $u_C(0_-)=100\,\text{V}$，求换路后的 $i_L(t)$、$u_L(t)$。

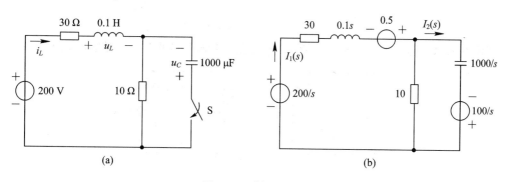

图 9.4.2 例 9.4.2 图

解　由题目易得

$$i_L(0_-)=\frac{200}{30+10}=5\,\text{A},\quad u_C(0_-)=100\,\text{V}$$

计算可得

$$sL=0.1s$$

$$\frac{1}{sC} = \frac{1}{s \times 1000 \times 10^{-6}} = \frac{1000}{s}$$

画出图 9.4.2(a)所示电路的运算电路，如图 9.4.2(b)所示。

利用回路电流法列写电路方程有

$$\begin{cases} I_1(s)(40 + 0.1s) - 10I_2(s) = \dfrac{200}{s} + 0.5 \\ -10I_1(s) + \left(10 + \dfrac{1000}{s}\right)I_2(s) = \dfrac{100}{s} \end{cases}$$

求解得

$$I_1(s) = \frac{5(s^2 + 700s + 40000)}{s\,(s + 200)^2}$$

由所学的知识得

$$I_1(s) = \frac{A_1}{s} + \frac{A_{21}}{s + 200} + \frac{A_{22}}{(s + 200)^2}$$

分别求得

$$A_1 = sI_1(s)\big|_{s=0} = 5$$
$$A_{22} = (s + 200)^2 I_1(s)\big|_{s=-200} = 1500$$
$$A_{21} = \frac{\mathrm{d}}{\mathrm{d}s}\left[(s + 200)^2 I_1(s)\right]\big|_{s=-200} = 0$$

所以

$$I_1(s) = \frac{5}{s} + \frac{1500}{(s + 200)^2}$$
$$i_L(t) = i_1(t) = (5 + 1500t\mathrm{e}^{-200t})\,\mathrm{A} \quad (t \geqslant 0)$$

进一步求解 $u_L(t)$，即

$$U_L(s) = I_1(s)sL - 0.5 = \frac{150}{s + 200} + \frac{-30000}{(s + 200)^2}$$
$$u_L(t) = (150\mathrm{e}^{-200t} - 30000t\mathrm{e}^{-200t})\quad \mathrm{V}$$

【例 9.4.3】 图 9.4.3(a)所示为 RC 并联电路，求该电路的单位冲激响应 $u_C(t)$、$i_C(t)$。

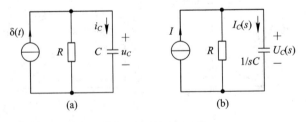

(a) (b)

图 9.4.3　例 9.4.3 图

解 运算电路如图 9.4.3(b)所示。

当激励电流源为单位冲激时，电流源对应的 $I_S(s) = 1$，则对应的电容的电压和电流的象函数分别为

$$U_C(s) = \frac{R \times \dfrac{1}{sC}}{R + \dfrac{1}{sC}} \times 1 = \frac{R}{1 + sRC} = \frac{1}{C\left(s + \dfrac{1}{RC}\right)}$$

$$I_C(s) = U_C(s) \cdot sC = \frac{sRC}{1 + sRC} = 1 - \frac{1}{RC\left(s + \dfrac{1}{RC}\right)}$$

进而分别求得其对应的时间函数分别为

$$u_C = \frac{1}{C} \mathrm{e}^{-\frac{t}{RC}} \quad (t \geqslant 0), \quad i_C = \delta(t) - \frac{1}{RC} \mathrm{e}^{-\frac{t}{RC}} \quad (t \geqslant 0)$$

其对应的时域波形如图 9.4.4 所示。

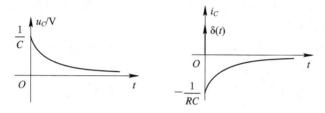

图 9.4.4　例 9.4.3 所求电压与电流的波形

可以看出，所求的 $u_C(t)$、$i_C(t)$ 的表达式和波形与第 4 章中所求的结果是相同的。

9.5　网 络 函 数

电路也称网络，用运算法可以求得网络的响应，从而避开了求解微分方程的问题，并且运算法不受激励信号形式和电路微分方程阶次的影响。进一步分析，如果能对一些典型网络引入某些参数或函数来表征它的特性，那么会给网络响应的研究带来方便，因此引入了网络函数这个分析工具。

第 8 章我们讨论了相量形式的网络函数，本节讨论在复频域中的网络函数。

9.5.1　网络函数的定义

在仅有单个电源激励的电路中，任一变量的零状态响应都是这一激励作用的结果。在电路和系统的研究中，人们所关心的往往只是响应和激励之间的关系，这一关系可用网络函数来描述。

设网络的外激励源为 $e(t)$，其零状态响应为 $r(t)$，对应的象函数分别为 $E(s)$ 和 $R(s)$，如图 9.5.1 所示。

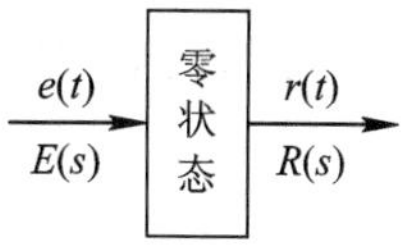

网络函数定义为零状态响应的象函数与激励源的象函数之比，用 $H(s)$ 表示，即

$$H(s) \overset{\text{def}}{=} \frac{\mathcal{L}[\text{零状态响应}]}{\mathcal{L}[\text{激励函数}]} = \frac{\mathcal{L}[r(t)]}{\mathcal{L}[e(t)]} = \frac{R(s)}{E(s)} \qquad (9.5.1)$$

图 9.5.1　网络函数的意义

由网络函数 $H(s)$ 的定义可知，若

$$e(t) = \delta(t)$$

则

$$E(s) = 1$$

从而网络函数为

$$H(s) = R(s)$$

这说明网络对单位冲激函数 $\delta(t)$ 的零状态响应的象函数就是网络函数 $H(s)$。网络的单位冲激响应为 $h(t)$，网络函数就是网络单位冲激响应 $h(t)$ 的象函数。故有

$$H(s) = \mathcal{L}[h(t)] \qquad\qquad (9.5.2)$$

反之，网络的单位冲激响应 $h(t)$ 就是网络函数 $H(s)$ 的原函数，即

$$h(t) = \mathcal{L}^{-1}[H(s)] \qquad\qquad (9.5.3)$$

网络的单位冲激响应 $h(t)$ 和网络函数 $H(s)$ 都反映网络的固有特性，它们与网络的架构和参数有关，与激励无关。

由网络函数的定义可以看出，如果已知网络函数或网络的冲激响应，便可以求出网络的响应。例如已知电路的激励信号为 $e(t)$，网络函数为 $H(s)$，或网络的单位冲激响应 $h(t)$，若要求解电路的响应，可将激励信号取拉普拉斯变换得到对应的象函数 $E(s)$，于是响应的象函数 $R(s)$ 为

$$R(s) = H(s) \cdot E(s)$$

求得 $R(s)$ 后，再进行拉普拉斯逆变换，即可得到电路的响应 $r(t)$。

【例 9.5.1】 已知电路的零输入响应为 $u(t) = -\mathrm{e}^{-10t}$，当激励 $u_S(t) = 12\varepsilon(t)$ 时，其全响应 $u(t) = 6 - 3\mathrm{e}^{-10t}\varepsilon(t)$，若激励为 $u_S(t) = 6\mathrm{e}^{-5t}\varepsilon(t)$ 时电路初始状态不变，求此时的全响应 $u(t)$。

解　此题为网络函数的概念以及全响应是电路零输入响应与零状态响应相叠加概念的具体应用。

求解步骤如下：

(1) 由全响应＝零输入响应＋零状态响应，可以求得当 $u_S(t) = 12\varepsilon(t)$ 时的零状态响应为

$$u_1(t) = 6 - 3\mathrm{e}^{-10t} - (-\mathrm{e}^{-10t}) = 6 - 2\mathrm{e}^{-10t}$$

(2) 由网络函数的定义有

$$H(s) = \frac{R(s)}{E(s)} = \frac{\mathcal{L}[6 - 2\mathrm{e}^{-10t}]}{\mathcal{L}[12\varepsilon(t)]} = \frac{\dfrac{6}{s} - \dfrac{2}{s+10}}{\dfrac{12}{s}} = \frac{s+15}{3(s+10)}$$

(3) 由网络函数的定义有

$$U_2(s) = H(s) \cdot E(s) = \frac{s+15}{3(s+10)} \cdot \frac{6}{s+5} = \frac{2s+30}{(s+10)(s+5)}$$

故得电路在第二种激励下的零状态响应的象函数为

$$U_2(s) = \frac{4}{s+5} - \frac{2}{s+10}$$

对应到原函数电路的零状态响应为

$$u_2(t) = 4\mathrm{e}^{-5t} - 2\mathrm{e}^{-10t}\ \mathrm{V}$$

而第二种激励情况的全响应为零状态响应与零输入响应之和，即全响应为

$$u(t) = 4\mathrm{e}^{-5t} - 2\mathrm{e}^{-10t} + (-\mathrm{e}^{-10t}) = 4\mathrm{e}^{-5t} - 3\mathrm{e}^{-10t}$$

网络函数定义为网络响应的象函数和网络激励的象函数之比。电路的激励可能是电流，也可能是电压；同样电路的响应可能是电流，也可能是电压。这样网络函数的量纲可能是阻抗、导纳，也可能是无量纲，即同类量的传输关系，这与第 8 章所述相同。

从上面的研究示例中可以看出，线性网络的网络函数是复频率 s 的有理分式，其分子、分母都是 s 的多项式，显然，此多项式只取决于网络的结构和参数，与激励的形式无关。

【**例 9.5.2**】　图 9.5.2(a)所示电路为低通滤波电路，激励是电压源 $u_1(t)$。已知 $L_1 = 1.5\ \mathrm{H}$，$C_2 = \dfrac{4}{3} F$，$L_3 = 0.5\ \mathrm{H}$，$R = 1\ \Omega$。求电压转移函数 $H_1(s) = \dfrac{U_2(s)}{U_1(s)}$ 和策动点导纳函数 $H_2(s) = \dfrac{I_1(s)}{U_1(s)}$。

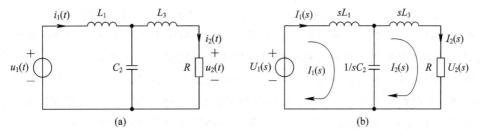

图 9.5.2　例 9.5.2 图

解　由题目易得，给定电路的运算电路如图 9.5.2(b)所示，用回路电流法列出回路电流 $I_1(s)$ 和 $I_2(s)$ 的方程，有

$$\left(sL_1 + \frac{1}{sC_2}\right) I_1(s) - \frac{1}{sC_2} I_2(s) = U_1(s)$$

$$-\frac{1}{sC_2} I_1(s) + \left(sL_3 + \frac{1}{sC_2} + R\right) I_2(s) = 0$$

解得

$$I_1(s) = \frac{L_3 C_2 s^2 + R C_2 s + 1}{D(s)} U_1(s)$$

$$I_2(s) = \frac{1}{D(s)} U_1(s)$$

其中

$$D(s) = L_1 L_3 C_2 s^3 + R L_1 C_2 s^2 + (L_1 + L_3) s + R$$

上式代入数据后得

$$D(s) = s^3 + 2s^2 + 2s + 1$$

因为 $U_2(s) = R I_2(s)$，则电压转移函数为

$$H_1(s) = \frac{U_2(s)}{U_1(s)} = \frac{1}{s^3 + 2s^2 + 2s + 1}$$

策动点导纳函数为

$$H_2(s) = \frac{I_1(s)}{U_1(s)} = \frac{2s^2 + 4s + 3}{3(s^3 + 2s^2 + 2s + 1)}$$

9.5.2 网络函数的极点和零点

由于网络函数 $H(s)$ 的分子和分母都是 s 的多项式，故其一般形式可以写为

$$H(s) = \frac{F_1(s)}{F_2(s)} = \frac{b_m s^m + b_{m-1} s^{m-1} + \cdots + b_0}{a_n s^n + a_{n-1} s^{n-1} + \cdots + a_0} \tag{9.5.4}$$

将分子、分母因式分解，$H(s)$ 可表示为

$$H(s) = H_0 \frac{(s - z_1)(s - z_2) \cdots (s - z_j) \cdots (s - z_m)}{(s - p_1)(s - p_2) \cdots (s - p_k) \cdots (s - p_n)} \tag{9.5.5}$$

式中，H_0 为常数；z_1、z_2、$\cdots$、z_m 为 $F_1(s) = 0$ 的根；p_1、p_2、$\cdots$、p_n 为 $F_2(s) = 0$ 的根。

当 $s = z_j$ 时，$H(s) = 0$，故称 z_1、z_2、$\cdots$、z_m 为网络函数 $H(s)$ 的零点。

当 $s = p_k$ 时，$H(s) \to \infty$，故称 p_1、p_2、$\cdots$、p_n 为网络函数 $H(s)$ 的极点。

我们已经知道，单位冲激函数 $\delta(t)$ 激励下网络的响应 $h(t)$ 的象函数为网络函数，进而可以知道网络函数的极点特征必然反映出网络的冲激响应 $h(t)$ 的特征。

网络函数的零点和极点可能是实数、虚数或者复数。如果以复数 s 的实部为横轴，虚部为纵轴，就得到一个复频率平面，简称为复平面或 s 平面。在复平面上把网络函数 $H(s)$ 的零点用"○"来表示，极点用"×"来表示，就得到网络函数的零极点分布图。

【例 9.5.3】 已知网络函数的表达式为

$$H(s) = \frac{2(s - 2)}{s(s + 3)(s^2 + 2s + 2)}$$

绘出该网络函数对应的零极点分析图。

解 由所给网络函数的表达式可得 $H(s)$ 的零点有一个，为 $z_1 = 2$；$H(s)$ 的极点有四个，分别为

$$p_1 = 0, \; p_2 = -3, \; p_{3,4} = -1 \pm j$$

所对应的零极点分布图如图 9.5.3 所示。

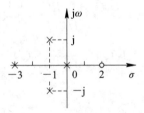

图 9.5.3　例 9.5.3 网络函数的零极点分布图

【例 9.5.4】 已知网络函数的极点 $p_1 = -3$，$p_2 = -4$；零点 $z_1 = -2$，$z_2 = -7$；$H(j\omega) \big|_{\omega \to \infty} = 3$，求解 $H(s)$。

解 由题意可得

$$H(s) = H_0 \frac{(s+2)(s+7)}{(s+3)(s+4)}$$

因为 $H(j\omega)|_{\omega\to\infty} = 3$，$\omega\to\infty$，即 $s\to\infty$，可得 $H_0 = 3$，于是有

$$H(s) = 3\frac{(s+2)(s+7)}{(s+3)(s+4)}$$

9.5.3　网络函数的极点与冲激响应的关系

将网络函数 $H(s)$ 写成部分分式展开的形式（假设无重极点），即

$$H(s) = \frac{k_1}{s-p_1} + \frac{k_2}{s-p_2} + \cdots + \frac{k_n}{s-p_n} = \sum_{i=1}^{n} \frac{k_i}{s-p_i} \tag{9.5.6}$$

式中，p_1、p_2、$\cdots$、p_n 为 $H(s)$ 的极点，同时也是相应微分方程的特征方程的特征根，其冲激响应为

$$h(t) = \mathcal{L}^{-1}[H(s)] = k_1 e^{p_1 t} + k_2 e^{p_2 t} + \cdots + k_n e^{p_n t} = \sum_{i=1}^{n} k_i e^{p_i t} \tag{9.5.7}$$

图 9.5.4 表示了网络函数 $H(s)$ 的极点在 s 平面上的位置及其相应的冲激响应曲线。从图 9.5.4 中可看出：当极点为 0 时，$h_1(t)$ 为恒定值；当极点为负实数时，$h_2(t)$ 为衰减的指数曲线；当极点为正实数时，$h_3(t)$ 为增长的指数曲线；当两极点为共轭虚根时，$h_{45}(t)$ 为等幅正弦曲线；当两极点为左半平面的共轭复数时，$h_{67}(t)$ 为幅值衰减的正弦函数；当两极点为右半平面的共轭复数时，$h_{89}(t)$ 为幅值增长的正弦函数。

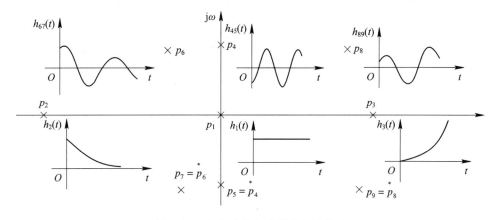

图 9.5.4　极点分布与冲激响应的关系

通常用冲激响应 $h(t)$ 来判别网络的稳定性。当 $\lim\limits_{t\to\infty} h(t) = 0$ 时，说明网络是渐进稳定的；当 $\lim\limits_{t\to\infty} h(t) \to \infty$ 时，说明网络是不稳定的；当 $\lim\limits_{t\to\infty} h(t)$ 为有限值时，说明网络是稳定的。可见利用网络函数的极点能判断网络的稳定性。当网络函数的全部极点都在 s 的左半平面时，网络是渐进稳定的；当有一个或一个以上的极点在 s 的右半平面时，网络是不稳定的；当有一个或一个以上的极点在 s 平面的虚轴上，其余极点都在 s 的左半平面时，则网络是稳定的。对于含受控源网络或线性网络，需要特别关注其稳定性问题。

【例 9.5.5】 在图 9.5.5(a)中所示含有 CCCS 的电路中，试求当控制系数 k_I 改变时，电路的冲激响应 $i_2(t)$。

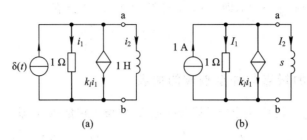

(a) 　　　　　　　　　　　(b)

图 9.5.5　例 9.5.5 题图

解 由图 9.5.5(a)电路易得到其对应的运算电路，如图 9.5.5(b)所示，利用戴维宁定理将 ab 端子左边视为一个有源二端网络，进而可将它化为一个理想电压源 U_{ab} 和对应二端网络等效阻抗 Z_0 的串联电路。

利用结点电压法求解 U_{ab} 可得

$$U_{ab} = \frac{1 - k_I I_1}{1/1}$$

而 $I_1 = U_{ab}/1$，故有

$$U_{ab} = \frac{1}{1 + k_I}$$

为求对应二端网络等效阻抗 Z_0，将 ab 端口短接得 $I_d = 1$ A，则

$$Z_0 = \frac{U_{ab}}{I_d} = \frac{1}{1 + k_I}$$

因而根据戴维宁定理有

$$I_2 = \frac{U_{ab}}{Z_0 + s} = \frac{\dfrac{1}{1 + k_I}}{\dfrac{1}{1 + k_I} + s}$$

经拉氏反变换后可得

$$i_2(t) = \frac{1}{1 + k_I} e^{-\frac{t}{1 + k_I}} \varepsilon(t)$$

讨论：(1) 当 $1 + k_I > 0$，即 $k_I > -1$ 时，$i_2(t)$ 随着时间增长而衰减，网络是渐进稳定的。例如，设 $k_I = 1$ 时，$i_2(t) = \dfrac{1}{2} e^{-\frac{t}{2}} \varepsilon(t)$，网络函数的极点为 $-\dfrac{1}{2}$。

(2) 当 $1 + k_I < 0$，即 $k_I < -1$ 时，$i_2(t)$ 随着时间增长而增至无穷，网络不稳定。例如，设 $k_I = -2$ 时，$i_2(t) = -e^t \varepsilon(t)$，网络函数的极点为 $+1$。

(3) 当 $1 + k_I = 0$，即 $k_I = -1$ 时，$i_2(t)$ 的函数式无意义，此时由图 9.5.5(a)电路可得，1 Ω 的电阻支路与 CCCS 支路两条支路在 $k_I = -1$ 时相当于开路，此时 $i_2(t) = \delta(t)$。

以上讨论未考虑 $H(s)$ 中含有重极点的情况，对于 $H(s)$ 的分母有重根的情况详见下例。

【例 9.5.6】 设网络函数 $H(s)=\dfrac{\omega_0^2}{(s^2+\omega_0^2)^2}$，试求冲激响应 $h(t)$。

解　由题意可得，此时 $H(s)$ 的极点在 s 平面的虚轴上，即 $p=\pm\mathrm{j}\omega_0$，且是二重极点。

$$H(s)=\frac{\omega_0^2}{(s^2+\omega_0^2)^2}=\left[\frac{\dfrac{1}{\mathrm{j}2\omega_0}}{s-\mathrm{j}\omega_0}-\frac{\dfrac{1}{\mathrm{j}2\omega_0}}{s+\mathrm{j}\omega_0}\right]^2$$

$$=\left(\frac{1}{\mathrm{j}2\omega_0}\right)^2\left[\left(\frac{1}{s-\mathrm{j}\omega_0}\right)^2+\left(\frac{1}{s+\mathrm{j}\omega_0}\right)^2-\frac{2}{s^2+\omega_0^2}\right]$$

将上式进行拉式逆变换有

$$h(t)=-\frac{1}{4\omega_0^2}\left[t\mathrm{e}^{\mathrm{j}\omega_0t}+t\mathrm{e}^{-\mathrm{j}\omega_0t}-\frac{2}{\omega_0}\sin\omega_0t\right]\varepsilon(t)=-\frac{1}{2\omega_0^2}\left(t\cos\omega_0t-\frac{1}{\omega_0}\sin\omega_0t\right)\varepsilon(t)$$

$h(t)$ 中含有 $-\dfrac{1}{2\omega_0^2}t\cos\omega_0t$ 项，当 $t\to\infty$ 时，$h(t)\to\infty$，故在虚轴上有多重共轭极点。与有单重共轭极点不同，虚轴上有多重共轭极点时 $h(t)\to\infty$，虚轴上有单重共轭极点时 $h(t)$ 为等幅的正弦函数。对于不在虚轴上的多重极点的网络函数，对应的冲激响应 $h(t)$ 的变化规律基本与有单重极点时情况一致。

9.5.4　网络函数的零极点与频率响应的关系

在网络函数 $H(s)$ 中令 $s=\mathrm{j}\omega$，则 $H(\mathrm{j}\omega)$ 随频率变化的特性称为频率特性，又称为频率响应。可以将 $H(\mathrm{j}\omega)$ 表示为

$$H(\mathrm{j}\omega)=R(\mathrm{j}\omega)+\mathrm{j}X(\mathrm{j}\omega)=|H(\mathrm{j}\omega)|\angle H(\mathrm{j}\omega) \tag{9.5.8}$$

式中 $R(\mathrm{j}\omega)$、$X(\mathrm{j}\omega)$ 分别为 $H(\mathrm{j}\omega)$ 复数表示的实部与虚部；$|H(\mathrm{j}\omega)|$、$\angle H(\mathrm{j}\omega)$ 分别为 $H(\mathrm{j}\omega)$ 极坐标表示的模和相位，它们都是 ω 的函数。根据复数的实部、虚部对应的三角函数关系表达式以及复数极坐标表示的模和相位的关系式，可以证明：$R(\mathrm{j}\omega)$、$|H(\mathrm{j}\omega)|$ 是 ω 的偶函数；$X(\mathrm{j}\omega)$、$\angle H(\mathrm{j}\omega)$ 是 ω 的奇函数，而且 $H(\mathrm{j}\omega)$ 与 $H(-\mathrm{j}\omega)$ 互为共轭，即有

$$H(\mathrm{j}\omega)=H^*(-\mathrm{j}\omega) \tag{9.5.9}$$

【例 9.5.7】 设网络函数 $H(s)=\dfrac{s+2}{s^2+4s+3}$，求其频率响应的实部 $R(\mathrm{j}\omega)$、虚部 $X(\mathrm{j}\omega)$，幅频特性 $|H(\mathrm{j}\omega)|$ 和相频特性 $\angle H(\mathrm{j}\omega)$，然后再求 $H^*(\mathrm{j}\omega)$ 和 $H(-\mathrm{j}\omega)$。

解　令 $s=\mathrm{j}\omega$，代入到 $H(s)$ 得

$$H(\mathrm{j}\omega)=\frac{\mathrm{j}\omega+2}{(\mathrm{j}\omega)^2+4\mathrm{j}\omega+3}=\frac{\mathrm{j}\omega+2}{(3-\omega^2)+\mathrm{j}4\omega}=\frac{(6+2\omega^2)-\mathrm{j}\omega(5+\omega^2)}{9+10\omega^2+\omega^4}$$

于是有

$$R(\mathrm{j}\omega)=\frac{6+2\omega^2}{9+10\omega^2+\omega^4}$$

$$X(\mathrm{j}\omega)=\frac{-\omega(5+\omega^2)}{9+10\omega^2+\omega^4}$$

$$|H(\mathrm{j}\omega)|=\frac{(\omega^2+4)^{\frac{1}{2}}}{(9+10\omega^2+\omega^4)^{\frac{1}{2}}}$$

$$\angle H(\mathrm{j}\omega) = \arctan\frac{\omega}{2} - \arctan\frac{4\omega}{3-\omega^2}$$

$$H^*(\mathrm{j}\omega) = \frac{(6+2\omega^2)+\mathrm{j}\omega(5+\omega^2)}{9+10\omega^2+\omega^4} = H(-\mathrm{j}\omega)$$

由此例题可以看出 $R(\mathrm{j}\omega)$、$|H(\mathrm{j}\omega)|$ 是 ω 的偶函数，$X(\mathrm{j}\omega)$、$\angle H(\mathrm{j}\omega)$ 是 ω 的奇函数，而且 $H(\mathrm{j}\omega)$ 与 $H(-\mathrm{j}\omega)$ 互为共轭。

本 章 小 结

在求解复杂的动态电路的过渡过程时，经常会用到拉普拉斯变换，时间函数 $f(t)$ 的单边拉普拉斯变换记为 $\mathcal{L}[f(t)]$，它定义为如下的积分变换：

$$\mathcal{L}[f(t)] = F(s) = \int_{0_-}^{\infty} f(t)\mathrm{e}^{-st}\,\mathrm{d}t$$

通常把 $F(s)$ 称为象函数，把 $f(t)$ 称为原函数，s 为一个复变量且 $s = \sigma + \mathrm{j}\omega$。

拉普拉斯变换的一些重要性质如下：

（1）线性性质：

$$\mathcal{L}[af_1(t)+bf_2(t)] = a\mathcal{L}[f_1(t)] + b\mathcal{L}[f_2(t)]$$

（2）微分性质：

$$\mathcal{L}\left[\frac{\mathrm{d}f(t)}{\mathrm{d}t}\right] = sF(s) - f(0_-)$$

（3）积分性质：

$$\mathcal{L}\left[\int_{0_-}^{\infty} f(\xi)\,\mathrm{d}\xi\right] = \frac{F(s)}{s}$$

（4）时域平移性质：

$$\mathcal{L}[f(t-t_0)\varepsilon(t-t_0)] = \mathrm{e}^{-st_0}F(s)$$

（5）频域平移性质：

$$\mathcal{L}[f(t)\mathrm{e}^{s_0 t}] = F(s-s_0)$$

（6）拉氏变换的卷积定理：

$$f_1(t) * f_2(t) = \int_0^t f_1(t-\xi)f_2(\xi)\,\mathrm{d}\xi$$

计算拉普拉斯逆变换时，即由象函数求解原函数时，可以查表。若 $F(s) = \dfrac{F_1(s)}{F_2(s)}$ 为有理真分式，常用分式展开的方法将象函数展开为部分分式之和，每一个展开的部分分式可通过查表直接求解其原函数，再将所得的原函数相加即为原象函数的拉普拉斯逆变换。

基尔霍夫定律的运算电路

$$\sum I_k(s) = 0$$

$$\sum U_k(s) = 0$$

用运算法求解电路响应的一般步骤是：

（1）求出 $u_C(0_-)$、$i_L(0_-)$，并求出电路中激励信号的象函数；

（2）将原电路改画成运算电路，注意不要遗忘电容、电感初始值产生的附加电压源，以及电源的方向；

（3）对运算电路依照电阻电路的各种计算方法求出相应的象函数；

（4）利用拉普拉斯逆变换由象函数求解得到原函数。

网络函数定义为零状态响应的象函数与激励源的象函数之比，用 $H(s)$ 表示。网络对单位冲激函数 $\delta(t)$ 的零状态响应的象函数就是网络函数 $H(s)$。

$$H(s)=\mathcal{L}[h(t)]$$

网络函数的零点和极点可能是实数、虚数或者复数，其极点特征必然反映出网络的冲激响应 $h(t)$ 的特征。

习　题

9.1　求解下列函数的象函数。

（1）$\delta(t)$；（2）$\sin(\omega t+\theta)$；（3）$\cos(\omega t+\theta)$；

（4）$\mathrm{e}^{-\alpha t}\cos(\omega t)$；（5）$(1-\alpha t)\mathrm{e}^{-\alpha t}$；（6）$\dfrac{1}{2}t^2$。

9.2　已知 $F(s)=\dfrac{2s+1}{s^2+5s+6}$，求解原函数 $f(t)$。

9.3　已知 $F(s)=\dfrac{s+2}{s^2(s-1)^2}$，求解原函数 $f(t)$。

9.4　已知 $F(s)=\dfrac{3}{(s+1)(s+2)}$，求解原函数 $f(t)$。

9.5　已知 $F(s)=\dfrac{2s+1}{s^2+4s+3}$，求解原函数 $f(t)$。

9.6　电压源是冲激函数 $\delta(t)$，加在 RL 串联电路上，假设 R、L 值都是已知的，用运算法求解冲激响应电流 $i(t)$。

9.7　电压源是冲激函数 $\delta(t)$，加在 RC 串联电路上，假设 R、C 值都是已知的，用运算法求解冲激响应电流 $i(t)$。

9.8　已知 RLC 串联电路的 $R=2.5\ \Omega$，$L=0.25\ \mathrm{H}$，$C=0.25\ \mathrm{F}$，初始条件为 $u_C(0_+)=6\ \mathrm{V}$，$i_L(0_+)=0\ \mathrm{A}$，求电路的零输入响应 $i(t)$ 和 $u_C(t)$。

9.9　已知 RLC 串联电路的 $R=2.5\ \Omega$，$L=0.25\ \mathrm{H}$，$C=0.25\ \mathrm{F}$。

（1）外施直流电压激励 $U_\mathrm{S}=9\varepsilon(t)\ \mathrm{V}$，求电路的零状态响应 $i(t)$ 和 $u_C(t)$。

（2）若在初始条件为 $u_C(0_+)=6\ \mathrm{V}$，$i_L(0_+)=0\ \mathrm{A}$ 的情况下与直流电压源 $U_\mathrm{S}=9\varepsilon(t)$ V 接通，求电路的全响应 $i(t)$ 和 $u_C(t)$。

9.10　在题 9.10 图所示电路中，直流电压源 $U_\mathrm{S}=50\ \mathrm{V}$，$R=50\ \Omega$，$L=\dfrac{4}{3}\ \mathrm{H}$，$C=100\ \mu\mathrm{F}$，电路原为零状态，求换路后的 $i_L(t)$。

9.11　在题 9.11 图所示电路中，直流电流源 $I_S=1$ A，$R=\dfrac{2}{7}$ Ω，$L=0.2$ H，$C=0.5$ F，$u_C(0_-)=2$ V，$i_L(0_-)=-3$ A，求换路后的 $i_L(t)$ 和 $u_C(t)$。

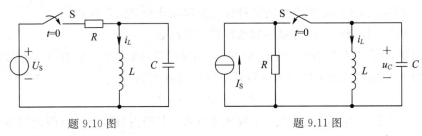

题 9.10 图　　　　　　　　　　　　题 9.11 图

9.12　在题 9.12 图所示电路中，直流电压源 $U_S=4$ V，$R=0.4$ Ω，$L=\dfrac{1}{3}$ H，$C=0.5$ F，$u_C(0_-)=0$ V，$i_L(0_-)=1$ A，求换路后的 $i_L(t)$ 和 $u_C(t)$。

9.13　题 9.13 图所示电路在零状态下，外施电流源 $i_S=\mathrm{e}^{-3t}\varepsilon(t)$，$G=2$ S，$L=1$ H，$C=1$ F，求端电压 $u(t)$。

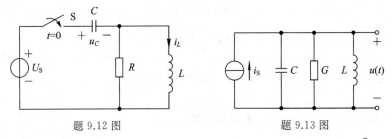

题 9.12 图　　　　　　　　　　　　题 9.13 图

9.14　在题 9.14 图所示电路中，已知 $R_1=R_2=2$ Ω，$C=0.1$ F，$L=\dfrac{5}{8}$ H，$U_{S1}=4$ V，$U_{S2}=2$ V，假定原电路已处于稳定状态，$t=0$ 时闭合开关 S。

（1）作运算电路图；

（2）求解 $u_C(t)$ 的运算电压 $U_C(s)$；

（3）求解 $u_C(t)$。

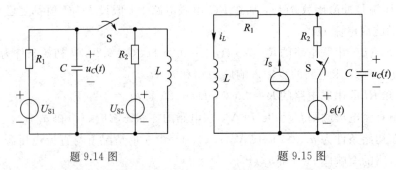

题 9.14 图　　　　　　　　　　　　题 9.15 图

9.15　在题 9.15 图所示电路中，已知 $L=1$ H，$R_1=R_2=1$ Ω，$C=1$ F，$I_S=1$ A，$e(t)=\delta(t)$，假定原电路已处于稳定状态，在 $t=0$ 时闭合开关 S。

（1）作运算电路图；

（2）求解 $u_C(t)$ 的运算电压 $U_C(s)$。

9.16 已知网络函数 $H(s)=(s+1)/(s^2+5s+6)$，试求冲激响应 $h(t)$ 和阶跃响应 $r(t)$。

9.17 在题 9.17 图所示电路中，设 u_1 为输入信号，u_2 为输出信号，试求网络函数 $H(s)$，并作零极点分布图。

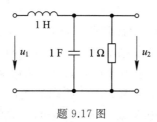

题 9.17 图

9.18 已知线性电路的冲激响应 $h(t)=\mathrm{e}^{-t}+2\mathrm{e}^{-2t}$，试求该电路的相应的网络函数 $H(s)$，并画出其对应的零极点分布图。

9.19 已知网络函数 $H(s)$ 如下，试判断它们是否稳定。

（1）$H_1(s)=\dfrac{s^2+2s+1}{s^2-3s+2}$；

（2）$H_2(s)=\dfrac{s+2}{s^2+6s+9}$；

（3）$H_3(s)=\dfrac{s^2+4s+2}{(s+3)(s+2+3\mathrm{j})(s+2-3\mathrm{j})}$。

9.20 题 9.20 图所示为网络函数的零极点分布图，并已知常数 $H_0=100$，试求：

（1）幅频和相频特性；

（2）阶跃响应。

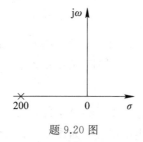

题 9.20 图

第 10 章　双 口 网 络

为了方便对复杂网络的分析、设计和调试，常将复杂网络分解为若干简单的子网络。双口网络是最常见的子网络，对于复杂电网络中的双口网络，通常更多关注的是其外部的电压、电流的约束关系，而不把注意力放在对双口网络内部的分析上。

本章以不含独立源，且电容、电感处于零状态的线性双口网络为研究对象，依次介绍双口网络的概念、双口网络方程和参数、双口网络的等效电路、双口网络转移函数和双口网络的连接。

10.1　双口网络的概念

在工程实际中，研究信号及能量的传输和信号变换时，经常碰到如图 10.1.1 所示的双口网络。

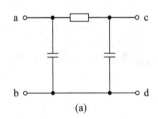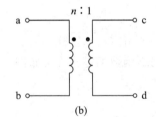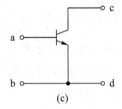

图 10.1.1　常见双口网络

双口网络也称二端口网络，或二端口电路，简称二端口或双口。它是在一端口网络的概念上推广而来。下面给出一端口、二端口有关的概念。

1. 端口

端口是由一对端子构成，且满足如下端口条件：从一个端子流入的电流等于从另一个端子流出的电流，如图 10.1.2 所示。前面讨论的电路分析主要是：在一个电路及其输入已经给定的情况下，去计算一条或多条支路的电压和电流。如果一个复杂的电路只有两个端子向外连接，且仅对外接电路中的情况感兴趣，则该电路可视为一个一端口，可先用戴维宁或诺顿等效电路替代，然后再计算感兴趣的电压和电流。

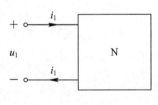

图 10.1.2　一端口

2. 二端口（双口）

当一个电路与外部电路通过两个端口连接时，称此电路为二端口网络，也称双口网络，如图 10.1.3 所示。

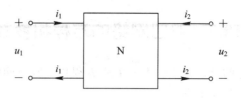

图 10.1.3　双口网络

需要注意：

(1) 双口网络与四端网络的关系：双口网络是一种特殊的四端网络，他们对外都有四个端子，但四端网络不一定就是双口网络。图 10.1.4 所示网络为四端网络，虽然它对外有四个端子，但它不是双口网络。因为该网络中没有一对端子符合端口的定义。而图 10.1.3 所示网络则是双口网络。

(2) 双口网络的两个端口间若有外部连接，则会破坏原双口网络的端口条件。如图 10.1.5所示，由于 $i_1'=i_1+i \neq i_1$，$i_2'=i_2-i \neq i_2$，因此 ab、cd 端口连接的电路是双口网络，而 ef、gh 端口接的电路不是双口网络，它是四端网络。

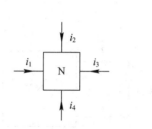

图 10.1.4　四端网络

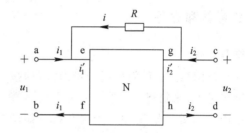

图 10.1.5　双口网络两端口间有连接的情况

3. 研究双口网络的意义

研究双口网络的意义包括：

(1) 双口网络的分析方法易推广应用于 n 端口网络；

(2) 大网络可以分割成许多子网络(双口网络)进行分析；

(3) 仅研究端口特性时，可以用双口网络的电路模型进行研究。

4. 分析方法

双口网络的分析方法：

(1) 分析前提：讨论初始条件为零的线性无源双口网络；

(2) 找出两个端口的电压、电流关系的独立网络方程，这些方程可通过一些参数来表示。

双口网络可分为：有源和无源，线性和非线性，对称和非对称双口网络等。当双口网络内部仅含有线性元件时，称之为线性双口网络，反之称为非线性双口网络。当双口网络内部不含独立源时称为无源双口网络；反之称为有源双口网络。本章所研究的双口网络是由线性的电阻、电感(包括耦合电感)、电容和线性受控源组成，并规定不包含任何独立电源(如用运算法分析时，还规定独立的初始条件均为零)的线性无源双口网络。

10.2　双口网络的方程和参数

反映双口网络电性能的端口电压和电流关系方程称为双口网络方程。我们约定双口网络的电压、电流方向如图 10.2.1 所示。

双口网络的端口有 4 个物理量：i_1、i_2、u_1、u_2。因此，双口网络的端口电压、电流有六种不同的方程来表示，即 $\dfrac{i_1}{i_2} \Leftrightarrow \dfrac{u_1}{u_2}$，$\dfrac{u_1}{i_1} \Leftrightarrow \dfrac{u_2}{i_2}$，$\dfrac{u_1}{i_2} \Leftrightarrow \dfrac{i_1}{u_2}$。将输入、输出两边的端口以量互换后可形成如下六种输入、输出关系：

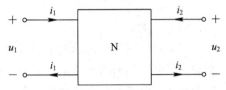

图 10.2.1　线性双口网络

$$\dfrac{i_1}{i_2} \Rightarrow \dfrac{u_1}{u_2}, \quad \dfrac{u_1}{u_2} \Rightarrow \dfrac{i_1}{i_2}, \quad \dfrac{u_1}{i_1} \Rightarrow \dfrac{u_2}{i_2}, \quad \dfrac{u_2}{i_1} \Rightarrow \dfrac{u_1}{i_2}, \quad \dfrac{u_1}{u_2} \Rightarrow \dfrac{i_1}{i_2}, \quad \dfrac{i_1}{u_2} \Rightarrow \dfrac{u_1}{i_2}$$

这分别对应六套参数。

10.2.1　Y 参数和方程

1. Y 参数方程

在线性双口网络中，我们采用相量形式（即按正弦稳态情况考虑）来描述，当然，也可以用运算法讨论。在两端口处分别施加一个电压源，如图 10.2.2 所示。

根据叠加定理，端口电流可视为电压源单独作用时产生的电流之和，即

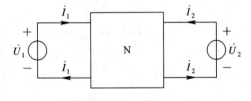

图 10.2.2　描述线性双口网络 Y 参数用图

$$\begin{cases} \dot{I}_1 = Y_{11}\dot{U}_1 + Y_{12}\dot{U}_2 \\ \dot{I}_2 = Y_{21}\dot{U}_1 + Y_{22}\dot{U}_2 \end{cases} \tag{10.2.1}$$

式(10.2.1)写成矩阵形式为

$$\begin{bmatrix} \dot{I}_1 \\ \dot{I}_2 \end{bmatrix} = \begin{bmatrix} Y_{11} & Y_{12} \\ Y_{21} & Y_{22} \end{bmatrix} \begin{bmatrix} \dot{U}_1 \\ \dot{U}_2 \end{bmatrix} = \boldsymbol{Y} \begin{bmatrix} \dot{U}_1 \\ \dot{U}_2 \end{bmatrix}$$

其中，$\begin{bmatrix} Y_{11} & Y_{12} \\ Y_{21} & Y_{22} \end{bmatrix}$ 称为双口网络的 Y 参数矩阵，而 Y_{11}、Y_{12}、Y_{21}、Y_{22} 称为双口网络的 Y 参数。不难看出，Y 参数属于导纳性质，其参数数值由内部元件参数及连接关系决定。

2. Y 参数的物理意义及计算和测定

如果在输入端口外加电压 $\dot{U}_1$，而将输出端口短路，即 $\dot{U}_2 = 0$，如图 10.2.3(a)所示，由式(10.2.1)可得

$$Y_{11} = \frac{\dot{I}_1}{\dot{U}_1} \bigg|_{\dot{U}_2=0}, \qquad Y_{21} = \frac{\dot{I}_2}{\dot{U}_1} \bigg|_{\dot{U}_2=0}$$

式中，Y_{11} 表示输出端口短路时的输入导纳或驱动点导纳；Y_{21} 表示输出端口短路时的转移导纳。

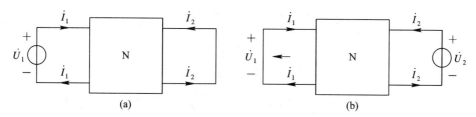

图 10.2.3　短路导纳参数测定

同理，在输出端口外加电压 $\dot{U}_2$，而将输入端口短路，即 $\dot{U}_1 = 0$，如图 10.2.3(b)所示，由式(10.2.1)可得

$$Y_{12} = \frac{\dot{I}_1}{\dot{U}_2} \bigg|_{\dot{U}_1=0}, \qquad Y_{22} = \frac{\dot{I}_2}{\dot{U}_2} \bigg|_{\dot{U}_1=0}$$

式中，Y_{12} 表示输入端口短路时的转移导纳；Y_{22} 表示输入端口短路时的输出端口的输入导纳。由于 Y 参数都是在一个端口短路的情况下通过计算或测定求得的，故也称其为短路导纳参数。

【例 10.2.1】　求图 10.2.4(a)所示二端口的 Y 参数。

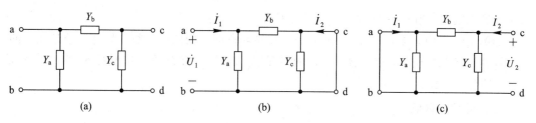

图 10.2.4　例 10.2.1 图

解　图 10.2.4(a)所示是一个常见的双口电路，也称 π 形电路。先将端口 cd 短路，在端口 ab 上外加电压 $\dot{U}_1$，如图 10.2.4(b)所示，则可求得

$$Y_{11} = \frac{\dot{I}_1}{\dot{U}_1} \bigg|_{\dot{U}_2=0} = Y_a + Y_b, \qquad Y_{21} = \frac{\dot{I}_2}{\dot{U}_1} \bigg|_{\dot{U}_2=0} = -Y_b$$

同样，将端口 ab 短路，在端口 cd 上外加电压 $\dot{U}_2$，如图 10.2.4(c)所示，则可求得

$$Y_{12} = \frac{\dot{I}_1}{\dot{U}_2} \bigg|_{\dot{U}_1=0} = -Y_b, \qquad Y_{22} = \frac{\dot{I}_2}{\dot{U}_2} \bigg|_{\dot{U}_1=0} = Y_b + Y_c$$

【例 10.2.2】　求图 10.2.5 所示双口网络的 Y 参数。

解　已知的双口网络结构较复杂，可以直接建立 Y 参数方程，通过比较方程系数的方法确定 Y 参数。根据 KCL 列出的方程如下：

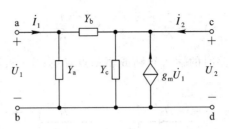

图 10.2.5 例 10.2.2 图

$$\dot{I}_1 = Y_a\dot{U}_1 + Y_b(\dot{U}_1 - \dot{U}_2) = (Y_a + Y_b)\dot{U}_1 - Y_b(\dot{U}_2)$$

$$\dot{I}_2 = -g_m\dot{U}_1 - Y_b(\dot{U}_1 - \dot{U}_2) + Y_c\dot{U}_2 = -(g_m + Y_b)\dot{U}_1 + (Y_b + Y_c)\dot{U}_2$$

与 Y 参数方程系数比较可知，双口网络的 Y 参数矩阵为

$$\boldsymbol{Y} = \begin{bmatrix} Y_a + Y_b & -Y_b \\ -(g_m + Y_b) & Y_b + Y_c \end{bmatrix}$$

仅当 $g_m = 0$ 时，$Y_{12} = Y_{21} = -Y_b$。

3. 互易双口网络（满足互易定理）

如果一个双口网络的 Y 参数满足 $Y_{12} = Y_{21}$，则称该双口网络为互易双口网络。

由于

$$Y_{12} = \frac{\dot{I}_1}{\dot{U}_2}\bigg|_{\dot{U}_1 = 0}, \quad Y_{21} = \frac{\dot{I}_2}{\dot{U}_1}\bigg|_{\dot{U}_2 = 0}$$

对于互易二端口，当 $\dot{U}_1 = \dot{U}_2$ 时，$\dot{I}_1 = \dot{I}_2$。所以 $Y_{12} = Y_{21}$。

上例 10.2.1 中，若 $Y_{12} = Y_{21} = -Y_b$，则互易双口网络的四个参数中只有三个是独立的。

线性无源双口网络，在不含受控源的情况下，都是互易的；在含有受控源时，一般情况下，不具有互易性。

4. 对称双口网络

如果一个双口网络不仅满足 $Y_{12} = Y_{21}$，并且还满足 $Y_{11} = Y_{22}$，则称该双口网络为对称双口网络。

上例 10.2.1 中，当 $Y_a = Y_c = Y$ 时，$Y_{11} = Y_{22} = Y + Y_b$，则对称双口网络只有两个参数是独立的。

对称双口网络是指两个端口电气对称。电路结构左右对称的一般为对称双口网络。结构不对称的双口网络，其电气可能是对称的，这样的双口网络也是对称双口网络。结构对称的电路一定是电气对称的，反之，则不一定。

【例 10.2.3】 求图 10.2.6 所示双口网络的 Y 参数。

解 $Y_{11} = \dfrac{\dot{I}_1}{\dot{U}_1}\bigg|_{\dot{U}_2 = 0} = \dfrac{1}{3 /\!/ 6 + 3} = 0.2 \text{ S}$

$Y_{22} = \dfrac{\dot{I}_2}{\dot{U}_2}\bigg|_{\dot{U}_1 = 0} = 0.2 \text{ S}$

$$Y_{21} = \frac{\dot{I}_2}{\dot{U}_1} \bigg|_{\dot{U}_2 = 0} = -0.0667 \text{ S}$$

$$Y_{12} = \frac{\dot{I}_1}{\dot{U}_2} \bigg|_{\dot{U}_1 = 0} = -0.0667 \text{ S}$$

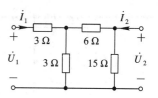

显然，$Y_{12} = Y_{21}$，$Y_{12} = Y_{21}$。此双口网络为互易对称的双口

图 10.2.6 例 10.2.3 图

网络。

10.2.2 Z 参数和方程

1. Z 参数方程

在线性双口网络的两端口处分别施加一个电流源，如图 10.2.7 所示。

根据叠加定理，端口电压可视为电流源单独
作用时产生的电压之和，即

$$\begin{cases} \dot{U}_1 = Z_{11} \dot{I}_1 + Z_{12} \dot{I}_2 \\ \dot{U}_2 = Z_{21} \dot{I}_1 + Z_{22} \dot{I}_2 \end{cases} \qquad (10.2.2)$$

式(10.2.2)写成矩阵形式为

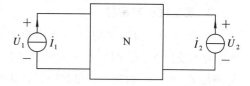

图 10.2.7 描述线性双口网络 Z 参数用图

$$\begin{bmatrix} \dot{U}_1 \\ \dot{U}_2 \end{bmatrix} = \begin{bmatrix} Z_{11} & Z_{12} \\ Z_{21} & Z_{22} \end{bmatrix} \begin{bmatrix} \dot{I}_1 \\ \dot{I}_2 \end{bmatrix} = \boldsymbol{Z} \begin{bmatrix} \dot{I}_1 \\ \dot{I}_2 \end{bmatrix}$$

Z 参数矩阵

$$\boldsymbol{Z} = \begin{bmatrix} Z_{11} & Z_{12} \\ Z_{21} & Z_{22} \end{bmatrix}$$

比较式(10.2.1)和式(10.2.2)可以看出 Z 参数矩阵与 Y 参数矩阵互逆，$\boldsymbol{Z} = \boldsymbol{Y}^{-1}$，即

$$\begin{bmatrix} Z_{11} & Z_{12} \\ Z_{21} & Z_{22} \end{bmatrix} = \frac{1}{\Delta_Y} \begin{bmatrix} Y_{22} & -Y_{12} \\ -Y_{21} & Y_{11} \end{bmatrix} \qquad (10.2.3)$$

其中 $\Delta_Y = Y_{11}Y_{22} - Y_{12}Y_{21}$。

2. Z 参数的物理意义及计算和测定

Z 参数可按照下面的方法或实验测定得到：令输出端口开路，即 $\dot{I}_2 = 0$，仅在输入端口
施加一个电流源 $\dot{I}_1$，如图 10.2.8(a)所示。由式(10.2.2)得

$$Z_{11} = \frac{\dot{U}_1}{\dot{I}_1} \bigg|_{\dot{I}_2 = 0}, \qquad Z_{21} = \frac{\dot{U}_2}{\dot{I}_1} \bigg|_{\dot{I}_2 = 0}$$

式中，Z_{11} 表示输出端口开路时，输入端口的开路输入阻抗；Z_{21} 表示输出端口开路时，输出
端口与输入端口间的转移阻抗。

同理，令输入端口开路，即 $\dot{I}_1 = 0$，仅在输出端口施加一个电流源 $\dot{I}_2$，如图 10.2.8(b)
所示。由式(10.2.2)得

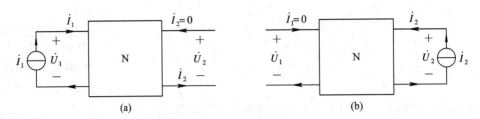

图 10.2.8　开路阻抗参数的测定

$$Z_{12}=\frac{\dot{U}_1}{\dot{I}_2}\bigg|_{\dot{I}_1=0}, \qquad Z_{22}=\frac{\dot{U}_2}{\dot{I}_2}\bigg|_{\dot{I}_1=0}$$

式中，Z_{12} 表示输入端口开路时，输入端口与输出端口间转移阻抗；Z_{22} 表示输入端口开路时，输出端口的开路输入阻抗。因此，Z 参数矩阵也称为开路阻抗矩阵。

3. 互易性和对称性

如果一个双口网络的 Z 参数满足 $Z_{12}=Z_{21}$，则称该双口网络为互易双口网络。不难证明，对于线性 R、$L(M)$、C 元件构成的任何无源线性二端口网络一定是互易双口网络，即总是满足 $Z_{12}=Z_{21}$。此时，Z 参数中只有 3 个是独立的。对于对称的双口网络还满足 $Z_{11}=Z_{22}$，此时，只有 2 个参数是独立的。Z 参数的求解方法有两种：

（1）直接列 Z 参数方程并写成标准形式；

（2）利用 Z 参数的物理意义求解。

【例 10.2.4】　分别求图 10.2.9(a)和(b)所示双口网络的 Z 参数，并判断双口网络是否为对称双口网络。

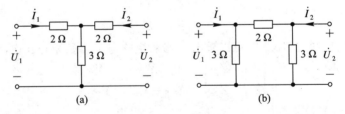

图 10.2.9　例 10.2.4 图

解　图 10.2.9(a)和(b)所示双口网络均为结构对称，下边根据物理意义来求其 Z 参数。在图 10.2.9(a)中，根据物理意义易求得

$$Z_{11}=\frac{\dot{U}_1}{\dot{I}_1}\bigg|_{\dot{I}_2=0}=2+3=5\ \Omega, \qquad Z_{12}=\frac{\dot{U}_1}{\dot{I}_2}\bigg|_{\dot{I}_1=0}=3\ \Omega$$

$$Z_{21}=\frac{\dot{U}_2}{\dot{I}_1}\bigg|_{\dot{I}_2=0}=3\ \Omega, \qquad Z_{22}=\frac{\dot{U}_2}{\dot{I}_2}\bigg|_{\dot{I}_1=0}=2+3=5\ \Omega$$

即

$$\boldsymbol{Z}=\begin{bmatrix}5 & 3\\ 3 & 5\end{bmatrix}\Omega$$

同理，在图 10.2.9(b)中，易求得

$$Z_{11} = \frac{\dot{U}_1}{\dot{I}_1}\bigg|_{\dot{i}_2=0} = 3 \,/\!/\, (2+3) = \frac{15}{8}\ \Omega, \qquad Z_{12} = \frac{\dot{U}_1}{\dot{I}_2}\bigg|_{\dot{i}_1=0} = \frac{3\times3}{3+(2+3)} = \frac{9}{8}\ \Omega$$

$$Z_{21} = \frac{\dot{U}_2}{\dot{I}_1}\bigg|_{\dot{i}_2=0} = \frac{3\times3}{3+(2+3)} = \frac{9}{8}\ \Omega, \qquad Z_{22} = \frac{\dot{U}_2}{\dot{I}_2}\bigg|_{\dot{i}_1=0} = 3 \,/\!/\, (2+3) = \frac{15}{8}\ \Omega$$

即

$$Z = \begin{bmatrix} \dfrac{15}{8} & \dfrac{9}{8} \\[2mm] \dfrac{9}{8} & \dfrac{15}{8} \end{bmatrix}\ \Omega$$

此例中，两个电路的结构对称，且均满足 $Z_{11}=Z_{22}$，故它们也是电气对称的双口网络。

【例 **10.2.5**】 图 10.2.10 所示为结构不对称的双口网络，请问其是否为电气对称的双口网络？

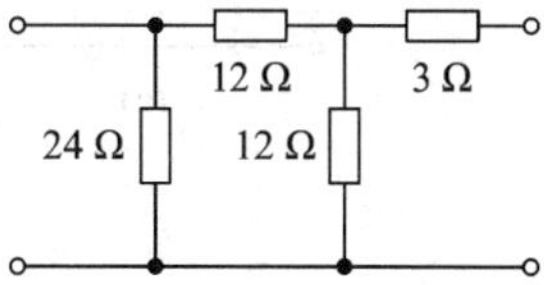

解 根据 Z 参数的物理意义易求得

$$Z = \begin{bmatrix} 12 & 6 \\ 6 & 12 \end{bmatrix}\ \Omega$$

显然，该双口网络满足 $Z_{11}=Z_{22}=12\ \Omega$，故该双口网络是电气对称的双口网络。

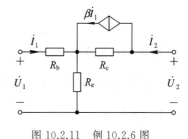

图 10.2.10 例 10.2.5 图

【例 **10.2.6**】 电路如图 10.2.11 所示，求其 Z 参数矩阵。

解 列 KVL 方程为

$$\dot{U}_1 = R_b\dot{I}_1 + R_e(\dot{I}_1+\dot{I}_2) = (R_b+R_e)\dot{I}_1 + R_e\dot{I}_2$$

$$\dot{U}_2 = R_c(\dot{I}_2 - \beta\dot{I}_1) + R_e(\dot{I}_1+\dot{I}_2)$$

$$= (R_e - \beta R_c)\dot{I}_1 + (R_c+R_e)\dot{I}_2$$

对照式(10.2.2)，可知其 Z 参数矩阵为

$$\boldsymbol{Z} = \begin{bmatrix} R_b+R_e & R_e \\ R_e-\beta R_c & R_c+R_e \end{bmatrix}$$

图 10.2.11 例 10.2.6 图

【例 **10.2.7**】 电路如图 10.2.12 所示，已知 $U_S=15$ V，$R_S=2\ \Omega$，双口网络 N 的 Z 参数矩阵为 $\boldsymbol{Z} = \begin{bmatrix} 7 & 3 \\ 3 & 4 \end{bmatrix}\ \Omega$。若 $R_L=2\ \Omega$，求 U_2 及双口网络吸收的功率。

解 列双口网络的 Z 参数方程，即

$$U_1 = 7I_1 + 3I_2 \qquad (10.2.4)$$

$$U_2 = 3I_1 + 4I_2 \qquad (10.2.5)$$

列出输入端口 KVL 方程，有

$$U_S = 2I_1 + U_1 \qquad (10.2.6)$$

对 R_L，由欧姆定律得

$$U_2 = -2I_2 \qquad (10.2.7)$$

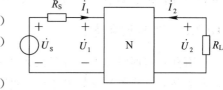

图 10.2.12 例 10.2.7 图

将式(10.2.4)代入式(10.2.6)，将式(10.2.5)代入式(10.2.7)，整理得

$$9I_1 + 3I_2 = U_S = 15$$

$$3I_1 + 6I_2 = 0$$

解得 $I_1 = 2$ A, $I_2 = -1$ A, 将它们代入式(10.2.4)和式(10.2.7)得 $U_1 = 11$ V, $U_2 = 2$ V。

故双口网络吸收的功率: $P_N = U_1 I_1 + U_2 I_2 = 11 \times 2 + 2 \times (-1) = 20$ W。

综上, Z 参数和 Y 参数都可以用来描述一个双口网络的端口外特性。如果一个端口的 Y 参数已经确定, 一般就可以用式(10.2.3)求出其 Z 参数, 反之亦然。但需要注意的是, 并非所有的双口网络均有 Z 参数和 Y 参数。

【例 10.2.8】 求图 10.2.13(a)~(c)所示电路的 Y 参数和 Z 参数。

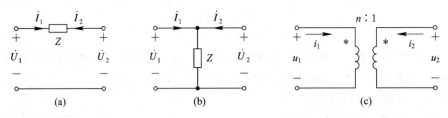

图 10.2.13 例 10.2.8 图

解 对于图 10.2.13(a)所示电路, 显然有 $\dot{I}_1 = -\dot{I}_2 = \dfrac{\dot{U}_1 - \dot{U}_2}{Z}$。故根据式(10.2.1)可知, 该电路的 Y 参数矩阵为

$$\boldsymbol{Y} = \begin{bmatrix} \dfrac{1}{Z} & -\dfrac{1}{Z} \\[2mm] -\dfrac{1}{Z} & \dfrac{1}{Z} \end{bmatrix}$$

但其 Z 参数矩阵不存在。

对于图 10.2.13(b)所示电路有 $\dot{U}_1 = \dot{U}_2 = Z(\dot{I}_1 + \dot{I}_2)$, 故其 Z 参数矩阵为 $\boldsymbol{Z} = \begin{bmatrix} Z & Z \\ Z & Z \end{bmatrix}$, 但其 Y 参数矩阵不存在。

图 10.2.13(c)所示电路为一理想变压器电路, 其端口关系满足:

$$\dot{U}_1 = n\dot{U}_2$$

$$\dot{I}_1 = -\frac{\dot{I}_2}{n}$$

分析可知, 其 Y 参数矩阵和 Z 参数矩阵均不存在。

10.2.3 T 参数和方程

有些双口网络并不同时存在 Z 参数矩阵和 Y 参数矩阵(如例 10.2.8), 或者既无 Z 参数矩阵表达式, 又无 Y 参数表达式, 如理想变压器。故对某些双口网络适合采用除 Z 参数和 Y 参数以外的其他参数来描述其端口外特性。T 参数就是一种常用来描述线性双口网络外端口特性的参数。

1. T 参数和方程

如图 10.2.14 所示, 由叠加定理可得

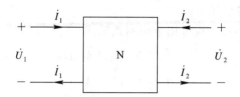

图 10.2.14 描述线性双口网络 T 参数用图

$$\begin{cases} \dot{U}_1 = A\dot{U}_2 - B\dot{I}_2 \\ \dot{I}_1 = C\dot{U}_2 - D\dot{I}_2 \end{cases} \tag{10.2.8}$$

上式写成矩阵形式, 即

$$\begin{bmatrix} \dot{U}_1 \\ \dot{I}_1 \end{bmatrix} = T \begin{bmatrix} \dot{U}_2 \\ -\dot{I}_2 \end{bmatrix} \tag{10.2.9}$$

其中, $T = \begin{bmatrix} A & B \\ C & D \end{bmatrix}$, T 为 T 参数矩阵。在引用式(10.2.9)时, 要注意 $\dot{I}_2$ 前有负号。

注意: T 参数也称为传输参数, 它反映输入和输出之间的关系。

2. T 参数的物理意义及计算和测定

T 参数矩阵中的 4 个参数 A、B、C、D 的物理含义如下:

(1) 开路参数 A 和 C。

令输出端口开路, 即 $\dot{I}_2 = 0$ 时, 由式(10.2.8)可得

$$A = \frac{\dot{U}_1}{\dot{U}_2} \bigg|_{\dot{I}_2 = 0}, \quad C = \frac{\dot{I}_1}{\dot{U}_2} \bigg|_{\dot{I}_2 = 0}$$

根据物理含义可知, A 为转移电压比, 无量纲; C 为转移导纳, 单位为 S(西门子)。

(2) 短路参数 B 和 D。

令输出端口短路, 即 $\dot{U}_2 = 0$, 如图 10.2.15 所示。

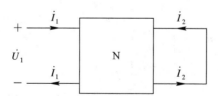

图 10.2.15 测定线性双口网络 T 参数中的短路参数

由式(10.2.8)可得

$$B = \frac{\dot{U}_1}{-\dot{I}_2} \bigg|_{\dot{U}_2 = 0}, \quad D = \frac{\dot{I}_1}{-\dot{I}_2} \bigg|_{\dot{U}_2 = 0}$$

根据物理含义可知, B 为转移阻抗, 单位为 Ω(欧姆); D 为转移电流比, 无量纲。

3. 互易性和对称性

T 参数矩阵中的 4 个参数 A、B、C、D 除了按照物理含义来计算及测定外, 还可通过

Y 参数来表示。其推导过程如下：

根据前面所述，Y 参数方程可用下面两式描述：

$$\dot{I}_1 = Y_{11}\dot{U}_1 + Y_{12}\dot{U}_2 \tag{10.2.10}$$

$$\dot{I}_2 = Y_{21}\dot{U}_1 + Y_{22}\dot{U}_2 \tag{10.2.11}$$

由式（10.2.11）得

$$\dot{U}_1 = -\frac{Y_{22}}{Y_{21}}\dot{U}_2 + \frac{1}{Y_{21}}\dot{I}_2 \tag{10.2.12}$$

再将式（10.2.12）代入式（10.2.10），整理得

$$\dot{I}_1 = \left(Y_{12} - \frac{Y_{11}Y_{22}}{Y_{21}}\right)\dot{U}_2 + \frac{Y_{11}}{Y_{21}}\dot{I}_2 \tag{10.2.13}$$

对比式（10.2.13）和式（10.2.8），可得 T 参数矩阵中的 C、D 参数，用 Y 参数表示如下：

$$C = \frac{Y_{12}Y_{21} - Y_{11}Y_{22}}{Y_{21}}, \quad D = -\frac{Y_{11}}{Y_{21}} \tag{10.2.14}$$

类似地，还可推得 T 参数矩阵中的 A、B 参数，用 Y 参数表示如下：

$$A = -\frac{Y_{22}}{Y_{21}}, \quad B = \frac{-1}{Y_{21}} \tag{10.2.15}$$

对于互易双口网络，由于满足 $Y_{12} = Y_{21}$，则由式（10.2.14）和式（10.2.15），可得

$$AD - BC = \frac{Y_{22}Y_{11}}{Y_{21}^2} + \frac{1}{Y_{21}}\frac{Y_{12}Y_{21} - Y_{22}Y_{11}}{Y_{21}} = 1$$

对于对称双口网络，除满足 $Y_{12} = Y_{21}$ 外，还满足 $Y_{11} = Y_{22}$，则由式（10.2.14）和式（10.2.15），还可得 $A = D$。

【例 10.2.9】　求图 10.2.16 所示理想变压器电路的 T 参数。

解　理想变压器的端口电压、电流的关系方程为

$$\begin{cases} u_1 = nu_2 \\ i_1 = -\dfrac{1}{n}i_2 \end{cases}$$

即

$$\begin{bmatrix} u_1 \\ i_1 \end{bmatrix} = \begin{bmatrix} n & 0 \\ 0 & \dfrac{1}{n} \end{bmatrix} \begin{bmatrix} u_2 \\ -i_2 \end{bmatrix}$$

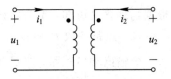

图 10.2.16　例 10.2.9 图

故

$$T = \begin{bmatrix} n & 0 \\ 0 & \dfrac{1}{n} \end{bmatrix}$$

【例 10.2.10】　求图 10.2.17 所示电路的 T 参数。

解　$A = \dfrac{\dot{U}_1}{\dot{U}_2}\bigg|_{i_2=0} = \dfrac{5}{3}, \quad C = \dfrac{\dot{I}_1}{\dot{U}_2}\bigg|_{i_2=0} = \dfrac{1}{3}$ S

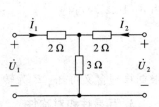

图 10.2.17　例 10.2.10 图

$$B = \frac{\dot{U}_1}{-\dot{I}_2}\bigg|_{\dot{U}_2=0} = 7 \ \Omega, \quad D = \frac{\dot{I}_1}{-\dot{I}_2}\bigg|_{\dot{U}_2=0} = 2$$

10.2.4 H 参数和方程

H 参数也称为混合参数,常用于晶体管等效电路。

1. H 参数和方程

双口网络的端口电压、电流相量间的关系还可用一组包含 H 参数的方程来表示:

$$\begin{cases} \dot{U}_1 = H_{11}\dot{I}_1 + H_{12}\dot{U}_2 \\ \dot{I}_2 = H_{21}\dot{I}_1 + H_{22}\dot{U}_2 \end{cases} \tag{10.2.16}$$

将上式写成矩阵形式:

$$\begin{bmatrix} \dot{U}_1 \\ \dot{I}_2 \end{bmatrix} = \begin{bmatrix} H_{11} & H_{12} \\ H_{21} & H_{22} \end{bmatrix} \begin{bmatrix} \dot{I}_1 \\ \dot{U}_2 \end{bmatrix} = \boldsymbol{H} \begin{bmatrix} \dot{I}_1 \\ \dot{U}_2 \end{bmatrix}$$

其中,$\begin{bmatrix} H_{11} & H_{12} \\ H_{21} & H_{22} \end{bmatrix}$ 称为 H 参数矩阵。

2. H 参数的物理意义及计算和测定

H 参数矩阵中的 4 个参数 H_{11}、H_{12}、H_{21}、H_{22} 的物理意义如下:

(1) 短路参数 H_{11} 和 H_{21}。

令输出端口短路,即 $\dot{U}_2=0$,由式(10.2.16)可得

$$H_{11} = \frac{\dot{U}_1}{\dot{I}_1}\bigg|_{\dot{U}_2=0}, \quad H_{21} = \frac{\dot{I}_2}{\dot{I}_1}\bigg|_{\dot{U}_2=0}$$

根据物理意义可知,H_{11} 为输入阻抗,单位为 Ω;H_{21} 为电流转移比,无量纲。

(2) 开路参数 H_{12} 和 H_{22}。

令输入端口开路,即 $\dot{I}_1=0$ 时,由式(10.2.16)可得

$$H_{12} = \frac{\dot{U}_1}{\dot{U}_2}\bigg|_{\dot{I}_1=0}, \quad H_{22} = \frac{\dot{I}_2}{\dot{U}_2}\bigg|_{\dot{I}_1=0}$$

根据物理意义可知,H_{12} 为电压转移比,无量纲;H_{22} 为输出导纳,单位为 S。

3. 互易性和对称性

经推导可以证明,互易双口网络 H 参数满足 $H_{12}=-H_{21}$;对称双口网络 H 参数满足 $H_{11}H_{22}-H_{12}H_{21}=1$。

【**例 10.2.11**】 求图 10.2.18(a)所示三极管放大电路中简化等效电路的 H 参数。

解 令端口 cd 短路,如图 10.2.18(b)所示,R_0 被短路。

可得

$$H_{11} = \frac{\dot{U}_1}{\dot{I}_1}\bigg|_{\dot{U}_2=0} = R_i, \quad H_{21} = \frac{\dot{I}_2}{\dot{I}_1}\bigg|_{\dot{U}_2=0} = \beta$$

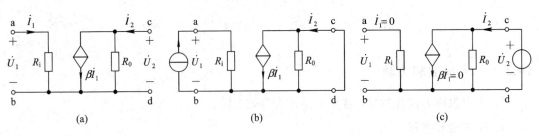

图 10.2.18　例 10.2.11 图

令端口 ab 开路，如图 10.2.18(c)所示，$\dot{I}_1=0$，$\dot{U}_1=0$，$\beta\dot{I}_1=0$，可得

$$H_{12}=\left.\frac{\dot{U}_1}{\dot{U}_2}\right|_{i_1=0}=0\ ,\ H_{22}=\left.\frac{\dot{I}_2}{\dot{U}_2}\right|_{i_1=0}=\frac{1}{R_0}$$

若按端口伏安特性求解，对图 10.2.18(a)所示电路有

$$\dot{U}_1=R_i\dot{I}_1$$

$$\dot{I}_2=\beta\dot{I}_1+\frac{1}{R_0}\dot{U}_2$$

可知 $H_{11}=R_i$，$H_{12}=0$，$H_{21}=\beta$，$H_{22}=\dfrac{1}{R_0}$。

一般含受控源的无源线性二端口网络的 H 参数中 4 个都是独立的。

10.3　双口网络的等效电路

任何一个线性无源双口网络，不管内部如何复杂，在保持端口特性不变的条件下，总可用一个最简的线性无源双口网络来等效替代。

要注意的是：

(1) 等效条件：等效模型的方程与原二端口网络的方程相同；

(2) 根据不同的网络参数和方程可以得到结构完全不同的等效电路；

(3) 等效替代的目的是为了方便分析双口网络。

下面分别介绍双口网络不同参数下的等效电路。

10.3.1　Z 参数表示的等效电路

设有一个线性双口网络 N，其端口的电压、电流参考方向如图 10.3.1 所示。

采用 Z 参数描述该双口网络的方程为

$$\begin{cases}\dot{U}_1=Z_{11}\dot{I}_1+Z_{12}\dot{I}_2\\\dot{U}_2=Z_{21}\dot{I}_1+Z_{22}\dot{I}_2\end{cases}$$

方法 1：直接由参数方程得到等效电路。

根据 Z 参数方程可得如图 10.3.2 所示双口网络的等效电路一。

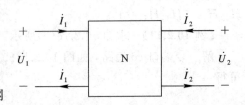

图 10.3.1　线性双口网络 N

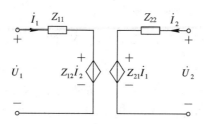

图 10.3.2 双口网络的等效电路一

方法 2：采用等效变换的方法得到等效电路。

双口网络的 Z 参数方程等效变换为

$$\begin{cases} \dot{U}_1 = Z_{11}\dot{I}_1 + Z_{12}\dot{I}_2 = (Z_{11} - Z_{12})\dot{I}_1 + Z_{12}(\dot{I}_1 + \dot{I}_2) \\ \dot{U}_2 = Z_{21}\dot{I}_1 + Z_{22}\dot{I}_2 = Z_{12}(\dot{I}_1 + \dot{I}_2) + (Z_{22} - Z_{12})\dot{I}_2 + (Z_{21} - Z_{12})\dot{I}_1 \end{cases}$$

根据上述方程组，可得双口网络的第二种等效电路，如图 10.3.3 所示。

如果该双口网络是互易的，则有 $Z_{12} = Z_{21}$，图 10.3.3 所示电路变为图 10.3.4 所示的 T 形等效电路。其中，$Z_1 = Z_{11} - Z_{12}$，$Z_2 = Z_{12}$，$Z_3 = Z_{22} - Z_{12}$。对于互易双口网络，Z 参数只有三个是独立的，可用三个阻抗元件组成的双口网络来等效。

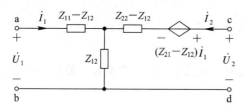

图 10.3.3 双口网络的等效电路二

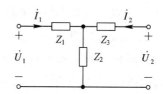

图 10.3.4 互易双口网络的 T 形等效电路

10.3.2 Y 参数表示的等效电路

类似地，对图 10.3.1 所示的双口网络，其 Y 参数方程为

$$\begin{cases} \dot{I}_1 = Y_{11}\dot{U}_1 + Y_{12}\dot{U}_2 \\ \dot{I}_2 = Y_{21}\dot{U}_1 + Y_{22}\dot{U}_2 \end{cases}$$

方法 1：直接由参数方程得到等效电路。

根据参数方程可得如图 10.3.5 所示的用 Y 参数表示的等效电路一。

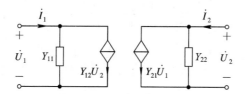

图 10.3.5 双口网络用 Y 参数表示的等效电路一

方法 2：采用等效变换的方法得到等效电路。

双口网络的 Y 参数方程等效变换为

$$\begin{cases} \dot{I}_1 = Y_{11}\dot{U}_1 + Y_{12}\dot{U}_2 = (Y_{11}+Y_{12})\dot{U}_1 - Y_{12}(\dot{U}_1-\dot{U}_2) \\ \dot{I}_2 = Y_{21}\dot{U}_1 + Y_{22}\dot{U}_2 = -Y_{12}(\dot{U}_2-\dot{U}_1) + (Y_{22}+Y_{12})\dot{U}_2 + (Y_{21}-Y_{12})\dot{U}_1 \end{cases}$$

根据上述方程组，可得双口网络的第二种等效电路，如图 10.3.6 所示。

如果网络是互易的，则有 $Y_{12}=Y_{21}$，图 10.3.6 所示电路变为图 10.3.7 所示的 π 形等效电路。其中，$Y_1=Y_{11}+Y_{12}$，$Y_2=-Y_{12}=-Y_{21}$，$Y_3=Y_{22}+Y_{12}$。对于互易双口网络，Y 参数只有三个是独立的，可用三个导纳元件组成的双口网络来等效。

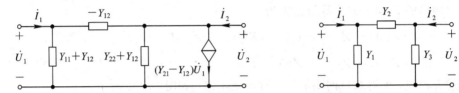

图 10.3.6 双口网络用 Y 参数表示的等效电路二

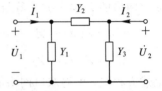

图 10.3.7 互易双口网络的 π 形等效电路

需要注意：

(1) 等效只对两个端口的电压、电流关系成立。对端口间电压则不一定成立；

(2) 一个双口网络在满足相同网络方程的条件下，其等效电路模型不是唯一的；

(3) 若网络对称则等效电路也对称；

(4) π 形和 T 形等效电路可以互换，根据其他参数与 Y、Z 参数的关系，可以得到用其他参数表示的 π 形和 T 形等效电路。

【例 10.3.1】 求图 10.3.8 所示双口网络的 T 形和 π 形等效电路。

解 对图 10.3.8 所示电路，令端口 cd 开路，则

$$Z_{11} = \left.\frac{\dot{U}_1}{\dot{I}_1}\right|_{i_2=0} = \frac{(4+1)+(3+2)}{4+1+3+2} = 2.5 \ \Omega$$

$$Z_{21} = \left.\frac{\dot{U}_2}{\dot{I}_1}\right|_{i_2=0} = \frac{\frac{1}{2}\dot{I}_1 \times 2 - \frac{1}{2}\dot{I}_1 \times 1}{\dot{I}_1} = 0.5 \ \Omega$$

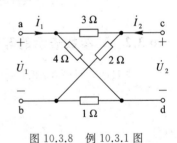

图 10.3.8 例 10.3.1 图

令端口 ab 开路，则

$$Z_{12} = \left.\frac{\dot{U}_1}{\dot{I}_2}\right|_{i_1=0} = \frac{\frac{3}{10}\dot{I}_2 \times 4 - \frac{7}{10}\dot{I}_1 \times 1}{\dot{I}_2} = 0.5 \ \Omega$$

$$Z_{22} = \left.\frac{\dot{U}_2}{\dot{I}_2}\right|_{i_1=0} = \frac{(2+1)+(3+4)}{2+1+3+4} = 2.1 \ \Omega$$

对照图 10.3.4 可画出图 10.3.8 所示电路的 T 形等效电路，如图 10.3.9 所示。

由于 $\boldsymbol{Z}=\boldsymbol{Y}^{-1}$，因此

$$Y = \begin{bmatrix} Y_{11} & Y_{12} \\ Y_{21} & Y_{22} \end{bmatrix} = \begin{bmatrix} \dfrac{\begin{bmatrix} 2.1 & -0.5 \\ -0.5 & 2.5 \end{bmatrix}}{\begin{vmatrix} 2.5 & 0.5 \\ 0.5 & 2.1 \end{vmatrix}} \end{bmatrix} = \begin{bmatrix} 0.42 & -0.1 \\ -0.1 & 0.5 \end{bmatrix} \text{S}$$

对照图 10.3.7 可画出图 10.3.8 所示电路的 π 形等效电路, 如图 10.3.10 所示。

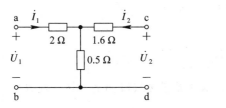 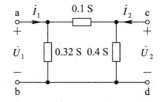

图 10.3.9　图 10.3.8 的 T 形等效电路　　　　图 10.3.10　图 10.3.8 的 π 形等效电路

10.4　双口网络的转移函数

以上讨论的均是采用相量法来分析在正弦稳态情况下的双口网络。如果采用运算法来分析双口网络, 则上述这些参数均是复变量 s 的函数。双口网络常被接在信号源和负载之间, 以完成某种功能, 如对信号放大或滤波, 起着耦合两部分电路的作用, 这种功能往往是通过转移函数描述或指定的。因此, 双口网络的转移函数是一个很重要的概念。

双口网络的转移函数(传递函数): 用拉氏变换形式表示的输出电压或电流与输入电压或电流之比(注意, 双口网络内部必须没有独立电源, 也没有由动态元件的非零初值引起的附加电源)。

1. 无端接的双口网络的转移函数

当双口网络没有外接负载且输入激励无内阻抗时, 该网络称为无端接的双口网络, 如图 10.4.1 所示。

下面分别推导无端接的双口网络的电压转移函数 $\dfrac{U_2(s)}{U_1(s)}$,

电流转移函数 $\dfrac{I_2(s)}{I_1(s)}$, 转移导纳函数 $\dfrac{I_2(s)}{U_1(s)}$, 转移阻抗 $\dfrac{U_2(s)}{I_1(s)}$。

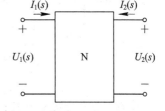

图 10.4.1　无端接的双口网络

对图 10.4.1 所示的双口网络, 其 Z 参数方程:

$$\begin{cases} U_1(s) = Z_{11}(s)I_1(s) + Z_{12}(s)I_2(s) \\ U_2(s) = Z_{21}(s)I_1(s) + Z_{22}(s)I_2(s) \end{cases} \tag{10.4.1}$$

令 $I_2(s) = 0$, 则有

$$\begin{cases} U_1(s) = Z_{11}(s)I_1(s) \\ U_2(s) = Z_{21}(s)I_1(s) \end{cases} \tag{10.4.2}$$

因此, 电压转移函数为

$$\frac{U_2(s)}{U_1(s)} = \frac{Z_{21}(s)}{Z_{11}(s)} \tag{10.4.3}$$

转移阻抗为

$$\frac{U_2(s)}{I_1(s)} = Z_{21}(s) \qquad (10.4.4)$$

在式(10.4.1)中，令 $U_2(s)=0$，可得电流转移函数为

$$\frac{I_2(s)}{I_1(s)} = -\frac{Z_{21}(s)}{Z_{22}(s)} \qquad (10.4.5)$$

转移导纳为

$$\frac{I_2(s)}{U_1(s)} = \frac{Z_{21}(s)}{Z_{12}(s)Z_{21}(s) - Z_{11}(s)Z_{22}(s)} \qquad (10.4.6)$$

注意：同理可得到用 Y、T、H 参数表示的无端接双口网络的转移函数。

2. 有端接的双口网络的转移函数

双口网络的输出端口接有负载阻抗，且输入端口接有电压源和阻抗的串联组合或电流源和阻抗的并联组合，该网络称为双端接的双口网络。如果在计算有端接的双口网络转移函数时，考虑输出端口接有负载阻抗或输入端接有阻抗，此时网络称单端接的双口网络。图 10.4.2 所示为双端接的双口网络，图 10.4.3(a) 和 (b) 所示均为为单端接的双口网络。

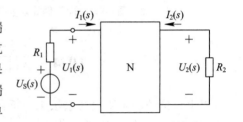

图 10.4.2　双端接的双口网络

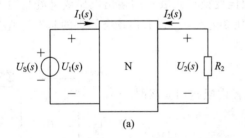

(a)

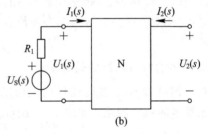

(b)

图 10.4.3　单端接的双口网络

注意：单端接或双端接的双口网络的转移函数与端接阻抗有关。

【例 10.4.1】 写出图 10.4.4 所示单端接的双口网络的转移函数。

解 由于

$$I_1(s) = Y_{11}(s)U_1(s) + Y_{12}(s)U_2(s)$$

$$U_1(s) = Z_{11}(s)I_1(s) + Z_{12}(s)I_2(s)$$

$$I_2(s) = Y_{21}(s)U_1(s) + Y_{22}(s)U_2(s)$$

$$U_2(s) = Z_{21}(s)I_1(s) + Z_{22}(s)I_2(s)$$

$$U_2(s) = -R_2 I_2(s)$$

则转移导纳为

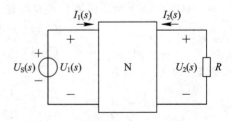

图 10.4.4　单端接的双口网络例子

$$\frac{I_2(s)}{U_1(s)} = \frac{Y_{21}(s)/R}{Y_{22}(s) + \frac{1}{R}}$$

转移阻抗为

$$\frac{U_2(s)}{I_1(s)} = \frac{RZ_{21}(s)}{R + Z_{22}(s)}$$

电流转移函数为

$$\frac{I_2(s)}{I_1(s)} = \frac{Y_{21}(s)Z_{11}(s)}{1 + Y_{22}(s)R - Z_{12}(s)Y_{21}(s)}$$

电压转移函数为

$$\frac{U_2(s)}{U_1(s)} = \frac{Z_{21}(s)Y_{11}(s)}{1 + Z_{22}(s)\dfrac{1}{R} - Z_{21}(s)Y_{12}(s)}$$

10.5　双口网络的连接

在分析和设计电路时，常将多个双口网络适当地连接起来组成一个新的网络，或者将一个网络视为由多个双口网络连接而成的网络，所以研究以双口网络作为"积木块"经连接后构成的网络的特性是很有意义的。

一个复杂双口网络可以看作是若干简单的双口网络按某种方式连接而成，这将使电路分析得到简化。

双口网络可按多种不同方式相互连接，这里主要介绍 3 种方式：级联（链联）、串联和并联。

1. 级联（链联）

当两个无源双口网络 N_1 和 N_2 按级联方式连接后，它们构成了一个复合双口网络，如图 10.5.1 所示。

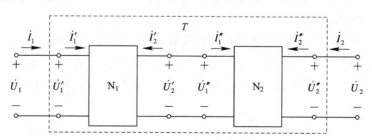

图 10.5.1　双口网络的级联

设双口网络 N_1 和 N_2 的 T 参数矩阵分别为

$$\boldsymbol{T}' = \begin{bmatrix} A' & B' \\ C' & D' \end{bmatrix}, \quad \boldsymbol{T}'' = \begin{bmatrix} A'' & B'' \\ C'' & D'' \end{bmatrix}$$

则应有

$$\begin{bmatrix} \dot{U}'_1 \\ \dot{I}'_1 \end{bmatrix} = \begin{bmatrix} A' & B' \\ C' & D' \end{bmatrix} \begin{bmatrix} \dot{U}'_2 \\ -\dot{I}'_2 \end{bmatrix}, \qquad \begin{bmatrix} \dot{U}''_1 \\ \dot{I}''_1 \end{bmatrix} = \begin{bmatrix} A'' & B'' \\ C'' & D'' \end{bmatrix} \begin{bmatrix} \dot{U}''_2 \\ -\dot{I}''_2 \end{bmatrix}$$

级联后有

$$\begin{bmatrix} \dot{U}_1 \\ \dot{I}_1 \end{bmatrix} = \begin{bmatrix} \dot{U}'_1 \\ \dot{I}'_1 \end{bmatrix}, \qquad \begin{bmatrix} \dot{U}'_2 \\ -\dot{I}'_2 \end{bmatrix} = \begin{bmatrix} \dot{U}''_1 \\ \dot{I}''_1 \end{bmatrix}, \qquad \begin{bmatrix} \dot{U}''_2 \\ -\dot{I}''_2 \end{bmatrix} = \begin{bmatrix} \dot{U}_2 \\ -\dot{I}_2 \end{bmatrix}$$

则有

$$\begin{bmatrix} \dot{U}_1 \\ \dot{I}_1 \end{bmatrix} = \begin{bmatrix} \dot{U}'_1 \\ \dot{I}'_1 \end{bmatrix} = \begin{bmatrix} A' & B' \\ C' & D' \end{bmatrix} \begin{bmatrix} \dot{U}'_2 \\ -\dot{I}'_2 \end{bmatrix} = \begin{bmatrix} A' & B' \\ C' & D' \end{bmatrix} \begin{bmatrix} \dot{U}''_1 \\ \dot{I}''_1 \end{bmatrix}$$

$$= \begin{bmatrix} A' & B' \\ C' & D' \end{bmatrix} \begin{bmatrix} A'' & B'' \\ C'' & D'' \end{bmatrix} \begin{bmatrix} \dot{U}''_2 \\ -\dot{I}''_2 \end{bmatrix}$$

$$= \boldsymbol{T}'\boldsymbol{T}'' \begin{bmatrix} \dot{U}''_2 \\ -\dot{I}''_2 \end{bmatrix} = \boldsymbol{T} \begin{bmatrix} \dot{U}''_2 \\ -\dot{I}''_2 \end{bmatrix}$$

其中，$\boldsymbol{T}$ 为复合双口网络的 T 参数矩阵，它与双口网络 N_1 和 N_2 的 T 参数矩阵的关系为

$$\boldsymbol{T} = \boldsymbol{T}'\boldsymbol{T}''$$

设复合双口网络的 T 参数矩阵为

$$\boldsymbol{T} = \begin{bmatrix} A & B \\ C & D \end{bmatrix}$$

则有

$$\begin{bmatrix} A & B \\ C & D \end{bmatrix} = \begin{bmatrix} A' & B' \\ C' & D' \end{bmatrix} \begin{bmatrix} A'' & B'' \\ C'' & D'' \end{bmatrix} = \begin{bmatrix} A'A'' + B'C'' & A'B'' + B'D'' \\ C'A'' + D'C'' & C'B'' + D'D'' \end{bmatrix}$$

结论：复合双口网络的 T 参数矩阵等于级联的双口网络 T 参数矩阵相乘。该结论可推广到 n 个二端口网络级联。

注意：(1) 级联时 T 参数是矩阵相乘的关系，不是对应元素相乘，即

$$\begin{bmatrix} A & B \\ C & D \end{bmatrix} = \begin{bmatrix} A' & B' \\ C' & D' \end{bmatrix} \begin{bmatrix} A'' & B'' \\ C'' & D'' \end{bmatrix} = \begin{bmatrix} A'A'' + B'C'' & A'B'' + B'D'' \\ C'A'' + D'C'' & C'B'' + D'D'' \end{bmatrix}$$

显然

$$A = A'A'' + B'C'' \neq A'A''$$

(2) 级联时各双口网络的端口条件不会被破坏。

【例 10.5.1】 求图 10.5.2 所示双口网络的 T 参数。

解　图 10.5.2 所示双口网络可看成由图 10.5.3 所示的三个双口网络的级联。

由级联图易求得

$$\boldsymbol{T}_1 = \begin{bmatrix} 1 & 4\ \Omega \\ 0 & 1 \end{bmatrix}, \qquad \boldsymbol{T}_2 = \begin{bmatrix} 1 & 0 \\ 0.25\ \text{S} & 1 \end{bmatrix}, \qquad \boldsymbol{T}_3 = \begin{bmatrix} 1 & 6\ \Omega \\ 0 & 1 \end{bmatrix}$$

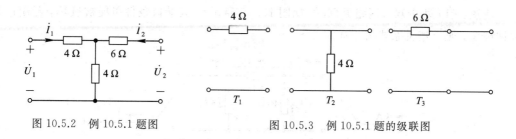

图 10.5.2　例 10.5.1 题图　　　　　　　图 10.5.3　例 10.5.1 题的级联图

则

$$T = T_1\, T_2\, T_3 = \begin{bmatrix} 1 & 4 \\ 0 & 1 \end{bmatrix} \begin{bmatrix} 1 & 0 \\ 0.25 & 1 \end{bmatrix} \begin{bmatrix} 1 & 6 \\ 0 & 1 \end{bmatrix} = \begin{bmatrix} 2 & 16\ \Omega \\ 0.25\ \text{S} & 2.5 \end{bmatrix}$$

2. 并联

双口网络的输入端口和输出端口分别并联，形成一复合双口网络，这样的连接方式称为双口网络的并联，如图 10.5.4 所示。

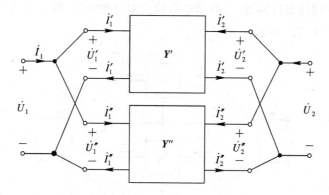

图 10.5.4　双口网络的并联

双口网络并联时采用 Y 参数描述比较方便，即有

$$\begin{bmatrix} \dot{I}_1' \\ \dot{I}_2' \end{bmatrix} = \begin{bmatrix} Y_{11}' & Y_{12}' \\ Y_{21}' & Y_{22}' \end{bmatrix} \begin{bmatrix} \dot{U}_1' \\ \dot{U}_2' \end{bmatrix}, \qquad \begin{bmatrix} \dot{I}_1'' \\ \dot{I}_2'' \end{bmatrix} = \begin{bmatrix} Y_{11}'' & Y_{12}'' \\ Y_{21}'' & Y_{22}'' \end{bmatrix} \begin{bmatrix} \dot{U}_1'' \\ \dot{U}_2'' \end{bmatrix}$$

$$\begin{bmatrix} \dot{I}_1 \\ \dot{I}_2 \end{bmatrix} = \begin{bmatrix} \dot{I}_1' \\ \dot{I}_2' \end{bmatrix} + \begin{bmatrix} \dot{I}_1'' \\ \dot{I}_2'' \end{bmatrix} = \begin{bmatrix} Y_{11}' & Y_{12}' \\ Y_{21}' & Y_{22}' \end{bmatrix} \begin{bmatrix} \dot{U}_1' \\ \dot{U}_2' \end{bmatrix} + \begin{bmatrix} Y_{11}'' & Y_{12}'' \\ Y_{21}'' & Y_{22}'' \end{bmatrix} \begin{bmatrix} \dot{U}_1'' \\ \dot{U}_2'' \end{bmatrix}$$

$$= \left\{ \begin{bmatrix} Y_{11}' & Y_{12}' \\ Y_{21}' & Y_{22}' \end{bmatrix} + \begin{bmatrix} Y_{11}'' & Y_{12}'' \\ Y_{21}'' & Y_{22}'' \end{bmatrix} \right\} \begin{bmatrix} \dot{U}_1 \\ \dot{U}_2 \end{bmatrix}$$

$$= \begin{bmatrix} Y_{11}' + Y_{11}'' & Y_{12}' + Y_{12}'' \\ Y_{21}' + Y_{21}'' & Y_{22}' + Y_{22}'' \end{bmatrix} \begin{bmatrix} \dot{U}_1 \\ \dot{U}_2 \end{bmatrix} = Y \begin{bmatrix} \dot{U}_1 \\ \dot{U}_2 \end{bmatrix}$$

可得 $Y = Y' + Y''$。

结论：双口网络并联所得复合双口网络的 Y 参数矩阵等于两个二端口 Y 参数矩阵相加。

注意：(1) 两个双口网络并联时(如图 10.5.5 所示)，其端口条件可能被破坏，若端口条件被破坏，则上述关系式将不成立。

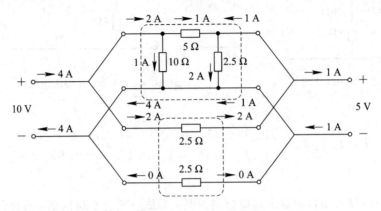

图 10.5.5　并联后端口条件破坏

(2) 具有公共端的双口网络(三端网络形成的双口网络)，将公共端并联在一起不会破坏端口条件，如图 10.5.6 所示。

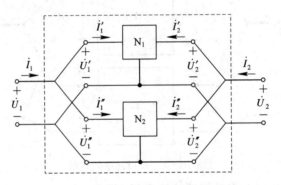

图 10.5.6　具有公共端的双口网络的并联

【例 10.5.2】　试画出图 10.5.7 所示双口网络的并联连接电路。

解　图 10.5.7 所示双口网络的并联连接图如图 10.5.8 所示。

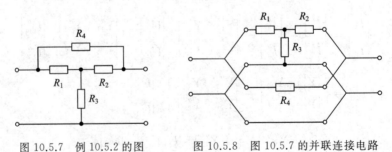

图 10.5.7　例 10.5.2 的图　　　图 10.5.8　图 10.5.7 的并联连接电路

3. 串联

图 10.5.9 所示为两个双口网络 N_1 和 N_2 的串联连接电路。

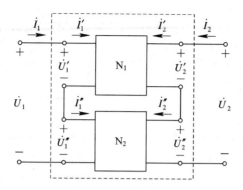

图 10.5.9　双口网络的串联

双口网络串联时采用 Z 参数描述更方便，即有

$$\begin{bmatrix} \dot{U}'_1 \\ \dot{U}'_2 \end{bmatrix} = \begin{bmatrix} Z'_{11} & Z'_{12} \\ Z'_{21} & Z'_{22} \end{bmatrix} \begin{bmatrix} \dot{I}'_1 \\ \dot{I}'_2 \end{bmatrix}, \qquad \begin{bmatrix} \dot{U}''_1 \\ \dot{U}''_2 \end{bmatrix} = \begin{bmatrix} Z''_{11} & Z''_{12} \\ Z''_{21} & Z''_{22} \end{bmatrix} \begin{bmatrix} \dot{I}''_1 \\ \dot{I}''_2 \end{bmatrix}$$

$$\begin{bmatrix} \dot{I}_1 \\ \dot{I}_2 \end{bmatrix} = \begin{bmatrix} \dot{I}'_1 \\ \dot{I}'_2 \end{bmatrix} = \begin{bmatrix} \dot{I}''_1 \\ \dot{I}''_2 \end{bmatrix}, \qquad \begin{bmatrix} \dot{U}_1 \\ \dot{U}_2 \end{bmatrix} = \begin{bmatrix} \dot{U}'_1 \\ \dot{U}'_2 \end{bmatrix} + \begin{bmatrix} \dot{U}''_1 \\ \dot{U}''_2 \end{bmatrix}$$

$$\begin{bmatrix} \dot{U}_1 \\ \dot{U}_2 \end{bmatrix} = \begin{bmatrix} \dot{U}'_1 \\ \dot{U}'_2 \end{bmatrix} + \begin{bmatrix} \dot{U}''_1 \\ \dot{U}''_2 \end{bmatrix} = \mathbf{Z}' \begin{bmatrix} \dot{I}'_1 \\ \dot{I}'_2 \end{bmatrix} + \mathbf{Z}'' \begin{bmatrix} \dot{I}''_1 \\ \dot{I}''_2 \end{bmatrix} = (\mathbf{Z}' + \mathbf{Z}'') \begin{bmatrix} \dot{I}_1 \\ \dot{I}_2 \end{bmatrix} = \mathbf{Z} \begin{bmatrix} \dot{I}_1 \\ \dot{I}_2 \end{bmatrix}$$

则

$$\mathbf{Z} = \mathbf{Z}' + \mathbf{Z}''$$

结论：串联后复合二端口 Z 参数矩阵等于原二端口 Z 参数矩阵相加。该结论可推广到 n 端口串联。

注意：(1) 网络串联后，其端口条件可能被破坏，若端口被破坏，则上述关系式将不成立，需检查电路是否满足端口条件，如图 10.5.10 所示。

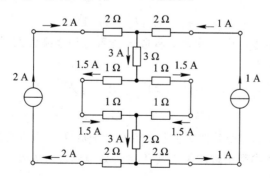

图 10.5.10　端口条件破坏

(2) 具有公共端的双口网络，将公共端串联时不会破坏端口条件。

【例 10.5.3】　试画出图 10.5.11 所示电路的串联连接电路。

解　图 10.5.11 所示电路的串联连接电路如图 10.5.12 所示。

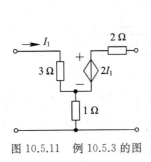

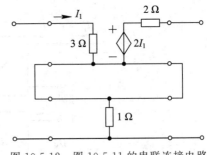

图 10.5.11　例 10.5.3 的图　　　　图 10.5.12　图 10.5.11 的串联连接电路

本 章 小 结

（1）双口网络具有两个端口，每个端口都满足端口条件，即从一个端子流入的电流等于从另一个端子流出的电流。

（2）Z 参数方程为

$$\begin{cases} \dot{U}_1 = Z_{11}\dot{I}_1 + Z_{12}\dot{I}_2 \\ \dot{U}_2 = Z_{21}\dot{I}_1 + Z_{22}\dot{I}_2 \end{cases}$$

Z 参数中 Z_{11}、Z_{12}、Z_{21}、Z_{22} 可按定义求解，但常用支路电流法及网孔电流法进行求解。

（3）Y 参数方程为

$$\begin{cases} \dot{I}_1 = Y_{11}\dot{U}_1 + Y_{12}\dot{U}_2 \\ \dot{I}_2 = Y_{21}\dot{U}_1 + Y_{22}\dot{U}_2 \end{cases}$$

Y 参数 Y_{11}、Y_{12}、Y_{21}、Y_{22} 可按定义求解，但常用结点电压法求解。Z 参数矩阵和 Y 参数矩阵互为逆矩阵。

（4）H 参数方程为

$$\begin{cases} \dot{U}_1 = H_{11}\dot{I}_1 + H_{12}\dot{U}_2 \\ \dot{I}_2 = H_{21}\dot{I}_1 + H_{22}\dot{U}_2 \end{cases}$$

H 参数可按定义求解，也可由 Z 参数方程或 Y 参数方程变换成 H 参数方程进行求解。

（5）T 参数方程为

$$\begin{cases} \dot{U}_1 = A\dot{U}_2 + B(-\dot{I}_2) \\ \dot{I}_1 = C\dot{U}_2 + D(-\dot{I}_2) \end{cases}$$

T 参数可按定义求解，也可由其他 3 种参数方程变换成 T 参数方程进行求解。

（6）双口网络以 Z 参数呈现时可用其 T 形等效电路进行等效，以 Y 参数呈现时可用其 π 形等效电路进行等效。

习　　　题

10.1　判一判

（1）具有 4 个引出端子的网络都是二端口网络。　　　　　　　　　　　　　（　　）

（2）二端口网络一定是四端网络，但四端网络不一定是二端口网络。　　　（　　）

（3）三端元件一般都可以用二端口网络理论进行研究。　　　　　　　　　（　　）

（4）二端口网络的内部总是连通的。　　　　　　　　　　　　　　　　　（　　）

（5）二端网络有一个输入端和一个输出端。　　　　　　　　　　　　　　（　　）

（6）不论二端口网络内部是否含有独立源和受控源，它都可以只用 Z 参数或 Y 参数描述。

　　　　　　　　　　　　　　　　　　　　　　　　　　　　　　　　　　（　　）

10.2　选一选

（1）理想变压器可用＿＿表示。

A. Z 参数　　　　　B. Y 参数　　　　　C. H 参数　　　　　D. T 参数

（2）H 参数矩阵的单位为 ＿＿。

A. $\begin{bmatrix} S & \times \\ \times & \Omega \end{bmatrix}$　　　B. $\begin{bmatrix} \Omega & \times \\ \times & S \end{bmatrix}$　　　C. $\begin{bmatrix} \times & S \\ \Omega & \times \end{bmatrix}$　　　D. $\begin{bmatrix} \times & \Omega \\ S & \times \end{bmatrix}$

注：$\times$ 表示无量纲。

（3）T 参数矩阵的单位为＿＿。

A. $\begin{bmatrix} S & \times \\ \times & \Omega \end{bmatrix}$　　　B. $\begin{bmatrix} \Omega & \times \\ \times & S \end{bmatrix}$　　　C. $\begin{bmatrix} \times & S \\ \Omega & \times \end{bmatrix}$　　　D. $\begin{bmatrix} \times & \Omega \\ S & \times \end{bmatrix}$

注：$\times$ 表示无量纲。

（4）因为 Z 参数矩阵和 Y 参数矩阵互为逆矩阵，所以 $Y_{22}=$＿＿。

A. $\dfrac{Z_{11}}{\det \boldsymbol{Y}}$　　　B. $\dfrac{Z_{11}}{\det \boldsymbol{Z}}$　　　C. $\dfrac{Z_{22}}{\det \boldsymbol{Z}}$　　　D. $\dfrac{Z_{22}}{\det \boldsymbol{Y}}$　　　E. $\dfrac{1}{Z_{22}}$

注：$\det \boldsymbol{Y}$ 和 $\det \boldsymbol{Z}$ 分别为 Y、Z 的行列式。

（5）对于对称二端口网络，下列关系中错误的是＿＿。

A. $Y_{11}=Y_{22}$　　　B. $Z_{11}=Z_{22}$　　　C. $A=D$　　　D. $H_{11}=H_{22}$

10.3　填一填

（1）题 10.3(a)图所示二端口网络的 Z 参数矩阵为 ＿＿。

（2）题 10.3(b)图所示二端口网络的 Y 参数矩阵为 ＿＿。

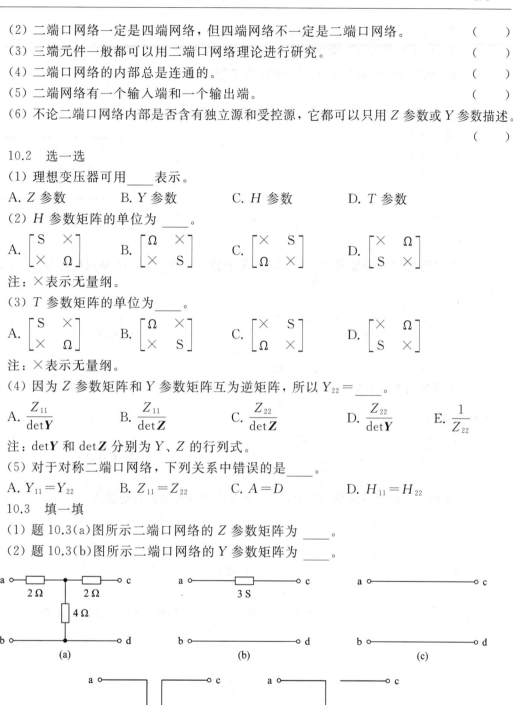

题 10.3 图

（3）题 10.3(c)图所示二端口网络的 T 参数矩阵为 ____。

（4）题 10.3(d)图所示二端口网络的 Z 参数矩阵为 ____。

（5）题 10.3(e)图所示二端口网络的 H 参数矩阵为 ____。

10.4　算一算

（1）题 10.4 图所示二端口网络的 Z 参数矩阵为 ____ Ω。

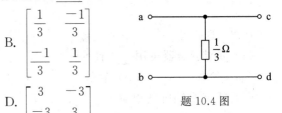

题 10.4 图

A. $\begin{bmatrix} \dfrac{1}{3} & \dfrac{1}{3} \\ \dfrac{1}{3} & \dfrac{1}{3} \end{bmatrix}$　　　　B. $\begin{bmatrix} \dfrac{1}{3} & -\dfrac{1}{3} \\ -\dfrac{1}{3} & \dfrac{1}{3} \end{bmatrix}$

C. $\begin{bmatrix} 3 & 3 \\ 3 & 3 \end{bmatrix}$　　　　　　　D. $\begin{bmatrix} 3 & -3 \\ -3 & 3 \end{bmatrix}$

（2）CCVS 的 Z 参数矩阵为 $\begin{bmatrix} 0 & 0 \\ r & 0 \end{bmatrix}$，其 Y 参数矩阵为 ____，H 参数矩阵为 ____，T 参数矩阵为 ____，

A. $\begin{bmatrix} 0 & \dfrac{1}{r} \\ 0 & 0 \end{bmatrix}$　　　B. $\begin{bmatrix} 0 & 0 \\ \dfrac{1}{r} & 0 \end{bmatrix}$　　　C. $\begin{bmatrix} 0 & 0 \\ 0 & r \end{bmatrix}$　　　D. 不存在

（3）VCCS 的 Y 参数矩阵为 $\begin{bmatrix} 0 & 0 \\ g & 0 \end{bmatrix}$，其 H 参数矩阵为 ____，其 T 参数矩阵为 ____，其 Z 参数矩阵为 ____，

A. $\begin{bmatrix} 0 & -\dfrac{1}{g} \\ 0 & 0 \end{bmatrix}$　　　B. $\begin{bmatrix} 0 & 0 \\ -\dfrac{1}{g} & 0 \end{bmatrix}$　　　C. $\begin{bmatrix} 0 & 0 \\ 0 & -g \end{bmatrix}$　　　D. 不存在

（4）下列二端口网络参数矩阵中，____所对应的网络中含有受控源。

A. $\boldsymbol{Y} = \begin{bmatrix} 3 & -1 \\ -10 & 6 \end{bmatrix}$ S　　　　　B. $\boldsymbol{T} = \begin{bmatrix} 1 & j\omega L \\ 0 & 1 \end{bmatrix}$

C. $\boldsymbol{Z} = \begin{bmatrix} 5 & -4 \\ -4 & 5 \end{bmatrix}$　　　　　　D. $\boldsymbol{H} = \begin{bmatrix} 2 & 5 \\ -5 & 4 \end{bmatrix}$

（5）如果两二端口网络 T 参数矩阵都为 $\begin{bmatrix} 2 & 1 \\ 3 & 2 \end{bmatrix}$，则级联后的 T 参数矩阵为 _____。

A. $\begin{bmatrix} 4 & 2 \\ 6 & 4 \end{bmatrix}$　　　　　　　　B. $\begin{bmatrix} 5 & 5 \\ 13 & 11 \end{bmatrix}$

C. $\begin{bmatrix} 7 & 4 \\ 12 & 7 \end{bmatrix}$　　　　　　　D. $\begin{bmatrix} 7 & 12 \\ 4 & 7 \end{bmatrix}$

10.5　电路如题 10.5 图所示，已知双口网络的 H 参数矩阵为 $\boldsymbol{H} = \begin{bmatrix} 40 & 0.4 \\ 10 & 0.1 \end{bmatrix}$，求电压转移函数 $\dfrac{U_2(s)}{U_1(s)}$。

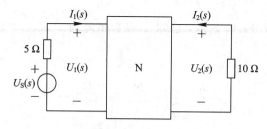

题 10.5 图

10.6 电路如题 10.6 图所示，求二端口网络的 Z 参数矩阵。

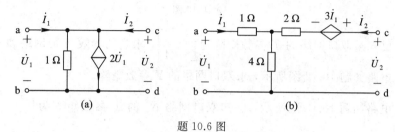

题 10.6 图

10.7 电路如题 10.7 图所示，求二端口网络的 Y 参数矩阵。

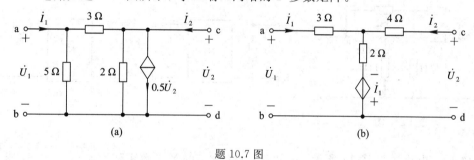

题 10.7 图

10.8 电路如题 10.8 图所示，求二端口网络的 Z 参数矩阵和 Y 参数矩阵。

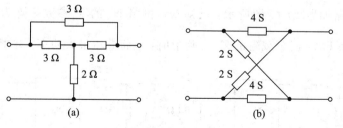

题 10.8 图

10.9 电路如题 10.9 图所示，求二端口网络的 T 参数矩阵和 H 参数矩阵。

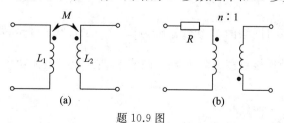

题 10.9 图

10.10 电路如题图 10.10 所示，已知 Z 参数矩阵为 $\begin{bmatrix} 10 & 8 \\ 5 & 10 \end{bmatrix} \Omega$，求 R_1、R_2、R_3 和 r 的值。

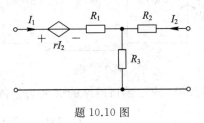

题 10.10 图

10.11 已知某双口网络的 T 参数矩阵为 $\begin{bmatrix} 9 & 7 \\ 5 & 4 \end{bmatrix}$，求它的等效 T 形网络和 π 形网络。

10.12 电路如题 10.12 图所示，求双口网络的 Y 参数矩阵。

10.13 电路如题 10.13 图所示，已知双口网络 N_0 的 T 参数矩阵为 $\begin{bmatrix} A & B \\ C & D \end{bmatrix}$，分别求题 10.13 图(a)、(b)所示两个双口网络的 T 参数矩阵。

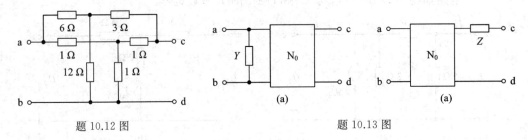

题 10.12 图   题 10.13 图

10.14 电路如题 10.14 所示，已知双口网络 N_0 的 Y 参数矩阵为 $\begin{bmatrix} 3 & -1 \\ 20 & 2 \end{bmatrix}$ S，求 $\dfrac{\dot{U}_o}{\dot{U}_s}$。

10.15 电路如题 10.15 图所示，已知双口网络 N_0 的 T 参数矩阵为 $\begin{bmatrix} 0.5 & j25\Omega \\ j0.025 & 1 \end{bmatrix}$，正弦电流源 $I_s = 1$ A，问负载阻抗 Z_L 为何值时，它将获得最大功率？并求此最大功率。

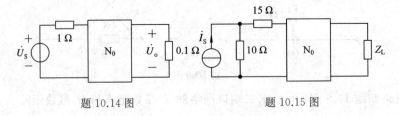

题 10.14 图   题 10.15 图

10.16 已知某双口网络的 Z 参数矩阵为 $\begin{bmatrix} 3 & 4 \\ 6 & 10 \end{bmatrix} \Omega$，当端口 ab 处连接电压为 5 V 的直流电压源、端口 cd 处连接负载电阻 R 时，调节 R 使其获得最大功率，求此最大功率。

第 11 章　非线性电路简介

　　之前的章节讨论的电路模型均是线性的，即均是由线性电路元件组成的电路模型，它们的参数都是不随电流、电压、电荷和磁通链而改变的。本章讨论的是非线性电路，即包含非线性元件的电路。实际电路都是非线性的，当工作电流、电压限制在一定范围内时可以认为它们是线性的，但对于非线性特点显著的电路元件就不能忽视其非线性的特点，否则计算结果将大大偏离实际值。

　　本章就简单的非线性电路予以讨论，介绍非线性电路的基本概念及分析方法。

11.1　非线性电阻元件

　　如果电路中电路元件参数不随电路变量(电压、电流、电荷和磁通链等)而变，那么此电路称为线性电路；如果电路中至少有一个元件的参数与电路变量有关，即当电路中至少存在一个非线性电路元件时，其电路方程为非线性微分方程，那么此电路称为非线性电路。

　　严格来说，一切实际电路都是非线性电路。但在工程计算中，可以将非线性程度比较弱的电路元件作为线性元件来处理，从而简化电路分析。而对许多本质因素具有非线性特性的元件，如果忽略其非线性特性就将导致计算结果与实际量值相差太大，那么忽略非线性元件的非线性特性就无意义。因此，分析研究非线性电路具有重要的工程物理意义。

11.1.1　非线性电阻元件的伏安特性

　　非线性电阻种类较多，就其电压、电流关系而言，有随时间变化的非线性时变电阻，也有不随时间变化的非线性定常电阻。本章只介绍非线性定常电阻元件，通常也称为非线性电阻。非线性电阻图形符号如图 11.1.1 所示。常见的非线性电阻一般又分为电流控制型电阻、电压控制型电阻和单调型电阻，各类型非线性电阻的伏安特性如图 11.1.2 所示。

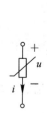

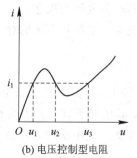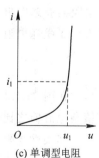

(a) 电流控制型电阻　　　　(b) 电压控制型电阻　　　　(c) 单调型电阻

图 11.1.1　非线性电阻图形符号　　　　　　　　图 11.1.2　非线性电阻的伏安特性

1. 电流控制型(S型)电阻

电流控制型电阻是一个二端元件,其端电压 u 是电流 i 的单值函数,即

$$u = f(i) \tag{11.1.1}$$

电流控制型电阻在每给定一个电流值时,可确定唯一的电压值,而对于某一个电压值与之对应的电流可能是多个值,如图 11.1.2(a)所示。当电压为 u_1 时,电流有 i_1、i_2、i_3 与之对应。某些充气二极管及辉光二极管就是典型的电流控制型非线性电阻元件。

2. 电压控制型(N型)电阻

电压控制型电阻是一个二端元件,其电流 i 是端电压 u 的单值函数,即

$$i = g(u) \tag{11.1.2}$$

电压控制型电阻对于每一个电压值,有且只有一个电流值与之对应,但对于某一个电流值,与之对应的电压可以是多个值,如图 11.1.2(b)所示。当电流为 i_1 时,电压有 u_1、u_2、u_3 与之对应。隧道二极管就是一个典型的电压控制型非线性电阻元件。

3. 单调型电阻

单调型电阻是一个二端元件,其端电压 u 是电流 i 的单值函数,电流也是端电压的单值函数,即

$$u = f(i) \quad \text{和} \quad i = g(u) \tag{11.1.3}$$

单调型电阻是同时由电流和电压控制的,其特性曲线是单调增长或单调下降的,如图 11.1.2(c)所示。对于某一个电压值 u_1,有且只有一个电流 i_1 与之对应,反之亦如此。普通二极管就是典型的单调型非线性电阻元件。

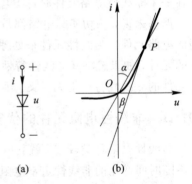

需要注意的是线性电阻具有双向性,但许多非线性电阻具有单向性,即电阻两端电压极性不同电流不同。如图 11.1.3(a)所示的半导体二极管,其伏安特性如图 11.1.3(b)所示,它具有单向性。

在工程应用中,非线性电阻的这种单向性特点也可应用于整流电路中。为了方便计算,往往引入非线性电阻的静态电阻和动态电阻的概念。

图 11.1.3　二极管及其伏安特性曲线

非线性电阻在某一工作状态下的静态电阻 R_s 等于该点的电压 u 与电流 i 之比,即

$$R_s = \frac{u}{i} \tag{11.1.4}$$

在图 11.1.3(b)中,P 点处的静态电阻 R_s 等于该点处横坐标与纵坐标值之比,即电压值与电流值之比,其值等于直线 OP 的斜率(即 $\tan\alpha$)。

非线性电阻在某一工作状态下的动态电阻 R_d 等于该点的电压对电流的导数,即

$$R_d = \frac{\mathrm{d}u}{\mathrm{d}i} \tag{11.1.5}$$

在图 11.1.3(b)所示元件的特性曲线中,P 点处的动态电阻 R_d 等于元件的特性曲线 P 处的

斜率（$\tan\beta$）。可见：

（1）静态电阻与动态电阻都与工作点有关。当 P 点位置不同时，R_s 与 R_d 均变化。

（2）R_s 反映了某一点时，u 与 i 的关系，而 R_d 反映了在某一点时，u 的变化与 i 的变化的关系，即 u 对 i 的变化率。

（3）对于电流控制型、电压控制型非线性电阻，下倾段 R_d 为负值。因此，动态电阻具有负电阻性质，如图 11.1.4 所示。

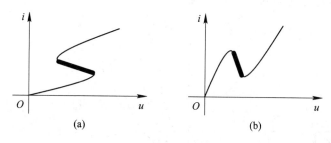

图 11.1.4　动态电阻的负电阻性质

11.1.2　非线性电阻元件的串联和并联

如果电路中的非线性电阻元件不止一个，只要它们之间存在着串、并联的关系，也可以将它们用一等效电阻来代替，此等效电阻一般是非线性的，其伏安特性曲线可由曲线相加得到，但需要注意的是，只有所有非线性电阻元件的控制类型相同，才有可能得出其等效电阻伏安特性的解析表达式。下面以两个非线性电阻的串联及并联电路分别介绍非线性电阻的串、并联电路的分析方法。

1. 非线性电阻的串联

两个非线性电阻元件串联电路如图 11.1.5(a)所示。

非线性电阻元件的伏安特性方程分别为 $u_1 = f_1(i_1)$，$u_2 = f_2(i_2)$，相应的伏安特性曲线如图 11.1.5(c)所示。

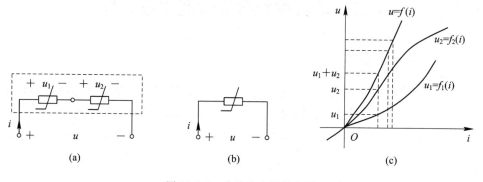

图 11.1.5　非线性电阻的串联

因为两个元件是串联，所以有 $i_1 = i_2 = i$。又根据基尔霍夫电压定律，可得总电压 $u = u_1 + u_2 = f_1(i_1) + f_2(i_2) = f_1(i) + f_2(i)$。因此，在同一个 i 值下，将 $f_1(i_1)$ 和 $f_2(i_2)$ 曲线上对应的电压值 u_1 和 u_2 相加，即可得到此电路的总电压 u。取不同的 i 值可逐点求出

伏安特性曲线 $u=f(i)$，如图 11.1.5(c)所示。曲线 $u=f(i)$ 即是图 11.1.5(a)中两个非线性电阻串联的等效电阻的伏安特性曲线。两个非线性电阻元件的串联可用一个等效的非线性电阻来表示，如图 11.1.5(b)所示。

2. 非线性电阻的并联

两个非线性电阻并联电路如图 11.1.6(a)所示。特性方程分别为 $i_1=g_1(u_1)$，$i_2=g_2(u_2)$，相应的特性曲线如图 11.1.6(b)所示。

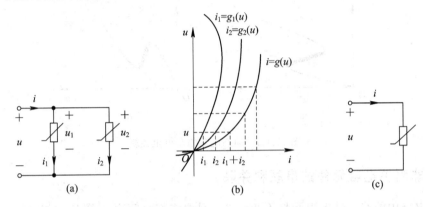

图 11.1.6　两个非线性电阻并联

根据基尔霍夫电压和电流定律，对图 11.1.6(a)所示电路，有

$$u=u_1=u_2$$
$$i=i_1+i_2=g_1(u_1)+g_2(u_2)=g_1(u)+g_2(u)$$

于是在图 11.1.6(b)中，在同一电压 u 值下，将 $g_1(u_1)$ 和 $g_2(u_2)$ 曲线上对应的电流值 i_1 和 i_2 相加，即可得到电流 i。依次取不同的电压值 u，可以逐点求得特性曲线 $i=g(u)$，如图 11.1.6(b)所示。图 11.1.6(c)所示的非线性电阻是图 11.1.6(a)所示两个非线性电阻并联后等效的非线性电阻，曲线 $i=g(u)$ 也是该等效电阻的特性曲线。

11.2　非线性电容元件和电感元件

11.2.1　非线性电容元件

非线性电容的电荷与电压不成正比，其库伏特性曲线不是一条过坐标原点的直线，而是一条曲线。非线性电容的一个实例是以铁电材料如钛酸钡作为介质的电容器。

非线性电容的一般定义：一个二端元件，它的电荷 q 与其两端的电压 u 存在任意函数关系，即

$$f(q,u)=0$$

则称此二端元件为非线性电容。如果电荷是电压的单值函数 $q=f(u)$，那么称此电容为电压控制型电容；如果电压是电荷的单值函数 $u=g(q)$，那么称该电容为电荷控制型电容；如果电压是电荷的单值函数，电荷也是电压的单值函数，那么称此电容为单调型电容。

在电路中，非线性电容的电路图形符号及库伏特性曲线如图 11.2.1 所示。

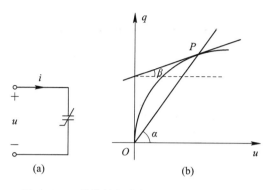

图 11.2.1　非线性电容及 q - u 库伏特性曲线

与非线性电阻类似，对于非线性电容，可以引用其静态电容 C_s 和动态电容 C_d，它们的定义分别为

$$C_s = \frac{q}{u} \tag{11.2.1}$$

$$C_d = \frac{\mathrm{d}q}{\mathrm{d}u} \tag{11.2.2}$$

图 11.2.1(b) 中，P 点的静态电容等于 $\tan\alpha$，P 点的动态电阻等于 $\tan\beta$。

11.2.2　非线性电感元件

非线性电感的磁通链与电流不成正比，其韦安特性曲线是一条曲线。如果磁通链是电流的单值函数 $\Psi = f(i)$，但电流不一定是磁通链的单值函数，那么称此电感为电流控制型电感；如果电流是磁通链的单值函数 $i = f(\Psi)$，但磁通链不一定是电流的单值函数，那么称此电感为磁通链控制型电感；如果韦安曲线是单调曲线，那么称此电感为单调型电感，单调型电感既是电流控制型，又是磁通链控制型的。在电路中，非线性电感的图形符号如图 11.2.2(a) 所示。

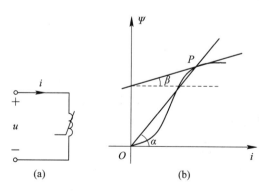

图 11.2.2　非线性电感及 u - i 韦安特性曲线

为了计算方便，对于非线性电感，也引入静态电感 L_s 和动态电感 L_d，它们分别定义为

$$L_s = \frac{\Psi}{i} \tag{11.2.3}$$

$$L_\mathrm{d} = \frac{\mathrm{d}\Psi}{\mathrm{d}i} \qquad\qquad (11.2.4)$$

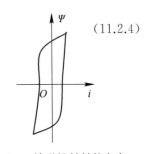

显然，图 11.2.2(b) 中 P 点的静态电感等于 $\tan\alpha$，动态电感等于 $\tan\beta$。

实际的电感器多数是由一个线圈和由铁磁材料制成的芯子组成的，它是一个非线性电感。铁磁材料的磁特性导致非线性电感的韦安特性曲线是回线形状，该曲线称为磁滞回线，如图 11.2.3 所示。

图 11.2.3　铁磁性材料的韦安特性曲线

11.3　非线性电阻电路的分析

非线性电阻电路的拓扑约束关系仍遵守 KCL、KVL，但其 VCR 约束将不再服从欧姆定律。

叠加定理、齐次定理和互易定理一般不再成立，结点电压法、支路电流法、网孔分析法和回路电流法仍然适用。

11.3.1　非线性电阻电路方程的列写

非线性电路与线性电路的区别仅由元件特性的不同引起，非线性电阻电路的方程是一组非线性代数方程。线性方程的解是唯一的，但非线性方程可以有多个解或没有解。

【例 11.3.1】　图 11.3.1 所示非线性电阻电路中，已知非线性电阻的伏安关系为 $i = u + 0.13u^2$，求 u 和 i。

解　由图 11.3.1 列 KCL 方程为

$$\begin{cases} \dfrac{u}{1} + i + \dfrac{u}{2} = 2 \\ i = u + 0.13u^2 \end{cases}$$

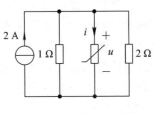

图 11.3.1　例 11.3.1 图

上式整理得

$$0.13u^2 + 2.5u - 2 = 0$$

解得

$$u = 0.769 \text{ V} \text{ 或 } u = -20 \text{ V}$$
$$i = 0.846 \text{ A} \text{ 或 } i = 32 \text{ A}$$

对于非线性电阻电路，若对解无约束条件，则可能为多解问题，求解时一定要求出所有的解；若对解有约束条件，仅需求出满足约束条件的解。

【例 11.3.2】　非线性电阻电路如图 11.3.2 所示，非线性电阻是电流控制型，有 $u_3 = f(i_3) = 2i_3^2 + 1$，$R_1 = 2 \ \Omega$，$R_2 = 6 \ \Omega$，$i_\mathrm{S} = 2$ A，$u_\mathrm{S} = 7$ V，试求电压 u_1。

解　列写 KCL、KVL 方程：

$$\begin{cases} i_3 = i_\mathrm{S} - i_1 = 2 - i_1 \\ u_1 = u_2 + u_3 + u_\mathrm{S} = u_2 + u_3 + 7 \end{cases}$$

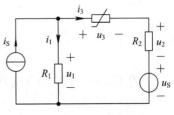

图 11.3.2　例 11.3.2 图

根据元件 VCR 可得

$$i_1 = \frac{1}{2}u_1, \quad u_2 = 6i_3$$

则

$$\begin{cases} i_3 = 2 - \dfrac{1}{2}u_1 \\ u_1 = 6i_3 + 2i_3^2 + 1 + 7 = 2i_3^2 + 6i_3 + 8 \end{cases}$$

整理可得

$$u_1^2 - 16u_1 + 56 = 0$$

解得

$$u_1 = 10.828 \text{ V} \quad 或 \quad u_1 = 5.172 \text{ V}$$

11.3.2　非线性电阻电路常用的分析方法

非线性电路常用的分析方法有小信号分析法及分段线性化法(折线法)。

1. 小信号分析法

小信号分析法是在工程上特别是电子学中分析非线性电路的一种重要方法,是分析非线性电阻电路的一种极其独特的方法。在工程实践中,特别是在电子电路中,常会遇到既含有作为偏置电路的直流电源又含有交变电源的非线性电路,而且交变电源相对直流电源要小得多。电路如图 11.3.3(a)所示,U_s 为直流电压源;$u_S(t)$ 为交变电压源,且 $|u_S(t)| \ll U_s$,故称 $u_S(t)$ 为小信号电压;电阻 R_s 为线性电阻;非线性电阻为电压控制型,其电压、电流关系为 $i = g(u)$,图 11.3.3(b)所示为其伏安特性曲线。

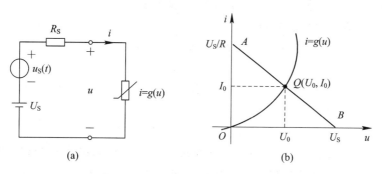

图 11.3.3　非线性电路的小信号分析

根据 KVL 列写电路方程为

$$U_s + u_S(t) = R_s i(t) + u(t) \tag{11.3.1}$$

又有

$$U_s + u_S(t) = R_s g(u) + u(t) \tag{11.3.2}$$

如果没有小信号 $u_S(t)$,该非线性电路 KVL 方程的解,可由一端口的特性曲线(负载线)AB 与非线性电阻特性曲线相交的交点来确定,即 $Q(U_0, I_0)$,该交点称为静态工作点。当有小信号加入后,电路中电流和电压都随时间变化,且由于 $|u_S(t)| \ll U_s$,致使电路的 $u(t)$ 和 $i(t)$ 必然在工作点 $Q(U_0, I_0)$ 附近变动,因此,电路的解就可以写为

$$u(t) = U_0 + u_\delta(t)$$
$$i(t) = I_0 + i_\delta(t) \tag{11.3.3}$$

式(11.3.3)中，$u_\delta(t)$ 和 $i_\delta(t)$ 是由小信号 $u_S(t)$ 引起的偏差。在任何时刻 t，$u_\delta(t)$ 和 $i_\delta(t)$ 相对 U_0 和 I_0 来说都是很小的。

由于 $i = g(u)$，而 $u = U_0 + u_\delta(t)$，因此式(11.3.3)可写为

$$I_0 + i_\delta(t) = g[U_0 + u_\delta(t)] \tag{11.3.4}$$

因为 $u_\delta(t)$ 很小，所以可将式(11.3.4)的等式右边项在工作点 Q 附近用泰勒级数展开表示，即

$$I_0 + i_\delta(t) = g(U_0) + g'(U_0)u_\delta(t) + \frac{1}{2}g''(U_0)u_\delta^2(t) + \cdots \tag{11.3.5}$$

考虑到 $u_\delta(t)$ 很小，可只取一阶近似，而略去高阶项，则式(11.3.5)近似为

$$I_0 + i_\delta(t) \approx g(U_0) + g'(U_0)u_\delta(t) \tag{11.3.6}$$

由于 $I_0 = g(U_0)$，则式(11.3.6)可写为

$$i_\delta(t) = g'(U_0)u_\delta(t)$$

故有

$$\left.\frac{\mathrm{d}g}{\mathrm{d}u}\right|_{U_0} = G_\mathrm{d} = \frac{1}{R_\mathrm{d}} \tag{11.3.7}$$

式(11.3.7)中的 G_d 为非线性电阻在 Q 点处的动态电导，即动态电阻 R_d 的倒数，二者取决于非线性电阻在 Q 点处的斜率，它是一个常数。小信号电压和电流关系可写为

$$i_\delta(t) = G_\mathrm{d}u_\delta(t)$$

或

$$u_\delta(t) = R_\mathrm{d}i_\delta(t) \tag{11.3.8}$$

由式(11.3.1)和式(11.3.3)可得

$$U_S + u_S(t) = R_S[I_0 + i_\delta(t)] + U_0 + u_\delta(t) \tag{11.3.9}$$

由于

$$U_S = R_S I_0 + U_0$$

因此式(11.3.9)可写为

$$u_S(t) = R_S i_\delta(t) + R_\mathrm{d} i_\delta(t) \tag{11.3.10}$$

式(11.3.10)为一线性代数方程，由方程式(11.3.10)可以画出一个相应的电路，如图 11.3.4 所示，该电路为非线性电路在工作点处的小信号等效电路。此等效电路为一线性电路，于是求得

$$i_\delta(t) = \frac{u_S(t)}{R_S + R_\mathrm{d}}$$

$$u_\delta(t) = R_\mathrm{d} i_\delta(t) = \frac{R_\mathrm{d} u_S(t)}{R_S + R_\mathrm{d}}$$

通过以上分析，对于既含直流电源又含小信号交变电源的非线性电路，求解步骤如下：

(1) 计算静态工作点 $Q(U_0, I_0)$ 处的电压 U_0 和电流 I_0。

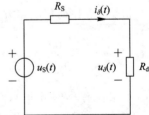

图 11.3.4 小信号等效电路

（2）确定静态工作点处的动态电阻 R_d 或动态电导 G_d。

（3）画出小信号等效电路，并计算小信号响应 $u_\delta(t)$ 和 $i_\delta(t)$。

（4）求非线性电路的全响应 $u=U_0+u_\delta(t)$ 和 $i=I_0+i_\delta(t)$。

【**例 11.3.3**】　图 11.3.5 所示非线性电阻电路中，非线性电阻的电压、电流关系为 $i=\frac{1}{2}u^2(u>0)$，式中电流 i 的单位为 A，电压 u 的单位为 V。电阻 $R_\mathrm{S}=1\ \Omega$，直流电压源 $U_\mathrm{S}=3\ \mathrm{V}$，直流电流源 $I_\mathrm{S}=1\ \mathrm{A}$，小信号电压源 $u_\mathrm{S}(t)=3\times10^{-3}\cos t\ \mathrm{V}$，试求 u 和 i。

解　电路处于静态工作点 $Q(U_0,I_0)$ 处，小信号电压源 $u_\mathrm{S}(t)=0$ 时，由图 11.3.5(b) 所示电路列写 KVL 方程得

$$u+(i-1)\times1-3=0$$

整理得 $u=4-i$，又由，$i=\frac{1}{2}u^2$，解得静态工作点 $Q(U_0,I_0)=Q(2,2)$，即

$$U_0=2\ \mathrm{V},\quad I_0=2\ \mathrm{A}$$

则静态工作点处的动态电导为

$$G_\mathrm{d}=\frac{\mathrm{d}i}{\mathrm{d}u}\Big|_{U_0=2}=\frac{\mathrm{d}}{\mathrm{d}u}\Big(\frac{1}{2}u^2\Big)\Big|_{U_0=2}=2\ \mathrm{S}$$

动态电阻 $R_\mathrm{d}=1/2\ \Omega$。小信号等效电路如图 11.3.5(c) 所示，从而求出小信号响应为

$$i_\delta(t)=\frac{u_\mathrm{S}(t)}{R_\mathrm{S}+R_\mathrm{d}}=\frac{3\times10^{-3}\cos t}{1+\frac{1}{2}}=2\times10^{-3}\cos t\quad \mathrm{A}$$

$$u_\delta(t)=R_\mathrm{d}i_\delta(t)=0.5\times2\times10^{-3}\cos t=10^{-3}\cos t\quad \mathrm{V}$$

则非线性电路的全响应为

$$i=I_0+i_\delta(t)=2+2\times10^{-3}\cos t\quad \mathrm{A}$$

$$u=U_0+u_\delta(t)=2+10^{-3}\cos t\quad \mathrm{V}$$

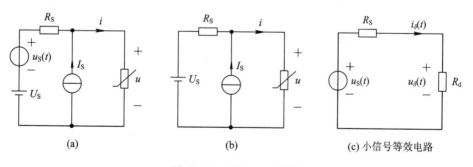

图 11.3.5　例 11.3.3 题图

2. 分段线性化法

分段线性化法（也称折线法）是研究非线性电路的一种有效的方法。它的特点在于能把非线性特性曲线用一些分段的直线段来近似地逼近，对于每个直线段来说，又可应用线性电路的计算方法。

　　若所有的非线性元件的伏安特性都是分段线性化表示的，则可以用各线性段内的戴维宁或诺顿等效电路代替原元件而将电路化为线性电路。在求解开始时，我们并不知道各元件确切的工作区域，往往用试探的方法分析，即先假定某元件用某段直线段表示（也假定该元件电压电流的取值范围）；然后进行计算，若结果在取值范围内，则工作点是正确的；否则，再依次选取剩余直线段，一一计算；最后得出所有的有效工作点。

　　应用分段线性化法求解的步骤：

　　（1）对每一个非线性电阻元件用分段线性函数（折线）逼近其伏安特性曲线。

　　（2）对每一个分段线性元件求出其每一个工作区间的戴维宁（或诺顿）等效电路的参数。

　　（3）对每一种可能的组合进行线性电路分析，求出所有可能的解。

　　（4）对于所有各组求得的解逐一检验，选出所得解位于假设工作区间内的真实解。

　　用分段线性化法求解，分段越多，越逼近真实伏安特性，求解误差越小，但工作量也越大。

　　分段线性化法不仅可以用于非线性电阻电路的求解，也可应用于非线性动态电路的分析。

　　隧道二极管的特性曲线可近似如图 11.3.6(a) 所示，可分 1、2、3 三个区域三段直线段来表示，每个直线段的斜率分别为 G_a、G_b 和 G_c。

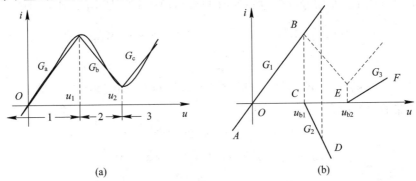

(a)　　　　　　　　　　　　　　　　(b)

图 11.3.6　隧道二极管的 VCR 的分段线性近似

　　而这三个直线段可分解为图 11.3.6(b) 中所示直线 AOB，折线 OCD 和折线 OEF。设图 11.3.6(b) 中有关直线段的斜率分别为 G_1、G_2 和 G_3，则图 11.3.6(a) 所示的隧道二极管的特性曲线是其等效电路，三个元件的并联见图 11.3.7。

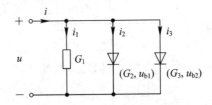

图 11.3.7　隧道二极管等效电路

　　为了使上述等效电路输入端口的电压、电流关系与隧道二极管的分段线性近似电压、电流关系完全相符，图 11.3.6 中的三个参数必须满足下列关系：

$$G_{a} = G_{1} \qquad （电路工作在区域 1 中）$$
$$G_{1} + G_{2} = G_{b} \qquad （电路工作在区域 2 中）$$
$$G_{1} + G_{2} + G_{3} = G_{c} \quad （电路工作在区域 3 中）$$

从而得

$$G_{1} = G_{a}$$
$$G_{2} = -G_{a} + G_{b}$$
$$G_{3} = -G_{b} + G_{c}$$

上述等效电路的各支路的电流可分别用函数式表示为

$$i_{1} = G_{1}u$$
$$i_{2} = \frac{1}{2}G_{2}\left[\,|u - u_{b1}| + (u - u_{b1})\,\right]$$
$$i_{3} = \frac{1}{2}G_{3}\left[\,|u - u_{b2}| + (u - u_{b2})\,\right]$$

根据 KCL 可得

$$i = i_{1} + i_{2} + i_{3}$$
$$= -\frac{1}{2}(G_{2}u_{b1} + G_{3}u_{b2}) + \left(G_{1} + \frac{1}{2}G_{2} + \frac{1}{2}G_{3}\right)u + \frac{1}{2}G_{2}|u - u_{b1}| + \frac{1}{2}G_{3}|u - u_{b2}|$$

另外，隧道二极管或非线性电阻分段线性化后，每个区域也可用等效无源或有源线性一端口电路表示。这里不再赘述，请读者自行分析。

隧道二极管的静态工作点可以用图解的方法确定。但要注意，如果静态工作点位于图 11.3.8(a) 所示位置，表示 Q_1、Q_2、Q_3 确实是工作点。如果负载线与分段区域线段的特性交点位于图 11.3.8(b) 所示位置，则只有 Q_3 为实际的工作点，而 Q_1 和 Q_2 并不是实际工作点，而是虚点。

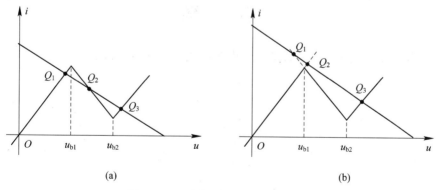

(a)　　　　　　　　　　　　　　(b)

图 11.3.8　隧道二极管的静态工作点

本 章 小 结

当电路中至少存在一个非线性电路元件时，其电路方程为非线性微分方程，该电路即是一个非线性电路。

1. 非线性电路的特点

（1）非线性电路不满足叠加定理。

是否满足叠加定理是线性电路与非线性电路之间的最主要区别。

（2）非线性电路的解不一定唯一存在。

对于仅由非线性电阻元件组成的电阻性电路，或考察非线性动态电路的稳态性质时，其电路的特性用一组非线性代数方程来描述。这组方程可能有唯一解，也可能有多个解，甚至可能根本无解。因此，在求解之前，应该对电路的解的性质进行判断。

2. 非线性电阻电路常用的分析方法

非线性电阻电路的常用分析方法是小信号分析法和分段线性化方法。

（1）小信号分析法。

小信号分析法则是当交变信号激励幅值远小于直流电源幅值时，将非线性电路进行线性化处理的一种近似分析方法。小信号分析法不仅适用于非线性电阻电路，也可用于非线性动态电路与系统的分析。小信号分析法的实质是在静态工作点处将非线性电阻的特性用直线来近似（线性化）。

（3）分段线性化方法。

分段线性化方法，实质上是用若干直线段来代替非线性电阻的伏安特性曲线，然后每段直线段都用戴维宁等效电路或诺顿等效电路来替代，这样就将一个非线性电阻网络化为许多拓扑结构相同、而参数取不同数值的线性电阻网络。

为了能够方便地使用分段线性化方法，假设：

① 网络中所以非线性电阻都是二端元件。

② 网络中每个非线性电阻的 u - i 特性都可以用分段线性函数来表示。

习　题

11.1　题 11.1 图所示为双向性非线性电阻的伏安特性曲线的是（　　）。

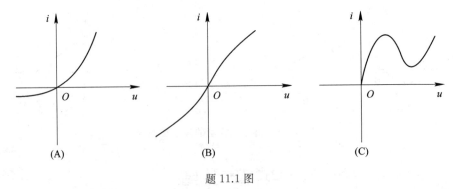

题 11.1 图

11.2　有关非线性电阻电路的正确概念应是（　　）。

（A）不同类型的非线性电阻其动态电阻定义不同。

（B）单向性非线性电阻不具有单调型电阻性质。

（C）非线性电阻可能在有关电压下具有多个电流值。

（D）非线性电阻电路功率不守恒。

11.3　与题 11.3 图所示非线性电阻伏安特性曲线 AB 段对应的等效电路是（　　）。

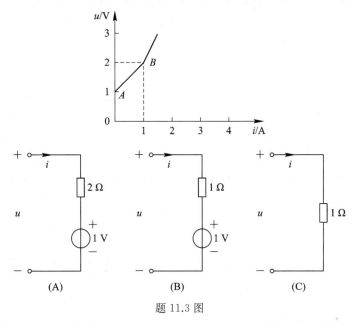

题 11.3 图

11.4　试求题 11.4 图所示伏安特性曲线 AB、BC、CD 段的动态电阻。

11.5　含理想二极管的电路如题 11.5 图(a)所示，理想二极管的伏安特性曲线如题11.5 图(b)所示折线，试求 u 及 i。

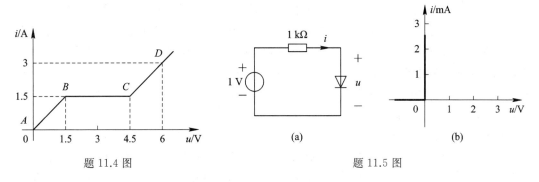

题 11.4 图　　　　　　　　　　　　　　題 11.5 图

第 12 章　仿真软件 Multisim 及 MATLAB 在电路分析中的应用

Multisim 软件是 Electronics Workbench 公司推出的，是以 Windows 为平台的仿真工具，它包含了电路原理图的图形输入、电路硬件描述语言的输入，具有丰富的仿真分析能力。MATLAB 是一种功能强大的科学计算软件，可用于求解线性、非线性方程组及常微分方程等。在电路分析中可应用 MATLAB 来帮助我们分析线性、非线性电路，直流、交流稳态电路及动态电路，以节省计算时间，降低电路分析的复杂度。本章将简要地介绍 Multisim 及 MATLAB 软件的概况，并结合教学的实际需要，通过例子介绍这两款软件在电路仿真中的应用。

12.1　Multisim 10.0 在电路分析中的应用

12.1.1　Multisim 10.0 概述

随着电子信息产业的飞速发展，计算机技术在电子电路设计中发挥着越来越大的作用。电子产品的设计开发手段由传统的设计方法和简单的计算机辅助设计(CAD)逐步发展为 EDA(Electronic Design Automation)技术。EDA 技术主要包括电路设计、电路仿真和系统分析三个方面的内容，其设计过程中的大部分工作都是由计算机完成的。这种先进的方法已经成为当前学习电子技术的重要辅助手段，更引领着现代电子系统设计的时代潮流。目前，国内外常用的 EDA 软件有 Protel、Pspice、Orcad 和 EWB(Electronics Workbench)系列软件。EWB 是加拿大 IIT 公司于八十年代末、九十年代初推出的用于电路仿真与设计的 EDA 软件，又称为"虚拟电子工作台"。

从 EWB6.0 版本开始，IIT 公司被 NI 公司收购，由此专用于电路仿真与设计模块更名为 Multisim。相比 EWB 系列软件 Multisim 大大增强了软件的仿真测试和分析功能，大大扩充了元件库中的仿真元件数量，使仿真设计更精确、可靠。它可以实现原理图的捕获、电路分析、交互式仿真、电路板设计、仿真仪器测试、集成测试、射频分析、单片机控制等高级应用，其数量众多的元器件数据库、标准化的仿真仪器、直观的捕获界面、更加简洁明了的操作、强大的分析测试功能、可信的测试结果，将虚拟仪器技术的灵活性扩展到了电子设计者的工作平台上，弥补了测试与设计功能之间的缺口，缩短了产品研发周期，强化了电子实验教学。其特点如下：

（1）直观的图形界面。

Multisim 10.0 整个界面就像是一个电子实验工作平台，绘制电路所需的元器件和仿真所需的仪器仪表均可直接拖放到工作区中，轻点鼠标即可完成导线的连接，软件仪器的控制面板和操作方式与实物相似，测量数据、波形和特性曲线如同在真实仪器上看到的一样。图 12.1.1 所示为 Multisim 10.0 的界面。

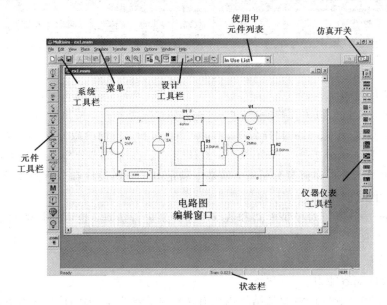

图 12.1.1　Multisim 10.0 的界面

（2）丰富的元件库。

Multisim 10.0 大大扩充了 EWB 的元件库，包括基本元件，半导体元件，TTL 以及 CMOS 数字 IC、DAC、MCU 和其他各种部件，且用户可通过元件编辑器自行创建和修改所需元件模型，还可通过公司官方网站和代理商获得元件模型的扩充和更新服务。图 12.1.2 所示为元件工具栏。

图 12.1.2　元件工具栏

（3）丰富的测试仪器仪表。

除了 EWB 具备的数字万用表、函数信号发生器、示波器、扫频仪、字信号发生器、逻辑分析仪和逻辑转换仪外，Multisim 还新增了瓦特表、失真分析仪、频谱分析仪和网络分析仪，且所有仪器均可多台同时使用。

图 12.1.3 所示为仪器仪表工具栏，从左到右分别是：数字万用表、函数发生器、示波器、波特图仪、字信号发生器、逻辑分析仪、瓦特表、逻辑转换仪、失真分析仪、网络分析

仪、频谱分析仪。

图 12.1.3　仪器仪表工具栏

（4）完备的分析手段。

除了 EWB 提供的直流工作点分析、交流分析、瞬态分析、傅里叶分析、噪声分析、失真分析、参数扫描分析、温度扫描分析、极点-零点分析、传输函数分析、灵敏度分析、最坏情况分析和蒙特卡罗分析外，Multisim 10.0 还新增了直流扫描分析、批处理分析、用户定义分析、噪声图形分析和射频分析等，能基本满足电子电路设计和分析的要求。

（5）强大的仿真能力。

Multisim 10.0 既可对模拟电路和数字电路分别进行仿真，也可进行数模混合仿真，尤其新增了射频（RF）电路的仿真功能。仿真失败时会显示错误信息、提示可能出错的原因。仿真结果可随时存储和打印。

（6）完美的兼容能力。

Multisim 10.0 软件可将模拟结果以原有文档格式导入 LABVIEW 或者 Signal Express 中。工程人员可更有效地分享及比较仿真数据和模拟数据，而无需转换文件格式，在分享数据时减少了失误，提高了准确率。

12.1.2　Multisim 10.0 的仿真方法

Multisim 10.0 仿真的操作步骤见下文。

1. 建立电路文件

建立电路文件的方法有：

（1）打开 Multisim 10.0 时自动打开空白电路文件 Circuit1，保存时可以重新命名。

（2）依次选择菜单 File→New 选项，建立电路文件。

（3）点击工具栏 New 按钮。

（4）通过快捷键 Ctrl＋N 建立电路文件。

2. 放置元器件和仪表

Multisim 10.0 的元件数据库有：主元件库（Master Database）、用户元件库（User Database）和合作元件库（Corporate Database），后两个库由用户或合作人创建。新安装的 Multisim 10.0 中这两个数据库是空的。

放置元器件的方法有：

（1）选择菜单中 Place Component 选项。

（2）点击元件工具栏中 Place/Component 按钮。

（3）在绘图区右击，利用弹出菜单放置元器件。

（4）通过快捷键 Ctrl＋W 放置元器件。

放置仪表可以点击虚拟仪器工具栏相应按钮，也可使用菜单放置。

3. 元器件编辑

1）元器件参数设置

双击元器件，弹出相关对话框，选项卡包括：

(1) Label：标签，Refdes 编号，它由系统自动分配，也可以修改，但须保证编号唯一性。

(2) Display：显示。

(3) Value：数值。

(4) Fault：故障设置，Leakage 漏电；Short 短路；Open 开路；None 无故障（默认）。

(5) Pins：引脚，各引脚编号、类型、电气状态。

2）元器件向导（Component Wizard）

对特殊要求，可以用元器件向导编辑自己的元器件，一般是在已有元器件基础上进行编辑和修改。方法是：依次选择菜单 Tools→Component Wizard 选项，按照规定步骤编辑。用元器件向导编辑生成的元器件放置在 User Database（用户数据库）中。

4. 连线和进一步调整

连线可分为以下几种情况：

(1) 自动连线：单击起始引脚，鼠标指针变为"十"字形，移动鼠标至目标引脚或导线上，单击左键，则连线完成。当导线连接后呈现丁字交叉时，系统自动在交叉点放结点（Junction）。

(2) 手动连线：单击起始引脚，鼠标指针变为"十"字形后，在需要拐弯处单击，可以固定连线的拐弯点，从而设定连线路径。

(3) 关于交叉点，Multisim 10.0 默认丁字交叉为导通，十字交叉为不导通。对于十字交叉而希望导通的情况，可以分段连线，即先连接起点到交叉点，然后连接交叉点到终点；也可以在已有连线上增加一个结点（Junction），从该结点引出新的连线。添加结点可以使用菜单 Place→Junction 选项，或者使用快捷键 Ctrl+J。

进一步调整包括：

(1) 调整位置：单击选定元件，移动至合适位置。

(2) 改变标号：双击进入属性对话框更改。

(3) 显示结点编号以方便仿真结果输出：依次选择菜单 Options→Sheet Properties→Circuit→Net Names，选择 Show All 选项。

(4) 导线和结点删除：右击，选择 Delete，或者点击选中，按键盘 Delete 键。

5. 电路仿真

(1) 按下仿真开关，电路开始工作，Multisim 10.0 界面的状态栏右端出现仿真状态指示。

(2) 双击虚拟仪器，进行仪器设置，从而可获得仿真结果。

6. 输出分析结果

使用菜单命令 Simulate/Analyses 可输出分析结果，以单管共射放大电路的静态工作点分析为例，步骤如下：

（1）依次选择菜单 Simulate→Analyses→DC Operating Point 选择。

（2）选择输出结点 1、4、5，点击 ADD、Simulate。

12.1.3 Multisim 10.0 在电路分析中的应用

Multisim 10.0 几乎可以仿真实验室内所有的电路实验。但仿真实验是在不考虑元件的额定值和实验的危险性等情况下进行的。因此，在确定某些电路参数（如最大电压）时，应该认真地考虑客观现实问题。除了实验测试，利用 Multisim 10.0 可对电路进行分析，还可以对大多数电路进行理论计算。下面介绍如何利用 Multisim 10.0 对电路的基本定律和主要的分析方法进行仿真验证。

1. 对电路基本定律的验证

基本的电路定律有欧姆定律、基尔霍夫电压定律和基尔霍夫电流定律。下面举例说明 Multisim 10.0 对电路基本定律的验证。

【例 12.1.1】 图 12.1.4 所示电路中，已知 $R_1 = 120\ \Omega$，$R_2 = 40\ \Omega$，$R_3 = 80\ \Omega$，$U = 12\ \text{V}$。试求各电阻上的电压 U_1、U_2、U_3 的值，并验证 KVL 定律。

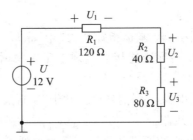

图 12.1.4　例 12.1.1 的电路图

解　根据欧姆定律和 KVL 定律可得，$U_1 = 6\ \text{V}$，$U_2 = 2\ \text{V}$，$U_3 = 4\ \text{V}$。在 Multisim 10.0 的电路窗口中创建图 12.1.5 所示的电路，启动仿真，图中电压表的读数即为电路仿真分析的结果。可见，理论计算与电路仿真结果相同，并且 $U_1 + U_2 + U_3 = U$，该等式验证了 KVL 定律。

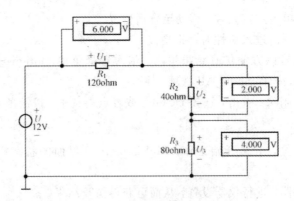

图 12.1.5　例 12.1.1 的仿真电路图

2. 对直流电阻电路的分析

下面以结点电压法为例说明 Multisim 10.0 对直流电阻电路的分析。结点电压分析是以结点电压为变量列 KCL 方程求解电路的方法。当电路比较复杂时，结点电压法的计算步骤非常繁琐，但利用 Multisim 10.0 可以快速、方便地仿真出各结点的电压。

【例 12.1.2】　电路如图 12.1.6 所示，试用 Multisim 10.0 求结点 a、b 电压。

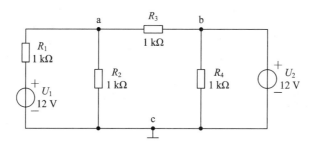

图 12.1.6　例 12.1.2 的电路图

解　图 12.1.6 所示电路为 3 结点电路。指定结点 c 参考结点后，利用 Multisim 10.0 可直接仿真出结点 a、b 的电位，仿真结果见图 12.1.7 中电压表的读数，$U_a = 7.997$ V，$U_b = 12.000$ V，该数值与理论计算结果相同。

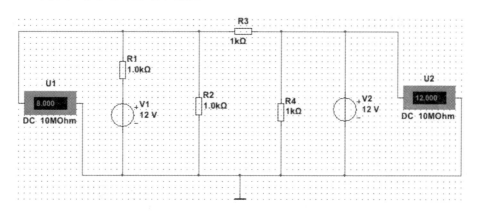

图 12.1.7　例 12.1.2 的仿真电路图

3. 对动态电路的分析

【例 12.1.3】　电路如图 12.1.8 所示，当开关 S 闭合时电容通过 R_1 充电，电路达稳定状态，电容储存有能量。当开关 S 打开时，电容通过 R_2 放电，在电路中产生响应，即零输入响应，试用示波器观察电容两端的电压波形。

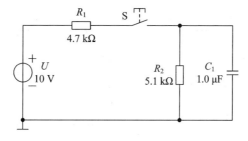

图 12.1.8　例 12.1.3 的电路图

解　搭建如图 12.1.9 所示仿真电路，通过 Space 键打开或闭合开关 S，可得图12.1.10 所示的仿真波形。

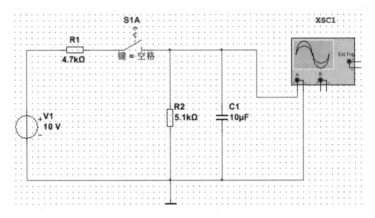

图 12.1.9　例 12.1.3 的仿真电路图

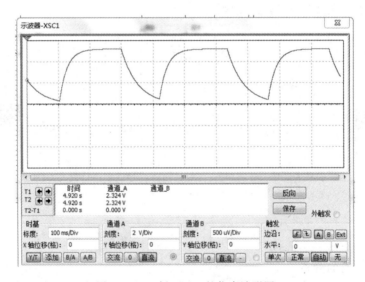

图 12.1.10　例 12.1.3 的仿真波形图

4. 对正弦交流稳态电路的分析

【**例 12.1.4**】　电路如图 12.1.11 所示，通过示波器观察电容的电压谐振波形。

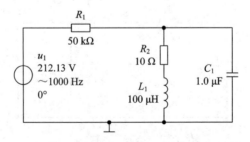

图 12.1.11　例 12.1.4 的电路图

解　搭建如图 12.1.12 所示仿真电路，可得图 12.1.13 所示的仿真波形。

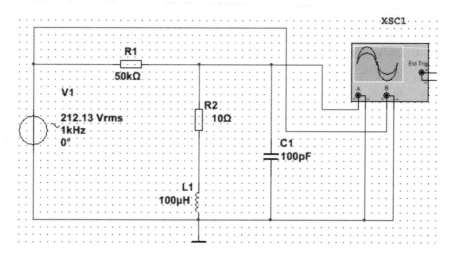

图 12.1.12　例 12.1.4 的仿真电路图

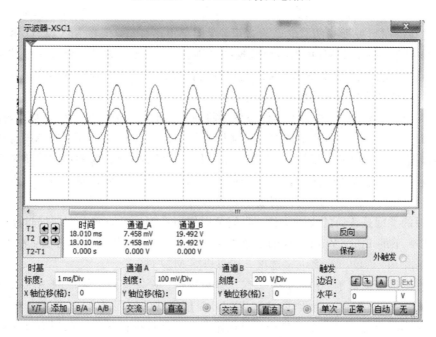

图 12.1.13　例 12.1.4 的仿真波形图

12.2　MATLAB 在电路分析中的应用

12.2.1　MATLAB 简介

MATLAB 是 MathWorks 公司于 1982 年推出的一套高性能的数值计算和可视化软件。它集数值分析、矩阵运算、信号处理和图形显示于一体，构成了一个简便、界面良好的用户

环境。它还包含了 Toolbox(工具箱)的各类问题的求解工具,可用来求解特定学科的问题。其特点如下:

(1) 可扩展性。MATLAB 最重要的特点是易于扩展,它允许用户自行建立指定功能的 M 文件。对于一个从事特定领域的工程师来说,不仅可利用 MATLAB 所提供的函数及基本工具箱函数,还可方便地构造出专用的函数,从而大大扩展了其应用范围。当前支持 MATLAB 的商用 Toolbox(工具箱)有数百种之多,而由个人开发的 Toolbox 则不计其数。

(2) 易学易用性。不同于冗长的 C 语言,MATLAB 所使用的代码非常直观,而且符合人们的思维习惯;程序书写形式自由,没有严格的语法限制;MATLAB 提供了大量的库函数,以免用户编写一些常用的子程序,这使得 MATLAB 程序非常简洁,如解线性方程组的程序用 MATLAB 只要编写几行,而用 C 语言至少要编写几十行。简短的程序不仅节省了用户大量的编写时间,同时也大量减少了程序调试时间。

(3) 运算符丰富。由于 MATLAB 是用 C 语言编写的,MATLAB 提供了和 C 语言几乎一样多的运算符,灵活使用 MATLAB 的运算符将使程序变得极为简短。

(4) 程序的可移植性好。程序基本上不做修改就可以在各种型号的计算机和操作系统上运行。

(5) 出色的图形处理功能。在 C 语言里,绘图都很不容易,但在 MATLAB 里,数据的可视化非常简单。MATLAB 可以给出数据的二维、三维图形,并且可以方便地控制图形的线型、颜色、光线、视角、晕染等,帮助用户以最直观的方式体会到数据包含的意义,它完全可以替代一般的科技绘图软件。

MATLAB 正是凭借这些突出的优势成为目前世界上应用非常广泛的工程计算软件。

用户如想灵活应用 MATLAB 去解决实际问题,并且充分调用 MATLAB 的科学技术资源,就需要编辑 M 文件。所谓 M 文件,就是由 MATLAB 语言编写的可在 MATLAB 语言环境下运行的程序源代码文件。M 文件可在 MATLAB 程序编辑器中编写,也可在其他文本编辑器中编写,并以".m"为扩展名予以保存。

M 文件的类型是普通的文本文件,我们可以使用系统认可的文本文件编辑器来建立 M 文件。如 Dos 下的 Edit,Windows 的记事本和 Word 等。其具体的创建方法:在 MATLAB 命令窗口点击 file 菜单,选择 new 选项,从而建立 M 文件。

M 文件的语法类似于 c 语言,但又有其自身特点。它只是一个简单的 ASCII 码文本文件,执行程序时逐行解释运行程序,MATLAB 是解释性的编程语言。

M 文件实际上是一串指令的集合,与在命令窗口逐行执行文件中的所有指令的结果是一样的,它没有输入输出参数。MATLAB 自定义的函数文件称内置函数文件。调用内置函数的方法:使用函数名并给出相应的入口、出口参数即可。

12.2.2　MATLAB 在电路分析中的应用

利用 MATLAB 进行电路分析,一方面可以节省大量数学计算的时间,另一方面,数据结果的可视化也帮助我们对电路有最直观的理解。

电路分析时,MATLAB 软件中常用的数学函数见表 12-1。

表 12 - 1　MATLAB 软件中常用的数学函数

函数名	功能	函数名	功能
sin(x)	正弦函数	ln(x)	自然对数 $\ln(x)$
cos(x)	余弦函数	log10(x)	以 10 为底的对数函数
tan(x)	正切函数	abs(x)	模或绝对值
cot(x)	余切函数	angle(x)	复相角
sec(x)	正割函数	conj(x)	共轭复数
csc(x)	余割函数	imag(x)	复数虚部
asin(x)	反正弦函数	real(x)	复数实部
acos(x)	反余弦函数	fix(x)	近似 0 的整数
atan(x)	反正切函数	floor(x)	近似小于自身的最大整数
acot(x)	反余切函数	ceil(x)	近似大于自身的最小整数
asec(x)	反正割函数	round(x)	四舍五入
acsc(x)	反余割函数	rem(x, y)	x 除以 y 的余数
exp(x)	指数 e^x 函数	sign(x)	符号函数

1. MATLAB 在直流电路的分析中的应用

【例 12.2.1】　图 12.2.1 所示电路中，已知 $U_S=12$ V，$I_S=1$ A，$\alpha=2.8$，$R_1=R_3=10$ Ω，$R_2=R_4=5$ Ω，求电流 I_1 及电压源 U_S 输出的功率。

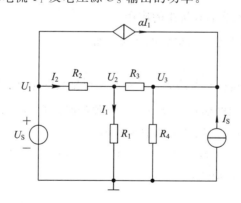

图 12.2.1　例 12.2.1 的图

解　所选取的参考结点如图 12.2.1 所示，列写结点电压方程：

$$U_1=U_S=12 \text{ V}$$

$$-U_1 \cdot \frac{1}{R_2}+U_2\left(\frac{1}{R_1}+\frac{1}{R_2}+\frac{1}{R_3}\right)-U_3 \cdot \frac{1}{R_3}=0$$

$$-U_2 \cdot \frac{1}{R_3}+U_3\left(\frac{1}{R_3}+\frac{1}{R_4}\right)=\alpha I_1+I_S$$

且

$$I_1 = \frac{U_2}{R_1}$$

求得

$$U_1 = 12 \text{ V}, \ U_2 = 10 \text{ V}, \ U_3 = 16 \text{ V}$$

$$I_1 = \frac{U_2}{R_1} = 1 \text{ A}, \ I_2 = \frac{U_1 - U_2}{R_2} = 0.4 \text{ A}, \ I = I_2 + \alpha I_1 = 3.2 \text{ A}$$

电压源输出的功率为

$$P_{U_S} = U_S I = 38.4 \text{ W}$$

MATLAB 程序如下:

```
clear
r1=10; r2=5; r3=10; r4=5; us=12; is=1; a=2.8;        % 数据输入
u1=us;
syms u2 u3                                            %定义符号变量
f1=-u1/r2+u2*(1/r1+1/r2+1/r3)-u3/r3;                  %输入结点电压方程
f2=-u2/r3+u3*(1/r3+1/r4)-a*u2/r1-is;
[u2 u3]=solve(f1, f2);                                %求解结点电压方程
I1=u2/r1;                                             %计算 I₁
Pus=us*((u1-u2)/r2+a*i1);                             %计算电压源功率
```

运行结果如下:

```
I1=1
Pus=192/5
```

2. MATLAB 在交流电路的分析中的应用

运用 MATLAB 分析正弦交流电路的相关函数。

(1) 复数的相关函数。

用相量法分析正弦交流稳态电路时,需要涉及到复数的运算。若复数表示为 $F = a + bj$,其共轭复数 $\bar{F} = a - bj$,复数的模 $r = \sqrt{a^2 + b^2}$,复数的幅角 $\theta = \arctan(b/a)$,复数的实部 $a = r\cos\theta$,复数的虚部 $b = r\sin\theta$,复数的指数表示形式 $x = re^{j\theta}$。

用 MATLAB 编写的语句为:$a = \text{real(x)}$;$b = \text{imag(x)}$;$\bar{x} = \text{conj}(x)$;$r = \text{abs(x)}$;$\theta = \text{angle}(x)$;$x = \text{r} * \exp(\text{j} * \text{angle(x)})$。

(2) 相量图的绘制。

polar 命令专门绘制极坐标图,其命令格式为 polar(theta, r),其中(theta, r)分别表示极坐标上的角度 θ 及半径值 r。

例如 MATLAB 绘制相量图的程序:

```
>> t=0: 0.01: 2*pi;              %给出角度 t 的变化范围
>> r=sin(2*t).*cos(2*t);         %求出相应的半径 r 的值
>> polar(t, r)                   %作出极坐标图
>> title('Polar plot of sin(2t)cos(2t)');   %加上题头
>> grid                          %加上网格线
```

【例 12.2.2】　电路如图 12.2.2 所示，已知 $Z_1 = (30+j40)$ Ω，$Z_2 = (50-j20)$ Ω，$Z_3 = (10+j20)$ Ω，$U = 100$ V，求各支路电流。

解　Z_2 和 Z_3 并联后的阻抗：

$$Z_{23} = Z_2 /\!/ Z_3 = \frac{Z_2 Z_3}{Z_2 + Z_3} = (15 + j13.3) \text{ Ω}$$

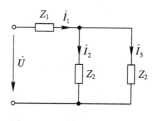

输入阻抗：

$$Z = Z_1 + Z_{23} = 45 + j53.3 = 69.8\angle 49.8° \text{ Ω}$$

设端口电压为

$$\dot{U} = 100\angle 0 \text{ °V}$$

图 12.2.2　例 12.2.2 的图

则有

$$\dot{I} = \frac{\dot{U}}{Z} = \frac{100\angle 0°}{69.8\angle 49.8°} = 1.4\angle -49.8° \text{ A}$$

$$\dot{U}_1 = Z_1 \dot{I}_1 = 50\angle 53.1° \times 1.43\angle -49.8° = 71.5\angle 3.3° \text{ V}$$

$$\dot{U}_{23} = \dot{U} - \dot{U}_1 = Z_1 \dot{I}_1 = 28.7 - j4.1 = 29\angle -8.1° \text{ V}$$

$$\dot{I}_2 = \frac{\dot{U}_{23}}{Z_2} = \frac{29\angle -8.1°}{69.8\angle -21.8°} = 0.5\angle 13.7° \text{ A}$$

$$\dot{I}_3 = \frac{\dot{U}_{23}}{Z_3} = \frac{29\angle -8.1°}{22.4\angle -63.4°} = 1.3\angle -71.5° \text{ A}$$

根据以上计算方法，编写 MATLAB 程序如下：

```
z1=30+40j; z2=50-20j; z3=10+20j; u=100;
z23=z2*z3/(z2+z3); z=z1+z23; i1=u/z;
u1=z1*i1; u23=u-u1;
I2=u23/z2; i3=u23/z3;
disp('The magnitude of i1 is');          %在屏幕上显示 The magnitude of i1 is
disp(abs(i1));                            %I1 的模
disp('The phase of i1 is');
disp(angle(i1)*180/pi);                   %I1 的辐角，并将弧度表示换算为度表示
disp('The magnitude of i2 is'); disp(abs(i2));   %I2 的模
disp('The phase of i2 is'); disp(angle(i2)*180/pi); %I2 的辐角
disp('The magnitude of i3 is'); disp(abs(i3));   %I3 的模
disp('The phase of i3 is'); disp(angle(i3)*180/pi); %I3 的辐角
```

程序运行结果如下：

```
The magnitude of i1 is
1.4330
The phase of i1 is
-49.8440
The magnitude of i2 is
0.5341
The phase of i2 is
```

13.5909

The magnitude of i3 is

1.2862

The phase of i3 is

－71.6454

3. MATLAB 在动态电路的时域分析中的应用

一阶常微分方程可用下式表示：

$$y' = \frac{\mathrm{d}y}{\mathrm{d}x} = g(x, y)$$

其中，x 为独立变量；y 是 x 的函数。解微分方程就是求其原函数 $y(x)$ 能满足上述微分方程的 x 的值。此外还需要知道起始条件 $y0 = y(x0)$ 才能求出方程的特解。以数值方法求解常微分方程的问题，可以转换为在已知 $y(a)$（初始值）的前提下计算出 $y(b)$（任意值），通过泰勒级数对 $y(b)$ 展开：

$$y(b) = y(a) + hy'(a) + \frac{h^2}{2!}y''(a) + \cdots + \frac{h^n}{n!}y^{(n)}(a) + \cdots$$

其中 $b = a + h$。

一阶的泰勒级数近似式为

$$y(b) = y(a) + hy'(a)$$

二阶的泰勒级数近似式为

$$y(b) = y(a) + hy'(a) + (h^2/2)y''(a)$$

MATLAB 提供了高阶泰勒级数的数值解法函数，即 ode23、ode45，称为龙格-库塔(Runge-Kutta)法，其中，ode23 是同时以二阶及三阶龙格-库塔法求解；而 ode45 则是以四阶及五阶龙格-库塔法求解。其格式为 ode23('dy', x0, xn, y0)，其中，dy 是自定义的函数名，x0、xn 是要求解的区间[x0，xn]的两个端点，y0 是初始值[y0 = y(x0)]，此函数用来指定常微分方程中等式右边的表达式。ode45 的格式与 ode23 的相同，例如：在区间[2，4]上求解 $y' = g_1(x, y) = 3x^2$，已知初始值 $y(2) = 0.5$。

首先在编程窗输入以下三条指令，并以 gl.m 的文件名保存：

```
%  m－function, gl.m          %先建立一个名为 gl 的函数
function dy=gl(x, y);         %函数的功能是对所求的微分方程进行运算
dy=3 * x.^2 ;                 %新建函数要单独在编辑窗中完成
```

然后再回到命令窗，输入下面的语句：

```
>> [x, num _ y ]=ode23('gl', 2, 4, 0.5);
                             %用龙格-库塔法，其中含有对新建函数 gl 的调用
>> anl_ y=x.^3-7.5;          %为了对照，求出微分方程的原函数值
>> plot(x, num _ y, x, anl _ y, 'o')   %对同一 x 坐标，分别绘出用龙格-库塔求得的值和
                             %实际值进行比较，从图上可见两者完全吻合
```

又如，在区间[0，3]上求解 $y' = g_4(x, y) = 3y + \mathrm{e}^{2x}$，已知初始值 $y(0) = 3$。同上例，先要建立一个 g4.m 的函数，其指令如下：

```
% m−function, g4. m          %先建立一个名为 g4 的函数
function dy＝g4(x, y)         %函数的功能是对所求的微分方程进行运算
dy＝3 * y＋exp(2 * x);        %无提示符＞＞表示在编辑窗中
```
然后返回命令窗输入以下指令：

>> [x, num_y]＝ode23('g4', 0, 3, 3); %用龙格-库塔法，其中含有对新建函数 g4 的调用

>> anl_y＝4 * exp(3 * x)−exp(2 * x); %求出微分方程的原函数

>> plot(x, num_y, x, anl_y, 'o')   %同上例，画出函数曲线做对照，两者也依然吻合

如果将上述方法改成用 ode45 计算，无法察觉出其与 ode23 的解之间的差异，原因是例题所选的函数分布变化平缓，所以高阶方法就显示不出其优点。不过若在计算误差上做比较，ode45 的误差量级会比 ode23 要小。

高阶常微分方程可以利用变量代换（Change of Variables）方法改写成一阶常微分方程组。这里以一个二阶微分方程为例说明解题方法，已有一个二阶微分方程如下：

$$y''＝g(x, y, y')＝y'(1-y^2)-y$$

此方程测试范围是 $0\sim20$，初始值 $y(0)＝0$，$y'(0)＝0.25$。

用代换法：令 $u_1(x)＝y'$，$u_2(x)＝y$，将这两个式子代入原方程，生成一阶常微分方程：$u_1'＝y''＝g(x, u_2, u_1)＝u_1(1-u_2^2)-u_2$，测试范围不变，初始值 $u_2(0)＝0$，$u_1(0)＝0.25$。

下面用 MATlAB 来求解此方程，首先要在编辑窗内新建一个 eqns2. m 的自定义函数，其指令如下：

```
% function eqns2. m
function u_prime＝eqns2(x, u)
u_prime＝[u(1) * (1−u(2)^2) −u(2); u(1)]
```
将新建函数保存后，再在命令窗内输入以下指令：

>> [x, num_y]＝ode23('eqns2', 0, 20, [0.25; 0]);   % 求解此方程

>> subplot(2, 1, 1), plot(x, num_y(:, 1))   % 在第 1 幅图上绘出时间响应图

>> title('lst derivative of y'), xlabel('x');   % 图上加题头、加 x 轴标注

>> subplot(2, 1, 2), plot(num_y(:, 1), num_y(:, 2))% 在第 2 幅图上绘出平面图

>> title('y'), xlabel('x'), grid ;   % 加上标注和网格

【例 12.2.3】 图 12.2.3 所示电路中，已知 $R＝10\ \Omega$，$C＝200\ \mu F$，$u_C(0_-)＝2\ V$，$u_S＝\sqrt{2}\sin(314t-45°)\ V$，求开关 S 闭合后 $i(t)$ 和 $u_C(t)$。

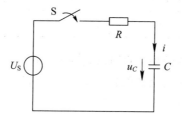

图 12.2.3 例 12.2.3 的图

解　S闭合后，回路电压方程为

$$RC\frac{\mathrm{d}u_C}{\mathrm{d}t}+u_C=u_\mathrm{s}$$

即 $2\times10^{-3}\times\dfrac{\mathrm{d}u_C}{\mathrm{d}t}+u_C=\sqrt{2}\sin(314t-45°)$。稳态时负载阻抗：

$$Z=R-\mathrm{j}\frac{1}{\omega C}=(10-\mathrm{j}15.92)=18.8\angle-57.8°\ \Omega$$

过度电压 u_C： $u_C=\dfrac{U_\mathrm{m}}{|Z|\omega C}=\sin\left(314t-45°-\varphi_Z-\dfrac{\pi}{2}\right)+k\mathrm{e}^{-\frac{t}{\tau}}$， $\tau=RC=0.002s$，其中 φ_Z 为阻抗角。

已知 $t=0$ 时 $u_C(0_+)=u_C(0_-)=2\text{ V}$，可得 $k=3.17$，因此有

$$u_C(t)=[1.2\sin(314t-77.2°)+3.17\mathrm{e}^{-500t}]\text{ V}\quad(t\geqslant0)$$

$$i=C\frac{\mathrm{d}u_C}{\mathrm{d}t}=0.0168\cos314t+0.073\sin314t-0.317\mathrm{e}^{-500t}$$

$$=[0.075\sin(314t-12.8°)-0.317\mathrm{e}^{-500t}]\text{ A}\quad(t\geqslant0)$$

利用 MATLAB 的符号计算功能求解，编写程序如下：

```
uc=dsolve('0.002 * Duc+uc=sqrt(2) * sin(314 * t)−45/180 * pi'), 'uc(0)=2'
i=200e−6 * diff(uc)
```

运行结果为

```
uc=−101750/87149 * cos(314 * t)+23250/87149 * sin(314 * t)+276048/87149 * exp(−500 * t)
i=63899/871490 * sin(314 * t)+14601/871490 * cos(314 * t)−138024/435745 * exp(−500 * t)
```

4. MATLAB 在线性动态电路的复频域分析中的应用

表 12-2 给出了 MATLAB 中的主要多项式运算函数。

表 12-2　多项式运算函数

函数名	函数功能	函数名	函数功能
poly	求取多项式系数	polyfit	多项式曲线拟合
roots	求取多项式(方程)的根	polyder	多项式求导
polyval	多项式求值	conv	多项式乘法运算
polyvalm	矩阵多项式求值	deconv	多项式除法运算
residue	展开部分分式		

roots 函数：求多项式函数的根，调用格式为 r=roots(p)。其中，p 是多项式系数形成的行向量，系数按降序排列；r 为函数的根，是一个列向量。

例如：求 $f(x)=x^3+9x^2+23x+15$ 的根。

Matlab 编写的程序如下：

```
p=[1 9 23 15]
r=roots(p)
```

运行结果如下：

 r＝

  −1.0000

  −3.0000

  −5.0000

poly 函数：已知多项式函数的根，用以求多项式系数，调用格式为 p＝poly(r)。其中，r 是多项式的根形成的列向量；p 返回多项式系数行向量。

residue 函数：完成两多项式相除，结果用部分分式展开来显示。例如：将多项式按部分分式展开为

$$\frac{10(s+2)}{(s+1)(s+3)(s+4)}=\frac{-6.6667}{s+4}+\frac{5}{s+3}+\frac{1.6667}{s+1}+0$$

MATLAB 编写的程序如下：

 ＞＞ n＝10 ∗ [1, 2];   % 被除的多项式是 10 ∗ s＋20

 ＞＞ d＝poly([−1, −3, −4]); % 作为除数的多项式用根的方式表示，说明要分解成与根相关的分式

 ＞＞ [r, p, k]＝risidue(n, d) % r 为分子数组，p 为分母常数项，k 为余项

运行结果如下：

 r＝−6.6667

   5.0000

   1.6667

 P＝−4.0000

   −3.0000

   −1.0000

 k＝[ ]

【例 12.2.4】 图 12.2.4 所示电路中，$R_1=30\ \Omega$，$R_2=R_3=5\ \Omega$，$C=1000\ \mu\mathrm{F}$，$L=0.1\ \mathrm{H}$，$U_\mathrm{S}=140\ \mathrm{V}$，求开关 S 打开后的 $u_k(t)$。

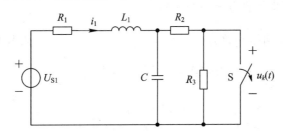

图 12.2.4　例 12.2.4 的图

解　S 打开前，

$$i_1(0_-)=\frac{U_\mathrm{S1}}{R_1+R_2}=\frac{140}{30+5}=4\ \mathrm{A},\ u_C(0_-)=R_2 i_1(0_-)=20\ \mathrm{V}$$

S 打开后，运算电路如图 12.2.5 所示，列写结点电压方程为

$$U\left(\frac{1}{R_1+sL}+\frac{1}{R_2+R_3}+sC\right)=\frac{U_\mathrm{S1}/s+Li_1(0_-)}{R_1+sL}+\frac{u_C(0_-)}{s}sC$$

解得

$$U(s) = 20\,\frac{s^2 + 500s + 7 \times 10^4}{s(s^2 + 400s + 4 \times 10^4)}$$

其原函数

$$u(t) = (35 - 15\mathrm{e}^{-200t} - 1000t\mathrm{e}^{-200t})\ \mathrm{V}$$

则

$$u_k(t) = 0.5u(t) = (17.5 - 7.5\mathrm{e}^{-200t} - 500t\mathrm{e}^{-200t})\ \mathrm{V}$$

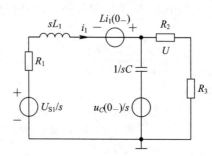

图 12.2.5　例 12.2.4 的运算电路图

根据以上计算方法,编写 MATLAB 程序如下:

```
syms s u
f＝u * (1/(30+0.1 * s)+0.1+0.001 * s)－(140/s+0.4)/(30+0.1 * s)－0.02;    %结点电压方程
u＝solve(f);                                                              %解出 u
ua＝ilaplace(u)                                                          %拉普拉斯逆变换
uk＝0.5 * ua
```

运行结果如下:

```
ua＝35－1000 * t * exp(－200 * t)－15 * exp(－200 * t)
uk＝35/2－500 * t * exp(－200 * t)－15/2 * exp(－200 * t)
```

5. MATLAB 在频率特性分析中的应用

【例 12.2.5】 已知网络函数为 $H(s) = \dfrac{s+3}{(s+1)(s^2+2s+5)}$,求其幅频特性和相频特性。

解 方法一:将 $s = \mathrm{j}\omega$,利用 MALTAB 编程实现。

```
w＝0: 0.01: 100;
Hs＝(j * w+3)./(j * w+1)./((j * w).^2+2 * j * w+5);
Hs_F＝20 * log10(abs(Hs));        %幅频特性用 dB 表示
Hs_A＝angle(Hs) * 180/pi;         %将弧度转化为角度表示
subplot(2, 1, 1);
semilogx(w, Hs_F)                 %横坐标以对数坐标表示的半对数曲线
ylabel('幅频特性(dB)');
subplot(2, 1, 2);
semilogx(w, Hs_A)
ylabel('相频特性(dB)')
```

运行结果如下:

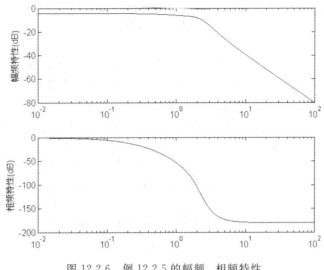

图 12.2.6　例 12.2.5 的幅频、相频特性

方法二：利用 bode 函数绘制波特图。

bode 函数的调用格式：bode(A，B)，其中 A、B 分别为网络函数分子和分母系数行向量。MABLAT 编辑如下：

```
A=[1 3];
B=conv([1 1]，[1 2 5])
bode(A，B)
```

上述程序中，conv 函数为多项式卷积函数，其调用格式：conv(A，B)，其中 A、B 分别为多项式的系数行向量。

本 章 小 结

1. Multisim 10.0 软件

Multisim10.0 软件是一种电路仿真工具，它包含了电路原理图的图形输入、电路硬件描述语言的输入，具有丰富的仿真分析能力。

Multisim10.0 特点：直观的图形界面、丰富的元件库、丰富的测试仪器仪表、完备的分析手段、强大的仿真能力、完美的兼容能力。

本章通过举例分别介绍了 Multisim 10.0 对电路基本定律的验证、对直流电阻电路的分析、对动态电路的分析及对正弦交流稳态电路的分析。

2. MATLAB 软件

MATLAB 是一套高性能的数值计算和可视化软件。它集数值分析、矩阵运算、信号处理和图形显示于一体，构成了一个简便、界面良好的用户环境。其特点是：可扩展性、易学易用性、运算符丰富、程序的可移植性好及出色的图形处理功能。

本章从直流电路的分析、交流电路的分析、电路频率特性、复频域的分析这几个方面介绍了 MATLAB 软件在电路分析中的应用。

习　　题

12.1　如题 12.1 图所示的电路中，已知 $R_1 = 2\ \Omega$，$R_2 = 4\ \Omega$，$R_3 = 12\ \Omega$，$R_4 = 4\ \Omega$，$R_5 = 12\ \Omega$，$R_6 = 4\ \Omega$，$R_7 = 2\ \Omega$，$U_S = 10\ V$。试求电压 u_7、u_S 的值。

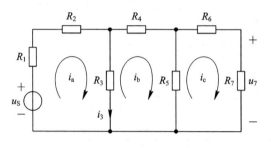

题 12.1 图

12.2　电路如题 12.2 图所示，电压源 $U_1 = 8\ V$，$U_2 = 6\ V$，$R_1 = 20\ \Omega$，$R_2 = 40\ \Omega$，用网孔分析法求网孔的电流。

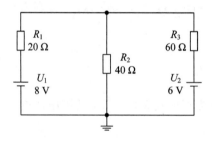

题 12.2 图

12.3　电路如题 12.3 图所示，试用 Multisim 求结点 a、b 电位。

12.4　求题 12.4 图所示电路的戴维宁等效电路。

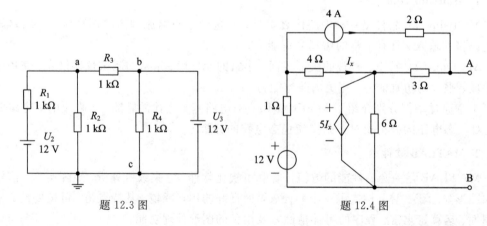

题 12.3 图　　　　　　　　　题 12.4 图

12.5　仿真电路如题 12.5 图所示，试用 Multisim 10.0 仿真该电路的全响应。

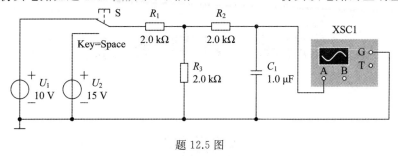

题 12.5 图

12.6　已知 RLC 串联电路中 $R=10\ \Omega$，$L=100\ \mu\mathrm{H}$，$C=100\ \mu\mathrm{F}$，应用 Multisim 观察 RLC 串联电路的幅频特性和相频特性。

附录　习题答案

参 考 文 献

[1] 张永瑞，陈生潭，高建宁，陈瑞. 电路分析基础. 3 版. 北京：电子工业出版社，2014.

[2] 王松林，吴大正，李小平，等. 电路基础. 3 版. 西安：西安电子科技大学出版社，2013.

[3] 陈希有，孙立山. 电路理论基础. 4 版. 北京：高等教育出版社，2013

[4] 燕庆明. 电路分析教程. 3 版. 北京：高等教育出版社，2012.

[5] 胡钋，樊亚东. 电路原理. 北京：高等教育出版社，2011.

[6] 刘岚，叶庆云. 电路分析基础. 北京：高等教育出版社，2010.

[7] 陈娟. 电路分析基础. 北京：高等教育出版社，2010.

[8] 江缉光，刘秀成. 电路原理. 2 版. 北京：清华大学出版社，2007.

[9] 邱关源，罗先觉. 电路. 5 版. 北京：高等教育出版社，2006.

[10] 赵录怀，等. 工程电路分析. 北京：高等教育出版社，2007.

[11] 李瀚荪. 电路分析基础. 4 版. 北京：高等教育出版社，2006.

[12] 周守昌. 电路原理. 2 版. 北京：高等教育出版社，2004.

[13] 彭扬烈. 电路原理(第 2 版)教学指导用书. 北京：高等教育出版社，2004.

[14] ALLAN H R，WILHELM C M. Circuit Analysis：Theory and Pratice . 北京：科学出版社，2003.

[15] JAMES W N，SUSAN A R. Electric Circuit. 6th . Prentice-Hall，2001.